"十三五"国家重点出版物出版规划项目

中国土系志

Soil Series of China

（中西部卷）

总主编　张甘霖

四　川　卷
Sichuan

袁大刚　著

科学出版社
龙门书局
北京

内 容 简 介

《中国土系志·四川卷》在广泛、深入调查研究四川省成土因素、土壤属性的基础上，对四川省主要土壤类型进行了中国土壤系统分类高级类别（土纲、亚纲、土类、亚类）的鉴定和基层类别（土族、土系）的划分。本书分上、下两篇，上篇论述四川省区域概况与成土因素、成土过程与诊断依据、土壤分类历史与土系调查和建立情况；下篇重点介绍建立的四川省典型土系，内容包括每个土系所属的高级分类单元、分布与环境条件、土系特征与变幅、对比土系、利用性能综述、参比土种和代表性单个土体以及相应的理化性质。

本书可供从事土壤学相关学科包括农业、环境、生态和自然地理等的科学研究和教学工作者，以及从事土壤与环境调查的部门和科研机构人员参考。

审图号：GS（2020）3822 号

图书在版编目（CIP）数据

中国土系志. 中西部卷. 四川卷/张甘霖主编；袁大刚著. —北京：龙门书局，2020.11

"十三五"国家重点出版物出版规划项目，国家出版基金项目

ISBN 978-7-5088-5707-7

Ⅰ.①中… Ⅱ.①张… ②袁… Ⅲ.①土壤地理–中国②土壤地理–四川 Ⅳ.①S159.2

中国版本图书馆 CIP 数据核字（2019）第 291380 号

责任编辑：胡 凯 周 丹 曾佳佳/责任校对：杨聪敏
责任印制：师艳茹/封面设计：许 瑞

科 学 出 版 社
龍 門 書 局 出版

北京东黄城根北街 16 号
邮政编码：100717
http://www.sciencep.com

中国科学院印刷厂 印刷

科学出版社发行 各地新华书店经销

*

2020 年 11 月第 一 版 开本：787×1092 1/16
2020 年 11 月第一次印刷 印张：33 1/4
字数：788 000

定价：368.00 元

（如有印装质量问题，我社负责调换）

《中国土系志》编委会顾问

孙鸿烈　赵其国　龚子同　黄鼎成　王人潮

张玉龙　黄鸿翔　李天杰　田均良　潘根兴

黄铁青　杨林章　张维理　郧文聚

土系审定小组

组　长　张甘霖

成　员（以姓氏笔画为序）

王天巍　王秋兵　龙怀玉　卢　瑛　卢升高

刘梦云　李德成　杨金玲　吴克宁　辛　刚

张凤荣　张杨珠　赵玉国　袁大刚　黄　标

常庆瑞　麻万诸　章明奎　隋跃宇　慈　恩

蔡崇法　漆智平　翟瑞常　潘剑君

《中国土系志》编委会

主　编　张甘霖

副主编　王秋兵　李德成　张凤荣　吴克宁　章明奎

编　委（以姓氏笔画为序）

王天巍	王秋兵	王登峰	孔祥斌	龙怀玉
卢　瑛	卢升高	白军平	刘梦云	刘黎明
李　玲	李德成	杨金玲	吴克宁	辛　刚
宋付朋	宋效东	张凤荣	张甘霖	张杨珠
张海涛	陈　杰	陈印军	武红旗	周　清
赵　霞	赵玉国	胡雪峰	袁大刚	黄　标
常庆瑞	麻万诸	章明奎	隋跃宇	董云中
韩春兰	慈　恩	蔡崇法	漆智平	翟瑞常
潘剑君				

《中国土系志·四川卷》作者名单

主要作者　袁大刚

参编人员　（以姓氏笔画为序）

王昌全　王艳虹　付宏阳　母　媛

吕　扬　李　冰　李一丁　李启权

何　刚　余星兴　宋易高　张　楚

张东坡　张俊思　陈剑科　晏昭敏

翁　倩　蒲玉琳　蒲光兰　樊瑜贤

丛 书 序 一

土壤分类作为认识和管理土壤资源不可或缺的工具，是土壤学最为经典的学科分支。现代土壤学诞生后，近 150 年来不断发展，日渐加深人们对土壤的系统认识。土壤分类的发展一方面促进了土壤学整体进步，同时也为相邻学科提供了理解土壤和认知土壤过程的重要载体。土壤分类水平的提高也极大地提高了土壤资源管理的水平，为土地利用和生态环境建设提供了重要的科学支撑。在土壤分类体系中，高级单元主要体现土壤的发生过程和地理分布规律，为宏观布局提供科学依据；基层单元主要反映区域特征、层次组合以及物理、化学性状，是区域规划和农业技术推广的基础。

我国幅员辽阔，自然地理条件迥异，人类活动历史悠久，造就了我国丰富多样的土壤资源。自现代土壤学在中国发端以来，土壤学工作者对我国土壤的形成过程、类型、分布规律开展了卓有成效的研究。就土壤基层分类而言，自 20 世纪 30 年代开始，早期的土壤分类引进美国 Marbut 体系，区分了我国亚热带低山丘陵区的土壤类型及其续分单元，同时定名了一批土系，如孝陵卫系、萝岗系、徐闻系等，对后来的土壤分类研究产生了深远的影响。

与此同时，美国土壤系统分类（soil taxonomy）也在建立过程中，当时 Marbut 分类体系中的土系（soil series）没有严格的边界，一个土系的属性空间往往跨越不同的土纲。典型的例子是迈阿密（Miami）系，在系统分类建立后按照属性边界被拆分成为不同土纲的多个土系。我国早期建立的土系也同样具有属性空间变异较大的情形。

20 世纪 50 年代，随着全面学习苏联土壤分类理论，以地带性为基础的发生学土壤分类迅速成为我国土壤分类的主体。1978 年，中国土壤学会召开土壤分类会议，制定了依据土壤地理发生的《中国土壤分类暂行草案》。该分类方案成为随后开展的全国第二次土壤普查中使用的主要依据。通过这次普查，于 20 世纪 90 年代出版了《中国土种志》，其中包含近 3000 个典型土种。这些土种成为各行业使用的重要土壤数据来源。限于当时的认识和技术水平，《中国土种志》所记录的典型土种依然存在"同名异土"和"同土异名"的问题，代表性的土壤剖面没有具体的经纬度位置，也未提供剖面照片，无法了解土种的直观形态特征。

随着"中国土壤系统分类"的建立和发展，在建立了从土纲到亚类的高级单元之后，建立以土系为核心的土壤基层分类体系是"中国土壤系统分类"发展的必然方向。建立我国的典型土系，不但可以从真正意义上使系统完整，全面体现土壤类型的多样性和丰富性，而且可以为土壤利用和管理提供最直接和完整的数据支持。

　　在科技部国家科技基础性工作专项项目"我国土系调查与《中国土系志》编制"的支持下，以中国科学院南京土壤研究所张甘霖研究员为首，联合全国二十多所大学和相关科研机构的一批中青年土壤科学工作者，经过数年的努力，首次提出了中国土壤系统分类框架内较为完整的土族和土系划分原则与标准，并应用于土族和土系的建立。通过艰苦的野外工作，先后完成了我国东部地区和中西部地区的主要土系调查和鉴别工作。在比土、评土的基础上，总结和建立了具有区域代表性的土系，并编纂了以各省市为分册的《中国土系志》，这是继"中国土壤系统分类"之后我国土壤分类领域的又一重要成果。

　　作为一个长期从事土壤地理学研究的科技工作者，我见证了该项工作取得的进展和一批中青年土壤科学工作者的成长，深感完善这项成果对中国土壤系统分类具有重要的意义。同时，这支中青年土壤分类工作者队伍的成长也将为未来该领域的可持续发展奠定基础。

　　对这一基础性工作的进展和前景我深感欣慰。是为序。

中国科学院院士

2017 年 2 月于北京

丛 书 序 二

土壤分类和分布研究既是土壤学也是自然地理学中的基础工作。认识和区分土壤类型是理解土壤多样性和开展土壤制图的基础，土壤分类的建立也是评估土壤功能，促进土壤技术转移和实现土壤资源可持续管理的工具。对土壤类型及其分布的勾画是土地资源评价、自然资源区划的重要依据，同时也是诸多地表过程研究所不可或缺的数据来源，因此，土壤分类研究具有显著的基础性，是地球表层系统研究的重要组成部分。

我国土壤资源调查和土壤分类工作经历了几个重要的发展阶段。20 世纪 30 年代至 70 年代，老一辈土壤学家在路线调查和区域综合考察的基础上，基本明确了我国土壤的类型特征和宏观分布格局；80 年代开始的全国土壤普查进一步摸清了我国的土壤资源状况，获得了大量的基础数据。当时由于历史条件的限制，我国土壤分类基本沿用了苏联的地理发生分类体系，强调生物气候带的影响，而对母质和时间因素重视不够。此后虽有局部的调查考察，但都没有形成系统的全国性数据集。

以诊断层和诊断特性为依据的定量分类是当今国际土壤分类的主流和趋势。自 20 世纪 80 年代开始的"中国土壤系统分类"研究历经 20 多年的努力构建了具有国际先进水平的分类体系，成果获得了国家自然科学奖二等奖。"中国土壤系统分类"完成了亚类以上的高级单元，但对基层分类级别——土族和土系——仅仅开展了一些样区尺度的探索性研究。因此，无论是从土壤系统分类的完整性，还是土壤类型代表性单个土体的数据积累来看，仅有高级单元与实际的需求还有很大距离，这也说明进行土系调查的必要性和紧迫性。

在科技部国家科技基础性工作专项的支持下，自 2008 年开始，中国科学院南京土壤研究所联合国内 20 多所大学和科研机构，在张甘霖研究员的带领下，先后承担了"我国土系调查与《中国土系志》编制"（项目编号 2008FY110600）和"我国土系调查与《中国土系志（中西部卷）》编制"（项目编号 2014FY110200）两期研究项目。自项目开展以来，近百名项目参加人员，包括数以百计的研究生，以省区为单位，依据统一的布点原则和野外调查规范，开展了全面的典型土系调查和鉴定。经过 10 多年的努力，参加人员足迹遍布全国各地，克服了种种困难，不畏艰辛，调查了近 7000 个典型土壤单个土体，结合历史土壤数据，建立了近 5000 个我国典型土系；并以省区为单位，完成了我国第一部包含 30 分册、基于定量标准和统一分类原则的土系志，朝着系统建立我国基于定量标准的基层分类体系迈进了重要的一步。这些基础性的数据，无疑是我国自第二次土壤普查以来重要的土壤信息来源，相关成果可望为各行业、部门和相关研究者，特别是土壤质量提升、土地资源评价、水文水资源模拟、生态系统服务评估等工作提供最新的、系统的数据支撑。

我欣喜于并祝贺《中国土系志》的出版，相信其对我国土壤分类研究的深入开展，对促进土壤分类在地球表层系统科学研究中的应用有重要的意义。欣然为序。

中国科学院院士

2017 年 3 月于北京

丛 书 前 言

土壤分类的实质和理论基础，是区分地球表面三维土壤覆被这一连续体发生重要变化的边界，并试图将这种变化与土壤的功能相联系。区分土壤属性空间或地理空间变化的理论和实践过程在不断进步，这种演变构成土壤分类学的历史沿革。无论是古代朴素分类体系所使用的土壤颜色或土壤质地，还是现代分类采用的多种物理、化学属性乃至光谱（颜色）和数字特征，都携带或者代表了土壤的某种潜在功能信息。土壤分类正是基于这种属性与功能的相互关系，构建特定的分类体系，为使用者提供土壤功能指标，这些功能可以是农林生产能力，也可以是固存土壤有机碳或者无机碳的潜力或者抵御侵蚀的能力，乃至是否适合作为建筑材料。分类体系也构筑了关于土壤的系统知识，在一定程度上厘清了土壤之间在属性和空间上的距离关系，成为传播土壤科学知识的重要工具。

毫无疑问，对土壤变化区分的精细程度决定了对土壤功能理解和合理利用的水平，所采用的属性指标也决定了其与功能的关联程度。在大陆或国家尺度上，土纲或亚纲级别的分布已经可以比较准确地表达大尺度的土壤空间变化规律。在农场或景观水平，土壤的变化通常从诊断层（发生层）的差异变为颗粒组成或层次厚度等属性的差异，表达这种差异正是土族或土系确立的前提。因此，建立一套与土壤综合功能密切相关的土壤基层单元分类标准，并据此构建亚类以下的土壤分类体系（土族和土系），是对土壤变异精细认识的体现。

基于现代分类体系的土系鉴定工作在我国基本处于空白状态。我国早期（1949 年以前）所建立的土系沿用了美国土壤系统分类建立之前的 Marbut 分类原则，基本上都是区域的典型土壤类型，大致可以相当于现代系统分类中的亚类水平，涵盖范围较大。"中国土壤系统分类"研究在完成高级单元之后尝试开展了土系研究，进行了一些局部的探索，建立了一些典型土系，并以海南等地区为例建立了省级尺度的土系概要，但全国范围内的土系鉴定一直未能实现。缺乏土族和土系的分类体系是不完整的，也在一定程度上制约了分类在生产实际中特别是区域土壤资源评价和利用中的应用，因此，建立"中国土壤系统分类"体系下的土族和土系十分必要和紧迫。

所幸，这项工作得到了国家科技基础性工作专项的支持。自 2008 年开始，我们联合国内 20 多所大学和科研机构，先后开展了"我国土系调查与《中国土系志》编制"（项目编号 2008FY110600）和"我国土系调查与《中国土系志（中西部卷）》编制"（项目编号 2014FY110200）两个项目的连续研究，朝着系统建立我国基于定量标准的基层分类体系迈进了重要的一步。经过 10 多年的努力，项目调查了近 7000 个典型土壤单个土体，结合历史土壤数据，建立了近 5000 个我国典型土系，并以省区为单位，完成了我国第一部基于定量标准和统一分类原则的全国土系志。这些基础性的数据，将成为自第二次全国土壤普查以来重要的土壤信息来源，可望为农业、自然资源管理、生态环境建设等部门和相关研究者提供最新的、系统的数据支撑。

项目在执行过程中，得到了两届项目专家小组和项目主管部门、依托单位的长期指导和支持。孙鸿烈院士、赵其国院士、龚子同研究员和其他专家为项目的顺利开展提供了诸多重要的指导。中国科学院前沿科学与教育局、重大科技任务局、科技促进发展局、中国科学院南京土壤研究所以及土壤与农业可持续发展国家重点实验室都持续给予关心和帮助。

值得指出的是，作为研究项目，在有限的资助下只能着眼主要的和典型的土系，难以开展全覆盖式的调查，不可能穷尽亚类单元以下所有的土族和土系，也无法绘制土系分布图。但是，我们有理由相信，随着研究和调查工作的开展，更多的土系会被鉴定，而基于土系的应用将展现巨大的潜力。

由于有关土系的系统工作在国内尚属首次，在国际上可资借鉴的理论和方法也十分有限，因此我们在对于土系划分相关理论的理解和土系划分标准的建立上难免会存在诸多不足；而且，由于本次土系调查工作在人员和经费方面的局限性以及项目执行期限的限制，书中疏误恐在所难免，希望得到各方的批评与指正！

张甘霖

2017 年 4 月于南京

前　　言

从 2014 年起，在科学技术部基础性工作专项项目"我国土系调查与《中国土系志（中西部卷）》编制"（项目编号 2014FY110200）的支持下，中国科学院南京土壤研究所联合全国 15 个高等院校和科研单位，包括 2008 年起就参加东部 16 个省（直辖市）土系调查的大部分实力雄厚、经验丰富的单位，开展我国中西部 15 个省（自治区、直辖市）的土系系统调查。四川农业大学承担了四川省土系调查与土系志编制的任务。

四川省土系调查与土系志编制历时近 5 年，在四川农业大学课题组师生的共同努力下，覆盖了全省 21 个市州共 128 个县（市、区），历经基础资料收集整理、代表性单个土体布点、野外土壤调查与采样、室内土样分析测定、土壤高级单元鉴定与基层单元划分、土系志编撰等一系列艰辛、烦琐、细致的过程，共调查 205 个典型土壤剖面，采集 949 个土壤与岩石样品，分析测定 867 个发生层土样的理化性质，拍摄 144GB 景观、剖面和新生体等照片，获取约 2154kB 成土因素、土壤剖面形态与理化性质等方面的数据（集中体现在剖面和样品 2 个记录表中），共划分出 8 个土纲、18 个亚纲、50 个土类、83 个亚类、171 个土族、195 个土系。

本土系志初稿于 2019 年 1 月完成撰写，经项目组专家反复审阅修改及作者自身反复斟酌复核，于 2019 年 10 月正式定稿。全书分上、下两篇共 11 章，其中，上篇（第 1～第 3 章）为总论，主要介绍四川省区域概况与成土因素、成土过程与诊断依据、土壤分类；下篇（第 4～第 11 章）为区域典型土系，详细介绍了所建立的典型土系，包括所属土族、分布与环境条件、土系特征与变幅、对比土系、利用性能综述、参比土种和代表性单个土体以及相应的理化性质等。

需要说明的是，本土系志中单个土体依据"空间单元（地形、母质、土地利用）＋历史土壤资料＋道路通达度"的方法布点，成土因素与土壤剖面形态信息依据项目组制订的《野外土壤描述与采样手册》进行调查记录，土壤理化指标与矿物类型依据《土壤调查实验室分析方法》进行分析，土纲、亚纲、土类、亚类高级类别依据《中国土壤系统分类检索》（第三版）进行鉴定，土族、土系基层类别根据项目组制订的《中国土壤系统分类土族和土系划分标准》进行划分和建立。

四川省土系调查工作的完成与土系志的定稿，饱含着全国众多专家、同仁的悉心指导与帮助。项目组张甘霖研究员、黄标研究员、李德成研究员、章明奎教授、卢瑛教授、张杨珠教授、慈恩副教授、王天巍副教授对书稿提出了很多建议，四川农业大学课题组师生也付出了辛勤劳动，对他们表示感谢！同时，在土系调查阶段和本书写作过程中参阅了大量文献资料，在此对引文资料的作者一并表示感谢！

　　受时间和精力的限制，本次土系调查研究不同于全面的土壤普查，虽然建立的土系遍布四川 21 个市州，但由于自然地理条件复杂、土地利用方式多样，大量土系——特别是水耕人为土土系——还未被调查，有待今后进一步充实。

　　由于作者水平有限，疏漏之处在所难免，恳请读者批评指正！

袁大刚

2019 年 10 月 10 日于成都

目　　录

上篇　总　　论

下篇　区域典型土系

上篇　总　　论

第1章　区域概况与成土因素

1.1　区域概况

1.1.1　地理位置

四川省位于中国西南腹地，地处长江上游，介于 97°21′E～108°12′E 和 26°03′N～34°19′N，东西长 1075 km，南北宽 921 km，辖区面积 48.6×10^4 km^2，仅次于新疆、西藏、内蒙古和青海，居全国第五位。四川省与 7 个省（自治区、直辖市）接壤——北靠青海、陕西、甘肃，东邻重庆，南连贵州、云南，西接西藏，是西南、西北和中部地区的重要接合部。

1.1.2　行政区划

四川省现辖 1 个副省级市、17 个地级市和 3 个自治州，共包括 53 个市辖区、109 个县、17 个县级市和 4 个自治县（表 1-1），共有 2271 个乡（其中有 98 个民族乡）、2032 个镇和 332 个街道办事处。

表 1-1　四川省行政区划

市、州名称	市辖区、县、县级市、自治县名称	面积/km^2
成都市	锦江区、青羊区、金牛区、武侯区、成华区、新都区、温江区、双流区、郫都区、青白江区、龙泉驿区、金堂县、大邑县、蒲江县、新津县、都江堰市、彭州市、崇州市、邛崃市、简阳市	14335
绵阳市	涪城区、游仙区、安州区、梓潼县、三台县、盐亭县、平武县、江油市、北川羌族自治县	20248
自贡市	自流井区、贡井区、大安区、沿滩区、荣县、富顺县	4381
攀枝花市	东区、西区、仁和区、米易县、盐边县	7401
泸州市	江阳区、龙马潭区、纳溪区、泸县、合江县、叙永县、古蔺县	12236
德阳市	旌阳区、罗江区、广汉市、什邡市、绵竹市、中江县	5910
广元市	利州区、昭化区、朝天区、旺苍县、青川县、剑阁县、苍溪县	16311
遂宁市	船山区、安居区、射洪县、蓬溪县、大英县	5323
内江市	市中区、东兴区、资中县、威远县、隆昌市	5385
乐山市	市中区、沙湾区、五通桥区、金口河区、犍为县、井研县、夹江县、沐川县、峨眉山市、峨边彝族自治县、马边彝族自治县	12723
资阳市	雁江区、安岳县、乐至县	5744
宜宾市	翠屏区、南溪区、宜宾县、江安县、长宁县、高县、筠连县、珙县、兴文县、屏山县	13266
南充市	顺庆区、高坪区、嘉陵区、西充县、南部县、蓬安县、营山县、仪陇县、阆中市	12477
达州市	通川区、达川区、宣汉县、开江县、大竹县、渠县、万源市	16582

续表

市、州名称	市辖区、县、县级市、自治县名称	面积/km²
雅安市	雨城区、名山区、荥经县、汉源县、石棉县、天全县、芦山县、宝兴县	15046
阿坝藏族羌族自治州	马尔康市、金川县、小金县、阿坝县、若尔盖县、红原县、壤塘县、汶川县、理县、茂县、松潘县、九寨沟县、黑水县	83016
甘孜藏族自治州	康定市、泸定县、丹巴县、九龙县、雅江县、道孚县、炉霍县、甘孜县、新龙县、德格县、白玉县、石渠县、色达县、理塘县、巴塘县、乡城县、稻城县、得荣县	149599
凉山彝族自治州	西昌市、德昌县、会理县、会东县、宁南县、普格县、布拖县、昭觉县、金阳县、雷波县、美姑县、甘洛县、越西县、喜德县、冕宁县、盐源县、木里藏族自治县	60294
广安市	广安区、前锋区、邻水县、武胜县、岳池县、华蓥市	6341
巴中市	巴州区、恩阳区、平昌县、通江县、南江县	12293
眉山市	东坡区、彭山区、仁寿县、丹棱县、青神县、洪雅县	7140

1.1.3　人口

据《四川年鉴（2016 年卷）》，截至 2015 年末，四川省总人口高达 9097.14 万，其中农业人口 6313.40 万；常住人口为 8204.0 万，其中乡村人口有 4292.0 万，占 52.3%；劳动力资源总数为 6543.0 万，其中就业人员为 4847.0 万，第一产业就业人员为 1870.91 万，在就业结构中占 38.6%。另据四川省第三次全国农业普查，截至 2016 年末，全省：

（1）农业生产经营人员 2429.13 万，其中女性占 49.1%；年龄≤35 岁的占 14.6%，36～54 岁的占 47.3%，≥55 岁的占 38.1%；未上过学的占 9.0%，小学占 49.1%，初中占 36.7%，高中或中专占 4.3%，大专及以上占 0.9%；种植业占 93.5%，林业占 2.7%，畜牧业占 3.2%，渔业占 0.3%，农林牧渔服务业占 0.4%[①]。

（2）规模农业经营户有农业生产经营人员（包括本户生产经营人员及雇佣人员）53.19 万，其中，女性占 50.6%；年龄≤35 岁的占 19.3%，36～54 岁的占 56.6%，≥55 岁的占 24.2%；未上过学的占 7.2%，小学占 38.7%，初中占 44.0%，高中或中专占 8.2%，大专及以上占 1.9%；种植业占 64.1%，林业占 5.4%，畜牧业占 26.2%，渔业占 2.8%，农林牧渔服务业占 1.4%。

（3）农业经营单位有农业生产经营人员 62.23 万，其中，女性占 46.4%；年龄≤35 岁的占 16.4%，36～54 岁的占 58.9%，≥55 岁的占 24.7%；未上过学的占 4.8%，小学占 30.6%，初中占 41.2%，高中或中专占 14.7%，大专及以上占 8.7%；种植业占 53.7%，林业占 13.9%，畜牧业占 16.1%，渔业占 4.2%，农林牧渔服务业占 12.1%。

1.1.4　土地利用

据《四川年鉴（2016 年卷）》，四川省共 8 个一级土地利用类型（表 1-2），45 个二级土地利用类型和 62 个三级土地利用类型。土地利用以林牧业为主，林牧地集中分布于

---

① 引自《四川省第三次全国农业普查主要数据公报》（第五号），由于小数保留位数，各数字相加之和可能不等于 100%，下同。

盆周山地和西部高山高原，占总土地面积的 68.9%；耕地则集中分布于东部盆地和低山丘陵区，占全省耕地的 85% 以上；园地集中分布于盆地丘陵和西南山地，占全省园地的 70% 以上；交通用地和建设用地集中分布在经济较发达的平原区和丘陵区。

表 1-2　四川省土地资源利用现状

土地利用类型	耕地	园地	林地	草地	城镇村及工矿用地	交通运输用地	水域及水利设施用地	其他用地
面积/万 hm²	674.73	72.92	2216.20	1222.09	151.67	35.00	103.06	385.49
比例/%	13.88	1.50	45.59	25.14	3.12	0.72	2.12	7.93

四川省耕地总面积为 674.73 万 hm²，人均耕地面积仅 0.08hm²，第一产业就业人员人均耕地面积仅 0.36hm²；农作物总播种面积 969.0 万 hm²，其中粮食作物 645.4 万 hm²，油料作物 129.8 万 hm²，蔬菜及食用菌 135.0 万 hm²，中草药材 11.2 万 hm²，烟叶 9.7 万 hm²；有效灌溉面积达 273.4 万 hm²；化肥施用量 249.83 万 t，其中氮肥 124.73 万 t；每公顷耕地化肥施用量 371kg，每公顷氮肥施用量 185kg；产粮 3442.8 万 t，油料 307.6 万 t，蔬菜及食用菌 4240.8 万 t，中草药材 43.9 万 t，烟叶 22.2 万 t，茶叶 24.8 万 t，园林水果 806.5 万 t。湿地公园 43 个，其中国家湿地公园 24 个，省级湿地公园 19 个，森林覆盖率 36.02%。

另据四川省第三次全国农业普查结果，截至 2016 年末，实际耕种的耕地中能灌溉的耕地面积有 285.431 万 hm²，其中有喷灌、滴灌或渗灌设施的耕地面积有 22.217 万 hm²；灌溉用水主要水源中，使用地下水的户和农业经营单位占 3.8%，使用地表水的户和农业经营单位占 96.2%。温室占地面积 0.595 万 hm²，大棚占地面积 2.817 万 hm²，渔业养殖用房面积 218.91 万 m²。

1.1.5　区域经济

据《四川年鉴（2016 年卷）》，四川省 2015 年实现地区生产总值 3.01 万亿元，其中第一产业 3677.3 亿元。人均地区生产总值 36775 元；第一产业劳动生产率 19457 元/人。农林牧渔总产值 6377.84 亿元，其中农业 3335.51 亿元，牧业 2515.58 亿元，每公顷耕地生产的农业产值 49517 元。居民人均消费水平 14774 元，而农村居民人均消费水平为 10039 元；农村居民人均可支配收入 10247 元；农村居民人均生活消费支出 9251 元，其中食品烟酒支出 3618 元，交通通信支出 1020 元，教育文化娱乐支出 699 元，衣着支出 580 元，在农村居民消费结构中分别占 39.1%、11.0%、7.6%、6.3%。

另据四川省第三次全国农业普查结果，截至 2016 年末，全省有拖拉机 18.44 万台，耕整机 32.01 万台，旋耕机 116.63 万台，播种机 1.60 万台，排灌动力机械 193.58 万台，联合收获机 3.19 万台，机动脱粒机 231.13 万台，饲草料加工机械 83.51 万台。有能够正常使用的机电井 77.07 万眼，排灌站 2.98 万个，能够使用的灌溉用水塘和水库 41.74 万个。

1.2　成 土 因 素

土壤是母质在气候、生物、地形和人为活动等环境条件直接作用或间接影响下，经过一系列物理、化学和生物化学变化而形成的，并随时间推移而发展演化的独立历史自然体。母质、气候、生物、地形、时间和人为活动就是成土因素。有学者认为，火山、地震、新构造运动等对土壤形成有重要影响，也是重要的成土因素。

1.2.1　地质构造

构造运动影响地形地貌和成土母质。

以茂汶断裂带和小金河断裂带为界，四川省可分为西部造山系和东部陆块区两大构造单元。西部造山系自晚古生代以来历经多岛弧系统弧后扩张-萎缩和碰撞造山形成复杂的活动构造区；东部陆块区是以前南华纪基底和南华纪以来巨厚沉积构成的稳定单元；它们均由一系列特征性的大地构造单元类型组成。西部新构造运动强烈，表现为大面积、大幅度整体抬升，形成高大的高原和山地，整个川西地区形成北部为高原、中部为山原、南部为高山峡谷的地貌格局，成片分布中生代早期的变质砂岩和板岩；东部则形成四川盆地（包括盆周山地）和川西南山地两大地貌单元，大面积分布晚中生代的砂岩、泥岩；沿断裂带，由于差异性运动，形成断裂谷地和盆地，其间发育河流并有第四纪沉积物堆积。阶地是新构造运动的产物，新老阶地上的土壤发育有明显差异。

地震是构造运动的一种表现形式。四川是我国多地震的省区之一，地震活动主要集中在鲜水河、安宁河、龙门山、松潘、马边、理塘等地震带内，例如，2008 年和 2013 年相继发生的汶川地震和芦山地震均位于龙门山地震带，而 2017 年发生的九寨沟地震位于松潘地震带，地震活动具有东弱西强、西部强震均沿断裂带分布、多属浅源性地震、有迁移性和重复性等特点。强烈的地震可能引起山体崩塌，引发滑坡、泥石流等次生地质灾害，毁坏农田；阻塞河流，形成堰塞湖，改变水文状况，对土壤发育产生一定影响。

1.2.2　地形地貌

四川省位于青藏高原和长江中下游平原的过渡带，地势西高东低，最高点是西部的大雪山主峰——贡嘎山，海拔高达 7556 m，最低处在广安市邻水县的御临河出省处，海拔仅 184 m。地形复杂多样，有山地、丘陵、平原和高原 4 种地貌类型，分别占全省面积的 77.1%、12.9%、5.3% 和 4.7%，以山地为主。按地貌构造和形态特征，可分为四川盆地、川西南山地和川西北高山高原三大地貌区域。

（1）四川盆地：位于四川东部，包括盆周山地、川西平原、盆中丘陵区（包括川中方山丘陵、川东平行岭谷两个亚区）等区域，面积约为 $18.36 \times 10^4 \, km^2$。盆地四周被大巴山、大娄山、大凉山、大相岭、峨眉山、邛崃山、龙门山等中山和低山所环绕，以海拔 1500～3000 m 的中低山地为主。大巴山位于盆地东北缘，呈西北—东南走向，在南江以西转为东—西走向，称米仓山，山脊海拔一般在 1500～2500 m；大娄山位于盆地东南缘，为东北—西南走向，山脊海拔一般为 1500～2000 m；大凉山与大相岭位于盆地西缘和西南缘，山脊海拔一般为 2000～3500 m；峨眉山位于盆地西南缘，呈南北走向，为断块构造山，由大峨（峨眉山）、二峨、三峨、四峨等山构成，海拔均在 2000 m 以上，最高处金顶海拔 3099m；龙门山屹立于盆地西北边缘，为北东—南西走向，山脊海拔由 1000 m 向西逐渐抬升至 3000m 以上，多在 3000～4000 m。盆地底部龙门山以东、龙泉山以西、北抵安州区、南至邛崃地区为川西平原，由成都平原、眉山—峨眉平原、夹江平原和洪雅平原等共同组成，其中成都平原由岷江、湔江、石亭江、绵远河等河流冲积物堆积而成，面积达 8000 km²，是四川最大的平原，海拔 460～750 m，由西北向东南微倾，平均坡降仅 3‰～10‰，地表相对高差一般不超过 30～50 m，大多在 20 m 以下。盆地内龙泉山及其以东、华蓥山以西地区为盆中丘陵区，包括自贡、内江、资阳、遂宁、南充及广安的全部和宜宾、泸州、达州、巴中、广元、绵阳的部分县、市、区。由于地貌条件差异较大，分为川中方山丘陵（龙泉山与华蓥山之间区域）和川东平行岭谷（华蓥山及其以东区域）2 个亚区。川中方山丘陵区，地处长江以北，梓潼、盐亭、南部、蓬安一线以南，地势由北向南倾斜，海拔从 800～900 m 逐渐降至 200～300 m，大多在 200～600 m，相对高差 50～200 m。龙泉山两侧以浅丘为主，内江、资阳、遂宁、南充一带多为孤立的中丘，盆地东缘多为高丘。川东平行岭谷区，广安、达州部分地区属于此区范围，由一系列背向斜组成，背斜低山海拔一般 550～1100 m，向斜丘陵海拔一般 300～600 m。盆地内偶有低山点缀，如总岗山、龙泉山等，华蓥山主峰海拔 1704 m，是盆地内最高峰。

（2）川西南山地：位于四川盆地西南边缘山地与川西北高山高原之间，为横断山脉北段，北起汉源，东连大凉山、小凉山，西至石棉—木里—泸沽湖一线，东南与云贵高原接壤，包括攀枝花市全境、除木里县外的整个凉山彝族自治州（简称凉山州），雅安市的石棉、汉源和乐山市的峨边、马边、雷波等县的部分地区，面积约为 5.93×10⁴ km²。本区山高谷深，山河相间，呈南北走向，自东向西主要有小凉山、大凉山、小相岭、鲁南山、螺髻山、牦牛山、锦屏山、柏林山等山脉，海拔 2000～4800 m，多在 3000 m。山地间有许多盆地和谷地分布，如昭觉、布拖、盐源等山间盆地和西昌安宁河谷。安宁河谷为平原地形，面积约 960 km²，是四川省第二大平原。由于金沙江和雅砻江流经本区，河谷多为深切峡谷。较大的湖泊有泸沽湖和琼海，为断陷构造湖。

（3）川西北高山高原：属青藏高原东翼，位于平武—汶川—宝兴—石棉—木里一线的西北部，包括阿坝藏族羌族自治州（简称阿坝州）和甘孜藏族自治州（简称甘孜州）的全部及雅安地区的宝兴、天全、石棉和凉山州的木里等县的大部分地区，面积约 24.31×10⁴ km²，分为川西北高原和川西北山地两部分。川西北高原海拔一般在 3500 m 以上，地势由西向东倾斜，分为丘状高原和丘状高平原。丘状高原主要分布在石渠、色达一带，区内丘谷相间，谷宽丘圆，大部分丘体绝对高度在 4400～4800 m，谷底及一级阶地多在 3900～4200 m，相对高差小于 200 m；丘状高平原位于色达—马尔康—黑水—松潘一线以北，地势较丘状高原更为和缓，相对高差 100～200 m，低的仅 20～30 m；典型的丘状高平原在若尔盖、红原一带，海拔 3400～3600 m，区内地势更加平坦低洼，河谷纵横，湖沼广布，是我国南方地区最大的高原沼泽带。川西北山地西北高、东南低，根据切割深浅可分为高山山原和高山峡谷；区内山脉连绵，主要有岷山、邛崃山、巴颜喀拉山、工卡拉山、大雪山、雀儿山、沙鲁里山等，山脊海拔一般在 4000 m 以上，其中大雪山主峰贡嘎山海拔 7556 m，是四川境内最高峰；区内多断陷盆地，如甘孜、炉霍、道孚一带的断陷盆地。

地形影响水热状况和土地利用等方面。在水热状况方面，四川盆地具有"暖湖效应"，盆底冬温比长江中下游同纬度地区高 3～6℃；川西高山峡谷区的岭与谷之间高差悬殊，常在 1000～2000 m，气温随海拔升高而降低，降水在一定高度内随海拔升高而增加；河谷具有增热效应，年均气温比同纬度其他地区高；河谷走向也影响水热状况，在纬度相近的条件下，与东西向河谷相比，南北向河谷气温平均高 2～5℃，降水偏少 50～300 mm；支离破碎的地貌极宜于山谷风、焚风的形成，从而影响日照、降水、湿度，产生逆温现象等。山地坡向也影响水热状况，如泥巴山、二郎山、大雪山、邛崃山、龙门山等山地迎风坡降水量大于背风坡。在土地利用方面，不同地形之间的垦殖指数和水田占耕地比例差异较明显，二者均表现为平原＞丘陵＞山地＞高原。

1.2.3 气候

四川省地处北半球中纬度内陆，大部分地区受季风环流（西部为西南季风，东部为东南季风）控制，形成冬季少雨、夏季多雨的季风气候。同时，西风带和副热带太平洋高气压季节性移动，以及特殊地形对环流的影响，造成气候类型复杂多样，地区和垂直差异大，而有别于我国同纬度的东部地区。总体特点是雨热同季，冬干夏雨；区域间差异显著，东部冬暖、春早、夏热、秋雨，多云雾，少日照，生长季节长，西部则日照充足，降水集中，旱季与雨季分明；气候垂直变化大，气候类型多；气象灾害种类多，发生频率高且范围大，主要有干旱，其次是暴雨、洪涝和低温等。

（1）四川盆地：四周环山，尤其是北部的秦岭和大巴山两道屏障阻挡了北方寒冷气流南下，使四川盆地成为我国同纬度范围内热量最丰富的地区，属亚热带季风气候，冬暖、春早、夏热、无霜期长（230～340 d）；盆地内气温日较差小，年平均气温日较差8℃左右，是全国最小值区之一；年差较大，最冷月（1月）平均气温为 4～8℃，最热月（7月）大部分地区平均气温为 26～28℃，年较差达 19～22℃，年平均气温一般在 16～18℃，＞10℃积温 4000～6000℃，无霜期为 280～330 d；长江河谷的热量条件最优，年均气温在 18℃以上，≥10℃积温 5500～6000℃，无霜期为 320～350 d，而盆地北缘，主要是北部和西部边缘地区年均气温低于16℃，＞10℃积温小于5000℃；降水充沛，年均降水量一般在 900～1200 mm，仅中江、三台、盐亭等地略少于900 mm，盆地西缘山地北川—雅安—沐川一带年降水量可达 1200 mm 以上，雅安、天全、洪雅、峨眉等地甚至高达 1500～1800 mm，素有"华西雨屏"之称；盆地东南缘和东北缘山地年降水量也达 1200～1400 mm；盆中偏西地区（嘉陵江与龙泉山之间）年降水量相对较少，但均在 800 mm 以上，大部分在 900 mm 以上；降水时间分配不均，多夜雨，夜雨率春季最大，冬季次之，夏季最小；夏季大雨、暴雨多，全年降水量50%以上集中在夏季，秋季多绵雨。盆地风小，全年多云、冬季多雾，晴天少，日照短，年均日照 1000～1400 h，湿度大，除盆中、盆北部分地区较低外，年均相对湿度一般在 80%以上；年干燥度均在 1.0以下，属湿润气候类型。综合水、热两方面的条件，四川盆地属湿润亚热带季风气候，以中亚热带为主，只是盆北、盆西部分地区由于纬度偏北或地势增高而降至北亚热带。

（2）川西南山地：冬半年在南支西风急流的控制下，晴朗少雨；夏半年在暖湿气流影响下，降水集中。全年气温较高，年均气温 10.1～20.3℃；日较差大，年平均日较差10～16℃；年较差小，最冷月（1 月）平均气温 4～12℃，最热月（7 月）大部分地区平均气温为 20～26℃，年较差仅 14～18℃；降水量较少，年均 800～1200 mm，旱季、雨季分明，全年降水量的 90%集中在 5～10 月，有近 7 个月为旱季；云量少，晴天多，日照时间长，年均日照 2000～2600 h。高山峡谷区的河谷地带受焚风影响而形成典型的干热河谷气候，如在海拔 1300 m 以下的金沙江河谷，长夏无冬，年均气温 18～20℃，仁和一带更高达 20.3℃，≥10℃积温 6000～7500℃，冬暖夏凉，四季不甚分明，是我国南亚热带的一块"飞地"；山地则形成显著的立体气候，从南亚热带（海拔 1300 m 以下）到永久冰雪带（海拔 5000 m 以上）都有，但以暖温带气候为主。

（3）川西北高山高原：由于境内地势高亢、山体巨大，高原面辽阔，全年气温较低，最冷月（1 月）平均气温大部分在–12～5.5℃，最热月（7 月）平均气温 8～23℃，年均气温仅–1.6～15.4℃。随海拔增高，气温急剧下降，除东南河谷年均气温在 10℃以上外，一般均不足 8℃；川西北高原地区海拔一般在 3500 m 以上，气候寒冷干燥，长冬无夏，年均气温多在 6℃以下，石渠、色达一带更低于 0℃，分别为–1.6℃和–0.1℃，为四川最低；昼夜温差大，年平均日较差 10～16℃。降水少而集中，年均降水量为 500～900 mm，空间分布不平衡，理塘、雅江、康定及阿坝、红原、马尔康一带可达 700～800 mm，而得荣、乡城、巴塘年均降水量仅 300～500 mm（金沙江河谷的得荣县年降水量仅 325 mm），为四川省降水量最少的地区；九顶山背风坡的茂县不及 500mm，只有 493mm，为另一个少雨区。天气晴朗，日照充足，年均日照 1600～2600 h。多风，且多大风。年均相对湿度 55%；年均干燥度大于 1.0，得荣甚至高达 3.7，属半湿润半干旱气候。川西北山地高差大，气候立体变化明显，河谷干暖，山地冷湿，从河谷到山脊依次出现暖温带、中温带、寒温带、亚寒带、寒带和永冻带，但以寒温带气候为主。

气候影响土壤水分与温度状况。从图 1-1 可以看出，四川省年干燥度东西部差异明显，东部地区湿度大，年干燥度小于 1，低值区在雅安与乐山地区沿岷江水系分布，年

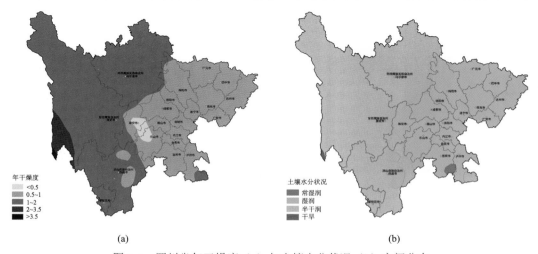

图 1-1 四川省年干燥度（a）与土壤水分状况（b）空间分布

干燥度小于 0.5；西部地区太阳辐射强、风速大，除越西、普格、布拖外的高原以及山地地区年干燥度都大于 1，高值区分布于乡城县与得荣县，年干燥度大于 2。相应地，土壤水分状况空间分布特征与年干燥度空间分布特征大体一致，整体呈现东湿西干的空间分布特征，四川东部平原、丘陵及盆周山地区主要为湿润土壤水分状况，其中兴文县及其与长宁县、珙县交界区域为常湿润土壤水分状况，古蔺县为半干润土壤水分状况。四川西部山地及高原区主要为半干润土壤水分状况，其中越西、昭觉、普格、布拖区域为湿润土壤水分状况，得荣县南部区域为干旱土壤水分状况。

由图 1-2 可知，四川土壤温度状况在高级分类划分标准下以热性、温性、寒性为主，部分区域为高热性、冷性、永冻，具体如下：东部盆地底部地区主要为热性，西南山地区攀枝花、会理、米易、盐边、西昌东部以及局部山地河谷海拔相对较低区域也为热性。盆周及川西高山峡谷海拔 1000～3000m 夹着带状分布的温性区域；盆地内华蓥山以及古蔺与叙永区域海拔在 1000m 以上的地区也为温性。川西北海拔高于 3000m 以上的高原地区主要为寒性。在温性与寒性的交接区域存在部分冷性。川西北雀儿山、格聂山、贡嘎山、四姑娘山、雪宝顶 4500～6000m 区域为寒冻。仅大雪山山脉主峰贡嘎山海拔大于 6000m 以上区域为永冻。四川省最南部与云南交接处的金沙江大峡谷分布着条带状高热区域。在基层分类划分标准下，四川省土壤温度状况以热性、温性、冷性为主，部分地区为恒高热性、亚寒性、近寒性、高寒性；高热性、热性、温性所在区域与高级分类划分标准下高热性、热性、温性所在区域大体相同。四川西北高原地区为冷性，与高级分类划分标准中寒性所在区域基本一致。四川西部高原地区各山脉的高山周围存在亚寒性，与高级分类标准下的寒冻区域一致。大雪山山脉存在近寒性，其主峰贡嘎山存在高寒性。

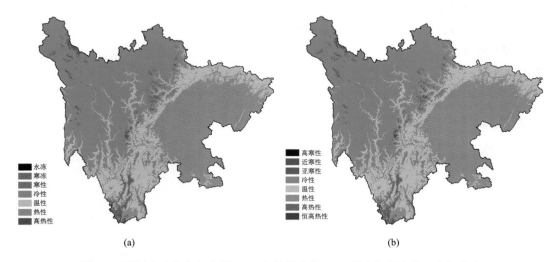

图 1-2　四川省土壤高级分类（a）和基层分类（b）用土壤温度状况空间分布

1.2.4　水文

（1）地表水：由河流、湖泊和人工渠系水体构成。四川河流众多，流域面积在 100 km²

以上的大小河流共千余条，分属长江水系和黄河水系，长江水系占绝对优势。长江宜宾以上河段称金沙江，主要支流有雅砻江、大渡河、安宁河等；宜宾以下河段主要支流有岷江、沱江、涪江、嘉陵江、渠江、青衣江、赤水河等，黄河主要支流为黑河与白河。四川河流水源大部分来自地面径流，仅西部高原地区有少量河流由冰川积雪补给，石灰岩地区由地下水补给，因而汛期与雨季同步；以幼年河和老年河为主，西部高山峡谷区和盆周山地区的河流均为幼年河，河谷呈"V"字形，盆中丘陵区和川西北高原地区河流均为老年河，谷地宽阔，曲流发育，水流平缓；属壮年河的仅有安宁河中游、岷江下游和川江河段，河谷呈"U"形，阶地发育。四川河流径流量丰富，但时空分布不平衡；水系形态多样，水蚀情况各异，盆地内河川径流泥沙含量高。除河流外，四川有大小湖泊数千个，多分布于川西地区，属冰蚀湖、堰塞湖和构造断裂湖，比较有名的有泸沽湖、邛海、九寨沟长海等，其中泸沽湖和邛海面积分别为 $72km^2$ 和 $21km^2$，其余都在 $10km^2$ 以下。人工渠系和水体数量更多，各类水利工程达数十万处，其中大型和中型水库有百余座，如黑龙潭水库、升钟水库等，灌溉万亩以上的引水渠堰近百处。

地表水对成土母质有重要影响，河流携带的泥沙，即冲积物，是重要的成土母质。

（2）地下水：四川地下水资源也较丰富，按储存方式可分为松散沉积物孔隙水、碎屑岩孔隙裂隙水、碳酸盐岩裂隙溶洞水、变质岩裂隙水和岩浆岩裂隙水。松散沉积物裂隙水主要分布于川西平原和若尔盖—红原沼泽草甸地区，且资源丰富。碎屑岩孔隙裂隙水主要分布于红层盆地，其余零星分布于盆周山地和川西南山地；川中丘陵紫色岩区地下水相对贫乏，其中沙溪庙组和自流井组为缺乏，蓬莱镇组和遂宁组岩层区较好。碳酸盐岩裂隙溶洞水主要分布于盆周山地和川西南山地，尤以盆周山地较丰富；川东平行岭谷和川西高原只有零星分布；变质岩裂隙水主要分布于川西高原，川西南山地和盆周山地只有零星分布；岩浆岩裂隙水主要分布于川西南山地及盆周山地，散布于川西高原。

地下水对土壤发育有重要影响，如成都平原局部地段由于地处古河道、槽型洼地等地形部位，加上土体下部为广汉黏土这类黏重沉积物等而发生滞水现象，导致土壤潜育化，形成潜育水耕人为土等类型。

1.2.5　植被

四川植物资源种类繁多，有高等植物 1 万余种，其中苔藓植物 500 余种，维管束植物 230 余科、1620 余属，蕨类植物 708 种，裸子植物 100 余种（含变种），被子植物 8500 余种。从生态环境来看，既有大面积亚热带植物，又有热带及寒带植物；从植被类型来看，有阔叶林、针叶林、竹林、灌丛、稀树灌木草丛、草甸、沼泽及流石滩植被等。

（1）四川盆地：代表性植被类型为以喜暖湿的山毛榉科、樟科和山茶科等种属为主的亚热带常绿阔叶林和以马尾松（*Pinus massoniana* Lamb.）、杉木[*Cunninghamia lanceolata* （Lamb.） Hook.]、柏木（*Cupressus funebris* Endl.）为主的亚热带针叶林以及以暖性竹类[毛竹（*Phyllostachys edulis* （Carriere） J. Houz.）、桂竹（*Phyllostachys bambusoides* Sieb. et Zucc）、蓉城竹（*Phyllostachys bissetii* McClure）、水竹（*Phyllostachys heteroclada* Oliver）]与禾草、杂草、灌木等为主的亚热带竹、灌草丛。盆地丘陵及平原由于人类经济活动频繁，农业发展历史悠久，原生常绿阔叶林多被农田植被代替，农业

利用方式为一年两熟制；次生林多为马尾松林、柏木林等，原始常绿阔叶林仅有零星分布，主要乔木树有楠木（*Phoebe zhennan* S. K. Lee et F. Wei）、润楠[*Machilus nanmu*（Oliv.）Hemsl.]、樟[*Cinnamomum camphora*（L.）J. Presl]、丝栗栲（*Castanopsis fargesii* Franch.）、青冈[*Cyclobalanopsis glauca*（Thunb.）Oerst.]等。盆周山地基本植被为常绿阔叶林，其上为针、阔混交林及亚高山针叶林（暗针叶林）及温性竹类，暗针叶林仅发现于盆周西缘、北缘及东北缘山地，林分组成以冷杉[*Abies fabri*（Mast.）Craib]为主，南缘山地海拔偏低，冷杉林很少。

（2）川西南山地：植被垂直分布明显，主要为寒带针叶林、温带针阔混交林、北亚热带常绿和落叶混交林、中亚热带常绿阔叶林。代表性植被类型以偏干性的常绿阔叶林和云南松林为主，常绿阔叶林树种以高山栲（*Castanopsis delavayi* Franch.）、毛果栲（*Castanopsis orthacantha* Franch.）、滇青冈[*Quercus glaucoides*（Schottky）Koidz.]、黄毛青冈（*Quercus delavayi* Franch.）、白柯[*Lithocarpus dealbatus*（Hook. f. et Thomson ex. Miq.）Rehder]、云南樟[*Cinnamomum glanduliferum*（Wall.）Meisn.]、银木荷（*Schima argentea* E. Pritz.）等为主；针叶林以云南松（*Pinus yunnanensis* Franch.）为主，还有干香柏（*Cupressus duclouxiana* B. Hickel）林和云南油杉（*Keteleeria evelyniana* Mast.）林。此外，该区还以攀枝花（*Bombax ceiba* L.）、火绳树[*Eriolaena spectabilis*（DC.）Planch. ex Mast.]、酸角（*Tamarindus indica* L.）、余甘子（*Phyllanthus emblica* L.）、番石榴（*Psidium guajava* L.）等热带植物成分为显著特征，也是四川省具有热带植物成分的区域。

（3）川西北高山高原：山川纵横，高差悬殊，水热状况各异，植被区域组合与垂直组合差异均明显。在干旱河谷地带，岷江中上游主要为灰毛黄栌（*Cotinus coggygria* var. *cinerea* Engl.）、白刺花[*Sophora davidii*（Franch.）Skeels]、枸杞（*Lycium chinense* Mill.）、黄芦木（*Berberis amurensis* Rupr.）灌木组成，雅砻江中游则以白刺花、少脉雀梅藤（*Sageretia paucicostata* Maxim.）、鞍叶羊蹄甲（*Bauhinia brachycarpa* Wall. ex Benth.）等组成，草本植物主要有芸香草[*Cymbopogon distans*（Nees ex Steud.）Will.]、荩草[*Arthraxon hispidus*（Thunb.）Makino]、西藏须芒草（*Andropogon munroi* C. B. Clarke）和细柄草[*Capillipedium parviflorum*（R. Br.）Stapf]等。在高山峡谷地带，岷江中上游常绿阔叶林以香粉叶[*Lindera pulcherrima* var. *attenuata* C. K. Allen]、青冈、曼青冈（*Cyclobalanopsis oxyodon* Miq.）为主，落叶阔叶林以川滇高山栎（*Quercus aquifolioides* Rehder et E. H. Wilson in Sarg.）、蜡瓣花（*Corylopsis sinensis* Hemsl.）、元宝枫（*Acer truncatum* Bunge）、刺榛（*Corylus ferox* Wall.）为主，雅砻江中游则以川滇高山栎、矮高山栎（*Quercus monimotricha* Hand.-Mazz.）等硬叶阔叶林为主；岷江中上游针叶林以黄果冷杉（*Abies ernestii* Rehd.）、岷江冷杉[*Abies fargesii* var. *faxoniana*（Rehder et E. H. Wilson）Tang S. Liu]、峨眉冷杉[*Abies fabri*（Mast.）Craib]、紫果冷杉（*Abies recurvata* Mast.）、云杉（*Picea asperata* Mast.）等树种为主，雅砻江中游则以川西冷杉、丽江冷杉、鳞皮冷杉（*Abies squamata* Mast.）、高山松（*Pinus densata* Mast.）和方枝柏（*Juniperus saltuaria* Rehder et E.H. Wilson）树种为主。在高山和高原上部，森林呈斑块状分布，并逐步被高山灌丛和高山草甸植被代替，主要是由窄叶鲜卑花[*Sibiraea angustata*（Rehd.）Hand.-Mazz.]、粉紫杜鹃（*Rhododendron impeditum* Balf. f. et W. W. Sm.）、隐蕊杜鹃（*Rhododendron intricatum* Franch.)、密枝杜鹃（*Rhododendron fastigiatum* Franch.)、西藏香柏[*Juniperus pingii* var. *wilsonii*（Rehder）Silba]、川滇高山栎、二色锦鸡儿（*Caragana bicolor* Kom.)、鬼箭锦鸡儿[*Caragana jubata*（Pall.）Poir.]等组成的高山灌丛与以矮生嵩草（*Carex alatauensis* S. R. Zhang）、高山嵩草（*Carex parvula* O. Yano）、四川嵩草[*Cares setchwanensis*（Hand.-Mazz.）S. R. Zhang]、圆穗蓼（*Polygonum macrophyllum* D. Don.)、珠芽蓼（*Polygonum viviparum* L.)、细叶蓼（*Polygonum taquetii* H. Lev.）等为主的高山草甸；高寒潮湿及沼泽地区，主要以喜湿的嵩草（*Cares myosuroides* Vill.)、扁穗莞[*Blysmus compressus*（L.）Panz. ex Link]等为主，沼生植物有海韭菜（*Triglochin maritimum* L.)、溪木贼（*Equisetum fluviatile* L.)、毛柄水毛茛[*Batrachium trichophyllum*（Chaix ex Vill.）Bosch]等。

综上，四川植被东、西水平差异明显，垂直地带性也明显，且在东、西山地之间存在很大差异。同一植被类型在不同区域的垂直分布幅度和组合成分各具特点，但总的趋势是分布幅度为南高北低，西高东低；种类组成为南部复杂，北部简单。

植被影响有机物质类型与分布。如亚热带地区森林植被条件下的土壤常具有腐殖质特性；草甸植被易于腐殖质的深厚积累，从而形成暗沃表层和均腐殖质特性，高寒草甸植被利于草毡有机土壤物质的积累以及草毡表层的形成，沼泽植被条件下常形成泥炭类有机土壤物质；若植被遭受破坏，常形成淡薄表层。

1.2.6　母质

母质是土壤形成的物质基础，而地层与岩石又是母质的物源基础。四川地层和岩石有两个显著特征：一是新、老地层出露齐全；二是沉积岩出露最广。境内除最古老的太古宇外，元古宇、寒武系、奥陶系、志留系、泥盆系、石炭系、二叠系、三叠系、侏罗系、白垩系、古近系—新近系和第四系地层均有出露，其中侏罗系与白垩系地层出露面积最大，并以四川盆地最为集中，其次为川西南山地；元古宇、寒武系、奥陶系、泥盆系等古老地层及古近系—新近系地层在全省各中、高山地区出露较多；志留系、二叠系、三叠系地层以盆周山地较为集中，其中以三叠系出露面积大；第四系分布面积小，但在境内各区域均有分布，以川西平原和若尔盖与红原的丘状高平原最为集中。境内岩浆岩、变质岩和沉积岩具有一定面积的分布，但以沉积岩出露面积最大。沉积岩类以泥岩、页岩等黏土岩为主，次为石灰岩、白云岩和泥灰岩等化学岩及生物化学岩和砾岩、角砾岩、粉砂岩等沉积碎屑岩；变质岩以片麻岩、板岩、片岩、千枚岩、大理岩等为主；岩浆岩几乎囊括了所有类型，如酸性的花岗岩、花岗闪长岩、石英闪长岩，中性的正长岩、闪长岩、安山岩，基性的辉长岩、玄武岩，超基性的橄榄岩、辉岩等。正是如此众多的地层和岩石类型，造就了境内复杂多样的成土母质。

（1）冲积物。可进一步细分为现代及全新世冲积物（新冲积物）和更新世冲积物（老冲积物）。新冲积物主要分布在四川盆地西部由岷江等河流冲积而成的川西平原、川西南安宁河流域的西昌平原和川江、嘉陵江等沿江两岸的低阶地以及山间盆地，新冲积物常进一步细分为灰色冲积物、灰棕冲积物、紫色冲积物和黄红冲积物等类型。老冲积物包括雅安期、广汉期等地质时期的冲积物。

（2）洪积物。广泛分布于山地沟谷、坡前地带，但面积较小，分布零星；四川盆地多出现在山麓前沿河流出口处，形成洪积扇；川西南山地和川西北高山高原地区，多以洪积锥、冲积锥出现。

（3）冰川沉积物。包括冰水沉积物和冰碛物。冰水沉积物是更新统间冰期的产物，主要分布在川西平原西南部的高阶地（台地）；冰碛物集中分布于海螺沟和磨子沟一带，格聂山和雀儿山等一些西部高山的上部也有零星分布。

（4）湖积物。分为现代湖积物和古湖相沉积物。现代湖积物主要分布于西部丘状高原湖盆区，以若尔盖和红原地区最为集中。

（5）风积物。包括风积沙和黄土。风积沙主要分布于若尔盖及大渡河与岷江中上游的局部河谷地带；黄土零星分布于汶川、茂县、理县、金川、马尔康、松潘、阿坝、甘孜、泸定、炉霍等川西北地区。成都黏土也属于风成沉积物，其最明显的特征是土体中富含大小不等的钙质结核、明显的铁锰淀积物、上下均一的颗粒组成和土壤盐基饱和度高等，主要分布于川西平原西北部冲积扇缘地带和嘉陵江、涪江沿岸二级以上阶地，如新津、双流、龙泉驿、青白江、金堂、射洪等地。

（6）红黏土。早更新世—古近纪的古风化物，主要分布于川西南山地的低河谷一带，在海拔 3000m 以上个别地段也有出露。

（7）残坡积物。各类岩石的残、坡积物，主要有紫色岩（侏罗系、白垩系以及古近系—新近系和三叠系飞仙关组）、黄色砂岩夹薄层泥岩、碳酸盐岩、碎屑泥质岩、浅色和深色结晶岩等的残、坡积物。四川盆地除集中分布有紫色岩风化物外，还有三叠系—侏罗系的碳酸盐岩及三叠系须家河组厚砂岩夹薄泥岩等风化物；碎屑泥质岩风化物主要分布于盆周山地和川西北高山高原；浅色结晶岩风化物多分散出现于石渠—甘孜—道孚—红原一线的西南部山地和高原，以及四川盆地北缘米仓山一带，以沙鲁里山东侧和盆地西缘的九顶山至宝兴、泸定、石棉一带及攀枝花以西的地段较为集中；深色结晶岩风化物多出现于川西南的凉山山原和攀枝花市。

（8）有机土壤物质。分布于松潘、若尔盖、红原、阿坝、越西、昭觉、冕宁等地。

母质影响土壤的颗粒组成、化学组成、矿物组成等性质，影响土壤的发育进程，进而决定土壤类型。如新冲积物形成冲积新成土和潮湿雏形土，黄色砂岩风化形成的残、坡积物常发育为正常新成土，成都黏土易于发育为淋溶土，红黏土发育的土壤具铁质特性。

1.2.7　时间

时间通过土壤绝对年龄、相对年龄及成土速率来体现。四川大面积的土壤是更新世及其以后形成的，土壤绝对年龄可部分通过第四系沉积物年代来判定。黄土是四川土壤的成土母质之一，电子自旋共振（ESR）测年结果表明，川西北马尔康市可尔因地区Ⅱ～Ⅵ级阶地上黄土年龄在 136～206 ka，茂县盆地Ⅲ级阶地黄土年龄为 110 ka；光释光（OSL）测年结果表明，川西北甘孜县Ⅴ级阶地距地表 3.9 m 范围内的黄土年龄为 1.8～54.6 ka，而成都平原双流、青白江、金堂等地的"成都黏土"年龄在 18.6～74.7 ka，以这些有准确测年结果的沉积物为母质发育的土壤，其绝对年龄便随之可准确确定。冰川沉积物、洪冲积物也是四川土壤重要的成土母质，对其年代进行测定也能反映其发育土壤的绝对年龄，如 ESR 测年结果表明，位于普格县与德昌县交界区的螺髻山第四纪冰川沉积物年代在 13～585 ka，其发育的土壤绝对年龄也大抵在这个范围；位于雅安市雨城区草坝—名山区万古场一带的 I～IV 级阶地砾石层年代在 11～791 ka，眉山市洪雅县阳坪 I～VI 级阶地砾石层年代在 5～266 ka，相应地，从低阶地到高阶地，土壤绝对年龄也越来越老。沼泽堆积物是形成潜育土和有机土的物质基础，^{14}C 测年表明，川西北高原黄河水系的黑河、白河流域草地沼泽堆积物年龄不超过 8000 a，长江水系炉霍一带草原沼泽堆积中上部泥炭层年龄也在 750～8800 a。

岩石风化成土过程可用风化成土速率来表征。当然，岩石风化成土不仅受水热、植被等环境因素的影响，还取决于岩石所含黏粒矿物类型、颗粒大小及均一程度、胶结物质种类、岩层产状和构造运动等因素。如四川盆地紫色岩含蛭石、蒙脱石等膨胀性矿物多的泥钙质胶结的泥页岩、倾斜度大的岩层产状和构造受力集中部位，压、张性断裂多（如向斜或背斜轴部），岩石裂隙率高，水分易于渗入，则风化得快。岩屑大小也影响风化成土速率，粒径越小，成土越快，如相同粒径的不同地层、不同岩性岩石碎屑，风化 1 年后，若以形成粒径为 2 mm 的颗粒量为成土率，则飞仙关组<夹关组<沙溪庙组<遂宁组<蓬莱镇组<城墙岩群。此外，人工翻动岩块，打碎石骨子和爆破紫色泥页岩，可暴露新鲜风化面，促进水热作用，加速其风化。

相对年龄主要通过土层分化类型及其厚度来判断，如 A-R、A-C 型新成土年龄最低，A-Bw-C 型雏形土年龄较大。

1.2.8　人为活动

人为活动可改变成土条件、成土过程和土壤属性，甚至土壤类型的变化。据考古资料，"资阳人""筠连人""古蔺人""北川人""射洪人"很早便在四川境内活动。距今约 4500 年前，成都平原便形成了以种植水稻为主的农业形态。战国时代的公元前 251 年，李冰父子带领蜀民建成了著名的都江堰水利工程，实现了成都平原耕地的自流灌溉，面积超过 100 万亩（1 亩≈666.67m^2），水田农业在成都平原腹心地带进一步发展。东汉时，盆西自广元经成都到乐山已成为以水田农业为主的稻作区；此时川西南河谷以旱作为主，稻作为辅，盆南低丘河谷地带也开始了零星的水稻种植。到了唐代，冬小麦在四川盆地普及，原始农业的一年一熟变为一年两熟。再到宋代，不仅平原、河川、峡谷地带已大体普及水稻种植，盆地内丘陵低山区也出现梯田，种植水稻，川西平原和盆地丘陵区成为以水田农业为主的基本农业区。经元、明屯田，"康雍复垦"和"乾嘉续垦"，梯田从盆地内向盆周山地扩展，水田从盆西扩展到盆南和盆东，川西南彝族地区水稻种植也进一步发展。民国时期，水田进一步向盆东南和盆东北扩展；抗日战争期间，安宁河中游宽谷成为川西南地区的谷仓。从中华人民共和国成立到 1957 年，四川省十分重视兴修水利，扩大种植面积，如 1949 年都江堰灌区面积 280 万亩，50 年代末达到 590 万亩；1958～1978 年仍然十分重视兴修水利，如 70 年代末都江堰灌区面积扩大到了 850 万亩（如今已达到 1330 万亩）。在发展水田过程中，伴随田面平整化、植被人工化、土壤水耕熟化，形成人为滞水土壤水分状况，有耕作层、犁底层、水耕氧化还原层，原来的潜育土、淋溶土、雏形土等类型发育为水耕人为土。

随着粮食产量的提高、居民生活水平的提高及需求的多样化，在经济利益的驱动下，水田改为菜地、水田改为茶园、水田改为果园、水田改为苗圃，原来的人为滞水土壤水分状况消失，犁底层被破坏，土壤类型随之变化；在旱耕熟化过程中，可能形成肥熟表层、肥熟现象、耕作淀积层等诊断层，相应的土壤转而发育为肥熟旱耕人为土等类型。

四川人口众多，土地垦殖强度高，水土流失严重，山丘区面积大、种类多的雏形土遭受侵蚀可形成"表蚀"亚类；"坡薄土"这类中低产田土的主要改良措施是实施"坡改梯"，坡土经过削高填低、土地平整等过程之后，原有土层被扰动，形成人为扰动层次，发育为扰动人为新成土。本次土系调查没有专门采集这类土壤。

伴随城市化和工业化推进，大量耕地转变为建设用地，由于挖掘、堆填、封闭等人为扰动，土壤类型发生改变甚至消失。

四川是水力资源大省，建成了紫坪铺、二滩、锦屏一级等大型水电站及大批中小型水电站，水电开发导致库区和下游水文状况发生改变，土壤水分状况随之改变，甚至导致部分土壤类型消失在水库中。

第2章 成土过程与诊断依据

2.1 成 土 过 程

成土过程即土壤形成过程，是指在各种自然与人为成土因素的综合作用下，土壤形成与演变的过程。成土过程是由一系列生物的、物理的、化学的和物理化学的基本现象所构成的，其实质是在一定时间和空间条件下，母质与气候、生物以及土体内部的物质与能量的迁移和转化过程。任何一种土壤的形成都有一个以上的成土过程，成土过程的多样性决定了土壤类型的多样性。四川成土过程主要有有机物质积累、黏化、脱硅富铁铝化、钙化、潜育化、氧化还原、漂白和熟化等过程。

2.1.1 有机物质积累过程

生物产生的有机物质进入土壤和在土体中聚积的过程，主要有腐殖化、泥炭化和草毡化过程。

腐殖化过程是土壤中有机物质转化为腐殖质并积累的过程，是土壤中普遍发生的成土过程。由于植被类型、覆盖度、水分和温度状况等的差异，腐殖质含量、组成与分布特点也不同，如腐殖质层厚度一般为草本植被下的土壤大于森林植被下的土壤，腐殖质积累量为草甸植被下的土壤大于草原植被下的土壤。在腐殖质积累作用下，土壤可能形成暗沃表层和淡薄表层等诊断表层，产生腐殖质特性和均腐殖质特性等诊断特性。

泥炭化过程是指植物有机残体以不同分解程度的形态在土壤中积累的过程，主要发生在低洼、过湿环境条件下。有些植物组织仍保持原状，仅发生一些颜色变化。土壤在泥炭化作用下形成纤维、半腐或高腐类泥炭质有机土壤物质和泥炭质有机表层。泥炭化可见于有机土、潜育土等土纲。

草毡化过程是指在高寒草甸植被条件下活根与死根根系交织缠结以及缠结根系之间不同分解程度有机物质积累的过程。土壤在草毡化作用下形成草毡表层或草毡现象。草毡表层有一定弹性、铁铲不易挖掘。草毡化可见于有机土、雏形土和新成土等土纲。

2.1.2 黏化过程

土壤中黏粒形成与聚积的过程，可分为淀积黏化和残积黏化过程。淀积黏化是指上部土层的黏粒被分散后随悬浮液向下迁移并淀积在下部土层中的现象，在大形态上主要表现为在裂隙壁或结构体表面有黏粒胶膜。残积黏化是指土壤中黏粒就地形成并积累的过程。黏粒的形成包括岩石或矿物的物理性破碎、矿物的化学分解及分解产物再合成次生黏粒矿物等方面。黏化过程形成黏化层或黏磐，见于各类淋溶土和肥熟旱耕人为土、均腐土部分土系。

2.1.3 脱硅富铁铝化过程

脱硅富铁铝化过程指热带、亚热带气候条件下铝硅酸盐矿物因硅的风化淋失而引起土壤中铁、铝氧化物相对富集的过程。土壤在脱硅富铁铝化作用下形成低活性富铁层和聚铁网纹层等诊断层，或产生铁质特性、铝质特性或铝质现象等诊断特性。四川富铁土、淋溶土、雏形土等均可见脱硅富铁铝化过程。

2.1.4 钙化过程

钙化过程是指土壤中碳酸钙的淋溶与淀积过程，即脱钙与钙积过程。在湿润气候条件下，土壤下渗水充足，碳酸盐可全部淋失；在半湿润、半干旱气候条件下，脱钙作用仅在土体上部进行，而淋移到下部的重碳酸钙由于干燥脱水而重新转变为难溶的碳酸钙而淀积下来，形成具粉霜状、菌丝状、膜状、结核状和钙磐等淀积特征；极干旱条件下钙化过程表现为碳酸钙的表聚。在钙积作用下可形成钙积层，产生石灰性。

川西半干润地区，部分土壤中可见假菌丝；盆地内成都黏土中可见碳酸钙结核，金堂等地部分紫色土中也可见碳酸钙结核。

2.1.5 潜育化过程

潜育化过程指在长期被水饱和的缺氧条件下，土壤有机物质嫌气分解，铁、锰强烈还原，土体颜色转变为蓝灰或青灰的过程。潜育化一般由地下水引起，发生在土体底部（称为底潜）；当地下水位接近地表时，可造成土壤通体潜育（称为通潜）；土壤表层滞水也可引起表层土壤潜育化（称为表潜）。潜育化主要发生在地势相对低洼地段，在潜育化作用下可产生潜育特征或潜育现象，形成潜育水耕人为土，如通济系；潜育土，如壤口系；潜育潮湿寒冻雏形土，如红原系；潜育潮湿冲积新成土，如尚合系。

2.1.6 氧化还原过程

氧化还原过程指土壤干湿交替引起的铁、锰还原淋溶和氧化淀积的交替过程。主要发生在有地下水且水位季节性升降的潮湿土壤水分状况条件下，如各类潮湿雏形土、潮湿寒冻雏形土、冲积新成土；也可发生在有季节性滞水水分状况的土壤（存在缓透水黏土层、石质或准石质接触面，或有苔藓或枯枝落叶层等）中，如寒冻雏形土的西俄洛系和冷凉常湿雏形土的二郎山系，产生氧化还原特征；水耕熟化过程中季节性淹水灌溉与排水落干也可引起干湿交替，产生氧化还原过程，如水耕人为土各土系，形成水耕氧化还原层。

2.1.7 漂白过程

漂白过程指土壤因周期性滞水引起铁锰还原淋失，黏粒随水淋溶，土体颜色变浅发白的过程。土壤在漂白作用下可形成漂白层，如漂白湿润淋溶土的张家坪系。

2.1.8　熟化过程

在人为耕作、施肥、灌溉和改良等措施下，土壤肥力上升的过程，可分为水耕熟化和旱耕熟化。土壤在水耕熟化作用下可形成水耕表层和水耕氧化还原层，如水耕人为土的各土系；在旱耕熟化作用下可形成肥熟表层或肥熟现象、耕作淀积层或耕作淀积现象，如肥熟旱耕人为土的白帐房系。

2.2　诊断依据

中国土壤系统分类以诊断层、诊断特性作为划分土壤类别的依据。《中国土壤系统分类检索》（第三版）设有 33 个诊断层、25 个诊断特性和 20 个诊断现象，本次四川土系调查涉及 15 个诊断层、15 个诊断特性和 3 个诊断现象。

2.2.1　诊断层

按在单个土体中出现的部位，诊断层可细分为诊断表层和诊断表下层，诊断表层是位于单个土体最上部的诊断层；诊断表下层是由物质的淋溶、迁移、淀积或就地富集作用在土壤表层之下形成的具有诊断意义的土层。

（1）有机表层

矿质土壤中经常被水饱和，具高量有机碳的泥炭质有机土壤物质表层；或被水分饱和的时间很短，具极高量有机碳的枯枝落叶质有机土壤物质表层。仅有机土有 3 个土系存在有机表层，可细分为半腐和高腐 2 类，厚度 50～60 cm，有机碳含量 138～447 g/kg，容重 0.16～0.62 g/cm^3（表 2-1）。

表 2-1　四川土系有机表层基本特征

厚度/cm		有机碳/（g/kg）		容重/（g/cm^3）	
范围	平均	范围	平均	范围	平均
50～60	56.7	138～447	236	0.16～0.62	0.41

（2）草毡表层

高寒草甸植被下具高量有机碳有机土壤物质表层、活根与死根根系交织缠结的草毡状表层。有机土、雏形土和新成土各 1 个土系存在草毡表层，其厚度 12～20 cm，缠结根系体积占 50%以上，色调为 7.5YR～10YR，干态明度 3～4，润态明度 2～3，润态彩度 1～2，碳氮比为 14.7～20.0，容重 0.50～0.87 g/cm^3（表 2-2）。

表 2-2　四川土系草毡表层基本特征

厚度/cm		有机土壤物质颜色				碳氮比		容重/（g/cm^3）	
范围	平均	色调	干态明度	润态明度	润态彩度	范围	平均	范围	平均
12～20	15.7	7.5YR～10YR	3～4	2～3	1～2	14.7～20.0	17.1	0.50～0.87	0.72

（3）暗沃表层

有机碳含量高或较高、盐基饱和、结构良好的暗色腐殖质表层。它存在于均腐土 4 个土系、雏形土 13 个土系和新成土 1 个土系中，其厚度 20～120 cm，色调 7.5YR～2.5Y，干态明度 3～5，润态明度 2～3，润态彩度 1～3，有机碳含量 11.3～58.8 g/kg，pH 介于 6.0～8.8（表 2-3）。

表 2-3　四川土系暗沃表层基本特征

土纲（土系数/个）	厚度/cm		颜色			有机碳/（g/kg）		pH	
	范围	平均	干态明度	润态明度	润态彩度	范围	平均	范围	平均
均腐土（4）	50～110	77.5	3～5	2～3	2～3	11.3～51.9	26.8	6.2～8.4	7.4
雏形土（13）	20～120	53.8	3～5	2～3	1～3	11.9～58.8	31.1	6.0～8.8	7.3
新成土（1）	22	22	4	3	2	52.9	52.9	7.4	7.4
全部（18）	20～120	52.4	3～5	2～3	1～3	11.3～58.8	30.4	6.0～8.8	7.3

（4）淡薄表层

发育程度较差的、淡色的或较薄的腐殖质表层。有机土 2 个土系覆盖淡薄表层，潜育土 1 个土系、富铁土 4 个土系、淋溶土 39 个土系、雏形土 90 个土系、新成土 30 个土系共 166 个土系有淡薄表层存在，其厚度 5～38 cm，干态明度 3～8，润态明度 2～6，润态彩度 1～8，有机碳含量 2.7～117.8 g/kg（表 2-4）。

表 2-4　四川土系淡薄表层基本特征

土纲（土系数/个）	厚度/cm		颜色				有机碳/（g/kg）	
	范围	平均	干态明度	干态彩度	润态明度	润态彩度	范围	平均
有机土（2）	9～10	9.5	3～5	2～3	2	2～3	63.1～117.8	90.5
潜育土（1）	20	20	5	6	4	4	37.4	37.4
富铁土（4）	10～20	15.0	4～6	6～8	3～5	4～8	7.5～33.5	16.2
淋溶土（39）	10～38	19.3	4～6	6～8	3～5	4～8	2.7～66.9	15.1
雏形土（90）	10～35	16.8	4～7	1～8	2～6	1～8	3.0～53.7	15.2
新成土（30）	5～25	12.5	3～8	2～8	2～6	1～8	3.4～86.9	16.8
全部（166）	5～38	16.9	3～8	1～8	2～6	1～8	2.7～117.8	16.4

（5）肥熟表层与肥熟现象

肥熟表层是长期种植蔬菜、大量施用人畜粪尿和土杂肥等，精耕细作，频繁灌溉而形成的高度熟化人为表层。仅肥熟旱耕人为土的白帐房系具肥熟表层，其厚度为 30 cm，有机碳含量为 21.1g/kg，有效磷含量 37 mg/kg。

肥熟现象是土层具有肥熟表层某些特征的现象，这里指土地利用现状为旱地的土壤在土层厚度、有机碳和有效磷含量方面符合检索标准的现象；淋溶土 2 个土系、雏形土 3 个土系具有肥熟现象，其厚度为 29～50 cm，有机碳含量为 3.9～32.9 g/kg，全层加权平均为 15.1 g/kg，有效磷含量达 6～72 mg/kg，0～25 cm 加权平均为 35.1 mg/kg（表 2-5）。其中，淋溶土中的张家坪系虽然在土层厚度、有机碳和有效磷含量方面均符合肥熟表层要求，但调查采样时未观察到侵入体等肥熟表层必需的检索条件而划为肥熟现象。

表 2-5 四川土系肥熟现象所属土层基本特征

土纲	全层厚度/cm		有机碳/（g/kg）		有效磷/（mg/kg）	
（土系数/个）	范围	平均	范围（亚层）	加权平均（全层）	范围（亚层）	加权平均（0~25cm）
淋溶土（2）	32~43	37.5	6.3~25.8	17.1	7~51	30.9
雏形土（3）	29~50	39.7	3.9~28.5	11.6	6~72	38.6
全部（5）	29~50	38.8	3.9~32.9	15.1	6~72	35.1

（6）水耕表层

水耕表层是在淹水耕作条件下形成的人为表层（包括耕作层和犁底层）。水耕人为土 7 个土系具有水耕表层，其中潜育水耕人为土 1 个土系，铁聚水耕人为土 1 个土系，简育水耕人为土 5 个土系。水耕表层总厚度 20~30 cm，其中耕作层厚度 12~20 cm，容重 0.82~1.40 g/cm³；犁底层厚度在 8~10 cm，容重 1.34~1.66 g/cm³，耕作层与犁底层的容重比 1.1~1.8（表 2-6）。

表 2-6 四川土系水耕表层基本特征

土类（土系数/个）	耕作层 Ap1				犁底层 Ap2				容重比（Ap1/ Ap2）	
	厚度/cm		容重/（g/cm³）		厚度/cm		容重/（g/cm³）			
	范围	平均	范围	平均	范围	平均	范围	平均	范围	平均
潜育水耕人为土（1）	16	16	0.82	0.82	9	9	1.49	1.49	1.8	1.8
铁聚水耕人为土（1）	12	12	1.07	1.07	8	8	1.42	1.42	1.3	1.3
简育水耕人为土（5）	14~20	15.8	1.01~1.40	1.20	8~10	9.4	1.34~1.66	1.55	1.1~1.6	1.3
全部（7）	12~20	15.3	0.82~1.40	1.13	8~10	9.1	1.34~1.66	1.52	1.1~1.8	1.4

（7）漂白层

由黏粒和/或游离氧化铁淋失，有时伴有氧化铁的就地分凝，形成颜色主要取决于砂粒和粉粒的漂白物质所构成的土层。淋溶土 2 个土系具有漂白层，其厚度 10~23 cm，上界在距矿质土表 20~120 cm 处，干态明度 8，润态明度 7，润态彩度 1~3（表 2-7）。

表 2-7 四川土系漂白层基本特征

厚度/cm		上界/cm		下限/cm		漂白物质颜色			
范围	平均	范围	平均	范围	平均	干态明度	干态彩度	润态明度	润态彩度
10~23	16.5	20~120	70	43~130	86.5	8	1	7	1~3

（8）雏形层

成土过程中形成的、无或基本上无物质淀积、未发生明显黏化，但有土壤结构发育的 B 层。人为土 2 个土系、均腐土 4 个土系、淋溶土 17 个土系、雏形土 98 个土系具雏形层，其厚度 11~145 cm，上界出现在距矿质土表 10~135 cm 处，质地有砂质黏土、黏土、粉质黏土、砂质黏壤土、黏壤土、粉质黏壤土、砂质壤土、壤土、粉质壤土、壤质砂土等类型，结构体有粒状、鳞片状、亚角块状、角块状和棱块状等类型（表2-8）。

表 2-8　四川土系雏形层基本特征

土纲（土系数/个）	厚度/cm	上界/cm	质地类型	结构体类型
人为土（2）	20～35	100～115	黏土、壤土	亚角块状、角块状
均腐土（4）	13～110	37～135	黏土、砂质壤土、壤土、粉质壤土	亚角块状、角块状
淋溶土（17）	15～130	12～120	黏土、黏壤土、粉质黏壤土、壤土、粉质壤土	亚角块状、角块状、棱块状
雏形土（98）	11～145	10～106	砂质黏壤土、黏土、粉质黏土、砂质黏壤土、黏壤土、粉质黏壤土、砂质壤土、壤土、粉质壤土、壤质砂土	粒状、鳞片状、亚角块状、角块状
全部（121）	11～145	10～135	砂质黏壤土、黏土、粉质黏土、砂质黏壤土、黏壤土、粉质黏壤土、砂质壤土、壤土、粉质壤土、壤质砂土	粒状、鳞片状、亚角块状、角块状、棱块状

（9）低活性富铁层

由中度富铁铝化作用形成的、具低活性黏粒和富含游离铁的土层。富铁土 4 个土系具有低活性富铁层，其厚度 64～134 cm，上界在距矿质土表 10～20cm 处，色调 5YR～2.5YR，游离铁 10.6～58.0 g/kg，铁游离度 49.3%～70.4%，黏粒 CEC_7 为 11.1～40.8 cmol（+）/kg（表2-9）。

表 2-9　四川土系低活性富铁层基本特征

厚度/cm		上界/cm		色调	游离铁（Fe）/（g/kg）		铁游离度		黏粒 CEC_7/[cmol（+）/kg]	
范围	平均	范围	平均		范围	平均	范围	平均	范围	平均
64～134	97.6	10～20	15.0	5YR～2.5YR	10.6～58.0	28.7	49.3%～70.4%	58.5%	11.1～40.8	23.8

（10）聚铁网纹层

由铁、黏粒与石英等混合并分凝成多角状、网状红色或暗红色的富铁、贫腐殖质聚铁网纹体组成的土层。富铁土 1 个土系、淋溶土 7 个土系、雏形土 1 个土系有聚铁网纹层，其上界在距矿质土表 15～160 cm 处，厚度 65～185 cm（表2-10）。

表 2-10　四川土系聚铁网纹层基本特征　　　　　　（单位：cm）

土纲（土系数/个）	上界		下界		厚度	
	范围	平均	范围	平均	范围	平均
富铁土（1）	120	120	200	200	80	80
淋溶土（7）	15～160	72.6	130～220	172.6	30～185	100.0
雏形土（1）	100	100	165	165	65	65
全部（9）	15～160	80.9	130～220	174.8	65～185	101.9

（11）耕作淀积层

耕作淀积层是旱地土壤中受耕种影响而形成的一种淀积层。位于紧接耕作层之下，其前身一般是原来的其他诊断表下层。仅肥熟旱耕人为土的白帐房系具耕作淀积层，其上界在距矿质土表 30 cm 处，下界位于距矿质土表 70 cm 处，厚度达 40 cm，结构体表面有中量灰色腐殖质-黏粒胶膜，有效磷含量达 43 mg/kg，为磷质耕作淀积层。

（12）水耕氧化还原层

水耕条件下铁锰自水耕表层或兼自其下垫土层的上部亚层还原淋溶，或兼有由下面具潜育特征或潜育现象的土层还原上移，并在一定深度中氧化淀积的土层。潜育水耕人为土和铁聚水耕人为土各 1 个土系、简育水耕人为土 5 个土系具有水耕氧化还原层。其厚度 36～130 cm，上界位于水耕表层底部，距矿质土表 20～30 cm 处，游离铁含量 7.9～22.2 g/kg，各亚层游离铁含量与耕作层游离铁含量的比值为 0.76～1.54（表 2-11）。具锈斑纹，结构体表面具灰色腐殖质-粉砂-黏粒胶膜，角块状或棱柱状结构。

表 2-11　四川土系水耕氧化还原层基本特征

土类（土系数/个）	厚度/cm		上界/cm		游离铁（Fe）/（g/kg）		各亚层游离铁含量与耕作层游离铁含量的比值	
	范围	平均	范围	平均	范围	平均	范围	平均
潜育水耕人为土（1）	75	75	25	25	8.1～10.1	9.12	1.05～1.32	1.19
铁聚水耕人为土（1）	130	130	20	20	11.2～22.2	18.38	0.77～1.54	1.27
简育水耕人为土（5）	36～123	81.8	22～30	25.2	7.9～22.1	12.33	0.76～1.22	0.98
全部（7）	36～130	87.7	20～30	24.4	7.9～22.2	13.17	0.76～1.54	1.07

（13）黏化层与黏磐

黏化层是黏粒含量明显高于上覆土层或结构体表面淀积多量厚度>0.5mm 黏粒胶膜的表下层。人为土 1 个土系、均腐土 1 个土系、淋溶土 39 个土系具有黏化层，其厚度 15～185 cm，上界在距矿质土表 10～110 cm 处，黏粒含量 93～601 g/kg，黏粒比在 0.32～1.97（表 2-12）。其中，多数为淀积黏化，结构体表面具黏粒胶膜，部分半干润地区淋溶土或均腐土黄土母质为残积黏化，黏化层黏粒与表层黏粒的比值大于 1.2。

表 2-12　四川土系黏化层基本特征

土纲（土系数/个）	厚度/cm		上界/cm		黏粒含量/（g/kg）		黏粒比（Bt/A）	
	范围	平均	范围	平均	范围	平均	范围	平均
人为土（1）	30	30	70	70	178	178	1.29	1.29
均腐土（1）	55	55	80	80	172～188	180	1.39～1.52	1.45
淋溶土（39）	15～185	85.7	10～110	37.7	93～601	294	0.32～1.97	1.05
全部（41）	15～185	83.6	10～110	39.5	93～601	291	0.32～1.97	1.06

黏磐是黏粒含量主要继承母质、部分黏粒由上层迁移至此淀积，形成具坚实棱块状结构、伴有铁锰胶膜或钙质凝团与结核的土层，仅淋溶土 3 个土系具有黏磐，其厚度 87～163 cm，上界在距矿质土表 12～43cm 处，黏粒含量 312～596 g/kg，平均 425g/kg（表 2-13）。

表2-13　四川土系黏磐基本特征

厚度/cm		上界/cm		黏粒含量/（g/kg）		黏粒比（Bt/A）	
范围	平均	范围	平均	范围	平均	范围	平均
87～163	121.7	12～43	23.3	312～596	425	0.68～1.97	1.11

（14）钙积层与钙积现象

钙积层为富含次生碳酸盐的未胶结或未硬结土层。均腐土3个土系、淋溶土3个土系、雏形土9个土系有钙积层，其厚度为20～125 cm，上界在距矿质土表15～130 cm处，次生碳酸盐含量为70～336 g/kg（表2-14），主要以碳酸钙粉末或假菌丝形态存在。

表2-14　四川土系钙积层基本特征

土纲（土系数/个）	厚度/cm		上界/cm		次生碳酸盐含量/（g/kg）	
	范围	平均	范围	平均	范围	平均
均腐土（3）	20～105	60.0	50～130	86.7	70～336	170.5
淋溶土（3）	75～150	113.3	15～110	51.7	22～265	111.2
雏形土（9）	35～125	78.4	18～70	34.4	33～229	110.4
全部（15）	20～125	75.1	15～130	48.3	70～336	170.5

钙积现象为土层中有一定次生碳酸盐聚积的特征。均腐土3个土系、淋溶土2个土系、雏形土2个土系、新成土1个土系具钙积现象，钙的积累主要表现在碳酸钙粉末或假菌丝形态的存在，但体积达不到钙积层需要的条件。对于地处湿润地区富含碳酸钙的土壤，特别是发生分类为紫色土的土壤，未考虑其钙积过程，也未分析其钙积层与钙积现象。

2.2.2　诊断特性

（1）有机土壤物质

经常被水饱和且具高量有机碳的泥炭等物质，或被水饱和时间很短而具极高量有机碳草毡状物质。其中，高腐有机土壤物质存在于有机土2个土系中，其有机碳含量138.9～447.3 g/kg；半腐有机土壤物质存在于有机土2个土系、潜育土1个土系、雏形土1个土系中，其有机碳含量178.7～464.8 g/kg；有机土、雏形土和新成土各1个土系中有草毡有机土壤物质，其有机碳含量49.3～109.7 g/kg（表2-15）。

表2-15　四川土系有机土壤物质基本特征及分布情况

有机土壤物质类型	有机碳含量/（g/kg）		土纲名称	亚纲数/个	土类数/个	亚类数/个	土族数/个	土系数/个
	范围	平均						
高腐	138.9～447.3	239.7	有机土	1	1	2	2	2
半腐	178.7～464.8	313.0	有机土、潜育土、雏形土	3	3	4	4	4
草毡	49.3～109.7	75.1	有机土、雏形土、新成土	3	3	3	3	3

（2）岩性特征

土表至 125cm 范围内土壤性状明显或较明显保留母岩或母质的岩石学性特征，有冲积物岩性特征、紫色砂页岩岩性特征、红色砂页岩岩性特征、碳酸盐岩岩性特征。其中，冲积物岩性特征出现于新成土 8 个土系中，紫色砂页岩岩性特征出现于紫色湿润雏形土 8 个土系中和紫色正常新成土 5 个土系中，岩石碎屑色调为 5RP～10RP，以 10RP 为主；红色砂页岩岩性特征仅出现于新成土 1 个土系中，即赤岩系，岩石碎屑色调为 10R；碳酸盐岩岩性特征出现的土纲较多，包括均腐土 1 个土系、富铁土 1 个土系、淋溶土 3 个土系、雏形土 3 个土系、新成土 2 个土系（表 2-16）。

表 2-16　四川土系岩性特征分布情况　　　　　　　（单位：个）

岩性特征类型	均腐土	富铁土	淋溶土	雏形土	新成土	合计
冲积物岩性特征	—	—	—	—	8	8
紫色砂页岩岩性特征	—	—	—	8	5	13
红色砂页岩岩性特征	—	—	—	—	1	1
碳酸盐岩岩性特征	1	1	3	3	2	10

（3）石质接触面与准石质接触面

石质接触面是土壤岩石之间的界面层，不能用铁铲挖开，或在水中、六偏磷酸钠溶液中振荡 15 小时不分散。均腐土 2 个土系、淋溶土 2 个土系、雏形土 11 个土系、新成土 7 个土系具有石质接触面，岩石类型主要为碳酸盐岩、砂岩、千枚岩、变质石英砂岩等，其上界在距矿质土表 5～104 cm 处（表 2-17）。

表 2-17　四川土系石质接触面分布情况

土纲	上界/cm	亚纲数/个	土类数/个	亚类数/个	土族数/个	土系数/个
均腐土	50	2	2	2	2	2
淋溶土	70～95	1	2	2	2	2
雏形土	25～104	3	6	10	10	11
新成土	5～90	2	3	4	7	7
全部	5～104	8	13	18	21	22

准石质接触面是土壤与连续黏结的下垫物质（一般为部分固结的砂岩、粉砂岩、页岩或泥灰岩等沉积岩）之间的界面层，湿时用铁铲可勉强挖开，在水中或六偏磷酸钠溶液中振荡 15 小时，可或多或少分散。富铁土 1 个土系、淋溶土 3 个土系、雏形土 31 个土系、新成土 14 个土系具有准石质接触面，岩石类型主要是各种红紫色砂页岩，其上界在 10～100 cm 处（表 2-18）。

（4）土壤水分状况

年内各时期土壤内或某土层内地下水或 <1500kPa 张力持水量的有无或多寡，主要依据气象数据和地形水文状况确定。本次土系调查中涉及半干润、湿润、常湿润、滞水、人为滞水、潮湿与常潮湿等土壤水分状况，其中人为土 1 个土系、均腐土 5 个土系、富

表 2-18　四川土系准石质接触面分布情况

土纲	上界/cm	亚纲数/个	土类数/个	亚类数/个	土族数/个	土系数/个
富铁土	74	1	1	1	1	1
淋溶土	40～100	1	2	3	3	3
雏形土	26～100	1	4	7	23	31
新成土	10～70	1	4	6	13	14
全部	10～100	4	11	17	40	49

铁土 1 个土系、淋溶土 10 个土系、雏形土 28 个土系和新成土 7 个土系有半干润土壤水分状况，均腐土 1 个土系、富铁土 3 个土系、淋溶土 29 个土系、雏形土 62 个土系、新成土 21 个土系有湿润土壤水分状况，雏形土中 3 个土系有常湿润土壤水分状况，有机土 1 个土系、淋溶土 2 个土系、雏形土 4 个土系有滞水土壤水分状况，人为土 7 个土系存在人为滞水土壤水分状况，有机土 3 个土系、潜育土 1 个土系、雏形土 8 个土系、新成土 4 个土系存在潮湿与常潮湿土壤水分状况（表 2-19）。

表 2-19　四川土系土壤水分状况分布情况　　　　　　（单位：个）

土壤水分状况	有机土	人为土	潜育土	均腐土	富铁土	淋溶土	雏形土	新成土	合计
半干润	—	1	—	5	—	10	28	7	52
湿润	—	—	—	1	3	29	62	21	116
常湿润	—	—	—	—	—	—	3	—	3
滞水	1	—	—	—	—	2	4	—	7
人为滞水	—	7	—	—	—	—	—	—	7
潮湿与常潮湿	3	—	1	—	—	—	8	4	16

（5）潜育特征

长期被水饱和，导致土壤发生强烈还原的特征。有机土的黑斯系和班佑系、人为土的通济系、潜育土的壤口系、雏形土的红原系、新成土的尚合系具有潜育特征。

（6）氧化还原特征

由于潮湿水分状况、滞水水分状况或人为滞水水分状况的存在而发生氧化还原交替作用形成的特征，常表现为有锈斑纹，或兼有由脱潜而残留的不同程度的还原离铁基质；或有硬质或软质铁锰凝团、结核和/或铁锰斑块；或无斑纹，但土壤结构体表面或土壤基质中占优势的润态彩度≤2。有机土 1 个土系、人为土 7 个土系、潜育土 1 个土系、富铁土 1 个土系、淋溶土 22 个土系、雏形土 20 个土系、新成土 8 个土系具有氧化还原特征（表 2-20）。

表 2-20　四川土系氧化还原特征分布情况　　　　　　（单位：个）

土纲	亚纲数	土类数	亚类数	土族数	土系数
有机土	1	1	1	1	1
人为土	1	3	3	7	7
潜育土	1	1	1	1	1

续表

土纲	亚纲数	土类数	亚类数	土族数	土系数
富铁土	1	1	1	1	1
淋溶土	3	8	10	20	22
雏形土	5	11	16	20	20
新成土	1	1	3	5	8
全部	13	26	35	55	60

（7）土壤温度状况

指土表下 50cm 深度处或浅于 50cm 的石质或准石质接触面处的土壤温度。亚类及其以上类别的检索时，涉及寒性、冷性、温性和热性 4 种土壤温度状况。有机土 3 个土系、潜育土 1 个土系、均腐土 2 个土系、淋溶土 1 个土系、雏形土 16 个土系、新成土 5 个土系为寒性土壤温度状况，均腐土 2 个土系、淋溶土 1 个土系为冷性土壤温度状况，有机土 1 个土系、人为土 1 个土系、均腐土 2 个土系、富铁土 1 个土系、淋溶土 14 个土系、雏形土 18 个土系、新成土 4 个土系为温性土壤温度状况，人为土 7 个土系、富铁土 3 个土系、淋溶土 23 个土系、雏形土 67 个土系、新成土 23 个土系为热性土壤温度状况（表 2-21）。

表 2-21　四川土壤高级单元温度状况分布情况　　　　（单位：个）

土壤温度状况	有机土	人为土	潜育土	均腐土	富铁土	淋溶土	雏形土	新成土	合计
寒性	3	—	1	2	—	1	16	3	26
冷性	—	—	—	2	—	1	—	2	5
温性	1	1	—	2	1	14	18	4	41
热性	—	7	—	—	3	23	67	23	123

土族鉴别时，仅涉及冷性、温性和热性 3 种土壤温度状况（表 2-22），这是由于亚类及以上类别的寒性土壤温度状况在土族鉴别时被归入了冷性土壤温度状况。

表 2-22　四川土壤基层单元温度状况分布情况　　　　（单位：个）

土壤温度状况	有机土	人为土	潜育土	均腐土	富铁土	淋溶土	雏形土	新成土	合计
冷性	3	—	1	4	—	2	16	5	31
温性	1	1	—	2	1	14	18	4	41
热性	—	7	—	—	3	23	67	23	123

（8）冻融特征

指由冻融交替作用在地表或土层中形成的形态特征，表现为在地表可见石环、冻胀丘等冷冻扰动形态，或 A、B 土层的部分亚层可见鳞片状结构和昼夜冻融现象。寒冻雏形土 11 个土系、寒冻冲积新成土 1 个土系和寒冻正常新成土 2 个土系出现冻融特征。

（9）均腐殖质特性

草原或森林草原中腐殖质的生物积累深度较大，其含量在剖面上随草本植物根系数量的减少而逐渐减少。均腐土 6 个土系具有均腐殖质特性，其有机碳含量 4.7～51.1 g/kg，腐殖质储量比 0.22～0.32，碳氮比 6.9～16.6。除均腐土外，简育寒冻雏形土 1 个土系也具有均腐殖质特性，其有机碳含量 9.1～45.7 g/kg，腐殖质储量比 0.35，碳氮比在 9.9～13.5（表 2-23）。

表 2-23　四川土系均腐殖质特性（距矿质土表 100cm 范围内或石质接触面以上）基本特征

土类（土系数/个）	有机碳含量/（g/kg）		腐殖质储量比 Rh		碳氮比	
	范围	平均	范围	平均	范围	平均
均腐土（6）	4.7～51.1	25.0	0.22～0.32	0.26	6.9～16.6	11.5
雏形土（1）	9.1～45.7	22.7	0.35	0.35	9.9～13.5	12.0
全部（7）	4.7～51.1	24.5	0.22～0.35	0.27	6.9～16.6	11.6

（10）腐殖质特性

在热带、亚热带地区，除 A 层，或 A 和 AB 层均有腐殖质的生物积累外，B 层也有腐殖质的淋淀积累或重力积累的特性。仅淋溶土 1 个土系、雏形土 2 个土系表现腐殖质特性，其有机碳总储量 13.3～21.1kg/m^2（表 2-24）。

表 2-24　四川土系腐殖质特性（距矿质土表 100cm 范围内）基本特征及分布情况

土纲	土壤有机碳总储量/（kg/m^2）		亚纲数/个	土类数/个	亚类数/个	土族数/个	土系数/个
	范围	平均					
淋溶土	21.1	21.1	1	1	1	1	1
雏形土	13.3～20.4	16.9	2	2	2	2	2
全部	13.3～21.1	18.3	3	3	3	3	3

（11）铁质特性

铁质特性指土壤中游离氧化铁非晶质部分的浸润和赤铁矿、针铁矿微晶的形成，并充分分散于土壤基质内使土壤红化的特性。表现为土壤基质色调为 5YR 或更红；或整个 B 层细土部分 DCB 浸提游离铁≥14g/kg，或游离铁占全铁的≥40%。共有 164 个土系具有铁质特性，其中有机土 4 个，人为土 3 个，潜育土 1 个，均腐土 6 个，富铁土 4 个，淋溶土 37 个，雏形土 83 个，新成土 26 个。基质色调为 2.5Y～10R，游离铁 3.2～132.3 g/kg，铁游离度 13.6%～99.8%（表 2-25）。

表 2-25　四川土系铁质特性基本特征及分布情况

土纲	颜色		游离铁（Fe）/（g/kg）		铁游离度/%		亚纲数/个	土类数/个	亚类数/个	土族数/个	土系数/个
	干态色调	润态色调	范围	平均	范围	平均					
有机土	10YR～2.5YR	2.5Y～7.5R	3.2～27.9	10.3	39.1～59.1	46.7	1	2	4	4	4
人为土	10YR	10YR～7.5YR	14.4～22.2	18.1	38.4～81.5	61.7	2	3	3	3	3

续表

土纲	颜色		游离铁（Fe）/（g/kg）		铁游离度/%		亚纲数/个	土类数/个	亚类数/个	土族数/个	土系数/个
	干态色调	润态色调	范围	平均	范围	平均					
潜育土	7.5YR	7.5YR	61.3～100.0	90.8	81.7～99.8	90.8	1	1	1	1	1
均腐土	2.5Y～7.5YR	10Y～7.5YR	11.0～22.2	15.7	37.8～48.0	42.7	2	3	5	6	6
富铁土	5YR～2.5YR	5YR～2.5YR	10.2～58.0	27.5	49.3～79.9	60.5	2	2	3	4	4
淋溶土	2.5Y～2.5YR	2.5Y～2.5YR	6.3～132.3	27.8	25.8～98.9	57.6	3	11	17	35	37
雏形土	2.5Y～2.5YR	2.5Y～2.5YR	3.4～80.9	19.5	13.6～85.6	44.2	5	16	29	68	83
新成土	2.5Y～10R	2.5Y～10R	4.8～34.3	14.8	16.2～63.9	40.3	2	8	12	25	26
全部	2.5Y～10R	2.5Y～10R	3.2～132.3	21.8	13.6～99.8	48.9	18	46	54	146	164

（12）铝质特性与铝质现象

铝质特性是在除铁铝土和富铁土以外的土壤中铝富集并有大量 KCl 浸提铝存在的特性。淋溶土 3 个土系、雏形土 11 个土系有铝质特性，其 pH（KCl）为 3.3～3.9，黏粒 CEC_7 为 32.6～160.9 cmol（+）/kg，KCl 浸提铝为 15.2～81.8 cmol（+）/kg，KCl 浸提铝占黏粒 CEC_7 的 35.8%～83.1%，铝饱和度为 60.1%～94.2%（表 2-26）。

表 2-26　四川土系铝质特性基本特征

土纲（土系数/个）	pH（KCl）		黏粒 CEC_7 /[cmol（+）/kg]		KCl 浸提铝 /[cmol（+）/kg]		KCl 浸提铝占黏粒 CEC_7/%		铝饱和度/%	
	范围	平均	范围	平均	范围	平均	范围	平均	范围	平均
淋溶土（3）	3.4～3.9	3.6	37.3～75.4	56.1	16.0～32.2	22.7	35.8～42.9	40.6	64.0～74.5	71.1
雏形土（11）	3.3～3.9	3.7	32.6～160.9	74.1	15.2～81.8	41.0	36.5～83.1	56.6	60.1～94.2	74.2
全部（14）	3.3～3.9	3.7	32.6～160.9	71.5	15.2～81.8	38.4	35.8～83.1	40.6	60.1～94.2	73.8

铝质现象是部分符合铝质特性条件的现象。有机土 1 个土系、淋溶土 10 个土系、雏形土 22 个土系、新成土 1 个土系有铝质现象，其 pH（KCl）为 3.4～5.4，黏粒 CEC_7 为 26.0～626.8 cmol（+）/kg，KCl 浸提铝为 5.8～61.2 cmol（+）/kg，铝饱和度为 8.5%～84.6%（表 2-27）。

表 2-27　四川土系铝质现象基本特征

土纲（土系数/个）	pH（KCl）		黏粒 CEC_7 /[cmol（+）/kg]		KCl 浸提铝 /[cmol（+）/kg]		KCl 浸提铝占黏粒 CEC_7/%		铝饱和度/%	
	范围	平均	范围	平均	范围	平均	范围	平均	范围	平均
有机土（1）	3.4	3.4	404.8	404.8	28.1	28.1	6.9	6.9	35.9	35.9
淋溶土（10）	3.4～5.4	3.9	30.8～326.8	98.2	6.6～36.8	17.8	7.3～51.1	25.0	21.2～84.3	62.3
雏形土（22）	3.4～4.8	4.0	26.0～626.8	145.8	5.8～61.2	25.2	2.4～51.7	23.5	8.5～84.6	48.3
新成土（1）	3.7	3.7	62.8	62.8	30.0	30.0	27.8	27.8	49.6	49.6
全部（34）	3.4～5.4	4.0	26.0～626.8	131.1	5.8～61.2	22.7	2.4～51.7	24.1	8.5～84.6	53.1

（13）石灰性

土表至 50cm 范围内所有亚层中 CaCO$_3$ 相当物均≥10 g/kg，用 1∶3 的 HCl 处理有泡沫反应。若某亚层的 CaCO$_3$ 相当物含量比其上、下亚层高时，则绝对增量不超过 20 g/kg，即低于钙积现象的下限。除潜育土外，各土纲均有石灰性土系，雏形土最多，新成土、淋溶土次之，其他土纲较少，CaCO$_3$ 相当物含量 10～486g/kg（表 2-28）。

表 2-28　四川土系石灰性基本特征

土纲	土表至 50cm 范围内碳酸钙相当物含量/（g/kg）		亚纲数/个	土类数/个	亚类数/个	土族数/个	土系数/个
	范围	平均					
有机土	38～128	72	1	1	2	2	2
人为土	14～91	49	2	3	3	3	3
均腐土	14～102	47	2	2	4	4	4
富铁土	49～55	52	1	1	1	1	1
淋溶土	10～207	93	3	7	9	10	10
雏形土	10～349	92	4	13	14	31	43
新成土	10～486	106	2	7	9	18	19
全部	10～486	93	15	34	42	69	82

（14）盐基饱和度

盐基饱和度是土壤胶体被 K、Na、Ca 和 Mg 等交换性阳离子饱和的程度（NH$_4$OAc 法）。对于富铁土，盐基饱和度（BS）≥35% 为富盐基，BS<35% 为贫盐基；对于富铁土之外的土壤，BS≥50% 为饱和，BS<50% 为不饱和。这里主要分析有 pH（H$_2$O）<6.5 的土层的土系的盐基饱和情况，pH>6.5 的视为盐基饱和或富盐基。有 108 个土系存在 pH（H$_2$O）<6.5 的土层，其中，有机土 1 个土系、潜育土 1 个土系、富铁土 3 个土系、淋溶土 17 个土系、雏形土 28 个土系、新成土 4 个土系是不饱和的或贫盐基的（表 2-29）。

表 2-29　四川土系[有 pH（H$_2$O）<6.5 的土层]盐基饱和度基本特征及分布情况

土纲	饱和或富盐基土层盐基饱和度/%		亚纲数/个	土类数/个	亚类数/个	土族数/个	土系数/个	不饱和或贫盐基土层盐基饱和度/%		亚纲数/个	土类数/个	亚类数/个	土族数/个	土系数/个
	范围	平均						范围	平均					
有机土	52.9～68.8	59.1	1	2	2	2	2	12.4～38.9	31.3	1	1	1	1	1
潜育土	—							22.1～37.5	29.5	1	1	1	1	1
均腐土	61.7～87.4	70.6	1	1	1	1	1	—						
富铁土	—							11.6～31.4	20.9	1	1	2	3	3
淋溶土	50.1～98.2	74.4	2	7	10	18	20	2.3～50.0	25.9	2	5	8	17	17
雏形土	50.6～98.0	70.6	5	13	18	23	27	4.0～50.0	23.7	5	10	14	27	28
新成土	—		2	4	4	4	4	31.6～49.1	37.7	2	3	3	4	4
全部	50.1～98.2	71.7	11	27	35	48	54	2.3～50.0	25.1	12	21	29	53	54

　　需要说明的是，很多土系具有铁质特性、铝质特性或铝质现象，各土系均存在盐基不饱和与饱和（铁铝土和富铁土为贫盐基与富盐基）的情况，但本土系志只在鉴定各级类别需要这些特性的土系中进行土系特征与变幅描述以及对比土系分析时提及。

第 3 章 土 壤 分 类

3.1 土壤分类的历史回顾

3.1.1 早期土壤分类

据《尚书·禹贡》记载，今四川部分区域土壤类型为"青黎"，这可能是四川最早的土壤类型记录。20 世纪 30～40 年代，梭颇（James Thorp）、周昌芸、朱莲青、李连捷、李庆逵、余皓、陈恩凤、刘海蓬、侯学煜、马溶之、王树嘉、席承藩、席连之等在四川开展了土壤调查（表 3-1），共记载 200 余个土系。

表 3-1　20 世纪 30～40 年代四川土壤调查情况

序号	调查人员	调查区域	调查日期（年.月）
1	梭颇、周昌芸、朱莲青	盆地中部	1936.10～1936.11
2	朱莲青	成都平原	1936.10～1937.02
3	李庆逵、余皓	广昭剑区	1938.05～1938.09
4	陈恩凤、刘海蓬	平武北川区	1938.11～1939.02
5	刘海蓬	成华区	1939.04～1939.07
6	侯学煜	涪江流域	1939.05～1939.07
7	余皓	沱江流域	1939.03～1939.08
8	马溶之、王树嘉	雷马峨屏区	1939.10～1940.02
9	李连捷、马溶之、余皓、席承藩	威远县	1940.03～04,08～10
10	刘海蓬	泸县内江	1940.01～1940.07
11	刘海蓬	名山洪雅区	1940.08～1940.12
12	余皓	乐山区	1940.08～1940.12
13	李庆逵、席承藩	通南巴区	1941.03～1941.07
14	朱莲青	叙珙区	1941.04～1941.07
15	马溶之、侯学煜、席连之	华蓥山	1941.04
16	余皓	松理边区	1941.03～1941.11
17	朱莲青、席连之	川中北路线	1941.10～1941.12
18	刘海蓬	川东北区	1941.08～1941.12
19	马溶之	西康西昌区	1938 年秋～1939 年春

注：熊毅、陈善明、李庆逵、王文魁、余皓和陆发熹做了大量土壤样品分析工作。

1945 年，余皓和李庆逵主编《四川之土壤》，将四川土壤按土类、亚类、土科和土系四级进行划分，其中土类按土壤发育方式划分，亚类按母质、地形及其他外动力进行划分，土系为基本研究单位，基本性质类同的土系划归同一土科，书中共整理了 16 个土类、32 个亚类、41 个土科、68 个土系（表 3-2）。需要指出的是，表中标星号、斜体字的土科、土系，从名称上看，属于现重庆市范围，故未统计在内。

表 3-2 四川土壤分类表（1945 年）

土类	亚类	土科	土系
红壤	老红壤	黑老坪科	坛罐窑系
			秀山系
			黑老坪系
	灰化红壤	唐家桥科	富长山系
			唐家桥系
	幼红壤	白马庙科	白马庙系
	红色石灰岩土		金嘴坝系
黄壤	*灰化黄壤*	*缙云寺科*	*缙云寺系*
			西山坪系
	老黄壤	雅安科	眉山系
			石鼓牛系
		二峨山科	二峨山系
			高斗寨系
灰壤	灰壤	黄龙寺科	黄龙寺系
			九峰山系
灰棕壤	灰棕壤	马塘科	马塘系
		金顶科	金顶系
		云归山科	*云归山系*
			娘子岭系
棕壤	棕壤	巫溪科	*巫溪系*
			五郎庙系
			民贵关系
		剑门关科	剑门关系
			大高山系
紫色土	中性紫色土	德耀关科	德耀关系
		重庆科	*重庆系*
		小高山科	小高山系
		观音庵科	观音庵系
	钙质紫色土	红岩桥科	红岩桥系
		剑阁科	剑阁系
		潼南科	罗江系
			潼南系
		自流井科	自流井系
			老鹰碥系
			广元系
		圣灯山科	圣灯山系
	酸性紫色土	乌尤寺科	乌尤寺系
		仁和厂科	仁和厂系
		南川科	*南川系*
		攻乐山科	攻乐山系
		万年寺科	万年寺系
			海会寺系
		通江科	通江系
		巴中科	

续表

土类	亚类	土科	土系
黑钙土	黑钙土	纳摩寺科	纳摩寺系
			雅金系
栗钙土	栗钙土	松潘科	松潘系
		秋吉寺科	秋吉寺系
漠钙土	棕漠钙土	石大关科	石大关系
	灰漠钙土	杂谷脑科	杂谷脑系
黑色石灰岩土	黑色石灰岩土	大安寨科	大安寨系
		剪刀峡科	*剪刀峡系*
姜石黄土	姜石黄土	石牛铺科	石牛铺系
		高店子科	高店子系
			走马岭系
高山草原土	高山草原土	阿西科	阿西系
		草地科	草地系
		索藏寺科	索藏寺系
	亚高山草原土	牛凤包科	牛凤包系
			天池子系
泥炭土	泥炭土	俄洛科	俄洛系
		湿地塘科	湿地塘系
冰层土	地衣冰层土		
	苔藓冰层土		
	寒冷冰层土	雪山梁子科	雪山梁子系
	森林冰层土		卓仓山系
冲积土	灰色冲积土	岷江科	岷江系
			嘉陵江系
			涪江系
	紫色冲积土	峨眉河科	峨眉河系
	棕色冲积土		
水稻土	红黄壤区水稻土		赵家坪系
			狮子庙系
			古城山系
			曾家山系
			蓝模湾系
	冲积区水稻土		郫县系
			成都系
	紫色土区水稻土		*鱼塘湾系*
			龙谷冲系
	姜石黄土区水稻土		镇子场系
			大面铺系
	黑色石灰岩土区水稻土		三乐桥系

中央农业实验所顾问、英国土壤肥料专家理查逊（H. L. Richardson）根据其 1938 年在四川的考察和梭颇等关于四川土壤的资料，在其著作 *Soils and Agriculture of Szechwan*

（《四川之土壤与农业》）中，将四川土壤划为冲积土（alluvial soils）、黄壤（yellow earths）、紫棕土（purple-brown soils）、棕壤[brown earths（gray-brown podzolic soils）]、黑色石灰土（rendizinas）、石质山地土（rocky mountain soils）、高山草地土（mountain meadow soils）和黑钙土与栗钙土（chernozems and chestnut earths）8 个大土类（great soil group），再采纳鲁滨逊概念（Robinson's concept），部分大土类下根据母质/母岩类型细分为若干个组（suite）。

四川农业实验所农业化学组自 1938 年成立起便开展土壤调查工作，到 1950 年时共调查了 22 个县，其中有 14 个县印出调查报告，但由于资料无法搜集，土壤分类情况无从查考。彭家元 1947 年在《科学月刊》第 9 期"四川土壤肥料概述"中，根据陈祥《资阳之土壤》、余皓和李庆逵《四川之土壤》及理查逊《四川之土壤与农业》等资料，将四川土壤大致分为如下各类及亚类：高漠土、冰碛土、高山草原土、黑钙土与栗钙土、灰棕壤（紫棕壤、黑色石灰土、棕壤、灰棕壤）、黄壤（含红壤）、紫色土、冲积土（包含水稻土、河流冲积土、崩积土）。

3.1.2　群众性耕地土壤分类

1958 年，四川省开展第一次群众性耕地土壤普查，在无统一的土壤分类系统背景下，拟定了土类—土组—土种的三级分类系统。土类反映在自然因素和经济活动综合影响下土壤生产性能上质的差异，主要以质地和颜色为依据；土组是土类中母质、地形的不同，引起的生产性能差异，反映宜肥、宜作以及改良利用途径的不同；土种是土组中由于熟化程度的不同所引起的生产性能差异，反映深耕改土的具体措施。该分类系统共划分为 12 个土类、37 个土组、97 个土种（表 3-3）。

表 3-3　四川省群众性耕地土壤分类系统（1960 年）

土类	土组	土种
黄泥	黄泥大土田	牛血黄泥大土田
		死性黄泥大土田
	姜石黄泥	二黄泥
		大黄泥
		姜石黄泥
		铁子黄泥
		白沙土
	小土黄泥	黄泥
		夹黄泥
		黄胶泥
		茶末子土
		卵石黄泥
	紫黄泥	夹沙黄泥
		二黄泥
		黄泥
		死黄泥

续表

土类	土组	土种
黄泥	山地黄泥	小黄泥
		大土黄泥
		夹沙黄泥
		黄泥
		火石子黄泥
		死黄泥
		豆面泥
大土泥	潮泥	二泥
		大泥
		潮泥
	紫色大土泥	大眼泥
		泥土
		大土泥
		豆瓣泥
		死大土
白鳝泥	大土白鳝泥	大土白鳝泥
		白鳝泥
		死白鳝泥
	白鳝泥大土田	浅脚白鳝泥大土田
		白鳝泥大土田
	老白鳝泥	深脚白鳝泥
		浅脚白鳝泥
	白鳝泥	活白鳝泥
		白鳝泥夹沙
		白鳝泥
		沙白鳝泥
	冷白鳝泥	冷白鳝泥
红泥	铁干子土	二红泥
		铁干子土
	红泥	小红泥
		红胶泥
		大红泥
黑泥	鸡粪大土	鸡粪大土
		黑泡泥
	黑泥	黑泥
夹沙泥土	潮沙泥	潮沙泥
		半沙泥
	紫色夹沙泥	漕沙泥
		夹沙泥
		夹沙土
	山地夹沙泥	泥夹沙
		夹沙土

续表

土类	土组	土种
油沙土	大土油沙	大土油沙
		油沙
	红油沙	黑油沙
		红油沙
	山地油沙	山地油沙
灰包土	灰包土	黑灰包土
		灰包土
石骨子土	紫色石骨子土	石骨子夹泥
		红石骨子土
		斑鸠沙
	石渣子土	扁沙土
		石渣子土
		石窑土
	炭渣土	墨石子土
		炭渣土
沙土	河沙土	沙土
		紧口沙
		白眼沙（响沙土）
	红沙土	沙土
		黄沙土
		红沙土
		粗沙土
	山地沙土	沙土
		冷松沙
		冷粗沙
下湿田	下湿田	反水田
		热漕田
		冷漕田
	滥田	夹脚滥泥
		滥包田
		楼板滥
	鸭屎泥	鸭屎泥
		深脚鸭屎泥
	冷浸田	冷浸田
硝田	翻硝田	干硝田
		冷硝田
	硝水田	硝水田
	冒胆田	冒胆田
	黄干水田	黄干水田

注：四川省农业厅编《四川农业土壤及其改良和利用》（1960）。

3.1.3 森林和草地土壤分类

从 20 世纪 50 年代开始，四川省林业勘察设计研究院对四川森林和草地土壤进行了广泛调查。1963 年，在阶段性总结的基础上，编写了《四川森林土壤的地理分布及其生产特性》，书中运用土壤发生学观点，对土壤按区域进行了土类—亚类两级分类（表 3-4），并提供了有关土类、亚类的形态特征和理化分析资料。

表 3-4　四川森林和草地土壤分类系统（1963 年）

土类	亚类
（一）盆地丘陵区	
黄壤	黄壤
紫色土	石灰性紫色土
	中性紫色土
	酸性紫色土
红色石灰土	红色石灰土
	淋溶红色石灰土
黄褐土	黄褐土
	残余碳酸盐黄褐土
	次生碳酸盐黄褐土
（二）山地和高原区	
山地黄壤	山地黄壤
	山地草被黄壤
山地黄棕壤	山地黄棕壤
	山地生草黄棕壤
山地灰棕壤	山地灰棕壤
山地红色土	山地红色土
山地红壤	山地红壤
山地红棕壤	山地红棕壤
	山地生草红棕壤
山地棕壤	山地棕壤
	山地灰化棕壤
山地黄棕色灰化土	山地黄棕色灰化土
	山地泥炭质黄棕色灰化土
山地棕色灰化土	山地棕色灰化土
	山地泥炭质棕色灰化土
山地灰化土	山地灰化土
	山地泥炭质灰化土
山地草甸森林土	山地草甸森林土
山地灰褐土	山地灰褐土
	山地粗骨性灰褐土
山地红褐土	山地碳酸盐红褐土
	山地淋溶红褐土

土类	亚类
山地棕褐土	山地碳酸盐棕褐土
	山地典型棕褐土
	山地淋溶棕褐土
山地紫色土	山地酸性紫色土
山地草原土	山地草原土
高山草甸草原土	高山草甸草原土
山地草甸土	山地草甸土
高山草甸土	高山草甸土
高原草甸土	高原草甸土
高原沼泽潜育土	高原沼泽潜育土

1989 年出版的《四川森林土壤》将土壤按林区分土纲—土类—亚类 3 级（表 3-5）。

表 3-5　四川森林和草地土壤分类系统（1989 年）

林区	土纲	土类	亚类
四川盆地及其周围山地林区	铁铝土	黄壤	黄壤
		山地黄壤	山地黄壤
			山地暗黄壤
	淋溶土	山地黄棕壤	山地黄棕壤
			山地暗黄棕壤
		山地棕壤	山地饱和棕壤
			山地棕壤
		山地暗棕壤	山地暗棕壤
		山地棕色针叶林土	山地棕色针叶林土
		山地草甸土	山地草甸土
	高山土	亚高山草甸土	亚高山草甸土
	半淋溶土	红色石灰土	红色石灰土
			淋溶红色石灰土
	初育土	紫色土	石灰性紫色土
			中性紫色土
			酸性紫色土
		黄褐色土	石灰性黄褐色土
			淋溶黄褐色土
川西南山地林区	铁铝土	山地红壤	山地红壤
			山地棕红壤
	淋溶土	山地黄棕壤	山地黄棕壤
			山地暗黄棕壤
		山地暗棕壤	山地暗棕壤
		山地棕色针叶林土	山地棕色针叶林土
		山地灰化土	山地灰化土
		山地草甸森林土	山地草甸森林土
			山地暗色草甸森林土
		山地草甸土	山地草甸土

林区	土纲	土类	亚类
川西南山地林区	半淋溶土	山地燥红土	山地燥红土
			山地淋溶燥红土
	高山土	高山草甸土	高山草甸土
		高山寒漠石质土	高山寒漠石质土
川西北高山高原林区	半淋溶土	山地燥褐土	山地燥褐土
		山地褐土	山地石灰性褐土
			山地褐土
			山地淋溶褐土
		山地草原土	山地草原土
	淋溶土	山地棕壤	山地棕壤
			山地灰化棕壤
		山地棕色针叶林土	山地棕色针叶林土
		山地灰化土	山地灰化土
		山地草甸森林土	山地草甸森林土
			山地暗色草甸森林土
	高山土	亚高山草甸草原土	亚高山草甸草原土
		高山草甸草原土	高山草甸草原土
		高山草甸土	高山草甸土
		高山寒漠石质土	高山寒漠石质土
	水成土	沼泽土	草甸沼泽土
			腐泥沼泽土
			泥炭沼泽土
		泥炭土	泥炭土

3.1.4　农业区划土壤分类

从 1976 年开始，四川省农业土壤区划研究组对全省土壤进行概查，按土类—土组—土种 3 级对土壤进行分类，在《四川省农业土壤区划（草案）》（1981）中，将四川土壤划分为 10 个土类、33 个土组和 86 个土种（表 3-6）。

表 3-6　《四川省农业土壤区划（草案）》中的土壤类型（1981 年）

土类	土组	土种
潮土	灰色潮土	油沙土、泥土、沙土、白鳝泥、下湿田
	灰棕潮土	潮泥土、潮沙泥土、潮沙土
	紫色潮土	油沙土、夹沙土、沙土、黄泥、白鳝泥
	红黄潮土	黄泥、死黄泥、夹黄泥、黑沙泥、白鳝泥
	高原潮土	待定
紫色土	暗紫泥	大泥土、二泥土、油沙土、梭沙土、黄沙土
	灰棕紫泥	夹沙泥、大眼泥、黄泥、豆瓣泥、白鳝泥、石骨土、沙土
	红棕紫泥	红石骨子土、红沙大土、黄泥、硝田
	棕紫泥	夹沙土、粗沙大土、黄泥、裂土、干浆石骨子土、瘦沙土、油沙土
	黄红紫泥	羊肝土、夹沙土、黄泥、油沙土、沙土
	红紫泥	红沙土、红沙泥、泥土、黄泡泥、白鳝泥

续表

土类	土组	土种
黄壤	矿子黄泥	矿子黄泥、黑泥、沙泥、火石子黄泥、黄泥、鸭屎泥
	冷沙黄泥	冷沙土、沙黄泥、炭渣土
	卵石黄泥	卵石黄泥、黄泥、死黄泥、白鳝泥
	姜石黄泥	姜石黄泥、大黄泥、二黄泥、铁子黄泥、冷黄泥
红壤	卵石红泥	卵石红泥、二红泥、铁干子红泥
	黄红泥	黄红泥、死红泥、泡红泥
	红泥	小红泥、大红泥、红沙泥、红胶泥
	褐红壤性土	黑红泥、马血泥、羊毛沙、小黄泥
山地棕壤类（山地木叶土）	山地黄棕壤	扁沙土、灰包土、黄磨土
	山地红棕壤	待定
	山地棕壤	待定
	山地灰棕壤	待定
山地褐色土类	山地黄褐土	待定
	山地褐色土	待定
	灰褐土	待定
山地灰化土	银灰土及棕色灰化土	待定
山地草甸土类	山地草甸土	待定
	高原草甸土	待定
	高原黑草甸土	待定
沼泽土（沼泽烂包泥）	潜育沼泽土（大沼泽烂包泥）	待定
	泥炭沼泽土（半沼泽烂包泥）	待定
山地冰冻土	山地冰冻土	待定

注：四川省农业土壤区划研究组编《四川省农业土壤区划（草案）》（1981）。

1986 年，《四川省农业资源与区划·上篇》中的"四川省农业土壤区划"将四川土壤按土类—亚类—土属—土种—变种进行了 5 级分类，共确定 23 个土类和 53 个亚类，部分耕地土壤划分了土属和土种（表 3-7）。

表 3-7 《四川省农业资源与区划》中的土壤类型（1986 年）

土类	亚类	土属	土种
砖红壤性红壤	砖红壤性红壤	砖红泥土	
		砖红沙泥土	
		羊肝石土	
		卵石砖红泥土	
	砖红壤性土	砖红壤性土	
红壤	山原红壤	红泥土	小红泥、大红泥、红沙泥、红胶泥
		红沙泥土	
		卵石红泥土	卵石红泥、二红泥、铁干子红泥

土类	亚类	土属	土种
红壤	黄红壤	黄红泥土	黄红泥、死红泥、泡红泥
		黄红沙泥土	
		红黄泥土	红黄泥土、死黄泥土、黄泡泥土
	棕红壤		
	红壤性土		
黄壤	黄壤	矿子黄泥	矿子黄泥、石渣黄泥、火石子黄泥、黄泥
		冷沙黄泥	冷沙土、黄沙泥、沙黄泥
		小土黄泥	小土黄泥、黄泥土、死黄泥、白鳝泥
		姜石黄泥	姜石黄泥、大黄泥、二黄泥、铁子黄泥、冷黄泥
	黄壤性土	石渣黄泥土	
		扁沙黄泥土	
		石块黄泥土	
黄棕壤	暗黄棕壤		
	黄褐土		
	黄棕壤性土		
棕壤	棕壤		
	棕壤性土		
暗棕壤	暗棕壤		
	灰化暗棕壤		
	草甸暗棕壤		
棕色针叶林土	棕色针叶林土		
	灰化棕色针叶林土		
红色石灰土	红色石灰土		
	淋溶红色石灰土		
燥红土	褐红土 （干燥红土）		
褐土	褐土		
	石灰性褐土		
	淋溶褐土		
	燥褐土		
	暗褐土		
紫色土	酸性紫色土	红紫泥土	红沙土、红沙泥、泥土、黄泡泥、白鳝泥
	中性紫色土	灰棕紫泥土	夹沙泥、大眼泥、豆瓣泥、紫黄泥、石骨子土、沙土
		暗紫泥土	大泥土、二泥土、油沙土、梭沙土、黄沙土
	钙质紫色土	红棕紫泥土	红石骨子土、红沙大土、黄泥、硝田
		棕紫泥土	夹沙土、粗沙大土、裂土、干姜石骨土、瘦沙土、油沙土
		砖红紫泥土	大土、小土、石骨土、茶末土
黑色石灰土	黑色石灰土		
	棕色石灰土		
	黄色石灰土		
新积土	新积土		
	石灰性新积土		

续表

土类	亚类	土属	土种
风沙土	半固定风沙土		
石质土	硅铝质石质土		
	钙质石质土		
沼泽土	腐泥沼泽土		
	草甸沼泽土		
泥炭土	低位泥炭土		
	中位泥炭土		
潮土	灰潮土		
	高原潮土		
山地草甸土	山地草甸土		
水稻土	淹育型水稻土	灰潮田	
		灰棕潮田	
		紫潮田	
		红紫泥沙田	
		红棕沙泥田	
		沙黄泥田	
		红沙泥田	
	潴育型水稻土	黄泥田	
		红泥田	
		钙质紫泥田	
		黄红潮田	
		灰潮田	
	潜育型水稻土	下湿田	
	脱潜型水稻土	灰潮田	
		紫泥田	
		黄红潮田	
		黄泥田	
高山寒漠土	高山寒漠土		
高山草甸土	高山草甸土		
	高山灌丛草甸土		
亚高山草甸土	亚高山草甸土		
	亚高山灌丛草甸土		

3.1.5　第二次土壤普查分类

1978 年,《四川省第二次土壤普查工作分类暂行方案》将全省土壤划分为 20 个土类。从 1979 年开始,在四川省土壤普查办公室的领导下和以侯光炯教授为首的土壤普查科学技术顾问组的指导下,四川省开展了第二次土壤普查,历经 7 年多的努力,于 1985 年底完成县级土壤普查任务,1991 年 10 月完成省级成果资料汇总。按全国土壤分类要求,采用土类—亚类—土属—土种—变种 5 级分类制将四川土壤划为 25 个土类、63 个亚类、138 个土属和 385 个土种。专著《四川土壤》(四川省农牧厅和四川省土壤普查办公室,

1997）中，增加了土纲和亚纲 2 级。四川省第二次土壤普查分类系统见表 3-8。

表 3-8　四川省第二次土壤普查分类系统（1996 年）

土纲	亚纲	土类	亚类	土属	土种
铁铝土	湿热铁铝土	赤红壤	赤红壤	赤红泥土	赤红泥土
					赤红胶泥土
					厚层赤红泥土
				坡洪积赤红泥土	赤红砂泥土
			赤红壤性土	赤红泡泥土	羊毛泡砂土
					羊肝石泡泥土
				夹石赤红泥土	黄石砂泥土
					赤红扁砂泥土
		红壤	黄红壤	黄红泥土	黄红泥土
					黄红砂泥土
					酸白砂土
					厚层黄红泥土
				卵石黄红泥土	卵石黄红泥土
			山原红壤	褐红泥土	鸡粪红泥土
					鸡粪红砂泥土
					红泥大土
					红胶泥土
					红砂泥土
					卵石红泥土
					中层褐红砂泥土
					厚层红胶泥土
				红泥土	红泥土
					暗红砂泥土
					夹石红砂土
					厚层红泥土
			红壤性土	红泡砂泥土	羊毛砂泥土
					羊毛砂土
				夹石红泥土	夹石红泥土
					夹石红砂泥土
					红石渣砂泥土
	湿暖铁铝土	黄壤	黄壤	冷砂黄泥土	冷砂黄泥土
					冷砂土
					厚层冷砂黄泥土
				砂黄泥土	砂黄泥土
					黄砂土
				矿子黄泥土	矿子黄泥土
					灰泡黄泥土
					火石子黄泥土
					中层矿子黄泥土

续表

土纲	亚纲	土类	亚类	土属	土种
铁铝土	湿暖铁铝土	黄壤	黄壤	老冲积黄泥土	卵石黄泥土
					面黄泥土
					铁杆子黄泥土
					卵石黄砂泥土
					厚层卵石黄泥土
			漂洗黄壤	白鳝泥土	冷白鳝泥土
					白鳝泥土
			黄壤性土	扁石黄泥土	扁砂黄泥土
					片石黄泥土
					扁石黄砂土 （扁石黄泥土）
					厚层扁砂黄泥土
				石渣黄泥土	石渣黄泥土
				炭渣土	炭渣土
				鱼眼砂黄泥土	鱼眼砂黄泥土
淋溶土	湿暖淋溶土	黄棕壤	黄棕壤	残坡积黄棕泡土	黑泡土
					灰棕泡土
					黄棕泡土
					灰棕泡砂土
					石渣黄棕泡土
					厚层黄棕泡土
					中层黄棕泡土
					薄层黄棕泡土
				洪积黄棕泥土	黄棕泥土
					黄棕砂泥土
				红底黄棕泥土	红底黄棕泥土
			暗黄棕壤	棕红泥土	棕红泥土
					棕红砂泥土
					黑鸦屎泥土
			黄棕壤性土	残坡积石块黄棕泥土	石块黄棕泥土
					石渣黄棕泥土
					扁砂黄棕泥土
					鱼眼砂黄棕泥土
		黄褐土	黄褐土	姜石黄泥土	姜石黄泥土
					姜石黄砂泥土
				钙质黄色黏土（钙质黄褐土）	黄褐大泥土
					夹石黄褐泥土
			黄褐土性土	残坡积黄褐泥土	扁砂黄褐砂泥土
					石渣黄褐砂泥土
					石渣黄褐砂土
					中层扁砂黄褐砂泥土
					中层石渣黄褐砂泥土

土纲	亚纲	土类	亚类	土属	土种
淋溶土	湿暖温淋溶土	棕壤	棕壤	残坡积棕泥土	棕泥土
					棕泥砂土
					灰泡砂泥土（棕泡砂泥土）
					夹石棕砂泥土
					厚层棕泡砂泥土
				冲洪积棕泥土	棕黄泥土
					砾石棕黄泥土
					棕黄砂土
			酸性棕壤	红底棕泥土	红底棕泥土
				残坡积酸性棕泥土	厚层酸棕泡砂泥土
			棕壤性土	残坡积石块棕泥土	石块棕泥土
				洪积石渣棕泥土	乌石渣土
	湿温淋溶土	暗棕壤	暗棕壤	坡洪积棕黑泡泥土	黑泥土
					夹石黑泥土
					片石黑泥土
					中层黑泡（泥）土
			白浆化暗棕壤	残坡积夹白棕黑泡土	中层黑灰泡土
			暗棕壤性土	残坡积石块棕黑泡土	厚层石块棕黑泡土
	湿寒温淋溶土	棕色针叶林土	棕色针叶林土	残坡积棕色灰包土（残坡积酸性黑泡泥土）	厚层棕色灰包（泡）土
			灰化棕色针叶林土	残坡积棕色酸白砂泥土（残坡积酸性棕灰黑泡土）	厚层棕色酸白砂泥土（厚层棕色酸灰泡泥土）
半淋溶土	半湿热半淋溶土	燥红土	褐红土	洪冲积褐红泥土	燥红砂泥土
					石子燥红砂土
					厚层燥红泥土
	半湿暖温半淋溶土	褐土	褐土	黄土性褐泥土	黄粉土
				坡洪积褐泥土	暗褐泥土
				残坡积褐泥土	厚层褐砂泥土
			石灰性褐土	黄土性石灰褐泥土	大黄土
					二黄土
					砾质黄土
				残坡积石灰褐泥土	褐砂泥土
					石渣褐泥土
					夹石褐砂土
					厚层石灰褐砂泥土
				冲洪积石灰褐泥土	黑褐砂泥土
					夹石黄土
					灰褐泥土
					褐黄砂泥土
					卵石褐黄土
				残坡积紫褐泥土	红褐大土
					紫褐泥土

续表

土纲	亚纲	土类	亚类	土属	土种
半淋溶土	半湿暖温半淋溶土	褐土	淋溶褐土	黄土性淋溶褐泥土	粉黄土
				坡洪积淋溶褐泥土	褐泥土
					石渣褐泥土
					褐黄砂土
					厚层黑褐砂泥土
			暗褐土	黄土性暗褐泥土	绵黄土
					褐黄土
					暗褐黄土
					卵石砂黄土
					薄黄土
				残坡积暗褐泥土	暗黄大土
					夹石暗黄土
					石渣灰黄土
					夹石暗褐砂土
					厚层暗褐砂泥土
			燥褐土	坡洪积灰褐泥土	夹石香灰土
					灰褐泥土
					石渣灰褐泥土
					厚层燥褐砂土
				冲洪积灰褐泥土	燥黄土
					燥砂土
					灰砂土
			褐土性土	坡洪积石渣灰褐泥土	暗褐石块土
					黑石块土
初育土	土质初育土	新积土	新积土	新积灰砂土	新积灰砂土
				新积钙质灰棕砂土	新积钙质灰棕砂土
				新积钙质紫砂土	新积钙质紫砂土
				新积钙质黄砂土	新积钙质黄砂土
				新积黄红砂土	新积黄红砂土
				新积褐砂土	新积褐砂泥土
					新积褐砂土
				新积棕砂土	新积棕砂泥土
					新积棕砂土
				新积黑砂土	新积黑砂泥土
					新积黑砂土
			冲积土	冲积灰棕砂土	河砂土
					白眼砂土
				冲积钙质紫砂土	钙质紫河砂土
			风沙土	半固定风沙土（草甸风沙土）	黄沙土	厚层风沙土

土纲	亚纲	土类	亚类	土属	土种
初育土	石质初育土	石灰（岩）土	黄色石灰土	石灰黄泥土	石灰黄泥土
					石灰黄砂泥土
					石灰黄石渣土
					石子黄泥土
					厚层石灰黄泥土
					中层石灰黄泥土
			红色石灰土	石灰红泥土	石灰红泥土
					石灰红砂泥土
					红石渣土
					厚层石灰红泥土
			黑色石灰土	石灰黑泥土	鸡粪大土
					黑泡泥土
					烧根土
					中层石灰黑泥土
			棕色石灰土	石灰棕泥土	石灰棕泥土
					石灰棕泡泥土
					中层石灰棕泥土
		紫色土	酸性紫色土	红紫泥土	红紫砂泥土
					红紫砂土
					厚层红紫砂泥土
					厚层红紫砂土
				酸紫泥土	酸紫泥土
					酸紫砂泥土
					酸紫砂土
					酸紫黄泥土
					厚层酸紫砂泥土
					中层酸紫砂泥土
			中性紫色土	灰棕紫泥土	灰棕紫泥土
					灰棕紫砂泥土
					灰棕石骨土
					灰棕紫砂土
					灰棕黄紫泥土
					中层灰棕紫泥土
				暗紫泥土	暗紫泥土
					暗紫砂泥土
					暗紫石骨土
					暗紫黄泥土
					中层暗紫泥土
				脱钙紫泥土	紫泥土
					紫砂泥土
					紫色石骨土
					紫色粗砂土
					紫黄泥土

续表

土纲	亚纲	土类	亚类	土属	土种
初育土	石质初育土	紫色土	石灰性紫色土	棕紫泥土	棕紫泥土
					棕紫砂泥土
					棕紫石骨土
					棕紫砂土
					棕紫黄泥土
					中层棕紫泥土
				红棕紫泥土	红棕紫泥土
					红棕紫砂泥土
					红棕石骨土
					红棕紫砂土
					红棕紫黄泥土
					中层红棕紫泥土
				黄红紫泥土	黄红紫泥土
					黄红紫砂泥土
					黄红紫石骨土
					黄红紫砂土
					黄红紫黄泥土
				砖红紫泥土	砖红紫泥土
					砖红紫石骨土
				原生钙质紫泥土	钙紫大泥土
					钙紫二泥土
					钙紫石骨土
		粗骨土	酸性粗骨土	黄色粗骨土	石块黄泥砂土
					粗石渣黄砂土
					灰黑石片土
			中性粗骨土	灰黄粗骨土	鱼眼砂土
					片石砂泥土
			钙质粗骨土	钙质黄色粗骨土	粗石子黄泥土
					石窑土
		石质土	石质土	残坡积石质土	残坡积石质土
半水成土	暗半水成土	草甸土	草甸土	冲积草甸土	砾质草甸砂壤（泥）土
					卵石底草甸砂壤（泥）土
					厚层砾质草甸砂壤（泥）土
				湖积草甸土	黑泥土
			石灰性草甸土	黄土性草甸土	草甸石灰黄土
					草甸砾质黄土
					薄层钙质草甸土
		山地草甸土	山地草甸土 山地灌丛草甸土	残坡积山地草甸土	厚层山地草甸土
				坡积灌丛草甸土	坡积灌丛草甸土

续表

土纲	亚纲	土类	亚类	土属	土种
半水成土	淡半水成土	潮土	灰潮土	灰潮泥土	灰潮砂泥土
				钙质灰棕潮泥土	钙质灰棕潮泥土
					钙质灰棕潮砂泥土
				紫潮泥土	紫潮泥土
					紫潮砂泥土
				黄红潮泥土	黄潮泥土
					黄潮砂泥土
					黄红潮砂泥土
水成土	水成土	沼泽土	腐泥土	湖积腐泥土	泛酸土
			泥炭沼泽土	冲洪积泥炭沼泽土（湖积黑泥土）	厚层泥炭沼泽土
			草甸沼泽土	草甸沼泽土（湖积粗黑泥土）	厚层草甸沼泽土
		泥炭土	低位泥炭土	河湖积泥炭土（湖积黑炭土）	黑泥炭土
					厚层泥炭土
					薄层泥炭土
			中位泥炭土	湖积酸性黑炭土	湖积酸性黑炭土
人为土	人为水成土	水稻土	潴育水稻土	潴育灰潮田	灰棕潮泥田
					灰棕潮砂泥田
					黄底灰潮田
					假白鳝灰潮田
				潴育紫潮田	紫潮大泥田
					紫潮砂泥田
					假白鳝紫潮田
					钙质紫潮田
				潴育黄红潮田	黄红潮泥田
					黄潮砂泥田
				潴育钙质紫泥田	夹黄紫泥田
					夹黄紫砂泥田
				潴育紫泥田	黄紫泥田
					黄紫砂泥田
					黄紫胶泥田
				潴育酸性紫泥田	红紫泥田
					黄紫酸砂泥田
					假白鳝紫泥田
					紧口砂田
				潴育黄泥田	大土黄泥田
					小土黄泥田
					小土黄砂泥田
					死黄泥田
					卵石锈黄泥田
					砂黄泥田
					黄砂田

续表

土纲	亚纲	土类	亚类	土属	土种
人为土	人为水成土	水稻土	淹育水稻土	潴育黄泥田	矿子锈黄泥田
					姜石锈黄泥田
					夹白鳝黄泥田
					铁杆子黄泥田
					夹石锈黄泥田
				潴育红泥田	铁子红泥田
					灰红泥田
				潴育钙质黄泥田	钙质姜石黄泥田
					钙质矿子黄泥田
				淹育紫泥田	石骨子夹泥田
					红紫砂田
					黄紫砂田
				淹育钙质紫泥田	钙质石骨子田
					钙质紫砂田
				淹育黄泥田	黄砂田
					冷砂田
			渗育水稻土	渗育灰潮田	灰潮大泥田
					灰潮大土油砂田
					灰潮油砂田
					灰潮砂田
				渗育灰棕潮田	灰棕潮大泥田
					灰棕潮砂泥田
					灰棕潮砂田
				渗育紫潮田	紫潮泥田
					紫潮砂泥田
					紫潮砂田
					黄紫潮泥田
					黄紫潮砂泥田
					黄紫潮砂田
				渗育黄潮田	黄潮泥田
					黄潮砂田
				渗育钙质紫泥田	棕紫泥田
					棕紫夹砂泥田
				渗育紫泥田	大泥田
					夹砂泥田
					豆瓣泥田
				渗育酸性紫泥田	酸紫泥田
					酸紫砂泥田
				渗育黄泥田	冷黄泥田
					冷砂黄泥田
					砂黄泥田
					老冲积黄泥田
					矿子黄泥田
					钙质黄泥田

续表

土纲	亚纲	土类	亚类	土属	土种
人为土	人为水成土	水稻土	渗育水稻土	渗育黄泡泥田	黄泡泥田
				渗育红泥田	红泥田
					红砂泥田
					红黄砂田
				渗育钙质红泥田	钙质红泥田
					钙质红砂泥田
				渗育石子田	石子黄泥田
					炭渣田
			潜育水稻土	潜育潮田	下湿潮田
					钙质烂潮田
					烂潮田
					鸭屎潮田
					钙质下湿潮田
					钙质下湿潮砂田
				潜育紫泥田	鸭屎紫泥田
					鸭屎紫砂泥田
					下湿紫泥田
					下湿紫砂泥田
					冷浸紫烂田
				潜育钙质紫泥田	钙质鸭屎紫泥田
					钙质下湿紫泥田
					钙质深脚紫泥田
					钙质深脚紫砂泥田
				潜育黄泥田	鸭屎黄泥田
					下湿黄泥田
					烂黄泥田
					钙质烂黄泥田
				潜育红泥田	黑鸭屎泥田
					钙质烂红泥田
				矿毒田	汞毒田
					黄淦田
					硝田
					烧根田
					腐泥泛酸田
			脱潜水稻土	脱潜潮田	脱潜灰潮田
					脱潜紫潮田
				脱潜紫泥田	浅脚紫泥田
				脱潜黄泥田	浅脚黄泥田
			漂洗水稻土	白鳝黄紫潮田	黄潮白鳝泥田
					紫潮白鳝泥田
				白鳝紫泥田	白鳝紫泥田
					白散紫泥田

续表

土纲	亚纲	土类	亚类	土属	土种
人为土	人为水成土	水稻土	漂洗水稻土	白鳝黄泥田	白鳝泥田
					白鳝黄泥田
					白鳝黄胶泥田
				白鳝红泥田	白鳝红泥田
高山土	湿寒高山土	高山草甸土	高山草甸土	残坡积高山草甸土（残坡积草毡土）	厚层草毡土
					中层草毡土
					薄层草毡土
			高山灌丛草甸土	残坡积高山灌丛草甸土（残坡积淡棕毡土）	薄层灌丛草毡土（薄层淡棕毡土）
		亚高山草甸土	亚高山草甸土	坡洪积黑毡土（残坡积黑毡土）	砾质黑毡土
					石渣黑毡土
					厚层黑毡土
					中层黑毡土
					薄层黑毡土
			亚高山灌丛草甸土	残坡积亚高山灌丛草甸土（残坡积棕毡土）	厚层棕毡土
					中层棕毡土
					薄层棕毡土
	寒冻高山土	高山寒漠土	高山寒漠土	寒漠粗砂土（残坡积寒漠土）	薄层寒漠粗砂土

　　土类是土壤分类的基本单元，它是在一定的自然条件和人为活动共同作用下经过一个主导成土过程或两个以上相结合的成土过程，具有一定相似性、可资鉴别的发生层次，与其他土类在性质上有明显差异的一类土壤。每个土类具有一定的生态条件和地理分布区域、一定的成土过程、一定的剖面形态和特有的诊断土层、一定的土壤理化属性和肥力特征、一定的改良利用方向和特征，特殊的成土母质可以形成独立的土类。亚类是土类的续分，亚类划分主要考虑两点：一是针对同一土类，区分该土类主导成土过程下土壤发育的差异，即剖面形态的差异；同一土类下的亚类具有系列性，其中有一个中心概念的亚类，其余均为过渡性亚类。二是针对土类与土类之间的相互过渡，要反映两个邻近地带性土类链接，又反映地带性土类与非地带性土类或非地带性土类之间的附加成土过程。土属是在发生学上具有承上启下功能的分类单元，既是亚类的续分，又是土种的归并，并有区域性与地带性土壤之间的联系作用。土属划分主要依据母质类型和性质及水文地质等地方因素来划分。土种是土壤分类的基层单元，是指在同一母质上，具有相似的发育程度和形态特征的土壤群体；同一土属下的土种应具有该土属的共性，土种之间的差异只反映量变，主要是反映生产性能的差异，不反映质变。

　　在土壤命名上，土类和亚类名称与第二次全国土壤普查汇总的《中国土壤分类系统》一致。土属多以成土母质类型命名，有直接引用亚类名称的，也有从土种中选择提炼出来的。以土壤母质命名又分三种情况：一是水稻土土属命名，除淹育水稻土外，其余均以"亚类名称+土壤母质类型"命名；个别也有根据亚类特征命名的，还有以突出的障碍因素命名的。二是旱耕地土壤土属命名，主要以土壤母质类型命名。三是非耕地或以非耕地为主的土壤土属多以"母质迁移堆积类型+土类或亚类名称",也有直接引用亚类名称的。

3.1.6　土壤系统分类

1)高级分类:1984 年,以中国科学院南京土壤研究所为主持单位,开始了中国土壤系统分类研究,先后出版了《中国土壤系统分类初拟》(1985)、《中国土壤系统分类(二稿)》(1987)、《中国土壤系统分类(首次方案)》(1991)、《中国土壤系统分类(修订方案)》(1995),1999 年出版了《中国土壤系统分类——理论·方法·实践》,2001 年出版了《中国土壤系统分类检索(第三版)》。中国土壤系统分类发展过程中,早在 1989 年,中国科学院成都分院土壤研究室的田光龙等在《中国土壤系统分类(二稿)》(1987)的指导下便提出了《紫色土系统分类(初稿)》;历经 8 年积累之后,于 1996 年唐时嘉等参考《中国土壤系统分类(修订方案)》提出了"紫色土系统分类"方案。1998 年,徐建忠、唐时嘉与何毓蓉进一步讨论了紫色土的系统分类问题;之后,在 2003 年,何毓蓉等在《中国土壤系统分类——理论·方法·实践》的指导下,在《中国紫色土(下篇)》专著中提出了新的"紫色土系统分类"方案。值得提及的是,自从《中国土壤系统分类(首次方案)》对"紫色砂、页岩岩性特征"规定颜色以来,他们均一直坚持"紫色砂、页岩岩性特征"的颜色除 2.5RP~10RP,还应有 2.5R~5YR 等颜色。

在水田土壤的分类方面,徐建忠研究了石灰性紫色母质形成水稻土的诊断分类,并于 1991 年取得硕士学位;1994 年,徐建忠和唐时嘉按《中国土壤系统分类(首次方案)》进一步研究了四川水稻土的系统分类;1996 年,徐建忠、唐时嘉、张建辉和罗有芳等又在《中国土壤系统分类(修订方案)》的指导下进行了紫色水耕人为土的系统分类研究。

在其他区域土壤方面,唐时嘉等在 1993~1994 年对照《中国土壤系统分类(首次方案)》对四川亚热带湿润山地土壤进行了系统分类。1995 年,王良健、李显明和林致远等依据《中国土壤系统分类(首次方案)》研究了贡嘎山和九寨沟两地暗针叶林下发育土壤的系统分类。何毓蓉等于 2001 年、2004 年、2006 年,根据《中国土壤系统分类(修订方案)》、《中国土壤系统分类——理论·方法·实践》和《中国土壤系统分类检索(第三版)》,先后对川西丘陵地区黄色母质发育土壤、贡嘎山东坡林地土壤、川藏公路四川境内典型路段土壤进行了系统分类研究。此外,四川农业大学的夏建国在 2002 年根据第二次土壤普查资料,参比《中国土壤系统分类(修订方案)》,对四川土壤进行了系统分类尝试;袁大刚在 2012 年按照中国土壤系统分类方法进行实地调查与室内分析,依据《中国土壤系统分类检索(第三版)》对川西阶地具有漂白层的土壤进行了系统分类研究。

2)基层分类:从 1992 年起,中国土壤系统分类研究开始关注基层分类研究;从 1997 年起,开始对四川盆地开展土壤系统分类的基层分类研究;1998 年,中国科学院成都山地灾害与环境研究所的何毓蓉等发表关于四川盆地中部蓬莱镇组发育紫色土的基层分类——土系划分及可持续利用问题的文章;之后,1999 年,何毓蓉等又研究了四川盆地西部灌口组发育紫色土的基层分类;2002 年,何毓蓉等还研究了中国紫色土微结构及在美国土壤系统分类基层分类中的应用;四川农业大学的凌静研究了四川盆地中部的紫色土土系划分,并于 2002 年取得硕士学位;在水田土壤方面,2001~2002 年,何毓蓉团队建立了成都平原典型的水耕人为土土系；四川农业大学的王振健也在攻读硕士学位期间（2002 年毕业）研究了成都平原部分区域主要水耕人为土的土系划分；在区域土壤方面，何毓蓉团队在 2001～2002 年研究了成都平原的典型土系，并在彭州样区内研究了土系划分与制图表达等内容。

3.2　土系调查与分类

本次四川省土系调查是以科学技术部基础性工作专项项目"我国土系调查与《中国土系志（中西部卷）》编制"（2014FY110200，2014～2018 年）课题"四川省土系调查与土系志编制"为依托而完成的。

3.2.1　土系调查方法

首先，综合分析四川土壤调查的历史资料，尤其是第二次土壤普查资料和中国土壤系统分类研究开展以来四川土壤系统分类的研究资料，将记载的各类土壤与《中国土壤系统分类检索（第三版）》进行参比，结合已有的据《中国土壤系统分类检索（第三版）》开展的四川土壤系统分类研究资料，了解四川土壤在中国土壤系统分类中可能涉及的土壤类型，包括土纲、亚纲、土类、亚类，甚至土族、土系及其分布情况。其次，综合四川气候、植被、母质、地形、人类活动等成土条件、土壤类型参比结果与分布位置，同时考虑本次土系调查的类型丰富性、全省广泛性，基本确定土系调查的样点位置，包括尽可能详细的地名、地理坐标、地形部位。最后，受交通可达性等因素限制，实际调查 195 个点位，其分布情况如图 3-1 所示。

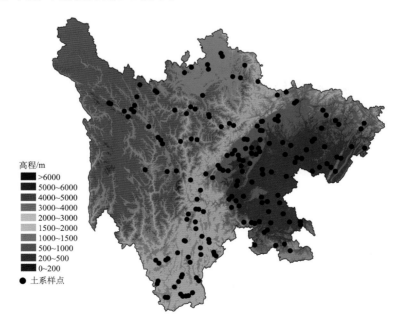

图 3-1　四川省土系调查典型单个土体空间分布

在土系调查的样点位置基本确定之后，土系调查依据《野外土壤描述与采样手册》进行，包括土系调查准备、土坑位置确定与挖掘、剖面修整，景观、剖面与新生体特写照片的拍摄，成土条件描述、土壤剖面层次划分与各层次形态特征观测记载（其中，土壤颜色用《中国标准土壤色卡》确定）、标本与样品采集和处理等。

实验室分析测定依据张甘霖和龚子同主编的《土壤调查实验室分析方法》（2012）进行，具体指标包括容重、颗粒组成及质地、矿物类型、pH（有机土 pH 还根据土族划分标准参照 *Kellogg Soil Survey Laboratory Methods Manual* 进行了测定）、$CaCO_3$ 相当物、有机碳、全氮、全磷、全钾、有效磷、阳离子交换量、交换性酸和交换性盐基组成、全铁和游离铁等。

3.2.2　土壤分类依据

1）高级分类：在野外调查与室内分析的基础上，对照《中国土壤系统分类检索（第三版）》首先确定诊断层与诊断特性，然后进行土纲—亚纲—土类—亚类等高级分类单元的逐一检索。

2）土族划分：依据《中国土壤系统分类土族和土系划分标准》进行，首先确定控制层段内颗粒大小级别、矿物学类别、石灰性与酸碱反应类别、土壤温度状况等级，然后按规范命名土族。

3）土系建立：依据《中国土壤系统分类土族和土系划分标准》，一是根据土族不同而直接划分，二是在同一土族范围内，根据控制层段内特定土层或属性，包括诊断层和诊断特性的深度与厚度、表层土壤质地类型或质地构型，土壤中岩石碎屑、侵入体、结核、$CaCO_3$ 相当物等含量差异进行划分，然后进行合理命名，先考虑单个土体所在行政村名，若重名，再依次考虑乡名、镇名、街道办事处名、风景名胜区名和其他小地名或县、市、区名。

3.2.3　土系建立情况

根据土系调查方法和分类依据，利用调查的 195 个单个土体共建立了 195 个土系，涉及 8 个土纲、18 个亚纲、50 个土类、83 个亚类和 171 个土族，详见表 3-9。

表3-9 四川省土壤系统分类表及土种参比情况

土纲	亚纲	土类	亚类	土族	土系	参比土种
有机土	正常有机土	半腐正常有机土	埋藏半腐正常有机土	弱酸性冷性-埋藏半腐正常有机土	黑斯系	厚层泥炭土
			普通半腐正常有机土	强酸性温性-普通半腐正常有机土	书古系	厚层泥炭土
		高腐正常有机土	矿底高腐正常有机土	壤质硅质混合型弱酸性冷性-矿底高腐正常有机土	班佑系	薄层泥炭土
			普通高腐正常有机土	弱酸性冷性-普通高腐正常有机土	多玛系	厚层泥炭土
人为土	水耕人为土	潜育水耕人为土	普通潜育水耕人为土	黏质混合型石灰性热性-普通潜育水耕人为土	通济系	鸭屎黄泥田
		铁聚水耕人为土	普通铁聚水耕人为土	黏质混合型非酸性热性-普通铁聚水耕人为土	议团系	姜石锈黄泥田
		简育水耕人为土	普通简育水耕人为土	砂质混合型石灰性热性-普通简育水耕人为土	福洪系	紫泥砂泥田
				砂质混合型石灰性热性-普通简育水耕人为土	同兴系	灰棕潮砂泥田
				黏壤质粗骨砂质混合型非酸性热性-普通简育水耕人为土	石羊系	灰潮砂泥田
				黏壤质硅质混合型非酸性热性-普通简育水耕人为土	双星系	姜石锈黄泥田
				壤质混合型非酸性热性-普通简育水耕人为土	新繁系	灰潮油砂田
	旱耕人为土	肥熟旱耕人为土	石灰肥熟旱耕人为土	壤质混合型温性-石灰肥熟旱耕人为土	白帐房系	灰褐泥土（燥褐土）
潜育土	正常潜育土	简育正常潜育土	酸性简育正常潜育土	壤质长石混合型酸性冷性-酸性简育正常潜育土	壤口系	厚层泥炭沼泽土
均腐土	岩性均腐土	黑色岩性均腐土	普通黑色岩性均腐土	粗骨壤质混合型石灰性-普通黑色岩性均腐土	漳扎系	石灰棕泥土
	干润均腐土	寒性干润均腐土	普通寒性干润均腐土	壤质盖粗骨壤质硅质混合型非酸性-普通寒性干润均腐土	四通达系	薄层盖灌丛草毡土
				壤质硅质混合型非酸性-普通寒性干润均腐土	达扎羊系	厚层黑毡土
		暗厚干润均腐土	钙积暗厚干润均腐土	壤质盖粗骨壤质长石混合型温性-钙积暗厚干润均腐土	席绒系	卵石砂黄土
				壤质混合型石灰性温性-钙积暗厚干润均腐土	铜宝合系	厚层石灰褐砂泥土
			普通暗厚干润均腐土	壤质混合型石灰性温性-普通暗厚干润均腐土	官田明系	二黄土

续表

土纲	亚纲	土类	亚类	土族	土系	参比土种
富铁土	干润富铁土	简育干润富铁土	普通简育干润富铁土	黏质混合型石灰性热性-普通简育干润富铁土	大花地系	红石渣土
	湿润富铁土	简育湿润富铁土	斑纹简育湿润富铁土	黏壤质硅质混合型非酸性热性-斑纹简育湿润富铁土	小坝系	黄红砂泥土
			普通简育湿润富铁土	黏质混合型温性-普通简育湿润富铁土	青天铺系	棕红泥土
				黏壤质硅质混合型酸性热性-普通简育湿润富铁土	南阁系	厚层红泥土
淋溶土	冷凉淋溶土	简育冷凉淋溶土	斑纹简育冷凉淋溶土	粗骨壤质混合型非酸性-斑纹简育冷凉淋溶土	米亚罗系	厚层黑褐泥土
			普通简育冷凉淋溶土	黏壤质长石混合型-普通简育冷凉淋溶土	安备系	绵土
	干润淋溶土	钙质干润淋溶土	暗红钙质干润淋溶土	黏质混合型温性-暗红钙质干润淋溶土	下海系	石灰红泥土
				黏质混合型热性-暗红钙质干润淋溶土	垭口系	石灰红泥土
		钙积干润淋溶土	普通钙积干润淋溶土	壤质硅质混合型温性-普通钙积干润淋溶土	鲜水系	褐黄砂泥土
				壤质混合型温性-普通钙积干润淋溶土	二道坪系	二黄土
		铁质干润淋溶土	斑纹铁质干润淋溶土	壤质硅质混合型非酸性热性-斑纹铁质干润淋溶土	景星系	赤红砂泥土
			普通铁质干润淋溶土	黏质混合型酸性热性-普通铁质干润淋溶土	甸沙关系	厚层赤红泥土
				黏壤质混合型温性-普通铁质干润淋溶土	挖断山系	大黄土
		简育干润淋溶土	普通简育干润淋溶土	黏质硅质混合型石灰性热性-普通简育干润淋溶土	喇嘛寺系	大黄土
	湿润淋溶土	漂白湿润淋溶土	铁质漂白湿润淋溶土	黏质混合型非酸性热性-铁质漂白湿润淋溶土	张家坪系	白鳝土
		钙质湿润淋溶土	普通钙质湿润淋溶土	黏壤质硅质混合型石灰性热性-普通钙质湿润淋溶土	老码头系	石灰黄砂泥土
		黏磐湿润淋溶土	砂姜黏磐湿润淋溶土	黏质混合型石灰性热性-砂姜黏磐湿润淋溶土	双新系	姜石黄泥土
			普通黏磐湿润淋溶土	黏质混合型石灰性热性-普通黏磐湿润淋溶土	宝峰系	姜石黄泥土
		铝质湿润淋溶土	腐殖铝质湿润淋溶土	砂质盖粗骨壤质硅质混合型-腐殖铝质湿润淋溶土	竹马系	厚层棕泡砂泥土
			黄色铝质湿润淋溶土	黏质混合型热性-黄色铝质湿润淋溶土	合江系	面黄泥土
				黏壤质硅质混合型温性-黄色铝质湿润淋溶土	丙乙底系	中层泡泥土
				壤质硅质混合型温性-黄色铝质湿润淋溶土	洛切吾系	黄棕砂泥土

续表

土纲	亚纲	土类	亚类	土族	土系	参比土种
富铁土	干润富铁土	简育干润富铁土	普通简育干润富铁土	黏质混合型石灰性热性-普通简育干润富铁土	大花地系	红石渣土
	湿润富铁土	简育湿润富铁土	斑纹简育湿润富铁土	黏壤质硅质混合型非酸性热性-斑纹简育湿润富铁土	小坝系	黄红砂泥土
			普通简育湿润富铁土	黏质混合型非酸性温性-普通简育湿润富铁土	青天铺系	棕红土
				黏壤质硅质混合型酸性热性-普通简育湿润富铁土	南阁系	厚层红泥土
淋溶土	冷凉淋溶土	简育冷凉淋溶土	斑纹简育冷凉淋溶土	粗骨壤质混合型冷凉-斑纹简育冷凉淋溶土	米亚罗系	厚层黑褐砂泥土
			普通简育冷凉淋溶土	黏壤质长石混合型石灰性冷凉-普通简育冷凉淋溶土	安备系	绵黄土
	干润淋溶土	钙质干润淋溶土	暗红钙质干润淋溶土	黏质混合型温性-暗红钙质干润淋溶土	下海系	石灰红泥土
				黏质混合型热性-暗红钙质干润淋溶土	垭口系	石灰红泥土
		钙积干润淋溶土	普通钙积干润淋溶土	壤质混合型温性-普通钙积干润淋溶土	鲜水系	褐黄砂泥土
				壤质混合型温性-普通钙积干润淋溶土	二道坪系	二黄土
		铁质干润淋溶土	斑纹铁质干润淋溶土	黏壤质混合型非酸性热性-斑纹铁质干润淋溶土	景星系	赤红砂泥土
			普通铁质干润淋溶土	黏质混合型酸性热性-普通铁质干润淋溶土	甸沙关系	厚层赤红泥土
				黏壤质混合型温性-普通铁质干润淋溶土	挖断山系	大黄土
	湿润淋溶土	简育湿润淋溶土	普通简育湿润淋溶土	黏壤质硅质混合型石灰性温性-普通简育湿润淋溶土	喇嘛寺系	大黄土
		漂白湿润淋溶土	铁质漂白湿润淋溶土	黏质混合型非酸性热性-铁质漂白湿润淋溶土	张家坪系	白鳝泥土
		钙质湿润淋溶土	普通钙质湿润淋溶土	黏壤质硅质混合型温性-普通钙质湿润淋溶土	老鸦头系	石灰黄砂泥土
		黏磐湿润淋溶土	砂姜黏磐湿润淋溶土	黏质混合型石灰性热性-砂姜黏磐湿润淋溶土	双薪系	姜石黄泥土
			普通黏磐湿润淋溶土	黏质混合型石灰性热性-普通黏磐湿润淋溶土	宝峰系	姜石黄泥土
		铝质湿润淋溶土	腐殖铝质湿润淋溶土	砂质盖粗骨壤质混合型温性-腐殖铝质湿润淋溶土	竹坝系	厚层棕泡砂泥土
			黄色铝质湿润淋溶土	黏质混合型热性-黄色铝质湿润淋溶土	合江系	面黄泥土
				黏壤质硅质混合型温性-黄色铝质湿润淋溶土	丙乙底系	中层黑泡泥土
				壤质硅质混合型温性-黄色铝质湿润淋溶土	洛切吾系	黄棕砂泥土

续表

土纲	亚纲	土类	亚类	土族	土系	参比土种
雏形土	寒冻雏形土	潮湿寒冻雏形土	暗色潮湿寒冻雏形土	黏壤质混合型非酸性-暗色潮湿寒冻雏形土	葛卡系	中层黑毡土
				壤质盖粗骨壤土石混合型非酸性-暗色潮湿寒冻雏形土	麦昆系	新积黑毡砂土
			潜育潮湿寒冻雏形土	壤质混合型非酸性-潜育潮湿寒冻雏形土	红原系	厚层砾质草甸砂壤土
		草毡寒冻雏形土	普通草毡寒冻雏形土	粗骨壤土长石混合型非酸性-普通草毡寒冻雏形土	年龙系	厚层草毡土
		暗沃寒冻雏形土	石灰暗沃寒冻雏形土	壤质长石混合型非酸性-石灰暗沃寒冻雏形土	恩洞系	厚层黑毡土
			斑纹暗沃寒冻雏形土	粗骨质硅质混合型非酸性-斑纹暗沃寒冻雏形土	塔子系	厚层黑毡土
			普通暗沃寒冻雏形土	黏壤质粗骨长石混合型非酸性-普通暗沃寒冻雏形土	麦尔玛系	中层黑毡土
		简育寒冻雏形土	钙积简育寒冻雏形土	壤质长石混合型-钙积简育寒冻雏形土	更知系	厚层黑毡土
			普通简育寒冻雏形土	粗骨质混合型非酸性-普通简育寒冻雏形土	甲柯系	中层草毡土
					西俄洛系	薄层棕毡土
				粗骨砂质硅质混合型非酸性-普通简育寒冻雏形土	折多山系	薄层棕毡土
	潮湿雏形土	暗色潮湿雏形土	普通暗色潮湿雏形土	粗骨质长石石混合型非酸性-普通暗色潮湿雏形土	邓家桥系	卵石底草甸砂壤土
		淡色潮湿雏形土	石灰淡色潮湿雏形土	砂质混合型热性-石灰淡色潮湿雏形土	顺金系	灰潮砂泥土
				壤质盖粗骨质混合型热性-石灰淡色潮湿雏形土	赤化系	新积钙质灰棕砂土
			酸性淡色潮湿雏形土	粗骨砂质硅质混合型酸性-酸性淡色潮湿雏形土	沙合莫系	新积棕壤砂泥土
			普通淡色潮湿雏形土	粗骨壤土长石混合型非酸性冷性-普通淡色潮湿雏形土	新都桥系	厚层砾质草甸砂壤土
	干润雏形土	铁质干润雏形土	石质铁质干润雏形土	黏壤质混合型非酸性热性-石灰铁质干润雏形土	双沟系	赤红砂泥土
			酸性铁质干润雏形土	黏质高岭石混合型热性-酸性铁质干润雏形土	永郎系	赤红砂泥土
				黏质混合型热性-酸性铁质干润雏形土	渔门系	赤红泥土
				黏壤质硅质混合型热性-酸性铁质干润雏形土	普摊系	厚层赤红泥土
				壤质盖粗骨壤质混合型热性-酸性铁质干润雏形土	岩郎系	赤红冻泥土

续表

土纲	亚纲	土类	亚类	土族	土系	参比土种
雏形土	干润雏形土	铁质干润雏形土	普通铁质干润雏形土	粗骨砂质混合型非酸性热性-普通铁质干润雏形土	金江系	石子燥红砂土
				粗骨壤质混合型石灰性冷性-普通铁质干润雏形土	岗木达系	夹石暗褐砂土
				粗骨壤质长石混合型石灰性温性-普通铁质干润雏形土	宅垄系	灰砂土
				粗骨壤质长石混合型石灰性冷性-普通铁质干润雏形土	卡苏系	厚层棕毡土
				粗骨壤质长石混合型石灰性温性-普通铁质干润雏形土	达日系	厚层暗褐砂泥土
					阿底系	黑褐砂泥土
					麦洛系	夹石褐砂土
				黏壤质硅质混合型非酸性热性-普通铁质干润雏形土	波美奎系	暗紫泥土
				壤质长石混合型石灰性温性-普通铁质干润雏形土	三星系	红渣砂泥土
		底锈干润雏形土	石灰底锈干润雏形土	粗骨壤质混合型石灰性-石灰底锈干润雏形土	沙湾村系	夹石暗褐砂土
		暗沃干润雏形土	普通暗沃干润雏形土	粗骨壤质长石混合型石灰性温性-普通暗沃干润雏形土	集沐系	褐砂泥土
				粗骨壤质硅质混合型石灰性温性-普通暗沃干润雏形土	铁邑系	厚层褐砂土
				壤质混合型石灰性温性-普通暗沃干润雏形土	日底系	灰褐泥土（燥褐土）
		简育干润雏形土	普通简育干润雏形土	砂质混合型石灰性-普通简育干润雏形土	甲居系	厚层石灰褐砂泥土
				壤质混合型石灰性温性-普通简育干润雏形土	春厂系	厚层石灰褐砂泥土
				壤质混合型石灰性温性-普通简育干润雏形土	杂谷脑系	灰褐泥土（燥褐土）
	常湿雏形土	冷凉常湿雏形土	腐殖冷凉常湿雏形土	黏壤质硅质混合型非酸性-腐殖冷凉常湿雏形土	二郎山系	厚层山地草甸土
		钙质常湿雏形土	石质钙质常湿雏形土	壤质硅质混合型石灰性-石质钙质常湿雏形土	大旗系	石灰黄砂泥土
		简育常湿雏形土	铁质简育常湿雏形土	黏壤质混合型非酸性热性-铁质简育常湿雏形土	黄铜系	酸紫黄泥土
	湿润雏形土	腐殖湿润雏形土	腐殖质腐殖湿润雏形土	粗骨壤质混合型热性-腐殖质腐殖湿润雏形土	五四系	石灰渣石土
		钙质湿润雏形土	棕色钙质湿润雏形土	粗骨砂质混合型温性-棕色钙质湿润雏形土	徐家山系	中层石灰棕泥土

续表

土纲	亚纲	土类	亚类	土族	土系	参比土种
雏形土	湿润雏形土	紫色湿润雏形土	石灰紫色湿润雏形土	黏壤质长石混合型热性-石灰紫色湿润雏形土	堋店系	钙紫二泥土
					破河系	棕紫泥土
				壤质长石混合型热性-石灰紫色湿润雏形土	桥坝系	灰棕紫砂泥土
			酸性紫色湿润雏形土	黏壤质硅质混合型热性-酸性紫色湿润雏形土	李端系	酸紫砂泥土
			普通紫色湿润雏形土	黏壤质长石混合型石灰性热性-普通紫色湿润雏形土	凤庙系	紫砂泥土
				壤质长石混合型石灰性热性-普通紫色湿润雏形土	黑水塘系	灰棕紫砂泥土
				壤质混合型非酸性热性-普通紫色湿润雏形土	大乘系	厚层酸紫砂泥土
		铝质湿润雏形土	石质铝质湿润雏形土	砂质长石型热性-石质铝质湿润雏形土	观音庵系	黄砂土
					永民系	酸紫砂土
			斑纹铝质湿润雏形土	壤质硅质混合型热性-斑纹铝质湿润雏形土	田坝系	砂黄泥土
				壤质混合型温性-斑纹铝质湿润雏形土	木尼古尔系	夹石黑泥土
			普通铝质湿润雏形土	粗骨壤质硅质混合型热性-普通铝质湿润雏形土	筠连系	石渣黄泥土
					大里村系	厚层酸紫砂泥土
				砂质硅质混合型温性-普通铝质湿润雏形土	安谷系	红黄泥土
				黏质混合型温性-普通铝质湿润雏形土	小高山系	红底紫泥土
				黏壤质硅质混合型热性-普通铝质湿润雏形土	鹤山系	面黄泥土
					头塘系	酸紫泥土
				黏壤质硅质混合型热性-普通铝质湿润雏形土	齐龙坳系	厚层酸紫砂泥土
				壤质硅质混合型热性-普通铝质湿润雏形土	高场系	红紫砂泥土

续表

土纲	亚纲	土类	亚类	土族	土系	参比土种
				粗骨壤质长石型非酸性热性-红色质湿润雏形土	四比齐系	暗紫砂泥土
				砂质长石混合型非酸性热性-红色质湿润雏形土	小槽河系	紫砂泥土
				砂质长石混合型石灰性热性-红色质湿润雏形土	正直系	棕紫砂泥土
				砂质混合型石灰热性-红色铁质湿润雏形土	战旗系	黄红紫砂土
					双东系	黄红紫砂泥土
				砂质混合型非酸性热性-红色铁质湿润雏形土	香泉系	酸紫砂土
				砂质混合型非酸性热性-红色铁质湿润雏形土	姜州系	中层酸紫砂泥土
				黏壤质混合型酸性热性-红色铁质湿润雏形土	鲁基系	酸紫砂泥土
				黏壤质盖粗骨质长石混合型石灰型-灰色铁质热性-红色质润湿润雏形土	黄家沟系	红棕紫砂泥土
雏形土	湿润雏形土	铁质湿润雏形土	红色铁质湿润雏形土		石桥铺系	棕紫砂泥土
				黏壤质长石混合型石灰热性-红色质湿润雏形土	团结镇系	灰棕紫砂泥土
					万林系	棕紫砂泥土
					新五系	棕紫砂泥土
				黏壤质混合型石灰热性-红色质湿润雏形土	龙台寺系	红紫砂泥土
					茶园系	紫泥土
				黏壤质混合型非酸性热性-红色铁质湿润雏形土	长乐系	酸紫砂泥土
					西坝系	酸紫砂泥土
				壤质硅质混合型石灰热性-红色铁质湿润雏形土	滨江系	中层紫砂泥土
					川福号系	黄红紫砂土
				壤质长石混合型非酸性热性-红色铁质湿润雏形土	富兴系	黄红紫砂泥土
					石锣系	红棕紫砂泥土
				壤质长石混合型石灰热性-红色铁质湿润雏形土	合力系	灰棕紫砂泥土

续表

土纲	亚纲	土类	亚类	土族	土系	参比土种
雏形土	湿润雏形土	铁质湿润雏形土	红色铁质湿润雏形土	壤质混合型非酸性热性-红色铁质湿润雏形土	大面沟系	红棕紫砂泥土
					江阳系	红棕紫砂泥土
					柳铺系	红棕紫砂泥土
					五里凼系	灰棕紫砂泥土
			普通铁质湿润雏形土	粗骨壤质混合型非酸性温性-普通铁质湿润雏形土	吉史里口系	扁砂黄棕砂泥土
				砂质硅质混合型非酸性热性-普通铁质湿润雏形土	印石系	紫砂泥土
				砂质盖粗骨质长石混合型非酸性热性-普通铁质湿润雏形土	葛仙山系	卵石黄砂泥土
				黏壤质硅质混合型非酸性热性-普通铁质湿润雏形土	西龙系	卵石黄黄泥土
				黏壤质硅质混合型非酸性热性-普通铁质湿润雏形土	红莫系	黄红砂泥土
					坡西乡系	砂黄泥土
		酸性湿润雏形土	普通酸性湿润雏形土	砂质长石混合型温性-普通酸性湿润雏形土	彝海系	新积棕砂土
		简育湿润雏形土	斑纹简育湿润雏形土	砂质长石混合型非酸性热性-斑纹简育湿润雏形土	桥亭系	黄砂土
			普通简育湿润雏形土	粗骨砂质混合型石灰性热性-普通简育湿润雏形土	曹家沟系	棕紫砂泥土
				砂质长石型非酸性热性-普通简育湿润雏形土	邻水系	黄砂土
					炉旺系	黄砂土
				砂质长石混合型非酸性热性-普通简育湿润雏形土	巴州系	紫色粗砂土
				黏壤质混合型石灰性热性-普通简育湿润雏形土	新家沟系	棕紫砂泥土
				壤质混合型非酸性热性-普通简育湿润雏形土	夫石系	紫砂泥土
新成土	冲积新成土	寒冻冲积新成土	斑纹寒冻冲积新成土	砂质长石混合型非酸性热性-斑纹寒冻冲积新成土	唐兑系	厚层陈草甸砂壤土
		潮湿冲积新成土	潜育潮湿冲积新成土	壤质长石混合型石灰性热性-潜育潮湿冲积新成土	尚嘉系	新积钙质灰棕砂土
			石灰潮湿冲积新成土	砂质长石混合型热性-石灰潮湿冲积新成土	花楼坝系	新积钙质灰棕砂土
				壤质盖粗骨质砂质混合型温性-石灰潮湿冲积新成土	依生系	新积褐质灰棕砂泥土
			普通潮湿冲积新成土	砂质盖粗骨质硅质混合型非酸性热性-普通潮湿冲积新成土	紫叶系	新积黄红砂土

续表

土纲	亚纲	土类	亚类	土族	土系	参比土种
新成土	冲积新成土	干润冲积新成土	斑纹干润冲积新成土	粗骨砂质混合型石灰性冷性-斑纹干润冲积新成土	大朗坝系	新积褐砂土
		湿润冲积新成土	斑纹湿润冲积新成土	粗骨砂质长石混合型非酸性温性-斑纹湿润冲积新成土	鲁坝系	厚层砾质草甸砂壤土
				砂质混合型石灰性热性-斑纹红壤湿润冲积新成土	榕山系	新积钙质紫砂土
	正常新成土	紫色正常新成土	石灰紫色正常新成土	黏壤质长石型热性-石灰紫色正常新成土	万红系	灰棕石骨土
				壤质盖粗骨质混合型热性-石灰紫色正常新成土	高何镇系	棕紫石骨土
				壤质长石质混合型热性-石灰紫色正常新成土	关圣系	灰棕石骨土
				壤质混合型热性-石灰紫色正常新成土	成佳系	钙紫石骨土
			普通紫色正常新成土	粗骨砂质混合型非酸性热性-普通紫色正常新成土	大桥系	暗紫石骨土
			普通红色正常新成土	黏壤质混合型热性-普通红色正常新成土	赤岩系	红紫砂泥土
		寒冻正常新成土	石质寒冻正常新成土	粗骨砂质长石混合型石灰性-石质寒冻正常新成土	绒岔系	黑石块土
				壤质硅质混合型热性-石质寒冻正常新成土	瓦切系	薄层黑毡土
		干润正常新成土	石质干润正常新成土	粗骨砂质混合型非酸性温性-石质干润正常新成土	桃坪系	暗褐石块土
				粗骨壤质混合型石灰性热性-石质干润正常新成土	忠仁达系	暗褐石块土
				砂质混合型非酸性热性-石质干润正常新成土	斑鸠湾系	鱼眼砂土
		湿润正常新成土	钙质湿润正常新成土	粗骨砂质混合型石灰性-钙质湿润正常新成土	工农系	石灰黄砂泥土
				壤质混合型热性-钙质湿润正常新成土	小弯子系	红石渣土
			石质湿润正常新成土	粗骨壤质盖粗质混合型石灰性热性-石质湿润正常新成土	骝马系	黄红紫石骨土
				粗骨壤质硅质混合型非酸性冷性-石质湿润正常新成土	白马乡系	灰黑石片土
				粗骨壤质长石混合型热性-石质湿润正常新成土	任家桥系	棕紫石骨土
				砂质盖粗骨质混合型非酸性热性-石质湿润正常新成土	虎形系	卵黄黄砂泥土
				砂质硅质混合型石灰性热性-石质湿润正常新成土	大碑系	酸紫砂土
				砂质混合型石灰性热性-石质湿润正常新成土	古井系	黄红紫砂土
				黏壤质混合型石灰性热性-石质湿润正常新成土	江口系	黄红紫石骨土
				黏壤质硅质混合型热性-石质湿润正常新成土	团山系	紫色石骨土
				壤质混合型石灰性热性-石质湿润正常新成土	老板山系	砖红紫石骨土
					二龙村系	砖红紫石骨土
			普通湿润正常新成土	砂质长石质混合型非酸性热性-普通湿润正常新成土	铺子湾系	灰棕紫砂土

下篇　区域典型土系

第4章 有 机 土

4.1 埋藏半腐正常有机土

4.1.1 黑斯系（Heisi Series）

土　族：弱酸性冷性–埋藏半腐正常有机土
拟定者：袁大刚，张　楚，张俊思

分布与环境条件　分布于松潘高原山地下部缓坡处，成土母质上部为三叠系杂谷脑组灰长石、岩屑砂岩夹砾岩、板岩及碳酸盐岩坡积物，下部为第四系湖积物，天然牧草地；高原亚寒带半湿润气候，年均日照 1828～2392 h，年均气温 0.1～1.2℃，1 月平均气温 –11.1～–10.0℃，7 月平均气温 10.0～10.5 ℃，年均降水量 648～753 mm，年干燥度 1.02～1.18。

黑斯系典型景观

土系特征与变幅　具草毡表层、有机土壤物质、潜育特征、滞水土壤水分状况、冷性土壤温度状况；有效土层厚度 100～150 cm，有机土壤物质出现于 20～125 cm。

对比土系　书古系，同一土类不同亚类，半腐有机土壤物质上、下均无矿质土层。

利用性能综述　土层深厚，产草量较高，但所处区域有一定坡度，要注意防止土壤侵蚀，保护泥炭资源。

参比土种 厚层泥炭土（T112）。

代表性单个土体 位于阿坝藏族羌族自治州松潘县川主寺镇黑斯村（小尕里台），32°55′40.0″N，103°26′20.7″E，高原山地下部缓坡，海拔 3547m，坡度为 8°，坡向为西南 234°，成土母质上部为三叠系杂谷脑组灰长石、岩屑砂岩夹砾岩、板岩及碳酸盐岩坡积物，下部为第四系湖积物，天然牧草地，土表下 50 cm 深度处土温为 4.60℃。2015 年 8 月 14 日调查，编号为 51-096。

黑斯系代表性单个土体剖面

Oo：0～12 cm，棕色（10YR 4/4，干），黑棕色（10YR 3/2，润），草毡有机土壤物质，疏松，多量根系交织盘结，缠结根系按体积计≥50%，有一定弹性，铁铲不易挖掘，轻度石灰反应，清晰平滑过渡。

Ah：12～21 cm，灰黄棕色（10YR 5/2，干），黑棕色（10YR 2/3，润），粉质壤土，中等发育的小团粒状结构，疏松，多量根系，轻度石灰反应，突变平滑过渡。

Oe1：21～48 cm，棕色（10YR 4/6，干），棕色（10YR 4/6，润），半腐有机土壤物质，极疏松，多量细根，渐变平滑过渡。

Oe2：48～80 cm，棕色（10YR 3/3，干），棕色（10YR 3/3，润），半腐有机土壤物质，极疏松，多量细根，渐变平滑过渡。

Oe3：80～105 cm，黑棕色（10YR 3/1，干），黑棕色（10YR 3/1，润），半腐有机土壤物质，极疏松，少量细根，渐变波状过渡。

Cg：105～130 cm，灰黄棕色（10YR 6/2，干），棕灰色（7.5YR 5/1，润），粉质壤土，稍坚实，中度亚铁反应。

黑斯系代表性单个土体物理性质

土层	深度 /cm	石砾 (>2mm，体积分数) /%	细土颗粒组成(粒径：mm)/(g/kg)			质地	容重 /(g/cm³)
			砂粒 2～0.05	粉粒 0.05～0.002	黏粒 <0.002		
Oo	0～12	0	246	603	151	粉质壤土	0.50
Ah	12～21	0	265	588	147	粉质壤土	0.75
Oe1	21～48	0	355	486	158	壤土	0.24
Oe2	48～80	0	482	414	104	壤土	0.31
Oe3	80～105	0	329	516	155	粉质壤土	0.29
Cg	105～130	0	179	628	193	粉质壤土	0.94

黑斯系代表性单个土体化学性质

深度	pH		有机碳(C)	全氮(N)	全磷(P)	全钾(K)	CEC$_7$	C/N
/cm	H$_2$O	CaCl$_2$	/(g/kg)	/(g/kg)	/(g/kg)	/(g/kg)	/[cmol(+)/kg]	
0~12	6.7	5.7	109.7	5.49	0.73	19.0	30.6	20.0
12~21	6.7	5.6	63.1	3.06	0.49	20.6	24.7	20.6
21~48	6.1	5.4	252.6	14.99	1.20	10.7	69.3	16.9
48~80	5.6	5.2	205.0	10.77	0.95	14.9	54.6	19.0
80~105	5.0	4.9	201.2	10.52	0.99	15.0	54.0	19.1
105~130	5.5	4.8	50.9	2.27	0.48	20.7	18.2	22.4

4.2　普通半腐正常有机土

4.2.1　书古系（**Shugu Series**）

土　　族：强酸性温性-普通半腐正常有机土
拟定者：袁大刚，张　楚，宋易高

分布与环境条件　分布于越西县中山山间盆地底部，成土母质为第四系沉积物（湖积物），沼泽地；北亚热带湿润气候，年均日照 1648～1873 h，年均气温 10.0～10.4℃，1 月平均气温 0.5～0.9 ℃，7 月平均气温 18.2～18.7 ℃，年均降水量 1034～1113mm，年干燥度 0.80～0.95。

书古系典型景观

土系特征与变幅　具有机表层、有机土壤物质、常潮湿土壤水分状况、温性土壤温度状况；有效土层厚度≥125 cm，有机土壤物质从表层开始出现，厚度达 125 cm 以上。

对比土系　黑斯系，同一土类不同亚类，半腐有机土壤物质同时上覆和下伏矿质土层。

利用性能综述　所处区域地势低洼，常年积水，重在加强湿地保护，合理开发泥炭资源，可适当放牧。

参比土种　厚层泥炭土（T112）。

代表性单个土体　位于凉山彝族自治州越西县书古乡勒品村，28°28′44.5″N，102°33′56.8″E，中山山间盆地底部，海拔 2225m，成土母质为第四系沉积物（湖积物），沼泽地，土表下 50 cm 深度处土温为 13.36℃。2015 年 8 月 20 日调查，编号为 51-105。

Oe1：0～20cm，红灰色（2.5YR 5/1，干），红黑色（7.5R2/1，润），半腐有机土壤物质，极疏松，多量细根，渐变平滑过渡。

Oe2：20～43cm，暗红棕色（2.5YR 3/3，干），暗红棕色（2.5YR 3/3，润），半腐有机土壤物质，极疏松，少量细根，渐变平滑过渡。

Oi1：43～64cm，浊红棕色（2.5YR 4/4，干），浊红棕色（2.5YR 4/4，润），纤维有机土壤物质，极疏松，渐变平滑过渡。

Oi2：64～86cm，红黑色（2.5YR 6/1，干），红黑色（2.5YR 6/1，润），纤维有机土壤物质，极疏松，渐变平滑过渡。

Oi3：86～110cm，极暗红棕色（2.5YR 2/2，干），极暗红棕色（2.5YR 2/2，润），纤维有机土壤物质，极疏松，渐变平滑过渡。

书古系代表性单个土体剖面

Oi4：110～130cm，红黑色（2.5YR 2/1，干），红黑色（2.5YR 2/1，润），纤维有机土壤物质，极疏松。

书古系代表性单个土体物理性质

土层	深度/cm	石砾(>2mm，体积分数)/%	细土颗粒组成(粒径：mm)/(g/kg)			质地	容重/(g/cm³)
			砂粒 2～0.05	粉粒 0.05～0.002	黏粒 <0.002		
Oe1	0～20	0	693	137	170	砂质壤土	0.50
Oe2	20～43	0	685	171	144	砂质壤土	0.16
Oi1	43～64	0	615	236	149	砂质壤土	0.17
Oi2	64～86	0	625	188	187	砂质壤土	0.26
Oi3	86～110	0	681	163	156	砂质壤土	0.14
Oi4	110～130	0	639	211	151	砂质壤土	0.13

书古系代表性单个土体化学性质

深度/cm	pH H₂O	pH CaCl₂	有机碳(C)/(g/kg)	全氮(N)/(g/kg)	全磷(P)/(g/kg)	全钾(K)/(g/kg)	CEC₇/[cmol(+)/kg]	C/N
0～20	4.3	3.8	178.7	13.50	0.47	11.1	68.8	13.2
20～43	4.6	4.2	293.9	15.25	0.20	7.9	66.6	19.3
43～64	4.6	4.2	252.0	15.87	0.12	7.7	57.9	15.9
64～86	4.8	4.2	340.3	16.38	0.16	20.5	70.8	20.8
86～110	4.9	4.3	399.1	15.37	0.26	2.1	88.5	26.0
110～130	4.9	4.4	339.7	19.30	0.20	4.3	83.8	17.6

4.3　矿底高腐正常有机土

4.3.1　班佑系（Banyou Series）

土　　族：壤质硅质混合型弱酸性冷性–矿底高腐正常有机土
拟定者：袁大刚，张　楚，蒲光兰

分布与环境条件　分布于若尔盖、红原等丘状高平原低阶地，成土母质为第四系全新统沉积物（沼泽堆积物），天然牧草地；高原亚寒带半湿润气候，年均日照 2392～2418 h，年均气温 0.4～1.1℃，1 月平均气温–10.8～–10.3℃，7 月平均气温 10.4～10.9 ℃，年均降水量 647～753 mm，年均干燥度 1.02～1.18。

班佑系典型景观

土系特征与变幅　具有机表层、有机土壤物质、潮湿土壤水分状况、氧化还原特征、潜育特征、冷性土壤温度状况、石灰性；有效土层厚度≥150 cm。

对比土系　多玛系，空间位置相邻，同一土类不同亚类，控制层段内高腐有机土壤物质下无矿质土层。

利用性能综述　所处区域地势平坦，土层深厚，产草量较高，但要注意防治鼠害，保护泥炭资源。

参比土种　薄层泥炭土（T113）。

代表性单个土体　位于阿坝藏族羌族自治州若尔盖县班佑乡多玛村，33°30′13.2″N，103°00′54.9″E，丘状高平原低阶地，海拔 3487m，成土母质为第四系全新统沉积物（沼泽堆积物），天然牧草地，土表下 50 cm 深度处土温为 4.85℃。2015 年 6 月 29 日调查，编号为 51-023。

Oa1：0～27 cm，黑棕色（10YR 2/3，干），黑色（2.5Y 2/1，润），高腐有机土壤物质，多量根系交织盘结，缠结根系按体积计≥50%，有一定弹性，铁铲不易挖掘，多量细根，中度石灰反应，清晰平滑过渡。

Oa2：27～65 cm，黑棕色（10YR 2/3，干），黑色（10YR 2/1，润），高腐有机土壤物质，疏松，中量细根，强石灰反应，渐变平滑过渡。

Oa3：65～85 cm，黑棕色（10YR 3/2，干），黑色（10YR 2/1，润），高腐有机土壤物质，疏松，中量细根，极强石灰反应，渐变平滑过渡。

Cr1：85～118 cm，黑棕色（10YR 3/2，干），黑色（10YR 2/1，润），砂质壤土，疏松，少量锈斑纹，中度石灰反应，清晰平滑过渡。

班佑系代表性单个土体剖面

Cr2：118～150 cm，浊黄色（2.5Y 6/2，干），黑棕色（2.5Y 3/2，润），粉质壤土，稍坚实，中量锈斑纹，中度石灰反应，清晰平滑过渡。

Cg：150～170 cm，淡灰色（10Y 7/2，干），橄榄灰色（10Y 4/2，润），粉质壤土，稍坚实-坚实，中度亚铁反应，中度石灰反应。

班佑系代表性单个土体物理性质

土层	深度 /cm	石砾 (>2mm，体积分数) /%	细土颗粒组成(粒径：mm)/(g/kg)			质地	容重 /(g/cm³)
			砂粒 2～0.05	粉粒 0.05～0.002	黏粒 <0.002		
Oa1	0～27	0	608	272	120	砂质壤土	0.61
Oa2	27～65	0	534	363	104	砂质壤土	0.62
Oa3	65～85	0	668	308	24	砂质壤土	0.59
Cr1	85～118	0	655	267	78	砂质壤土	1.04
Cr2	118～150	0	171	589	240	粉质壤土	1.69
Cg	150～170	0	320	540	140	粉质壤土	1.64

班佑系代表性单个土体化学性质

深度 /cm	pH		有机碳(C) /(g/kg)	全氮(N) /(g/kg)	全磷(P) /(g/kg)	全钾(K) /(g/kg)	CEC₇ /[cmol(+)/kg]	C/N
	H₂O	CaCl₂						
0～27	7.4	7.4	138.9	8.24	1.23	14.0	38.2	16.9
27～65	7.4	7.2	228.6	11.50	0.76	10.3	58.6	19.9
65～85	7.5	7.4	196.0	7.92	0.72	8.3	50.0	24.8
85～118	7.8	7.5	62.5	2.30	0.70	18.2	25.5	27.2
118～150	7.9	7.5	8.8	0.43	0.59	20.5	11.1	20.3
150～170	7.8	7.6	3.6	0.13	0.56	20.3	5.6	27.9

4.4　普通高腐正常有机土

4.4.1　多玛系（Duoma Series）

土　　族：弱酸性冷性-普通高腐正常有机土
拟定者：袁大刚，张　楚，蒲光兰

分布与环境条件　分布于若尔盖、红原等县丘状高平原低阶地，成土母质为第四系全新统沉积物（沼泽堆积物），天然牧草地；高原亚寒带半湿润气候，年均日照 2392～2418 h，年均气温 0.4～1.1℃，1 月平均气温–10.8～–10.3℃，7 月平均气温 10.4～10.9℃，年均降水量 647～753 mm，年均干燥度 1.02～1.18。

多玛系典型景观

土系特征与变幅　具有机表层、有机土壤物质、潮湿土壤水分状况、冷性土壤温度状况、石灰性；有效土层厚度≥150 cm。

对比土系　班佑系，空间位置相邻，同一土类不同亚类，控制层段内高腐有机土壤物质下伏矿质土层。

利用性能综述　所处区域地势平坦，土层深厚，产草量较高，但要注意防治鼠害，保护泥炭资源。

参比土种　厚层泥炭土（T112）。

代表性单个土体　位于阿坝藏族羌族自治州若尔盖县班佑乡多玛村，33°30′12.7″N，

103°00′49.4″E，丘状高平原低阶地，海拔 3487m，成土母质为第四系全新统沉积物（沼泽堆积物），天然牧草地，土表下 50 cm 深度处土温为 4.85℃。2015 年 6 月 29 日调查，编号为 51-024。

Oa: 0～15 cm，暗红棕色（5YR 3/2，干），黑棕色（5YR 2/1，润），高腐有机土壤物质，多量根系交织盘结，缠结根系按体积计≥50%，有一定弹性，铁铲不易挖掘，中度石灰反应，清晰平滑过渡。

Oo: 15～25 cm，暗棕色（10YR 3/3，干），黑棕色（10YR 2/2，润），草毡有机土壤物质，中量细根，多量根系交织盘结，缠结根系按体积计≥50%，有一定弹性，铁铲不易挖掘，中度石灰反应，渐变平滑过渡。

Oa1: 25～50 cm，黑棕色（10YR 2/3，干），黑棕色（10YR 2/2，润），高腐有机土壤物质，疏松，少量细根，中度石灰反应，渐变平滑过渡。

Oa2: 50～105 cm，极暗棕色（7.5YR 2/3，干），黑棕色（7.5YR 2/2，润），高腐有机土壤物质，疏松，少量细根，中度石灰反应，渐变平滑过渡。

多玛系代表性单个土体剖面

Oa3: 105～130 cm，极暗红棕色（5YR 2/3，干），黑棕色（5YR 2/1，润），高腐有机土壤物质，疏松，很少细根，中度石灰反应，渐变平滑过渡。

Oa4: 130～150 cm，极暗红棕色（5YR 2/3，干），黑棕色（5YR 2/1，润），高腐有机土壤物质，疏松，很少细根，极强石灰反应，渐变平滑过渡。

Oa5: 150～190 cm，暗灰黄色（2.5Y 5/2，干），黑色（2.5Y 2/1，润），高腐有机土壤物质，极疏松，极强石灰反应。

多玛系代表性单个土体物理性质

| 土层 | 深度 /cm | 石砾 (>2mm，体积分数) /% | 细土颗粒组成(粒径: mm)/(g/kg) | | | 质地 | 容重 / (g/cm³) |
			砂粒 2～0.05	粉粒 0.05～0.002	黏粒 <0.002		
Oa	0～15	0	189	703	108	粉质壤土	0.50
Oo	15～25	0	117	779	104	粉质壤土	0.65
Oa1	25～50	0	362	478	159	壤土	0.43
Oa2	50～105	0	402	435	163	壤土	0.26
Oa3	105～130	0	400	382	218	壤土	0.26
Oa4	130～150	0	352	486	162	壤土	0.27
Oa5	150～190	0	181	665	153	粉质壤土	0.43

多玛系代表性单个土体化学性质

深度 /cm	pH		有机碳(C) /(g/kg)	全氮(N) /(g/kg)	全磷(P) /(g/kg)	全钾(K) /(g/kg)	CEC7 /[cmol(+)/kg]	C/N
	H$_2$O	CaCl$_2$						
0～15	6.4	5.8	143.3	9.03	1.20	10.8	46.1	15.9
15～25	6.6	6.2	117.8	7.55	0.78	11.4	38.3	15.6
25～50	6.2	5.6	204.4	11.55	0.65	9.6	59.4	17.7
50～105	6.3	5.8	447.3	20.81	0.51	6.6	92.8	21.5
105～130	6.7	6.4	395.1	17.24	0.44	6.4	85.6	22.9
130～150	6.9	7.1	250.5	14.45	0.45	6.2	68.3	17.3
150～190	7.5	7.3	152.9	7.66	0.30	3.4	48.1	20.0

第 5 章　人　为　土

5.1　普通潜育水耕人为土

5.1.1　通济系（Tongji Series）

土　族：黏壤质混合型石灰性热性-普通潜育水耕人为土
拟定者：袁大刚，樊瑜贤，付宏阳

分布与环境条件　分布于中江、广汉等低丘底部地势低洼处，成土母质为第四系更新统沉积物，水田；中亚热带湿润气候，年均日照 1242～1313 h，年均气温 16.3～16.7℃，1 月平均气温 5.4～5.7℃，7 月平均气温 25.7～26.4℃，年均降水量 882～890 mm，年干燥度 0.82～0.87。

通济系典型景观

土系特征与变幅　具水耕表层、水耕氧化还原层、人为滞水土壤水分状况、潜育特征、热性土壤温度状况、石灰性；有效土层厚度 50～100 cm，距矿质土表 60cm 范围内出现潜育特征，表层土壤质地为壤土，排水中等。

对比土系　富兴系，空间位置相近，不同土纲，无水耕表层、水耕氧化还原层、人为滞水土壤水分状况、潜育特征。

利用性能综述　所处区域地势低洼，滞水难耕，应完善灌排设施，适时晒田，增施磷、钾肥，有针对性地施用锌、硼、钼等微肥。

参比土种 鸭屎黄泥田（U441）。

代表性单个土体 位于德阳市中江县通济镇泉水村 2 组，31°05′02.3″N，104°46′39.1″E，低丘底部地势低洼处，海拔 439m，成土母质为第四系更新统沉积物（广汉黏土），水田，稻-油轮作，土表下 50 cm 深度处土温为 18.24℃。2015 年 10 月 3 日调查，编号为 51-121。

通济系代表性单个土体剖面

Ap1: 0～16 cm，灰黄棕色（10YR 4/2，干），黑棕色（10YR 2/2，润），壤土，中等发育的中亚角块状结构，稍坚实，根系周围多量锈纹，中度石灰反应，渐变平滑过渡。

Ap2: 16～25 cm，灰黄棕色（10YR 5/2，干），黑棕色（10YR 3/2，润），砂质壤土，弱发育的中角块状结构，坚实，根系周围多量锈斑纹，中度石灰反应，中度亚铁反应，渐变平滑过渡。

Bg1: 25～45 cm，灰黄棕色（10YR 6/2，干），灰黄棕色（10YR 4/2，润），砂质黏壤土，弱发育的中角块状结构，稍坚实，根系周围少量锈纹，中度石灰反应，强度亚铁反应，渐变平滑过渡。

Bg2: 45～56 cm，浊黄棕色（10YR 5/3，干），灰黄棕色（10YR 4/2，润），砂质黏壤土，弱发育的中角块状结构，坚实，根系周围少量锈纹，结构体表面中量灰色腐殖质-粉砂-黏粒胶膜、中量锈斑，中度石灰反应，中度亚铁反应，渐变平滑过渡。

Bg3：56～75 cm，浊黄棕色（10YR 5/3，干），灰黄棕色（10YR 4/2，润），砂质黏壤土，弱发育的中角块状结构，坚实，根系周围少量锈纹，结构体表面多量灰色腐殖质-粉砂-黏粒胶膜、中量锈斑，轻度石灰反应，轻度亚铁反应，渐变平滑过渡。

Br：75～100cm，浊黄橙色（10YR 7/4，干），黄棕色（10YR 5/6，润），壤土，弱发育的大角块状结构，极坚实，结构体表面少量铁锰胶膜，轻度石灰反应，无亚铁反应。

通济系代表性单个土体物理性质

土层	深度 /cm	石砾 (>2mm, 体积分数) /%	细土颗粒组成(粒径：mm)/(g/kg)			质地	容重 /(g/cm³)
			砂粒 2～0.05	粉粒 0.05～0.002	黏粒 <0.002		
Ap1	0～16	0	460	344	196	壤土	0.82
Ap2	16～25	0	661	196	143	砂质壤土	1.49
Bg1	25～45	0	560	147	293	砂质黏壤土	1.60
Bg2	45～56	0	508	246	246	砂质黏壤土	1.54
Bg3	56～75	0	512	244	244	砂质黏壤土	1.55
Br	75～100	0	359	392	249	壤土	1.49

通济系代表性单个土体化学性质

深度 /cm	pH(H₂O)	有机碳(C) /(g/kg)	全氮(N) /(g/kg)	全磷(P) /(g/kg)	全钾(K) /(g/kg)	CEC₇ /[cmol(+)/kg]	游离铁(Fe) /(g/kg)	碳酸钙相当物 /(g/kg)
0～16	8.3	17.5	1.70	0.54	14.3	17.1	7.7	41
16～25	8.4	9.6	1.48	0.31	15.2	16.6	7.9	48
25～45	8.5	6.7	1.20	0.07	11.9	15.8	8.1	55
45～56	8.5	5.3	0.99	0.18	16.9	14.7	9.2	41
56～75	8.6	5.3	0.83	0.08	15.7	14.9	9.1	21
75～100	8.3	4.3	0.86	0.01	16.3	13.2	10.1	17

5.2　普通铁聚水耕人为土

5.2.1　议团系（Yituan Series）

土　族：黏质混合型非酸性热性-普通铁聚水耕人为土
拟定者：袁大刚，樊瑜贤，蒲光兰

分布与环境条件　分布于新都、青白江、金堂等低山丘陵底部，成土母质为第四系更新统沉积物（成都黏土），水田；中亚热带湿润气候，年均日照 1166~1414 h，年均气温 16.2~16.7℃，1 月平均气温 5.3~5.8℃，7 月平均气温 25.4~26.0℃，年均降水量 902~967 mm，年干燥度 0.71~0.83。

议团系典型景观

土系特征与变幅　具水耕表层、水耕氧化还原层、人为滞水土壤水分状况、热性土壤温度状况；有效土层厚度≥150 cm，水耕氧化还原层部分土层连二亚硫酸钠-柠檬酸钠-碳酸氢钠（DCB）浸提铁含量为耕作层 1.5 倍，表层土壤质地为粉质黏壤土，排水差。

对比土系　新繁系，空间位置相近，同亚纲不同土类，无水耕氧化还原层部分土层 DCB 浸提铁含量为耕作层 1.5 倍的现象。

利用性能综述　所处区域地势平坦，土体深厚，保肥力强，肥效稳长，但黏重板结，通透性差，宜耕期短，应注意实行秸秆还田，改善土壤结构和通透性，重施底肥，早施追肥，增施磷钾肥，防止后期氮肥过多贪青晚熟而减产；种小春作物要注意开沟排水，消除田间滞水，减轻湿害和草害。

参比土种　姜石锈黄泥田（U179）。

代表性单个土体　位于成都市新都区泰兴镇议团村 10 组，30°45′57.5″N，104°13′26.5″E，丘陵底部，海拔 509m，成土母质为第四系更新统沉积物（成都黏土），水田，稻-油轮作，土表下 50 cm 深度处土温为 18.41℃。2015 年 2 月 3 日调查，编号为 51-005。

Ap1：0～12 cm，灰黄棕色（10YR 5/2，干），黑色（10YR 2/1，润），粉质黏壤土，强发育的中角块状结构，很坚实，结构体内部多量锈纹，渐变平滑过渡。

Ap2：12～20cm，浊黄橙色（10YR 6/3，干），暗棕色（10YR 3/3，润），粉质黏土，强发育的中角块状结构，很坚实，结构体内部多量锈纹，渐变平滑过渡。

Br1：20～40cm，浊黄橙色（10YR 6/3，干），暗棕色（10YR 3/4，润），粉质黏土，强发育的中角块状结构，很坚实，结构体内部多量锈纹、中量铁锰斑，结构体表面很多灰色腐殖质-粉砂-黏粒胶膜，渐变平滑过渡。

Br2：40～60cm，淡黄橙色（10YR 8/4，干），棕色（10YR 4/4，润），粉质黏壤土，中等发育的大角块状结构，很坚实，结构体内部中量锈纹、中量铁锰斑，少量小球形铁锰结核，结构体表面中量灰色腐殖质-粉砂-黏粒胶膜，渐变平滑过渡。

议团系代表性单个土体剖面

Br3：60～85 cm，浊黄橙色（10YR 7/4，干），黄棕色（10YR 5/8，润），黏土，中等发育的大角块状结构，很坚实，结构体内部少量锈纹、中量铁锰斑、中量小球形铁锰结核，结构体表面多量灰色腐殖质-粉砂-黏粒胶膜，渐变平滑过渡。

Br4：85～105 cm，浊黄橙色（10YR 7/4，干），黄棕色（10YR 5/8，润），黏土，中等发育的大角块状结构，很坚实，结构体内部少量锈纹、中量铁锰斑、中量小球形铁锰结核，结构体表面很多灰色腐殖质-粉砂-黏粒胶膜，渐变平滑过渡。

Br5：105～135 cm，亮黄棕色（10YR 6/6，干），棕色（10YR 4/6，润），黏土，中等发育的大角块状结构，很坚实，结构体内部少量锈纹、中量铁锰斑、中量小球形铁锰结核，结构体表面多量灰色腐殖质-粉砂-黏粒胶膜，渐变平滑过渡。

Br6：135～150 cm，棕色（10YR 4/4，干），暗棕色（10YR 3/4，润），粉质黏土，中等发育的大角块状结构，极坚实，结构体内部多量小球形铁锰结核。

议团系代表性单个土体物理性质

土层	深度 /cm	石砾 (>2mm，体积分数) /%	细土颗粒组成(粒径: mm)/(g/kg)			质地	容重 / (g/cm³)
			砂粒 2~0.05	粉粒 0.05~0.002	黏粒 <0.002		
Ap1	0~12	0	121	560	320	粉质黏壤土	1.07
Ap2	12~20	0	122	431	447	粉质黏土	1.42
Br1	20~40	0	121	460	420	粉质黏土	1.41
Br2	40~60	0	160	492	348	粉质黏壤土	1.38
Br3	60~85	0	142	241	616	黏土	1.40
Br4	85~105	0	181	376	444	黏土	1.50
Br5	105~135	0	181	361	457	黏土	1.50
Br6	135~150	0	131	408	462	粉质黏土	1.55

议团系代表性单个土体化学性质

深度 /cm	pH(H₂O)	有机碳(C) /(g/kg)	全氮(N) /(g/kg)	全磷(P) /(g/kg)	全钾(K) /(g/kg)	CEC₇ /[cmol(+)/kg]	游离铁(Fe) /(g/kg)
0~12	6.7	17.6	1.74	0.56	15.0	21.4	14.5
12~20	7.3	8.6	1.65	0.07	15.9	20.7	20.2
20~40	7.5	6.6	0.53	0.15	14.2	20.4	17.5
40~60	7.3	5.0	0.65	0.03	14.5	21.5	19.1
60~85	7.2	2.7	0.37	0.08	16.8	22.5	18.6
85~105	7.1	3.2	0.53	0.02	15.9	24.5	22.2
105~135	7.3	2.0	0.41	0.05	14.4	21.1	21.7
135~150	7.3	4.3	0.56	0.04	16.1	27.1	11.2

5.3 普通简育水耕人为土

5.3.1 福洪系（Fuhong Series）

土　族：砂质长石混合型石灰性热性-普通简育水耕人为土
拟定者：袁大刚，樊瑜贤，付宏阳

分布与环境条件 分布于青白江、金堂等低丘台地，成土母质为第四系全新统紫色冲积物，水田；中亚热带湿润气候，年均日照 1239～1299 h，年均气温 16.2～16.7℃，1 月平均气温 5.5～5.7℃，7 月平均气温 25.6～26.2℃，年均降水量约 925 mm，年干燥度 0.74～0.83。

福洪系典型景观

土系特征与变幅 具水耕表层、水耕氧化还原层、人为滞水土壤水分状况、热性土壤温度状况、石灰性；有效土层厚度 100～150 cm，40cm 以下土层具灰白色条带状离铁基质，表层土壤质地为砂质黏壤土，排水中等。

对比土系 同兴系，同亚类不同土族，矿物学类别为混合型。

利用性能综述 所处区域地势平坦，地下水位低，土体深厚，无障碍层次，是丘陵区高产稳产农田，但应注意灌排系统建设。

参比土种 紫潮砂泥田（U332）。

代表性单个土体 位于成都市青白江区福洪乡团结村 15 组，30°44′54.0″N，104°21′18.2″E，低丘台地，海拔 456m，成土母质为第四系全新统紫色冲积物，水田，稻-油轮作，土表下 50 cm 深度处土温为 18.57℃。2015 年 10 月 2 日调查，编号为 51-119。

福洪系代表性单个土体剖面

Ap1：0～20 cm，浊棕色（7.5YR 5/4，干），棕色（7.5YR 4/3，润），砂质黏壤土，强发育的小亚角块状结构，坚实，根系周围多锈斑纹，很少陶瓷碎片，轻度石灰反应，渐变平滑过渡。

Ap2：20～30cm，浊棕色（7.5YR 6/3，干），浊棕色（7.5YR 5/4，润），砂质黏壤土，强发育的大角块状结构，很坚实，根系周围多锈斑纹，很少陶瓷碎片，轻度石灰反应，渐变平滑过渡。

Br1：30～40cm，浊橙色（7.5YR 7/3，干），亮橙色（7.5YR 5/6，润），砂质壤土，中等发育的大角块状结构，很坚实，根系周围中量锈斑纹，结构体表面中量灰色腐殖质-粉砂-黏粒胶膜，轻度石灰反应，清晰平滑过渡。

Br2：40～70 cm，浊橙色（7.5YR 7/4，干），亮橙色（7.5YR 5/8，润），砂质黏壤土，中等发育的大角块状结构，很坚实，根系周围中量锈斑纹，结构体表面中量灰色腐殖质-粉砂-黏粒胶膜、中量铁锰胶膜，结构体内部中量铁锰斑、少量小球形铁锰结核，中量灰白色条带状离铁基质，轻度石灰反应，渐变平滑过渡。

Br3：70～105cm，浊橙色（7.5YR 6/4，干），亮橙色（7.5YR 5/6，润），砂质壤土，弱发育的大角块状结构，极坚实，根系周围少量锈斑纹，结构体表面中量灰色腐殖质-粉砂-黏粒胶膜、中量铁锰胶膜，结构体内部中量铁锰斑、中量小球形铁锰结核，少量灰白色条带状离铁基质，轻度石灰反应。

福洪系代表性单个土体物理性质

土层	深度/cm	石砾(>2mm，体积分数)/%	细土颗粒组成(粒径：mm)/(g/kg)			质地	容重/(g/cm³)
			砂粒 2～0.05	粉粒 0.05～0.002	黏粒 <0.002		
Ap1	0～20	0	643	76	281	砂质黏壤土	1.40
Ap2	20～30	0	670	77	252	砂质黏壤土	1.65
Br1	30～40	0	733	93	175	砂质壤土	1.68
Br2	40～70	0	678	80	242	砂质黏壤土	1.77
Br3	70～105	0	743	63	193	砂质壤土	1.74

福洪系代表性单个土体化学性质

深度/cm	pH(H₂O)	有机碳(C)/(g/kg)	全氮(N)/(g/kg)	全磷(P)/(g/kg)	全钾(K)/(g/kg)	CEC₇/[cmol(+)/kg]	游离铁(Fe)/(g/kg)	碳酸钙相当物/(g/kg)
0～20	7.6	10.8	1.25	0.18	13.5	16.3	10.5	11
20～30	8.0	6.4	1.17	0.09	14.3	16.1	11.2	10
30～40	8.1	5.4	1.04	0.04	14.5	13.0	10.6	10
40～70	8.2	2.9	0.55	0.04	11.7	11.4	8.3	10
70～105	8.0	1.7	0.24	0.17	16.6	10.5	7.9	8

5.3.2 同兴系（**Tongxing Series**）

土　族：砂质混合型石灰性热性-普通简育水耕人为土
拟定者：袁大刚，樊瑜贤，付宏阳

分布与环境条件　分布于什邡、广汉等冲积平原，成土母质为第四系全新统灰棕色冲积物，水田；中亚热带湿润气候，年均日照 1242～1281 h，年均气温 15.9～16.3℃，1 月平均气温 5.2～5.5℃，7 月平均气温 25.3～25.7℃，年均降水量 890～950 mm，年干燥度0.75～0.82。

同兴系典型景观

土系特征与变幅　具水耕表层、水耕氧化还原层、人为滞水土壤水分状况、热性土壤温度状况、石灰性；有效土层厚度 100～150 cm，表层土壤质地为砂质壤土，排水中等。

对比土系　福洪系，同亚类不同土族，矿物学类别为长石混合型。

利用性能综述　所处区域地势平坦，灌溉方便，适于机械化作业；土体深厚，质地适中，保肥力较强，供肥较平稳，为四川高产土系之一，但应提倡秸秆还田，增种短期绿肥，增施磷、钾肥。

参比土种　灰棕潮砂泥田（U322）。

代表性单个土体　位于德阳市广汉市向阳镇同兴村 13 组，30°55′28.8″N，104°12′02.9″E，冲积平原，海拔 479m，成土母质为第四系全新统灰棕色冲积物，水田，稻-油轮作，土表下 50 cm 深度处土温为 18.31℃。2015 年 10 月 5 日调查，编号为 51-123。

同兴系代表性单个土体剖面

Ap1：0～15 cm，灰黄棕色（10YR 6/2，干），黑棕色（10YR 2/2，润），砂质壤土，强发育的小亚角块状结构，稍坚实，多量锈斑纹，很少微风化的次圆状中小砾石，轻度石灰反应，模糊平滑过渡。

Ap2：15～25cm，灰黄棕色（10YR 6/2，干），黑棕色（10YR 3/1，润），砂质壤土，中等发育的大角块状结构，很坚实，多量锈斑纹，很少小陶瓷碎片，很少微风化的次圆状中砾石，轻度石灰反应，清晰平滑过渡。

Br1：25～55cm，浊黄橙色（10YR 7/3，干），浊黄棕色（10YR 4/3，润），砂质黏壤土，中等发育的大角块状结构，坚实，多量锈斑纹，结构体表面中量灰色腐殖质-粉砂-黏粒胶膜，轻度石灰反应，渐变平滑过渡。

Br2：55～70cm，浊黄橙色（10YR 7/3，干），浊黄棕色（10YR 4/3，润），砂质黏壤土，中等发育的大角块状结构，坚实，多量锈斑纹，结构体表面少量灰色腐殖质-粉砂-黏粒胶膜，轻度石灰反应，渐变平滑过渡。

Br3：70～90 cm，浊黄橙色（10YR 7/3，干），棕色（10YR 4/4，润），砂质壤土，中等发育的大角块状结构，稍坚实，中量锈斑纹，轻度石灰反应，渐变平滑过渡。

Br4：90～110 cm，浊黄橙色（10YR 6/3，干），浊黄棕色（10YR 4/3，润），壤质砂土，中等发育的大角块状结构，稍坚实，中量锈斑纹，轻度石灰反应。

同兴系代表性单个土体物理性质

土层	深度 / cm	石砾 (>2mm, 体积分数) /%	细土颗粒组成（粒径：mm）/(g/kg)			质地	容重 / (g/cm³)
			砂粒 2～0.05	粉粒 0.05～0.002	黏粒 <0.002		
Ap1	0～15	<2	644	163	193	砂质壤土	1.24
Ap2	15～25	<2	638	185	177	砂质壤土	1.59
Br1	25～55	0	608	160	232	砂质黏壤土	1.62
Br2	55～70	0	609	152	239	砂质黏壤土	1.53
Br3	70～90	0	798	54	148	砂质壤土	1.59
Br4	90～110	0	857	36	107	壤质砂土	1.65

同兴系代表性单个土体化学性质

深度 /cm	pH(H₂O)	有机碳(C) /(g/kg)	全氮(N) /(g/kg)	全磷(P) /(g/kg)	全钾(K) /(g/kg)	CEC₇ / [cmol(+)/kg]	游离铁(Fe) /(g/kg)	碳酸钙相当物 /(g/kg)
0～15	6.6	19.1	2.04	0.46	14.8	20.2	10.9	14
15～25	8.1	13.7	2.19	0.29	15.3	17.6	12.7	14
25～55	8.1	7.0	1.36	0.22	16.8	11.0	12.2	15
55～70	8.1	6.9	1.13	0.27	16.8	8.2	11.2	12
70～90	8.1	5.1	0.31	0.34	15.0	7.1	10.7	8
90～110	8.1	4.9	0.55	0.37	14.4	7.0	9.0	8

5.3.3 石羊系（**Shiyang Series**）

土　　族：黏壤质盖粗骨砂质混合型非酸性热性-普通简育水耕人为土

拟定者：袁大刚，樊瑜贤，付宏阳

分布与环境条件 分布于都江堰、郫都、温江等冲积平原，成土母质为第四系全新统灰色冲积物，水田；中亚热带湿润气候，年均日照 1042～1307 h，年均气温 15.2～15.8℃，1 月平均气温 4.6～5.2℃，7 月平均气温 24.7～25.3℃，年均降水量 969～1244 mm，年干燥度 0.53～0.72。

石羊系典型景观

土系特征与变幅 具水耕表层、水耕氧化还原层、人为滞水土壤水分状况、热性土壤温度状况；有效土层厚度 50～100 cm，矿质土表下 50～100 cm 范围内具砾石层，表层土壤质地为壤土，排水中等。

对比土系 新繁系，同亚类不同土族，与本土系母质相同，但土体更深厚，且颗粒大小级别为壤质，通体无石灰反应。

利用性能综述 所处区域地势平坦，易耕作，适于机械化作业，但水耕易淀浆，整田后要及时栽秧；供肥性较好，但速效磷、钾含量低，应增施磷、钾肥。

参比土种 灰潮砂田（U314）。

代表性单个土体 位于成都市都江堰市石羊镇义和村 6 组，30°48′31.5″N，103°38′33.5″E，冲积平原，海拔 610m，成土母质为第四系全新统灰色冲积物，水田，稻-油轮作，土表下 50 cm 深度处土温为 17.85℃。2015 年 10 月 1 调查，编号为 51-118。

石羊系代表性单个土体剖面

Ap1: 0～15 cm，暗灰黄色（2.5Y 5/2，干），黄灰色（2.5Y 4/1，润），壤土，强发育的小亚角块状结构，疏松，根系周围多量锈纹，极少瓦片，轻度石灰反应，渐变平滑过渡。

Ap2: 15～24cm，暗灰黄色（2.5Y 5/2，干），暗灰黄（2.5Y 4/2，润），壤土，中等发育的中角块状结构，坚实，根系周围中量锈斑纹，少量弱风化的圆-次圆状中小砾石，轻度石灰反应，渐变平滑过渡。

Br1: 24～32cm，黄灰（2.5Y 5/1，干），黑棕（2.5Y 3/1，润），壤土，中等发育的中角块状结构，坚实，根系周围中量锈斑纹，结构体表面中量灰色腐殖质-粉砂-黏粒胶膜，很少弱风化的圆-次圆状中小砾石，轻度石灰反应，清晰平滑过渡。

Br2: 32～44 cm，黄灰色（2.5Y 6/1，干），黄灰（2.5Y 4/1，润），砂质黏壤土，弱发育的中角块状结构，坚实，根系周围中量锈斑纹，结构体表面少量灰色腐殖质-粉砂-黏粒胶膜、中量铁锰斑，轻度石灰反应，渐变平滑过渡。

BrC: 44～60 cm，黄灰色（2.5Y 6/1，干），黄灰色（2.5Y 4/1，润），砂质壤土，弱度发育的中角块状结构，坚实，根系周围少量锈斑纹，多量弱风化的圆-次圆状大小砾石，无石灰反应，渐变平滑过渡。

C:　60～80 cm，多量弱风化的圆-次圆状大小砾石。

石羊系代表性单个土体物理性质

| 土层 | 深度 /cm | 石砾 (>2mm, 体积分数) /% | 细土颗粒组成(粒径：mm)/(g/kg) | | | 质地 | 容重 /(g/cm³) |
			砂粒 2～0.05	粉粒 0.05～0.002	黏粒 <0.002		
Ap1	0～15	0	470	289	241	壤土	1.01
Ap2	15～24	4	372	483	145	壤土	1.34
Br1	24～32	<2	468	435	97	壤土	1.16
Br2	32～44	0	527	237	237	砂质黏壤土	1.39
BrC	44～60	60	623	189	189	砂质壤土	—
C	60～80	80	—	—	—	—	—

石羊系代表性单个土体化学性质

深度 /cm	pH(H₂O)	有机碳(C) /(g/kg)	全氮(N) /(g/kg)	全磷(P) /(g/kg)	全钾(K) /(g/kg)	CEC₇ / [cmol(+)/kg]	游离铁(Fe) /(g/kg)	碳酸钙相当物 /(g/kg)
0～15	6.6	20.5	2.38	0.76	19.5	10.3	11.3	13
15～24	7.3	16.8	2.00	0.51	20.1	9.1	12.4	12
24～32	7.5	21.5	2.78	0.61	18.2	6.1	12.9	15
32～44	7.9	11.4	2.19	0.64	15.3	3.9	12.8	15
44～60	8.0	5.0	0.43	0.63	17.2	1.9	13.7	1
60～80	—	—	—	—	—	—	—	—

5.3.4 双星系（**Shuangxing Series**）

土　族：黏壤质硅质混合型非酸性热性-普通简育水耕人为土
拟定者：袁大刚，樊瑜贤，蒲光兰

分布与环境条件　分布于安州、三台等低山坡麓微坡，成土母质为第四系更新统沉积物（成都黏土），水田；中亚热带湿润气候，年均日照 1045～1391 h，年均气温 15.5～16.6℃，1 月平均气温 4.5～6.0℃，7 月平均气温 25.5～26.0℃，年均降水量 855～1285 mm，年干燥度 0.58～0.89。

双星系典型景观

土系特征与变幅　具水耕表层、水耕氧化还原层、人为滞水土壤水分状况、热性土壤温度状况；有效土层厚度≥150 cm，表层土壤质地为粉质壤土，排水差。

对比土系　议团系，同亚纲不同土类，与本土系母质相同，但质地更黏重，水耕氧化还原层部分土层 DCB 浸提铁含量为耕作层 1.5 倍。古井系，空间位置相近，不同土纲，具淡薄表层，矿质土表下 25 cm 范围内具石质接触面。

利用性能综述　土体深厚，保肥力强，肥效稳长，但质地黏重，耕作困难，应增施有机肥，实施秸秆还田；合理轮作，增施磷、钾肥，针对性地施用硼、锌等微肥。

参比土种　姜石锈黄泥田（U179）。

代表性单个土体　位于绵阳市安州区清泉镇双星村 3 组，31°26′37.7″N，104°27′22.6″E，低山坡麓微坡，海拔 548m，坡度为 5°，成土母质为第四系更新统沉积物（成都黏土），上部夹白垩系汉阳铺组紫红色砂泥岩坡积物，水田，稻-油轮作，土表下 50 cm 深度处土温为 17.83℃。2015 年 5 月 3 日调查，编号为 51-020。

双星系代表性单个土体剖面

Ap1：0～15 cm，浊黄棕色（10YR 6/4，干），黄棕色（10YR 5/6，润），粉质壤土，强发育的中亚角块状结构，稍坚实，结构体内部中量锈纹，渐变平滑过渡。

Ap2：15～25cm，亮黄棕色（10YR 6/6，干），黄棕色（10YR 5/8，润），粉质壤土，强发育的大角块状结构，极坚实，结构体内部多量锈纹，渐变平滑过渡。

Brk：25～45cm，亮黄棕色（10YR 7/6，干），黄橙色（7.5YR 7/8，润），黏壤土，强发育的大棱柱状结构，很坚实，结构体内部中量锈纹，结构体表面多量灰色腐殖质-粉砂-黏粒胶膜，很少中小球形碳酸盐结核，渐变平滑过渡。

Br1：45～60cm，浊黄棕色（10YR 6/4，干），浊棕色（7.5YR 5/4，润），粉质黏壤土，强发育的大棱柱状结构，很坚实，结构体内部中量锈纹，结构体表面多量灰色腐殖质-粉砂-黏粒胶膜，渐变平滑过渡。

Br2：60～95cm，亮黄棕色（10YR 6/6，干），亮棕色（7.5YR 5/8，润），黏壤土，强发育的大棱柱状结构，很坚实，结构体内部少量锈纹，结构体表面多量灰色腐殖质-粉砂-黏粒胶膜，渐变平滑过渡。

Br3：95～115 cm，浊黄橙色（10YR 6/4，干），浊棕色（7.5YR 5/4，润），粉质黏壤土，强发育的大棱柱状结构，很坚实，结构体表面多量灰色腐殖质-粉砂-黏粒胶膜、少量铁锰胶膜，渐变平滑过渡。

Bw：115～150 cm，黄橙色（10YR 8/8，干），橙色（7.5YR 7/6，润），黏土，中等发育的大角块状结构，很坚实。

双星系代表性单个土体物理性质

土层	深度/cm	石砾(>2mm，体积分数)/%	细土颗粒组成(粒径：mm)/(g/kg)			质地	容重/(g/cm³)
			砂粒2～0.05	粉粒0.05～0.002	黏粒<0.002		
Ap1	0～15	0	169	629	202	粉质壤土	1.03
Ap2	15～25	0	182	576	242	粉质壤土	1.66
Brk	25～45	0	211	513	276	黏壤土	1.59
Br1	45～60	0	194	472	334	粉质黏壤土	1.56
Br2	60～95	0	219	509	272	黏壤土	1.65
Br3	95～115	0	214	520	266	粉质黏壤土	1.63
Bw	115～150	0	116	376	508	黏土	1.59

双星系代表性单个土体化学性质

深度 /cm	pH(H₂O)	有机碳(C) /(g/kg)	全氮(N) /(g/kg)	全磷(P) /(g/kg)	全钾(K) /(g/kg)	CEC₇ /[cmol(+)/kg]	游离铁(Fe) /(g/kg)
0～15	5.7	12.3	1.21	0.23	14.1	20.1	18.8
15～25	7.4	5.5	0.54	0.22	16.0	18.1	20.1
25～45	7.5	2.9	0.34	0.12	18.3	21.8	22.1
45～60	7.5	3.9	0.44	0.02	12.7	18.4	14.4
60～95	7.4	2.5	0.29	0.08	12.0	16.2	17.8
95～115	7.4	2.4	0.27	0.06	12.0	19.8	16.0
115～150	7.1	1.0	0.20	0.02	11.8	22.4	15.5

5.3.5　新繁系（**Xinfan Series**）

土　　族：壤质混合型非酸性热性-普通简育水耕人为土
拟定者：袁大刚，樊瑜贤，蒲光兰

分布与环境条件　分布于新都、郫都、温江等冲积平原，成土母质为第四系全新统灰色冲积物，水田；中亚热带湿润气候，年均日照 1191～1414 h，年均气温 15.8～16.2℃，1 月平均气温 5.2～5.4℃，7 月平均气温 25.2～25.6℃，年均降水量 902～973 mm，年干燥度 0.70～0.83。

新繁系典型景观

土系特征与变幅　具水耕表层、水耕氧化还原层、人为滞水土壤水分状况、热性土壤温度状况；有效土层厚度 100～150cm，质地通体为粉质壤土，排水中等。

对比土系　石羊系，同亚类不同土族，与本土系母质相同，但土体较浅薄，且颗粒大小级别为黏壤质盖粗骨砂质，上部土层有轻度石灰反应。

利用性能综述　所处区域地势平坦，土体深厚，无障碍层次，复种指数高，质地适中，易耕作，适于机械化作业，但水耕易淀浆，整田后要及时栽秧；供肥性较好，但速效磷、钾含量低，应提倡秸秆还田，增施磷、钾肥。

参比土种　灰潮油砂田（U313）。

代表性单个土体　位于成都市新都区新繁镇李园村 17 组，30°53′29.4″N，104°00′24.5″E，冲积平原，海拔 538m，成土母质为第四系全新统灰色冲积物，水田，稻-菜轮作，土表下 50 cm 深度处土温为 18.00℃。2015 年 2 月 4 日调查，编号为 51-006。

Ap1：0～14 cm，灰黄色（2.5Y 6/2，干），暗橄榄棕色（2.5Y3/3，润），粉质壤土，中等发育的屑粒状结构，稍坚实，结构体内部中量锈斑纹，渐变平滑过渡。

Ap2：14～22 cm，浊黄色（2.5Y6/3，干），橄榄棕色（2.5Y4/3，润），粉质壤土，弱发育的中角块状结构，坚实，结构体内部中量锈斑纹，少量砖屑，渐变平滑过渡。

Br1：22～40cm，黄棕色（2.5Y 5/3，干），暗灰黄色（2.5Y4/2，润），粉质壤土，弱发育的中角块状结构，坚实，结构体内部中量锈斑纹，结构体表面中量灰色腐殖质-粉砂-黏粒胶膜，模糊平滑过渡。

Br2：40～70cm，暗灰黄色（2.5Y 5/2，干），暗灰黄色（2.5Y4/3，润），粉质壤土，弱发育的中角块状结构，坚实，结构体内部中量锈斑纹，结构体表面中量灰色腐殖质-粉砂-黏粒胶膜，模糊平滑过渡。

新繁系代表性单个土体剖面

Br3：70～110cm，黄棕色（2.5YR 5/3，干），暗灰黄色（2.5Y4/2，润），粉质壤土，弱发育的中角块状结构，坚实，结构体内部中量锈斑纹，结构体表面多量灰色腐殖质-粉砂-黏粒胶膜，模糊平滑过渡。

Br4：110～145 cm，暗灰黄色（2.5Y 5/2，干），暗灰黄色（2.5Y4/3，润），粉质壤土，弱发育的中角块状结构，很坚实，结构体内部多量锈斑纹。

新繁系代表性单个土体物理性质

土层	深度 /cm	石砾 (>2mm，体积分数) /%	细土颗粒组成(粒径：mm)/(g/kg)			质地	容重 /(g/cm³)
			砂粒 2～0.05	粉粒 0.05～0.002	黏粒 <0.002		
Ap1	0～14	0	137	655	208	粉质壤土	1.34
Ap2	14～22	0	78	692	230	粉质壤土	1.50
Br1	22～40	0	153	656	192	粉质壤土	1.25
Br2	40～70	0	117	737	146	粉质壤土	1.37
Br3	70～110	0	80	758	162	粉质壤土	1.35
Br4	110～145	0	118	658	224	粉质壤土	1.53

新繁系代表性单个土体化学性质

深度 /cm	pH(H₂O)	有机碳(C) /(g/kg)	全氮(N) /(g/kg)	全磷(P) /(g/kg)	全钾(K) /(g/kg)	CEC₇ /[cmol(+)/kg]	游离铁(Fe) /(g/kg)
0～14	6.6	12.6	1.40	0.75	22.5	10.0	11.1
14～22	7.1	6.5	1.06	0.55	23.5	8.6	8.8
22～40	7.3	5.0	0.78	0.58	23.4	7.9	8.8
40～70	7.3	4.3	0.48	0.64	25.6	7.1	13.1
70～110	7.3	5.3	0.60	0.59	26.1	7.6	9.4
110～145	7.3	4.3	0.63	0.55	22.1	6.8	11.1

5.4 石灰肥熟旱耕人为土

5.4.1 白帐房系（Baizhangfang Series）

土　　族：壤质混合型温性-石灰肥熟旱耕人为土
拟定者：袁大刚，张东坡，张俊思

分布与环境条件 分布于理县、茂县、汶川等中山河谷二级阶地中部，成土母质为第四系更新统洪冲积物，旱地；山地高原暖温带半湿润半干旱气候，年均日照 1566～1706 h，年均气温 10.1～11.7℃，1 月平均气温 0～0.9℃，7 月平均气温 19.1～21.1℃，年均降水量 493～591mm，年干燥度 1.54～1.96。

白帐房系典型景观

土系特征与变幅 具肥熟表层、磷质耕作淀积层、黏化层、半干润土壤水分状况、温性土壤温度状况、石灰性；有效土层厚度 100～150 cm，表层土壤质地为粉质壤土，排水中等。

对比土系 杂谷脑系，空间位置相邻，不同土纲，具淡薄表层、雏形层，无肥熟表层和磷质耕作淀积层。日底系，空间位置相近，不同土纲，具暗沃表层、雏形层，无肥熟表层和磷质耕作淀积层。

利用性能综述 所处区域地势平坦宽阔，土体深厚，质地适中，利于耕作，但应发展灌溉，平衡施肥。

参比土种 灰褐泥土（J512）。

代表性单个土体　位于阿坝藏族羌族自治州理县杂谷脑镇日底村 2 组白帐房，31°27′27.9″N，103°10′14.7″E，中山河谷二级阶地中部，海拔 1847m，成土母质为第四系更新统洪冲积物，旱地，种植蔬菜、苹果，土表下 50 cm 深度处土温为 13.62℃。2014 年 5 月 2 日调查，编号为 51-128。

Ap：　0~30cm，灰棕色（7.5YR 5/2，干），黑棕色（7.5YR 3/1，润），粉质壤土，中等发育的屑粒状结构，稍坚实，中量中度风化的棱角-次棱角状中小岩石碎屑，多量蚯蚓粪，很少塑料膜碎屑，中度石灰反应，清晰平滑过渡。

Bpφ：30~70cm，灰棕色（7.5YR 6/2，干），黑棕色（7.5YR 3/2，润），壤土，中等发育的中亚角块状结构，坚实，结构体表面中量灰色腐殖质-黏粒胶膜，中量中度风化的棱角-次棱角状中小岩石碎屑，很少塑料膜碎屑，强石灰反应，清晰平滑过渡。

Bt：　70~100cm，浊棕灰色（7.5YR 5/4，干），暗棕色（7.5YR 3/3，润），壤土，中等发育的大亚角块状结构，很坚实，结构体表面少量灰色腐殖质-黏粒胶膜，中量中度风化的棱角-次棱角状中小岩石碎屑，中度石灰反应，渐变平滑过渡。

白帐房系代表性单个土体剖面

Bw：100~120cm，棕色（7.5YR 4/6，干），暗棕色（7.5YR 3/4，润），壤土，中等发育的中亚角块状结构，极坚实，很少中度风化的棱角-次棱角状中小岩石碎屑，中度石灰反应。

白帐房系代表性单个土体物理性质

土层	深度 /cm	石砾 (>2mm，体积分数) /%	细土颗粒组成(粒径：mm)/(g/kg)			质地	容重 / (g/cm³)
			砂粒 2~0.05	粉粒 0.05~0.002	黏粒 <0.002		
Ap	0~30	5	342	520	138	粉质壤土	1.09
Bpφ	30~70	5	390	448	162	壤土	1.30
Bt	70~100	5	384	438	178	壤土	1.45
Bw	100~120	<2.0	458	400	142	壤土	1.45

白帐房系代表性单个土体化学性质

深度 /cm	pH(H₂O)	有机碳(C) /(g/kg)	全氮(N) /(g/kg)	全磷(P) /(g/kg)	全钾(K) /(g/kg)	CEC₇ /[cmol(+)/kg]	碳酸钙相当物 /(g/kg)	有效磷(P) /(mg/kg)
0~30	8.0	21.1	1.98	0.83	8.8	13.3	91	36.9
30~70	8.3	9.4	0.86	0.73	10.2	9.1	102	43.1
70~100	8.4	5.2	0.59	0.32	6.0	8.7	85	10.1
100~120	8.4	5.1	0.49	0.28	8.6	7.0	84	9.4

第 6 章　潜育土

6.1　酸性简育正常潜育土

6.1.1　壤口系（Rangkou Series）

土　族：壤质长石混合型酸性冷性-酸性简育正常潜育土
拟定者：袁大刚，张　楚，张俊思

分布与环境条件　分布于红原、阿坝、若尔盖等丘状高原地势低洼处，成土母质为第四系全新统冲洪积物，天然牧草地；高原亚寒带半湿润气候，年均日照 2393～2418 h，年均气温–0.5～1.0℃，1 月平均气温–11.7～–10.2℃，7 月平均气温 9.5～10.2℃，年均降水量 648～753 mm，年干燥度 1.02～1.18。

壤口系典型景观

土系特征与变幅　具淡薄表层、有机土壤物质、潮湿土壤水分状况、氧化还原特征、潜育特征、冷性土壤温度状况；有效土层厚度 50～100 cm，距矿质土表 50 cm 范围内出现潜育特征，表层土壤质地为壤土，地势低洼，排水差。

对比土系　红原系，空间位置相邻，不同土纲，潜育特征出现于距矿质土表 60cm 以下土层。

利用性能综述　富含有机质及氮素，主要问题是长期滞水，土壤冷湿，可采取开沟排水措施排除积水，同时应注意保护泥炭资源。

参比土种　厚层泥炭沼泽土（S211）。

代表性单个土体　位于阿坝藏族羌族自治州红原县壤口乡壤口村，32°18′21.8″N，102°28′51.6″E，丘状高原洪积扇地势低洼处，海拔 3635m，坡度为 3°，坡向为西南 266°，成土母质为第四系全新统冲洪积物，天然牧草地，土表下 50 cm 深度处土温为 4.96℃。2015 年 8 月 15 日调查，编号为 51-100。

Ahr: 0～20 cm，灰棕色（7.5YR 5/6，干），棕色（7.5YR 4/4，润），壤土，中等发育的中亚角块状结构，疏松，多量细根，根系周围少量锈斑纹，清晰平滑过渡。

Oe: 20～40 cm，棕色（7.5YR 3/4，干），极暗棕色（7.5YR 2/3，润），半腐有机土壤物质，极疏松，中量细根，根系周围少量锈斑纹，突变平滑过渡。

Cg: 40～60 cm，棕灰色（10YR 6/1，干），棕灰色（10YR 5/1，润），粉质黏壤土，疏松，少量细根，中度亚铁反应。

壤口系代表性单个土体剖面

壤口系代表性单个土体物理性质

土层	深度 /cm	石砾 (>2mm，体积分数) /%	细土颗粒组成(粒径：mm)/(g/kg)			质地	容重 /(g/cm³)
			砂粒 2～0.05	粉粒 0.05～0.002	黏粒 <0.002		
Ahr	0～20	0	464	389	146	壤土	0.94
Oe	20～40	0	579	322	99	砂质壤土	0.44
Cg	40～60	0	180	530	289	粉质黏壤土	0.95

壤口系代表性单个土体化学性质

深度 /cm	pH		有机碳(C) /(g/kg)	全氮(N) /(g/kg)	全磷(P) /(g/kg)	全钾(K) /(g/kg)	CEC₇ /[cmol(+)/kg]	C/N
	H₂O	KCl						
0～20	6.1	4.8	37.4	2.11	0.79	22.5	19.7	17.7
20～40	5.1	4.8	255.0	13.10	1.08	9.2	67.0	19.5
40～60	5.2	3.9	36.1	2.02	0.49	33.2	18.2	17.9

第7章 均 腐 土

7.1 普通黑色岩性均腐土

7.1.1 漳扎系（**Zhangzha Series**）

土　族：粗骨壤质混合型石灰性冷性-普通黑色岩性均腐土
拟定者：袁大刚，张　楚，张俊思

分布与环境条件 分布于松潘、平武、九寨沟等中山下部陡坡，成土母质为石炭系岷河组灰岩夹页岩、砂岩残坡积物，有林地；山地高原温带湿润气候，年均日照 1638～1828 h，年均气温 4.6～6.6℃，1 月平均气温-4.3～0℃，7 月平均气温 14.5～16.2℃，年均降水量 550～730 mm，年干燥度<1.0。

漳扎系典型景观

土系特征与变幅 具暗沃表层、雏形层、钙积现象、碳酸盐岩岩性特征、石质接触面、湿润土壤水分状况、冷性土壤温度状况、均腐殖质特性、石灰性；有效土层厚度 50～100 cm，石质接触面位于矿质土表下 50～100 cm 范围内，土壤中灰岩碎屑≥25%，表层土壤质地为壤土，排水良好。

对比土系 达扎寺系，空间位置相近，同土纲不同亚纲，无碳酸盐岩岩性特征，具半干润土壤水分状况。

利用性能综述 坡度大，石砾含量高，宜封山育林，保护植被，防治水土流失。

参比土种 石灰棕泥土（M411）。

代表性单个土体 位于阿坝藏族羌族自治州九寨沟县漳扎镇第九道拐（九道拐公路养护管理处），33°16′51.8″N，103°46′45.8″E，中山下部陡坡，海拔 2451m，坡度为 30°，坡向为东南 129°，成土母质为石炭系岷河组灰岩夹页岩、砂岩残坡积物，有林地，土表下 50 cm 深度处土温为 8.94℃。2015 年 8 月 14 日调查，编号为 51-094。

Ah1：0～16 cm，灰黄棕色（10YR 4/2，干），黑棕色（10YR 2/3，润），壤土，中等发育的小团粒状结构，疏松，多量细根，很多中度风化的次棱角状中小岩石碎屑，极强石灰反应，清晰波状过渡。

Ah2：16～37 cm，浊黄棕色（10YR 5/3，干），暗棕色（10YR 3/3，润），壤土，中等发育的小团粒状结构，稍坚实，中量细根，多量中度风化的次棱角状中小岩石碎屑，极强石灰反应，清晰平滑过渡。

Bw：37～50 cm，灰黄棕色（10YR 5/2，干），黑棕色（10YR 3/2，润），黏土，弱发育的小亚角块状结构，很坚实，中量细根，很多中度风化的次棱角状中小岩石碎屑，极强石灰反应，清晰平滑过渡。

R：50～110 cm，半风化灰岩。

漳扎系代表性单个土体剖面

漳扎系代表性单个土体物理性质

土层	深度 / cm	石砾 (>2mm，体积分数) /%	细土颗粒组成（粒径：mm）/(g/kg)			质地	容重 /(g/cm³)
			砂粒 2～0.05	粉粒 0.05～0.002	黏粒 <0.002		
Ah1	0～16	25	514	400	86	壤土	0.86
Ah2	16～37	30	508	372	119	壤土	0.94
Bw	37～50	50	129	178	693	黏土	1.13

漳扎系代表性单个土体化学性质

深度 /cm	pH(H₂O)	有机碳(C) /(g/kg)	全氮(N) /(g/kg)	全磷(P) /(g/kg)	全钾(K) /(g/kg)	CEC₇ /[cmol(+)/kg]	碳酸钙相当物 /(g/kg)	C/N
0～16	7.7	50.9	3.06	0.78	11.7	20.6	158	16.61
16～37	8.8	36.4	2.54	0.78	13.4	23.8	146	14.3
37～50	8.4	17.9	1.24	0.61	8.5	15.7	393	14.5

7.2　普通寒性干润均腐土

7.2.1　四通达系（**Sitongda Series**）

土　族：壤质盖粗骨壤质硅质混合型非酸性-普通寒性干润均腐土
拟定者：袁大刚，张　楚，宋易高

分布与环境条件　分布于甘孜、德格、炉霍、新龙等高山中部中缓坡，成土母质为三叠系卡娘扇体灰色砂岩夹板岩残坡积物，天然牧草地；高原亚寒带半湿润半干旱气候，年均日照 2044～2642 h，年均气温–0.4～0.2℃，1 月平均气温–10.6～–10.0℃，7 月平均气温 6.7～8.1℃，年均降水量 602～652 mm，年干燥度 1.48～1.72。

四通达系典型景观

土系特征与变幅　具暗沃表层、石质接触面、半干润土壤水分状况、冷性土壤温度状况；地表粗碎块占地表面积 15%～50%；有效土层厚度 50～100 cm，石质接触面位于矿质土表下 50～100 cm 范围内，质地通体为粉质壤土，排水中等。

对比土系　达扎寺系，同亚类不同土族，矿质土表下 125 cm 范围内无石质或准石质接触面，颗粒大小级别为壤质，矿物学类别为长石混合型。

利用性能综述　土体浅薄，且所处区域坡度较大，应保护植被，防治土壤侵蚀。

参比土种　薄层灌丛草毡土（V211）。

代表性单个土体　位于甘孜藏族自治州甘孜县四通达乡东谷乃龙寺（曲洛附近），

31°49′12.5″N，100°16′06.2″E，高山中部中缓坡，海拔 4296m，坡度为 15°，坡向为东南 135°，成土母质为三叠系卡娘扇体灰色砂岩夹板岩残坡积物，天然牧草地，土表下 50 cm 深度处土温为 3.18℃。2015 年 7 月 18 日调查，编号为 51-042。

四通达系代表性单个土体剖面

Ah1：0～20 cm，棕色（10YR 4/4，干），黑棕色（10YR 2/3，润），粉质壤土，强度发育小团粒状结构，疏松，多量根系，中量微风化的棱角状小岩石碎屑，渐变平滑过渡。

Ah2：20～50 cm，棕色（10YR 4/4，干），黑棕色（10YR 2/3，润），粉质壤土，强度发育小团粒状结构，疏松，中量细根，多量微风化的棱角状很大岩石碎屑，突变间断过渡。

R：50～70 cm，节理发育的灰色砂板岩。

四通达系代表性单个土体物理性质

| 土层 | 深度 / cm | 石砾 (>2mm，体积分数) /% | 细土颗粒组成(粒径: mm)/(g/kg) | | | 质地 | 容重 /(g/cm³) |
			砂粒 2～0.05	粉粒 0.05～0.002	黏粒 <0.002		
Ah1	0～20	15	264	539	196	粉质壤土	0.89
Ah2	20～50	65	217	587	196	粉质壤土	0.96

四通达系代表性单个土体化学性质

深度 /cm	pH(H₂O)	有机碳(C) /(g/kg)	全氮(N) /(g/kg)	全磷(P) /(g/kg)	全钾(K) /(g/kg)	CEC₇ / [cmol(+)/kg]	C/N
0～20	6.6	44.4	4.00	1.30	20.4	23.6	11.1
20～50	6.5	34.2	3.10	1.32	23.3	24.4	11.0

7.2.2　达扎寺系（Dazhasi Series）

土　　族：壤质长石混合型非酸性-普通寒性干润均腐土
拟定者：袁大刚，张　楚，蒲光兰

分布与环境条件　分布于若尔盖、红原等丘状高原山丘上部中缓坡，成土母质为三叠系杂谷脑组灰绿色长石细砂岩坡积物，天然牧草地；高原亚寒带半湿润气候，年均日照2393～2418 h，年均气温 0.7～1.1℃，1 月平均气温-10.5～-10.3℃，7 月平均气温 10.7～10.9℃，年均降水量 648～753 mm，年干燥度 1.02～1.18。

达扎寺系典型景观

土系特征与变幅　具暗沃表层、半干润土壤水分状况、冷性土壤温度状况、均腐殖质特性，盐基饱和；有效土层厚度 100～150 cm，暗沃表层厚度达 50 cm 以上，表层土壤质地为壤土，排水中等。

对比土系　班佑系和多玛系，空间位置相邻，不同土纲，具有机土壤物质。四通达系，同亚类不同土族，有效土层厚度 50～100 cm，颗粒大小级别为壤质盖粗骨壤质，矿物学类别为硅质混合型。

利用性能综述　养分含量丰富，产草量较高，是四川较好的牧草地土壤，应防止超载放牧，防止草场退化，所处区域坡度较大，应防治水土流失。

参比土种　厚层黑毡土（W113）。

代表性单个土体　位于阿坝藏族羌族自治州若尔盖县达扎寺镇红光村供电所后，33°34′11.5″N，102°59′04.3″E，丘状高原山丘上部中缓坡，海拔 3486m，坡度为 15°，坡向为西 275°，成土母质为三叠系杂谷脑组灰绿色长石细砂岩坡积物，天然牧草地，土表下 50 cm 深度处土温为 4.88℃。2015 年 6 月 29 日调查，编号为 51-022。

Ah1：0～20 cm，暗棕色（10YR 3/4，干），黑棕色（10YR 2/3，润），壤土，强发育的粒状结构，疏松，多量细根，少量蚯蚓，很少微风化的棱角-次棱角状中小岩石碎屑，模糊平滑过渡。

Ah2：20～45 cm，灰黄棕色（10YR 4/2，干），黑棕色（10YR 2/2，润），壤土，强发育的粒状结构，疏松，多量细根，少量微风化的棱角-次棱角状中小岩石碎屑，模糊平滑过渡。

Ah3：45～65 cm，暗棕色（10YR 3/4，干），黑棕色（10YR 2/2，润），壤土，中等发育的小亚角块状结构，疏松，中量细根，中量微风化的棱角-次棱角状中小岩石碎屑，渐变平滑过渡。

达扎寺系代表性单个土体剖面

AB：65～110 cm，浊黄棕色（10YR 5/4，干），暗棕色（10YR 3/3，润），壤土，中等发育的中亚角块状结构，疏松，少量细根，中量微风化的棱角-次棱角状中小岩石碎屑，突变波状过渡。

Bw：110～140 cm，亮黄棕色（2.5Y 7/6，干），黄棕色（10YR 5/6，润），砂质壤土，中等发育的中角块状结构，稍坚实-坚实，极少量细根，多量微风化的棱角-次棱角状中小岩石碎屑。

达扎寺系代表性单个土体物理性质

土层	深度/cm	石砾(>2mm，体积分数)/%	细土颗粒组成(粒径：mm)/(g/kg)			质地	容重/(g/cm³)
			砂粒 2～0.05	粉粒 0.05～0.002	黏粒 <0.002		
Ah1	0～20	2	357	454	190	壤土	1.05
Ah2	20～45	2	395	431	174	壤土	1.08
Ah3	45～65	5	420	398	182	壤土	1.23
AB	65～110	8	498	366	136	壤土	1.41
Bw	110～140	30	526	412	62	砂质壤土	—

达扎寺系代表性单个土体化学性质

深度/cm	pH H₂O	pH KCl	有机碳(C)/(g/kg)	全氮(N)/(g/kg)	全磷(P)/(g/kg)	全钾(K)/(g/kg)	CEC₇/[cmol(+)/kg]	盐基饱和度/%	C/N
0～20	6.2	5.3	51.9	3.26	0.85	18.6	26.2	61.7	15.9
20～45	6.2	5.3	34.4	2.45	0.70	18.8	21.0	65.4	14.0
45～65	6.3	5.1	25.4	1.89	0.72	19.7	20.7	68.1	13.4
65～110	6.4	5.2	12.4	0.80	0.47	18.5	12.9	87.4	15.5
110～140	6.7	—	5.8	0.47	0.34	29.9	12.8	—	12.2

7.3　钙积暗厚干润均腐土

7.3.1　席绒系（Xirong Series）

土　　族：壤质盖粗骨壤质长石混合型冷性-钙积暗厚干润均腐土
拟定者：袁大刚，张　楚，宋易高

分布与环境条件　分布于甘孜、炉霍等高山河谷二级阶地，成土母质为第四系全新统冲积物，旱地；山地高原温带半湿润气候，年均日照 2605～2642 h，年均气温 5.6～6.3℃，1 月平均气温–4.5～–3.7℃，7 月平均气温 13.8～14.6℃，年均降水量 636～652 mm，年干燥度 1.56～1.59。

席绒系典型景观

土系特征与变幅　具暗沃表层、雏形层、钙积层、钙积现象、半干润土壤水分状况、冷性土壤温度状况、均腐殖质特性、石灰性；有效土层厚 50～100 cm，距矿质土表 50～100 cm 范围内出现钙积层，表层土壤质地为粉质壤土，排水中等。

对比土系　铜宝台系，同亚类不同土族，颗粒大小级别为壤质，矿物学类别为混合型，土壤温度状况为温性。

利用性能综述　所处区域地势平坦开阔，土体深厚，质地适中，易于耕作，但干旱缺水，需完善灌排系统，建成高标准农田；离城镇近，应注意防止污染和建设占用。

参比土种　卵石砂黄土（J414）。

代表性单个土体　位于甘孜藏族自治州甘孜县南多乡席绒村，31°37′01.8″N，99°57′36.4″E，高山河谷二级阶地，海拔 3370m，成土母质为第四系全新统冲积物，旱地，种植青稞等，土表下 50 cm 深度处土温为 8.96℃。2015 年 7 月 19 日调查，编号为 51-044。

Ap:　0～18 cm，浊黄棕色（10YR 5/4，干），暗棕色（10YR 3/3，润），粉质壤土，中等发育的屑粒状结构，稍坚实，中量微风化的次圆状中小砾石，轻度石灰反应，渐变平滑过渡。

Bk1:　18～50 cm，浊黄棕色（10YR 5/4，干），暗棕色（10YR 3/3，润），粉质壤土，中等发育的中亚角块状结构，坚实，很少灰白色假菌丝体，中量微风化的次圆状中小砾石，轻度石灰反应，模糊平滑过渡。

Bk2:　50～75 cm，浊黄橙色（10YR 6/4，干），浊黄棕色（10YR 4/3，润），壤土，中等发育的中亚角块状结构，很坚实，中量灰白色假菌丝体，多量微风化的次圆状中小砾石，中度石灰反应，模糊平滑过渡。

席绒系代表性单个土体剖面

Bk3:　75～95 cm，浊黄橙色（10YR 6/4，干），浊黄棕色（10YR4/3，润），壤土，中等发育的中亚角块状结构，很坚实，中量灰白色假菌丝体，中量微风化的次圆状大中砾石，中度石灰反应，清晰平滑过渡。

Ck1:　95～130 cm，亮黄棕色（10YR 6/6，干），棕色（10YR 4/6，润），砂质壤土，极坚实，多量灰白色假菌丝体，很多微风化的次圆状大中砾石，极强石灰反应，清晰平滑过渡。

Ck2:　130～155 cm，亮黄棕色（10YR 6/6，干），棕色（10YR 4/6，润），砂质壤土，极坚实，中量灰白色假菌丝体，很多微风化的次圆状大中砾石，强石灰反应。

席绒系代表性单个土体物理性质

土层	深度/cm	石砾(>2mm，体积分数)/%	细土颗粒组成(粒径：mm)/(g/kg)			质地	容重/(g/cm³)
			砂粒 2～0.05	粉粒 0.05～0.002	黏粒 <0.002		
Ap	0～18	12	318	521	162	粉质壤土	1.23
Bk1	18～50	15	273	501	226	粉质壤土	1.25
Bk2	50～75	25	441	463	96	壤土	1.28
Bk3	75～95	9	499	410	92	壤土	1.31
Ck1	95～130	70	539	374	88	砂质壤土	1.47
Ck2	130～155	65	778	142	80	砂质壤土	1.63

席绒系代表性单个土体化学性质

深度/cm	pH(H₂O)	有机碳(C)/(g/kg)	全氮(N)/(g/kg)	全磷(P)/(g/kg)	全钾(K)/(g/kg)	CEC₇/[cmol(+)/kg]	碳酸钙相当物/(g/kg)	C/N
0～18	8.2	12.2	1.35	0.87	17.9	11.1	35	9.0
18～50	8.2	11.3	0.98	0.89	18.8	10.1	44	11.5
50～75	8.4	9.9	0.82	0.97	19.1	10.7	70	12.2
75～95	8.2	9.0	0.60	0.72	19.0	10.6	105	15.0
95～130	8.2	4.7	0.60	0.54	13.8	6.2	336	7.9
130～155	8.6	2.6	0.56	0.40	12.6	2.7	301	4.6

7.3.2　铜宝台系（Tongbaotai Series）

土　　族：壤质混合型石灰性温性-钙积暗厚干润均腐土
拟定者：袁大刚，张东坡，张俊思

分布与环境条件　分布于理县、汶川、茂县、黑水、马尔康等中山中上部陡坡，成土母质为三叠系侏倭组灰色变质长石石英砂岩、细砂岩、粉砂岩与灰色砂质板岩、碳质板岩（千枚岩）坡积物，下部黄土状母质，其他草地；山地高原暖温带半湿润气候，年均日照 1566～1686 h，年均气温 8.2～9.8℃，1 月平均气温–2.0～–1.0℃，7 月平均气温 18.0～19.2℃，年均降水量 591～833 mm，年干燥度 1.01～1.54。

铜宝台系典型景观

土系特征与变幅　具暗沃表层、雏形层、黏化层、钙积层、钙积现象、半干润土壤水分状况、温性土壤温度状况、均腐殖质特性、石灰性；有效土层厚度≥150 cm，黏化层出现于矿质土表下 50～100cm 范围内，距矿质土表 100cm 范围内出现钙积层，表层土壤质地为壤土，排水中等。

对比土系　席绒系，同亚类不同土族，颗粒大小级别为壤质盖粗骨壤质，矿物学类别为长石混合型，土壤温度状况为冷性。官田坝系，空间位置相邻，位于本土系下方，同土类不同亚类，土体中石砾含量更低，控制层段内无黏化和钙积层。

利用性能综述　土体深厚，养分较丰富，但坡度大，应以发展林草业为主，防治水土流失。

参比土种　厚层石灰褐砂泥土（J224）。

代表性单个土体　位于阿坝藏族羌族自治州理县杂谷脑镇官田村 2 组铜宝台，

31°26′59.6″N，103°9′53.7″E，中山中上部陡坡，海拔 2128m，坡度为 30°，成土母质为三叠系侏倭组灰色变质长石石英砂岩、细砂岩、粉砂岩与灰色砂质板岩、碳质板岩（千枚岩）坡积物，下部黄土状母质，其他草地，土表下 50 cm 深度处土温为 12.93℃。2014 年 5 月 1 日调查，编号为 51-133。

Ah1：　0～20cm，灰棕色（7.5YR 4/2，干），黑棕色（7.5YR 2/2，润），壤土，中等发育的小团粒状结构，极疏松，多量细根，中量中度风化的棱角-次棱角状中小岩石碎屑，很少塑料膜，中度石灰反应，渐变平滑过渡。

Ah2：　20～40cm，棕色（7.5YR 4/3，干），黑棕色（7.5YR 3/2，润），粉质壤土，中等发育的小团粒状结构，疏松，中量细根，中量中度风化的棱角-次棱角状中小岩石碎屑，中度石灰反应，渐变平滑过渡。

Bk：　40～80cm，棕色（7.5YR 4/4，干），暗棕色（7.5YR 3/3，润），粉质壤土，中等发育的小团粒状结构，稍坚实-坚实，少量细根，少量灰白色假菌丝体，中量中度风化的棱角-次棱角状中小岩石碎屑，中度石灰反应，清晰波状过渡。

铜宝台系代表性单个土体剖面

Btk：　80～105cm，浊棕色（7.5YR 6/3，干），棕色（7.5YR 4/3，润），壤土，中等发育的中亚角块状结构，坚实，少量细根，结构体表面多量黏粒胶膜，中量灰白色假菌丝体，中量中度风化的棱角-次棱角状中小岩石碎屑，极强石灰反应，渐变平滑过渡。

2Bt：　105～135cm，浊棕色（7.5YR 6/3，干），棕色（7.5YR 4/4，润），粉质壤土，强发育的亚角块状结构，很坚实，结构体表面多量黏粒胶膜，少量中度风化的棱角-次棱角状中小岩石碎屑，极强石灰反应，渐变平滑过渡。

2Bw1：　135～165cm，浊橙色（7.5YR 6/4，干），棕色（7.5YR 4/6，润），壤土，强发育的大亚角块状结构，很坚实，很少中度风化的棱角-次棱角状中小岩石碎屑，极强石灰反应，渐变平滑过渡。

2Bw2：　165～210cm，浊橙色（7.5YR 7/3，干），棕色（7.5YR 4/4，润），壤土，中等发育的大亚角块状结构，很坚实，很少中度风化的棱角-次棱角状中小岩石碎屑，极强石灰反应。

铜宝台系代表性单个土体物理性质

土层	深度 /cm	石砾 (>2mm，体积分数) /%	细土颗粒组成(粒径：mm)/(g/kg)			质地	容重 /(g/cm³)
			砂粒 2～0.05	粉粒 0.05～0.002	黏粒 <0.002		
Ah1	0～20	5	396	480	124	壤土	0.90
Ah2	20～40	5	292	538	170	粉质壤土	0.91
Bk	40～80	5	300	534	166	粉质壤土	1.03
Btk	80～105	5	340	472	188	壤土	1.33
2Bt	105～135	2	318	510	172	粉质壤土	1.54
2Bw1	135～165	<2	334	480	186	壤土	1.67
2Bw2	165～210	8	408	426	166	壤土	1.75

铜宝台系代表性单个土体化学性质

深度 /cm	pH(H₂O)	有机碳(C) /(g/kg)	全氮(N) /(g/kg)	全磷(P) /(g/kg)	全钾(K) /(g/kg)	CEC₇ /[cmol(+)/kg]	碳酸钙相当物 /(g/kg)	C/N
0～20	8.1	43.7	4.70	0.59	7.8	23.5	77	9.3
20～40	7.7	40.8	4.39	0.58	17.1	16.6	75	9.3
40～80	7.4	26.5	3.35	0.32	19.4	11.8	67	7.9
80～105	8.4	8.1	0.86	0.33	14.2	10.4	130	9.4
105～135	8.7	3.6	0.46	0.31	14.7	5.2	127	7.9
135～165	8.5	2.2	0.38	0.39	15.2	5.8	126	5.8
165～210	8.5	1.6	0.31	0.45	18.5	3.7	125	5.3

7.4　普通暗厚干润均腐土

7.4.1　官田坝系（Guantianba Series）

土　族：壤质混合型石灰性温性–普通暗厚干润均腐土
拟定者：袁大刚，张东坡，张俊思

分布与环境条件　分布于理县、茂县等中山高阶地前缘中缓坡，成土母质为黄土，草地；山地高原暖温带半湿润气候，年均日照 1566～1686 h，年均气温 9.8～10.9℃，1 月平均气温 –0.9～0℃，7 月平均气温 19.2～20.3℃，年均降水量 493～591 mm，年干燥度 1.54～1.86。

官田坝系典型景观

土系特征与变幅　具暗沃表层、雏形层、黏化层、钙积层、钙积现象、半干润土壤水分状况、温性土壤温度状况、均腐殖质特性、石灰性；有效土层厚度≥150 cm，暗沃表层厚度≥50cm，黏化层和钙积层出现于距矿质土表 100 cm 以下，表层土壤质地为粉质壤土，排水中等。

对比土系　铜宝台系，空间位置相邻，位于本土系上方，同土类不同亚类，土体中石砾含量略高，距矿质土表 100cm 范围内出现钙积层，距矿质土表 50～100cm 范围内出现黏化层。

利用性能综述　土体深厚，养分丰富，但坡度较大，宜发展林草业，防治水土流失。

参比土种　二黄土（J212）。

代表性单个土体　位于阿坝藏族羌族自治州理县杂谷脑镇官田村 1 组官田坝，31°27′17.6″N，103°10′9.8″E，中山河谷五级阶地前缘中缓坡，海拔 1960m，坡度为 10°，成土母质为黄土，混杂三叠系侏倭组灰色变质长石石英砂岩、细砂岩、粉砂岩与灰色砂质板岩、碳质板岩（千枚岩）坡积物，底部为更新统洪冲积物，草地，土表下 50 cm 深度处土温为 13.62℃。2014 年 5 月 3 日调查，编号为 51-131。

Ah1：0～25cm，棕色（7.5YR 4/3，干），黑棕色（7.5YR 2/2，润），粉质壤土，中等发育的小粒状结构，极疏松，多量细根，少量中度风化的棱角-次棱角状小岩石碎屑，强石灰反应，清晰平滑过渡。

Ah2：25～70cm，棕色（7.5YR 4/3，干），暗棕色（7.5YR 3/3，润），粉质壤土，中等发育的小粒状结构，疏松，中量细根，强石灰反应，渐变平滑过渡。

AB：70～100cm，浊棕色（7.5YR 5/3，干），灰棕色（7.5YR 4/2，润），粉质壤土，弱发育的中小亚角块状结构，稍坚实-坚实，少量细根，极强石灰反应，渐变平滑过渡。

Bk：100～130cm，棕色（7.5YR 4/6，干），暗棕色（7.5YR 3/2，润），粉质壤土，中等发育的中亚角块状结构，坚实，很少细根，很少灰白色假菌丝体，强石灰反应，渐变平滑过渡。

官田坝系代表性单个土体剖面

Btk：130～150cm，浊棕色（7.5YR 6/3，干），棕色（7.5YR 4/3，润），壤土，弱发育的大亚角块状结构，坚实，很少细根，中量灰白色假菌丝体，极强石灰反应，清晰平滑过渡。

Bw：150～200cm，浊橙色（7.5YR 7/3，干），浊棕色（7.5YR 5/3，润），粉质壤土，弱发育的大亚角块状结构，很坚实，很少细根，极强石灰反应。

官田坝系代表性单个土体物理性质

土层	深度 /cm	石砾 (>2mm，体积分数) /%	细土颗粒组成(粒径：mm)/(g/kg)			质地	容重 /(g/cm³)
			砂粒 2～0.05	粉粒 0.05～0.002	黏粒 <0.002		
Ah1	0～25	2	318	536	146	粉质壤土	1.11
Ah2	25～70	0	331	504	165	粉质壤土	1.14
AB	70～100	0	328	506	166	粉质壤土	1.19
Bk	100～130	0	334	502	164	粉质壤土	1.27
Btk	130～150	0	282	492	226	壤土	1.48
Bw	150～200	0	298	526	176	粉质壤土	1.53

官田坝系代表性单个土体化学性质

深度 /cm	pH(H₂O)	有机碳(C) /(g/kg)	全氮(N) /(g/kg)	全磷(P) /(g/kg)	全钾(K) /(g/kg)	CEC₇ /[cmol(+)/kg]	碳酸钙相当物 /(g/kg)	C/N
0～25	8.4	19.5	2.27	0.88	8.1	14.6	109	8.6
25～70	8.2	17.1	2.21	0.87	13.5	14.5	112	7.7
70～100	8.2	13.9	2.01	0.59	12.3	11.9	127	6.9
100～130	8.3	10.2	1.45	0.48	11.7	10.1	114	7.0
130～150	8.3	4.6	0.85	0.21	12.6	7.6	123	5.4
150～200	8.6	3.8	0.56	0.06	12.3	5.4	122	6.8

第8章 富 铁 土

8.1 普通简育干润富铁土

8.1.1 大花地系（Dahuadi Series）

土　　族：黏质混合型石灰性热性-普通简育干润富铁土
拟定者：袁大刚，宋易高，张　楚

分布与环境条件 分布于宁南等中山下部极陡坡，成土母质为奥陶系大箐组白云岩、灰岩夹燧石条带及粉砂岩坡积物，灌木林地；南亚热带半湿润气候，年均日照 2258～2334 h，年均气温 19.0～20.0℃，1 月平均气温 10.5～12.2℃，7 月平均气温 24.9～25.7℃，年均降水量 873～960 mm，年干燥度 1.14～1.32。

大花地系典型景观

土系特征与变幅 具淡薄表层、雏形层、低活性富铁层、碳酸盐岩岩性特征、半干润土壤水分状况、热性土壤温度状况、石灰性；有效土层厚度 100～150 cm，低活性富铁层出现于距矿质土表 125 cm 范围内，表层土壤质地为砂质黏壤土，地表粗碎块占地表面积 15%～50%，土壤中岩石碎屑达 20%以上，排水中等。

对比土系 景星系，空间位置相近，不同土纲，无低活性富铁层，具黏化层。

利用性能综述 所处区域光热资源丰富，但坡度大，土中石砾含量高，应发展林草业，保持水土。

参比土种 红石渣土（M213）。

代表性单个土体 位于凉山彝族自治州宁南县披砂镇大花地村，27°5′43.3″N，102°42′21.7″E，中山下部极陡坡，海拔1052m，坡度为45°，坡向为西南210°，成土母质为奥陶系大箐组白云岩、灰岩夹燧石条带及粉砂岩坡积物，灌木林地，土表下50 cm深度处土温为22.31℃。2015年8月3日调查，编号为51-075。

大花地系代表性单个土体剖面

Ah：0～20cm，红棕色（5YR 4/6，干），浊红棕色（5YR 4/4，润），砂质黏壤土，中等发育的小亚角块状结构，疏松，多量细根，少量粗根，多量中度风化的棱角-次棱角状中小灰岩碎屑，少量中度风化的次棱角状很大岩石碎屑，中度石灰反应，渐变平滑过渡。

Bw1：20～50cm，亮红棕色（5YR 5/8，干），红棕色（5YR 4/8，润），黏壤土，中等发育的中小亚角块状结构，稍坚实，中量细根，多量中度风化的棱角-次棱角状中小灰岩碎屑，中度石灰反应，渐变平滑过渡。

Bw2：50～90cm，亮红棕色（5YR 5/6，干），亮红棕色（5YR 5/8，润），黏壤土，中等发育的中小亚角块状结构，稍坚实，少量细根，多量中度风化的棱角-次棱角状中小灰岩碎屑，中度石灰反应，渐变平滑过渡。

Bw3：90～110cm，亮红棕色（5YR 5/6，干），暗红棕色（5YR 3/6，润），黏壤土，中等发育的中小亚角块状结构，稍坚实，少量细根，多量中度风化的棱角-次棱角状中小灰岩碎屑，中度石灰反应，渐变平滑过渡。

Bw4：110～140cm，浊橙色（5YR 7/4，干），亮红棕色（5YR5/6，润），黏壤土，中等发育的中小亚角块状结构，稍坚实，很少细根，多量中度风化的棱角-次棱角状中小灰岩碎屑，中度石灰反应。

大花地系代表性单个土体物理性质

土层	深度/cm	石砾（>2mm，体积分数）/%	细土颗粒组成（粒径：mm）/(g/kg)			质地	容重/(g/cm³)
			砂粒 2～0.05	粉粒 0.05～0.002	黏粒 <0.002		
Ah	0～20	30	558	234	208	砂质黏壤土	0.97
Bw1	20～50	25	257	417	326	黏壤土	1.18
Bw2	50～90	20	288	362	350	黏壤土	1.24
Bw3	90～110	20	334	296	370	黏壤土	1.35
Bw4	110～140	30	324	297	379	黏壤土	1.44

大花地系代表性单个土体化学性质

深度 /cm	pH(H$_2$O)	有机碳(C) /(g/kg)	全氮(N) /(g/kg)	全磷(P) /(g/kg)	全钾(K) /(g/kg)	黏粒 CEC$_7$ /[cmol(+)/kg]	游离铁(Fe) /(g/kg)	铁游离度 /%	碳酸钙相当物 /(g/kg)
0～20	8.3	33.5	1.41	0.80	9.5	87.5	19.2	64.1	49
20～50	8.5	14.8	1.30	0.72	9.9	40.8	16.7	65.1	55
50～90	8.4	11.7	1.13	0.66	9.2	26.5	15.5	56.9	62
90～110	8.4	7.5	0.94	0.56	8.3	18.5	15.3	63.0	79
110～140	8.4	5.3	0.95	0.37	4.9	11.1	10.6	66.9	89

8.2　斑纹简育湿润富铁土

8.2.1　小坝系（Xiaoba Series）

土　　族：黏壤质硅质混合型非酸性热性-斑纹简育湿润富铁土
拟定者：袁大刚，宋易高，张　楚

分布与环境条件　分布于会东、会理等中山中上部中缓坡，成土母质为白垩系小坝组紫红色砂泥岩残坡积物，有林地；中亚热带湿润气候，年均日照 2334～2388h，年均气温 15.0～16.1℃，1 月平均气温 6.9～8.1℃，7 月平均气温 20.9～21.8℃，年均降水量 1056～1130 mm，年干燥度约 0.98。

小坝系典型景观

土系特征与变幅　具淡薄表层、雏形层、低活性富铁层、准石质接触面、湿润土壤水分状况、氧化还原特征、热性土壤温度状况；有效土层厚度 50～100 cm，低活性富铁层和氧化还原特征出现于距矿质土表 50 cm 范围内，准石质接触面出现于矿质土表下 50～100 cm 范围内，质地通体为黏壤土，坡度较大，排水中等。

对比土系　姜州系，空间位置相近，不同土纲，母质相同，但海拔略高，无低活性富铁层，无氧化还原特征。

利用性能综述　所处区域热量条件较好，但坡度较大，肥力较低，宜发展林业，保持水土；若坡改梯，建设灌溉系统，可发展烟草等经济作物。

参比土种　黄红砂泥土（B112）。

代表性单个土体 位于凉山彝族自治州会东县小坝乡小坝村 1 组，26°34′2.5″N，102°25′8.8″E，中山中上部中缓坡，海拔 1797m，坡度为 15°，坡向为东南 128°，成土母质为白垩系小坝组紫红色砂泥岩残坡积物，有林地，土表下 50 cm 深度处土温为 18.40℃。2015 年 8 月 1 日调查，编号为 51-071。

Ah：0～10cm，橙色（5YR6/6，干），亮红棕色（5YR 5/8，润），黏壤土，中等发育的中小亚角块状结构，稍坚实，多量根系分布，很少强风化的次棱角状小岩石碎屑，渐变平滑过渡。

Br1：10～22cm，橙色（5YR6/8，干），橙色（5YR 6/8，润），黏壤土，中等发育的中亚角块状结构，坚实，多量根系分布，很少小球形铁锰结核，很少强风化的次棱角状小岩石碎屑，渐变平滑过渡。

Br2：22～40cm，橙色（5YR6/6，干），橙色（5YR 6/8，润），黏壤土，中等发育的中亚角块状结构，坚实，多量根系分布，很少小球形铁锰结核，很少强风化的次棱角状小岩石碎屑，渐变平滑过渡。

小坝系代表性单个土体剖面

Bw：40～74cm，亮红棕色（5YR 6/8，干），红棕色（5YR 4/8，润），黏壤土，中等发育的中亚角块状结构，坚实，多量根系分布，少量强风化的次棱角状中小岩石碎屑，渐变平滑过渡。

R： 74～95cm，紫红色砂泥岩。

小坝系代表性单个土体物理性质

| 土层 | 深度 /cm | 石砾 (>2mm, 体积分数) /% | 细土颗粒组成(粒径：mm)/(g/kg) | | | 质地 | 容重 /(g/cm³) |
			砂粒 2～0.05	粉粒 0.05～0.002	黏粒 <0.002		
Ah	0～10	<2	357	370	273	黏壤土	1.35
Br1	10～22	<2	398	313	289	黏壤土	1.40
Br2	22～40	<2	410	303	286	黏壤土	1.66
Bw	40～74	5	417	255	328	黏壤土	1.77

小坝系代表性单个土体化学性质

深度 /cm	pH H₂O	pH KCl	有机碳(C) /(g/kg)	全氮(N) /(g/kg)	全磷(P) /(g/kg)	全钾(K) /(g/kg)	黏粒 CEC₇ /[cmol(+)/kg]	游离铁(Fe) /(g/kg)
0～10	5.2	4.0	7.5	0.32	0.14	5.8	33.8	10.2
10～22	5.3	4.1	6.2	0.30	0.17	9.4	23.7	23.8
22～40	5.5	4.0	2.3	0.30	0.21	8.5	29.7	18.3
40～74	5.4	3.9	1.5	0.19	0.09	10.1	28.6	18.8

8.3　普通简育湿润富铁土

8.3.1　青天铺系（Qingtianpu Series）

土　族：黏质混合型非酸性温性-普通简育湿润富铁土
拟定者：袁大刚，宋易高，张　楚

分布与环境条件　分布于盐源、木里等中山中上部中坡，成土母质为二叠系峨眉山玄武岩组玄武岩夹少量苦橄岩、凝灰质砂岩、泥岩、砾岩及硅质岩坡积物（古红土），有林地；北亚热带湿润气候，年均日照 2288～2603 h，年均气温 11.1～11.5℃，1 月平均气温 3.7～4.0℃，7 月平均气温 16.7～17.0℃，年均降水量 776～823 mm，年干燥度<1.00。

青天铺系典型景观

土系特征与变幅　具淡薄表层、雏形层、低活性富铁层、湿润土壤水分状况、温性土壤温度状况；有效土层厚度≥150 cm，整个 B 层均为低活性富铁层，表层土壤质地为黏土，排水差。

对比土系　南阁系，同亚类不同土族，部分土层满足低活性富铁层条件，有聚铁网纹层，聚铁网纹层出现于距矿质土表 120 cm 以下。盐井系，空间位置相近，不同土纲，无低活性富铁层，有黏化层，黏化层出现于距矿质土表 125 cm 范围内。

利用性能综述　土体深厚，但坡度较大，宜发展林业，防治水土流失。

参比土种　棕红泥土（D211）。

代表性单个土体　位于凉山彝族自治州盐源县平川镇青天铺村，27°34′0.4″N，101°45′17″E，中山中上部中坡，海拔 2662m，坡度为 20°，坡向为东南 130°，成土母质为二叠系峨眉山玄武岩组玄武岩夹少量苦橄岩、凝灰质砂岩、泥岩、砾岩及硅质岩坡积物（古红土），有林地，土表下 50 cm 深度处土温为 14.49℃。2015 年 7 月 28 日调查，编号为 51-058。

Ah: 0～16 cm，红棕色（5YR 4/8，干），暗红棕色（5YR 3/6，润），黏土，中等发育的中小亚角块状结构，疏松，多量细根，中量中根，结构体表面多量菌丝体构成的厚胶膜，中量中度风化的棱角-次棱角状中小岩石碎屑，渐变平滑过渡。

青天铺系代表性单个土体剖面

Bw1: 16～38cm，红棕色（5YR 4/8，干），暗红棕色（5YR 3/6，润），黏土，中等发育的大棱块状结构，稍坚实，中量细根，少量中根，结构体表面多量菌丝体构成的厚胶膜，少量中度风化的棱角-次棱角状中小岩石碎屑，渐变平滑过渡。

Bw2: 38～62cm，亮红棕色（5YR 5/6，干），红棕色（5YR 4/8，润），黏土，中等发育的大棱块状结构，坚实，少量根系分布，结构体表面多量菌丝体构成的厚胶膜，少量中度风化的棱角-次棱角状中小岩石碎屑，渐变平滑过渡。

Bw3: 62～98cm，亮红棕色（5YR 5/8，干），红棕色（5YR 4/6，润），黏土，中等发育的大棱块状结构，坚实，少量细根，结构体表面多量菌丝体构成的厚胶膜，中量中度风化的棱角-次棱角状中小岩石碎屑，渐变平滑过渡。

Bw4: 98～125cm，亮红棕色（2.5YR 5/8，干），暗红棕色（2.5YR 3/6，润），黏土，中等发育的大棱块状结构，坚实，很少细根，结构体表面多量菌丝体构成的薄胶膜，中量中度风化的棱角-次棱角状中小岩石碎屑，渐变平滑过渡。

Bw5: 125～150cm，亮红棕色（2.5YR 5/8，干），暗红棕色（2.5YR 3/6，润），黏土，中等发育的中亚角块状结构，很坚实，很少细根，结构体表面多量菌丝体构成的薄胶膜，中量中度风化的棱角-次棱角状中小岩石碎屑。

青天铺系代表性单个土体物理性质

土层	深度/cm	石砾(>2mm, 体积分数)/%	细土颗粒组成(粒径: mm)/(g/kg)			质地	容重/(g/cm³)
			砂粒 2～0.05	粉粒 0.05～0.002	黏粒 <0.002		
Ah	0～16	5	40	330	630	黏土	1.17
Bw1	16～38	2	139	310	551	黏土	1.29
Bw2	38～62	2	115	288	597	黏土	1.41
Bw3	62～98	3	152	258	589	黏土	1.46
Bw4	98～125	5	110	306	584	黏土	1.48
Bw5	125～150	8	148	322	530	黏土	1.55

青天铺系代表性单个土体化学性质

深度 /cm	pH		有机碳(C) /(g/kg)	全氮(N) /(g/kg)	全磷(P) /(g/kg)	全钾(K) /(g/kg)	黏粒 CEC$_7$ /[cmol(+)/kg]	游离铁(Fe) /(g/kg)
	H$_2$O	KCl						
0～16	5.6	4.0	15.2	1.84	0.55	8.3	20.9	49.1
16～38	5.5	4.0	9.4	1.82	0.44	8.9	20.2	47.3
38～62	5.6	4.1	6.0	0.98	0.41	8.0	21.7	50.2
62～98	5.7	4.4	4.9	0.79	0.49	9.1	21.4	44.6
98～125	5.6	4.3	4.6	0.76	0.51	8.9	20.3	47.5
125～150	5.8	4.2	3.5	0.61	0.48	8.0	23.2	58.0

8.3.2 南阁系（Nange Series）

土　族：黏壤质硅质混合型酸性热性-普通简育湿润富铁土
拟定者：袁大刚，宋易高，张　楚

分布与环境条件　分布于会理、德昌等中山中下部中缓坡，成土母质为白垩系小坝组紫红色砂泥岩坡积物（古红土），有林地；中亚热带湿润气候，年均日照 2334～2388h，年均气温 15.0～15.4℃，1 月平均气温 6.5～7.6℃，7 月平均气温 20.5～21.1℃，年均降水量 1056～1130 mm，年干燥度约 0.98。

南阁系典型景观

土系特征与变幅　具淡薄表层、雏形层、低活性富铁层、聚铁网纹层、湿润土壤水分状况、热性土壤温度状况；有效土层厚度≥150 cm，低活性富铁层出现于距矿质土表 125 cm 范围内，聚铁网纹层出现于距矿质土表 120 cm 以下，表层土壤质地为砂质黏壤土，排水差。

对比土系　青天铺系，同亚类不同土族，整个 B 层均为低活性富铁层，无聚铁网纹层。甸沙关系，空间位置相近，不同土纲，无低活性富铁层，具黏化层。

利用性能综述　所处区域热量条件较好，土体深厚，但坡度较大，肥力较低，宜发展林业，保持水土。

参比土种　厚层红泥土（B224）。

代表性单个土体　位于凉山彝族自治州会理县南阁乡南阁村，26°36′55.8″N，102°15′20.5″E，中山中下部中缓坡，海拔 1811m，坡度为 10°，坡向为北 11°，成土母质为白垩系小坝组紫红色砂泥岩坡积物（古红土），有林地，土表下 50 cm 深度处土温为

18.38℃。2015 年 8 月 1 日调查，编号为 51-069。

Ah：0～14cm，亮红棕色（5YR 5/8，干），暗红棕色（2.5YR 3/6，润），砂质黏壤土，中等发育的中小亚角块状结构，疏松，多量细根，清晰平滑过渡。

Bw1：14～40cm，红棕色（2.5YR4/8，干），红棕色（2.5YR 4/6，润），砂质黏壤土，中等发育的中亚角块状结构，稍坚实，中量细根，渐变平滑过渡。

Bw2：40～85cm，亮红棕色（2.5YR 5/8，干），红棕色（2.5YR 4/6，润），砂质黏壤土，中等发育的大棱块状结构，稍坚实-坚实，少量细根，渐变平滑过渡。

Bw3：85～120cm，橙色（5YR 6/6，干），红棕色（2.5YR 4/6，润），砂质黏壤土，中等发育的中大棱块状结构，坚实，很少细根，清晰平滑过渡。

南阁系代表性单个土体剖面

Bl：120～200cm，亮红棕色（5YR5/8，干），红棕色（2.5YR 4/6，润），黏壤土，中等发育的大棱块状结构，很坚实，多量网纹，多量红-黄-白相间的聚铁网纹体。

南阁系代表性单个土体物理性质

| 土层 | 深度 /cm | 石砾 (>2mm，体积分数) /% | 细土颗粒组成（粒径：mm）/(g/kg) | | | 质地 | 容重 /(g/cm³) |
			砂粒 2～0.05	粉粒 0.05～0.002	黏粒 <0.002		
Ah	0～14	0	587	178	236	砂质黏壤土	1.31
Bw1	14～40	0	593	132	275	砂质黏壤土	1.37
Bw2	40～85	0	522	184	294	砂质黏壤土	1.45
Bw3	85～120	0	505	194	301	砂质黏壤土	1.44
Bl	120～200	0	429	217	353	黏壤土	1.59

南阁系代表性单个土体化学性质

| 深度 /cm | pH | | 有机碳(C) /(g/kg) | 全氮(N) /(g/kg) | 全磷(P) /(g/kg) | 全钾(K) /(g/kg) | 黏粒 CEC₇ /[cmol(+)/kg] | 游离铁(Fe) /(g/kg) |
	H₂O	KCl						
0～14	5.3	4.1	8.8	0.60	0.23	4.7	29.0	18.1
14～40	5.1	4.1	7.1	0.55	0.17	5.3	22.0	24.4
40～85	5.4	4.0	5.2	0.39	0.21	5.8	20.6	20.3
85～120	5.3	3.9	5.4	0.37	0.19	4.9	29.2	19.6
120～200	5.1	3.8	3.0	0.48	0.21	5.4	25.8	31.1

第 9 章 淋 溶 土

9.1 斑纹简育冷凉淋溶土

9.1.1 米亚罗系（Miyaluo Series）

土　族：粗骨壤质混合型非酸性-斑纹简育冷凉淋溶土
拟定者：袁大刚，张　楚，蒲光兰

分布与环境条件　分布于理县、马尔康等高山下部中坡，成土母质为三叠系侏倭组灰-深灰色变质长石石英砂岩、细砂岩、粉砂岩与灰色粉砂质板岩、碳质板岩（千枚岩）夹砂泥质灰岩坡积物，有林地；山地高原温带半湿润气候，年均气温 3.5～5.7℃，1 月平均气温–7.3～–3.7℃，7 月平均气温 12.9～13.5℃，年均降水量 590～761 mm，年干燥度 1.24～1.54。

米亚罗系典型景观

土系特征与变幅　具淡薄表层、漂白层、黏化层、滞水土壤水分状况、氧化还原特征、冷性土壤温度状况；有效土层厚度 100～150 cm，漂白层出现于距矿质土表 120 cm 以下土层，氧化还原特征出现于距矿质土表 80 cm 以下土层，表层土壤地为黏壤土，土体中岩石碎屑可达 30%以上，排水中等。

对比土系　大朗坝系，空间位置相近，不同土纲，无黏化层、漂白层和滞水土壤水分状况，有冲积物岩性特征。

利用性能综述　土体深厚，但坡度大，石砾含量高，宜发展林业，防治水土流失。

参比土种 厚层黑褐砂泥土（J324）。

代表性单个土体 位于阿坝藏族羌族自治州理县米亚罗镇大朗坝村，31°45′13.7″N，102°43′36.9″E，高山下部中坡，海拔 3107m，坡度为 15°，成土母质为三叠系侏倭组灰-深灰色变质长石石英砂岩、细砂岩、粉砂岩与灰色粉砂质板岩、碳质板岩（千枚岩）夹砂泥质灰岩坡积物，有林地，土表下 50 cm 深度处土温为 7.98℃。2015 年 7 月 2 日调查，编号为 51-029。

米亚罗系代表性单个土体剖面

Ah：0～18 cm，浊黄棕色（10YR 5/4，干），暗棕色（10YR 3/4，润），黏壤土，中等发育的小亚角块状结构，疏松，多量细根，很多微风化的棱角状中小岩石碎屑，渐变平滑过渡。

Bw：18～40 cm，浊黄棕色（10YR 5/4，干），棕色（10YR 4/4，润），黏壤土，中等发育的中小亚角块状结构，稍坚实-坚实，少量细根，多量微风化的棱角状中小岩石碎屑，模糊平滑过渡。

Bt：40～82 cm，浊黄棕色（10YR 5/4，干），棕色（10YR 4/4，润），黏壤土，中等发育的中小亚角块状结构，坚实，极少量细根，结构体表面中量黏粒胶膜，多量微风化的棱角状中小岩石碎屑，渐变平滑过渡。

Btr：82～110 cm，浊黄橙色（10YR 6/4，干），棕色（10YR 4/6，润），黏壤土，中等发育的中小亚角块状结构，坚实，结构体表面中量黏粒胶膜，结构体表面很少锈斑纹，多量微风化的棱角状中小岩石碎屑，渐变平滑过渡。

Br：110～120 cm，浊黄橙色（10YR 7/4，干），棕色（10YR 4/6，润），黏壤土，中等发育的中亚角块状结构，很坚实，结构体表面少量锈斑纹，多量微风化的棱角状中小岩石碎屑，清晰平滑过渡。

E：120～130 cm，橙白色（10YR8/1，干），浊黄橙色（10YR7/3，润），粉质壤土，中等发育的中角块状结构，极坚实，结构体表面少量锈斑纹，中量微风化的棱角状中小岩石碎屑。

米亚罗系代表性单个土体物理性质

土层	深度 /cm	石砾 (>2mm，体积分数) /%	细土颗粒组成(粒径：mm)/(g/kg)			质地	容重 /(g/cm³)
			砂粒 2～0.05	粉粒 0.05～0.002	黏粒 <0.002		
Ah	0～18	50	256	426	318	黏壤土	1.04
Bw	18～40	35	207	461	332	黏壤土	1.19
Bt	40～82	35	298	394	308	黏壤土	1.17
Btr	82～110	35	200	441	359	黏壤土	1.22
Br	110～120	25	237	481	282	黏壤土	1.49
E	120～130	9	206	558	236	粉质壤土	1.53

米亚罗系代表性单个土体化学性质

深度 /cm	pH(H$_2$O)	有机碳(C) /(g/kg)	全氮(N) /(g/kg)	全磷(P) /(g/kg)	全钾(K) /(g/kg)	CEC$_7$ /[cmol(+)/kg]	游离铁(Fe) /(g/kg)	铁游离度 /%
0～18	7.9	24.7	1.20	0.92	29.0	17.3	21.9	51.8
18～40	7.7	14.3	0.73	0.77	27.2	14.1	23.6	52.2
40～82	7.4	15.3	0.64	0.68	27.9	13.4	22.2	56.8
82～110	7.5	12.3	1.19	0.74	27.6	12.7	23.7	51.1
110～120	7.5	4.5	0.38	0.77	27.9	14.1	24.3	47.3
120～130	7.6	3.8	0.49	0.46	27.2	11.0	9.1	28.8

9.2　普通简育冷凉淋溶土

9.2.1　安备系（Anbei Series）

土　　族：黏壤质长石混合型石灰性-普通简育冷凉淋溶土
拟定者：袁大刚，张　楚，张俊思

分布与环境条件　分布于松潘等高山下部缓坡，成土母质为黄土，灌木林地；山地高原温带半湿润气候，年均日照 1828～2352 h，年均气温 2.2～3.3℃，1 月平均气温–9.0～–6.7℃，7 月平均气温 12.1～12.7℃，年均降水量 668～730 mm，年干燥度 1.08～1.15。

安备系典型景观

土系特征与变幅　具淡薄表层、黏化层、钙积层、半干润土壤水分状况、冷性土壤温度状况、石灰性；有效土层厚度 100～150 cm，黏化层出现于距矿质土表 15 cm 以下土层，距矿质土表 50cm 范围内出现钙积层，表层土壤质地为壤土，排水中等。

对比土系　黑斯系，空间位置相近，不同土纲，具草毡表层、有机土壤物质、滞水土壤水分状况和潜育特征。

利用性能综述　所处区域地势平缓，土体深厚，但人烟稀少，宜发展林草业。

参比土种　绵黄土（J411）。

代表性单个土体　位于阿坝藏族羌族自治州松潘县水晶乡安备村（小西天尕米寺），32°54′07.6″N，103°40′49.7″E，高山下部缓坡，海拔 3218m，坡度为 8°，坡向为东 87°，成土母质为黄土，灌木林地，土表下 50 cm 深度处土温为 5.96℃。2015 年 8 月 14 日调查，编号为 51-095。

Ah: 0～15 cm，灰黄棕色（10YR 5/2，干），暗棕色（10YR 3/3，润），壤土，强发育的中小团粒状结构，疏松，多量细根和中量粗根，强石灰反应，渐变平滑过渡。

Bt1：15～24 cm，浊黄棕色（10YR 5/3，干），暗棕色（10YR 3/4，润），粉质壤土，中等发育的中小亚角块状结构，稍坚实-坚实，多量细根和少量粗根，少量蚯蚓粪，强石灰反应，清晰平滑过渡。

Bt2：24～48 cm，浊黄橙色（10YR 6/3，干），暗棕色（10YR 3/4，润），粉质壤土，中等发育的中等大小角块状结构，稍坚实-坚实，多量细根和很少粗根，强石灰反应，渐变平滑过渡。

安备系代表性单个土体剖面

Bt3：48～77 cm，浊黄橙色（10YR 7/3，干），暗棕色（10YR 3/4，润），粉质壤土，中等发育的中等大小角块状结构，稍坚实-坚实，中量细根系和极少量粗根系，强石灰反应，模糊平滑过渡。

Bt4：77～130 cm，浊黄橙色（10YR 7/3，干），棕色（10YR 4/4，润），粉质壤土，中等发育的中等大小角块状结构，稍坚实-坚实，极少量细根系，强石灰反应。

安备系代表性单个土体物理性质

| 土层 | 深度/cm | 石砾（>2mm，体积分数）/% | 细土颗粒组成(粒径：mm)/(g/kg) | | | 质地 | 容重/(g/cm³) |
			砂粒 2～0.05	粉粒 0.05～0.002	黏粒 <0.002		
Ah	0～15	0	424	446	130	壤土	0.95
Bt1	15～24	0	312	520	168	粉质壤土	1.12
Bt2	24～48	0	243	547	210	粉质壤土	1.35
Bt3	48～77	0	162	610	228	粉质壤土	1.36
Bt4	77～130	0	172	628	199	粉质壤土	1.55

安备系代表性单个土体化学性质

深度/cm	pH(H₂O)	有机碳(C)/(g/kg)	全氮(N)/(g/kg)	全磷(P)/(g/kg)	全钾(K)/(g/kg)	CEC₇/[cmol(+)/kg]	游离铁(Fe)/(g/kg)	铁游离度/%	碳酸钙相当物/(g/kg)
0～15	8.0	35.0	2.30	0.77	20.4	22.8	11.3	35.7	41
15～24	8.9	18.3	1.60	0.74	19.2	14.5	11.0	35.5	81
24～48	9.0	7.7	0.73	0.62	17.4	7.9	9.9	31.3	116
48～77	9.0	7.3	0.61	0.63	20.3	8.3	10.5	36.5	121
77～130	9.1	3.5	0.31	0.62	19.1	5.2	9.7	31.6	123

9.3　暗红钙质干润淋溶土

9.3.1　下海系（**Xiahai Series**）

土　　族：黏质混合型温性–暗红钙质干润淋溶土
拟定者：袁大刚，宋易高，张　楚

分布与环境条件　分布于盐源、木里等中山中下部中缓坡，成土母质为三叠系白山组灰色白云岩、灰岩残坡积物（古红土），灌木林地；北亚热带半湿润气候，年均日照 2288～2603 h，年均气温 11.5～13.0℃，1 月平均气温 4.2～5.7℃，7 月平均气温 16.9～18.5℃，年均降水量 776～823 mm，年干燥度 1.33～1.61。

下海系典型景观

土系特征与变幅　具淡薄表层、黏化层、碳酸盐岩岩性特征、石质接触面、半干润土壤水分状况、氧化还原特征、温性土壤温度状况、铁质特性、盐基饱和；有效土层厚度 50～100 cm，黏化层出现于距矿质土表 20 cm 以下土层，矿质土表下 50～100 cm 范围内出现碳酸盐岩石质接触面，出露岩石占地表面积 5%～15%，间距 5～20 m，表层土壤质地为粉质黏土，排水中等。

对比土系　垭口系，同亚类不同土族，为热性土壤温度温度状况。

利用性能综述　所处区域光热条件较好，但坡度较大，宜发展林草业，发展种植业应注意防治水土流失，如实行坡改梯、等高种植，同时增施有机肥和磷、钾肥，培肥土壤。

参比土种　石灰红泥土（M211）。

代表性单个土体 位于凉山彝族自治州盐源县下海乡，27°29′44.5″N，101°23′0.8″E，中山中下部中缓坡，海拔 2414m，坡度为 15°，坡向为西南 220°，成土母质为三叠系白山组灰色白云岩、灰岩残坡积物（古红土），灌木林地，土表下 50 cm 深度处土温为 15.93℃。2015 年 7 月 29 日调查，编号为 51-061。

Ah: 0～20cm，亮红棕色（2.5YR 5/8，干），红棕色（2.5YR 4/8，润），粉质黏土，中等发育的中小亚角块状结构，稍坚实，多量细根，少量铁锰胶膜，很少球形铁锰小结核，模糊平滑过渡。

下海系代表性单个土体剖面

Btr1: 20～38cm，橙色（2.5YR 6/6，干），亮红棕色（2.5YR 5/6，润），粉质黏土，中等发育的中亚角块状结构，坚实，中量细根，很少中根，结构体表面少量黏粒胶膜，少量铁锰胶膜，很少球形铁锰小结核，模糊平滑过渡。

Btr2: 38～48cm，亮红棕色（2.5YR 5/6，干），亮红棕色（2.5YR 5/8，润），粉质黏壤土，中等发育的中亚角块状结构，坚实，少量细根，结构体表面中量黏粒胶膜，少量铁锰胶膜，少量球形铁锰小结核，模糊平滑过渡。

Btr3: 48～80cm，亮红棕色（2.5YR 5/6，干），亮红棕色（2.5YR 5/8，润），粉质黏壤土，中等发育的中亚角块状结构，坚实，很少细根，结构体表面少量黏粒胶膜，少量铁锰胶膜，很少球形铁锰小结核，轻度石灰反应，突变不规则过渡。

R: 80cm，灰色白云岩。

下海系代表性单个土体物理性质

土层	深度/ cm	石砾（>2mm，体积分数）/%	细土颗粒组成（粒径：mm）/(g/kg)			质地	容重/ (g/cm³)
			砂粒 2～0.05	粉粒 0.05～0.002	黏粒 <0.002		
Ah	0～20	0	31	492	477	粉质黏土	1.41
Btr1	20～38	0	39	501	460	粉质黏土	1.43
Btr2	38～48	0	33	572	394	粉质黏壤土	1.57
Btr3	48～80	0	113	502	385	粉质黏壤土	1.62

下海系代表性单个土体化学性质

深度 /cm	pH H₂O	pH KCl	有机碳(C) /(g/kg)	全氮(N) /(g/kg)	全磷(P) /(g/kg)	全钾(K) /(g/kg)	CEC₇ /[cmol(+)/kg]	游离铁(Fe) /(g/kg)	盐基饱和度 /%	碳酸钙相当物 /(g/kg)
0～20	5.9	5.0	5.9	0.68	0.90	12.1	26.9	57.7	76.9	—
20～38	5.8	5.4	5.6	0.54	0.74	11.9	29.2	52.2	89.1	—
38～48	6.3	5.7	3.2	0.53	0.87	12.1	34.2	44.6	78.5	—
48～80	6.7	5.9	2.7	0.48	1.06	13.3	29.7	56.8	91.1	9

9.3.2　垭口系（**Yakou Series**）

土　族：黏质混合型热性-暗红钙质干润淋溶土
拟定者：袁大刚，宋易高，张　楚

分布与环境条件　分布于米易等中山中上部中坡，成土母质为元古宇会理群浅变质的细碎屑岩、变质碳酸盐岩夹少量变质火山岩及火山碎屑岩坡积物，其他草地；南亚热带半湿润气候，年均日照 2342～2362 h，年均气温 19.2～19.5℃，1 月平均气温 10.7～11.1℃，7 月平均气温 24.7～25.0℃，年均降水量 1076～1094 mm，年干燥度 1.13～1.25。

垭口系典型景观

土系特征与变幅　具淡薄表层、黏化层、碳酸盐岩岩性特征、半干润土壤水分状况、氧化还原特征、热性土壤温度状况、铁质特性、盐基饱和；有效土层厚度≥150 cm，距矿质土表 125 cm 范围内出现黏化层，距矿质土表 125cm 范围内出现碳酸盐岩岩性特征（存在变质碳酸盐岩岩屑）、盐基饱和；表层土壤质地为粉质黏壤土，排水差。

对比土系　下海系，同亚类不同土族，为温性土壤温度状况。

利用性能综述　所处区域光热条件好，但坡度较大，可发展林业、园艺，注意防治水土流失。

参比土种　石灰红泥土（M111）。

代表性单个土体　位于攀枝花市米易县垭口镇高家坡，26°48′6.5″N，102°2′7.2″E，中山中上部中坡，海拔 1106m，坡度为 25°，坡向为西 289°，成土母质为元古宇会理群浅变质

的细碎屑岩、变质碳酸盐岩夹少量变质火山岩及火山碎屑岩坡积物，其他草地，土表下
50 cm 深度处土温为 22.11℃。2015 年 7 月 31 日调查，编号为 51-066。

Ah1: 0～20cm，暗红棕色（2.5YR 3/6，干），暗红棕色（2.5YR 3/6，润），粉质黏壤土，中等发育的小亚角块状结构，疏松，多量细根，少量中度风化的棱角-次棱角状小碎屑岩和变质碳酸盐岩岩屑，模糊平滑过渡。

Ah2: 20～38cm，红棕色（2.5YR 4/6，干），红棕色（2.5YR 4/8，润），粉质黏壤土，中等发育的中小亚角块状结构，疏松，多量细根，很少中度风化的棱角-次棱角状小碎屑岩和变质碳酸盐岩岩屑，渐变平滑过渡。

Btr1: 38～62cm，红棕色（2.5YR4/6，干），红棕色（2.5YR 4/8，润），粉质黏壤土，中等发育的中亚角块状结构，稍坚实，中量细根，结构体表面少量铁锰-黏粒胶膜，很少中度风化的棱角-次棱角状小碎屑岩和变质碳酸盐岩岩屑，模糊平滑过渡。

垭口系代表性单个土体剖面

Btr2: 62～80cm，红棕色（2.5YR5/6，干），红棕色（2.5YR 4/8，润），黏土，中等发育的大亚角块状结构，坚实，少量细根，结构体表面中量铁锰-黏粒胶膜，很少中度风化的棱角-次棱角状小碎屑岩和变质碳酸盐岩岩屑，模糊平滑过渡。

Btr3: 80～120cm，亮红棕色（5YR 5/6，干），红棕色（5YR 4/8，润），黏土，中等发育的大亚角块状结构，坚实，很少细根，结构体表面多量铁锰-黏粒胶膜，少量中度风化的棱角-次棱角状中小碎屑岩和变质碳酸盐岩岩屑，模糊平滑过渡。

Btr4: 120～150m，亮红棕色（5YR5/8，干），暗红棕色（5YR 3/6，润），黏土，中等发育的大亚角块状结构，坚实，很少细根，结构体表面多量铁锰-黏粒胶膜，很少中度风化的棱角-次棱角状中小碎屑岩和变质碳酸盐岩岩屑。

垭口系代表性单个土体物理性质

土层	深度/cm	石砾(>2mm，体积分数)/%	细土颗粒组成(粒径：mm)/(g/kg)			质地	容重/(g/cm³)
			砂粒 2～0.05	粉粒 0.05～0.002	黏粒 <0.002		
Ah1	0～20	2	158	444	398	粉质黏壤土	1.44
Ah2	20～38	2	158	467	375	粉质黏壤土	1.61
Btr1	38～62	<2	110	493	396	粉质黏壤土	1.59
Btr2	62～80	<2	150	383	466	黏土	1.70
Btr3	80～120	2	181	262	558	黏土	1.70
Btr4	120～150	2	150	380	470	黏土	1.72

垭口系代表性单个土体化学性质

深度 /cm	pH(H₂O)	有机碳(C) /(g/kg)	全氮(N) /(g/kg)	全磷(P) /(g/kg)	全钾(K) /(g/kg)	CEC₇ /[cmol(+)/kg]	游离铁(Fe) /(g/kg)	盐基饱和度 /%
0~20	7.9	5.3	0.79	8.73	8.1	19.3	40.3	—
20~38	7.1	2.7	0.36	7.52	6.7	20.1	39.4	—
38~62	6.4	3.0	0.40	7.53	5.8	19.6	39.9	74.7
62~80	6.0	2.0	0.27	9.15	6.4	19.0	43.7	73.3
80~120	6.1	2.0	0.28	13.17	5.4	18.9	41.5	73.7
120~150	6.2	1.9	0.32	15.98	5.4	18.6	43.0	70.3

9.4 普通钙积干润淋溶土

9.4.1 鲜水系（Xianshui Series）

土　　族：壤质硅质混合型温性-普通钙积干润淋溶土
拟定者：袁大刚，张　楚，宋易高

分布与环境条件 分布于道孚、炉霍等高山河谷下部中缓坡，成土母质为第四系更新统黄土性洪冲积物，天然牧草地；山地高原温带半湿润气候，年均日照 2319～2065 h，年均气温 7.4～7.8℃，1 月平均气温–2.8～–2.2℃，7 月平均气温 15.4～16.1℃，年均降水量 579～652 mm，年干燥度 1.59～1.76。

鲜水系典型景观

土系特征与变幅 具淡薄表层、黏化层、钙积层、钙积现象、半干润土壤水分状况、温性土壤温度状况、铁质特性、石灰性；有效土层厚度≥100 cm，距矿质土表 125 cm 范围内出现黏化层，钙积层出现于距矿质土表 125 cm 范围内，地表粗碎块占地表面积 5%～15%，质地通体为粉质壤土，排水中等。

对比土系 二道坪系，同亚类不同土族，矿物学类别为混合型，表层土壤质地为壤土。

利用性能综述 土体深厚，但坡度较大，干旱缺水，主要发展牧业，应防止超载放牧，防治水土流失。

参比土种 褐黄砂泥土（J234）。

代表性单个土体 位于甘孜藏族自治州道孚县鲜水镇团结村，30°57′51.6″N，101°08′17.7″E，高山河谷下部中缓坡，海拔 3018m，坡度为 15°，坡向为西北 338°，成土母质为第四系更新统黄土性洪冲积物，天然牧草地，土表下 50 cm 深度处土温为 10.95℃。2015 年 7 月 21 日调查，编号为 51-050。

鲜水系代表性单个土体剖面

Ah：0～15 cm，浊黄棕色（10YR 5/4，干），棕色（7.5YR 4/3，润），粉质壤土，中等发育的中小亚角块状结构，稍坚实-坚实，多量细根，很少中度风化的棱角-次棱角状小岩石碎屑，中度石灰反应，模糊平滑过渡。

Bk1：15～30 cm，浊黄棕色（10YR 5/4，干），棕色（7.5YR 4/3，润），粉质壤土，中等发育的中小亚角块状结构，稍坚实-坚实，中量细根，很少灰白色假菌丝体，很少中度风化的棱角-次棱角状小岩石碎屑，中度石灰反应，清晰平滑过渡。

Bk2：30～68 cm，浊黄橙色（10YR 6/4，干），棕色（10YR 4/6，润），粉质壤土，中等发育的中小亚角块状结构，坚实，少量细根，多量灰白色假菌丝体，很少中度风化的棱角-次棱角状大岩石碎屑，强石灰反应，渐变平滑过渡。

Bk3：68～105 cm，浊黄橙色（10YR 7/4，干），黄棕色（10YR 5/8，润），粉质壤土，中等发育的中小角块状结构，很坚实，很少细根，中量灰白色假菌丝体，很少中度风化的棱角-次棱角状小岩石碎屑，强石灰反应，清晰平滑过渡。

Btk：105～135 cm，黄橙色（10YR 7/8，干），棕色（7.5YR 4/6，润），粉质壤土，强度发育大棱块状结构，极坚实，结构体表面具中量黏粒胶膜，很少灰白色假菌丝体，中度石灰反应。

鲜水系代表性单个土体物理性质

| 土层 | 深度 /cm | 石砾 (>2mm, 体积分数) /% | 细土颗粒组成（粒径：mm）/(g/kg) | | | 质地 | 容重 /(g/cm³) |
			砂粒 2～0.05	粉粒 0.05～0.002	黏粒 <0.002		
Ah	0～15	<2	282	622	96	粉质壤土	1.14
Bk1	15～30	<2	323	580	97	粉质壤土	1.12
Bk2	30～68	2	283	621	96	粉质壤土	1.41
Bk3	68～105	0	241	694	64	粉质壤土	1.53
Btk	105～135	0	130	738	132	粉质壤土	1.50

鲜水系代表性单个土体化学性质

深度 /cm	pH(H₂O)	有机碳(C) /(g/kg)	全氮(N) /(g/kg)	全磷(P) /(g/kg)	全钾(K) /(g/kg)	CEC₇ /[cmol(+)/kg]	游离铁(Fe) /(g/kg)	碳酸钙相当物 /(g/kg)
0～15	8.4	17.1	1.77	0.67	17.7	11.5	16.2	60
15～30	8.4	18.1	1.73	0.67	18.2	10.6	15.7	85
30～68	8.5	6.0	0.56	0.54	17.3	7.0	15.0	118
68～105	8.5	3.8	0.36	0.43	17.6	6.4	16.4	107
105～135	8.4	4.2	0.45	0.43	20.2	7.7	19.0	42

9.4.2　二道坪系（Erdaoping Series）

土　族：壤质混合型温性–普通钙积干润淋溶土
拟定者：袁大刚，张东坡，张俊思

分布与环境条件　分布于理县、茂县、汶川等中山中上部中缓坡，成土母质为黄土，其他草地；山地高原暖温带半湿润气候，年均日照 1566～1686 h，年均气温 8.2～9.8℃，1月平均气温–2.0～–1.0℃，7 月平均气温 18.0～19.2℃，年均降水量 591～833 mm，年干燥度 1.01～1.54。

二道坪系典型景观

土系特征与变幅　具淡薄表层、黏化层、钙积层、半干润土壤水分状况、温性土壤温度状况、铁质特性、石灰性；有效土层厚度≥150 cm，距矿质土表 125 cm 范围内出现黏化层、钙积层，表层土壤质地为壤土，排水中等。

对比土系　鲜水系，同亚类不同土族，矿物学类别为硅质混合型，表层土壤质地为粉质壤土。挖断山系，空间位置相邻，同亚纲不同土类，无钙积层。

利用性能综述　土体深厚，但坡度较大，交通不便，主要发展林草业，防治水土流失。

参比土种　二黄土（J212）。

代表性单个土体　位于阿坝藏族羌族自治州理县杂谷脑镇兴隆村 3 组二道坪，31°26′39.9″N，103°9′50.6″E，中山中上部中缓坡，海拔 2110m，坡度为 10°，成土母质为黄土，上部混杂三叠系新都桥组灰色板岩、千枚岩夹变质砂岩坡积物，天然牧草地，土表下 50 cm 深度处土温为 12.44℃。2014 年 5 月 4 日调查，编号为 51-134。

二道坪系代表性单个土体剖面

Ah: 0~20 cm，浊棕色（7.5YR 5/3，干），黑棕色（7.5YR 3/2，润），壤土，中等发育的小亚角块状结构，疏松，多量细根，少量中根，很少中度风化的棱角-次棱角状中小岩石碎屑，极强石灰反应，清晰平滑过渡。

Bw1: 20~50 cm，浊棕色（7.5YR 6/3，干），棕色（7.5YR 4/3，润），壤土，中等发育的中小亚角块状结构，稍坚实-坚实，少量细根，很少中度风化的棱角-次棱角状中小岩石碎屑，极强石灰反应，清晰平滑过渡。

Bw2: 50~80 cm，浊橙色（7.5YR 6/4，干），棕色（7.5YR 4/4，润），壤土，中等发育的中亚角块状结构，坚实，很少细根，少量中度风化的棱角-次棱角状中小岩石碎屑，极强石灰反应，清晰平滑过渡。

Bw3: 80~110 cm，棕色（7.5YR 4/6，干），棕色（7.5YR 4/6，润），壤土，强发育的大亚角块状结构，很坚实，很少细根，少量中度风化的棱角-次棱角状中小岩石碎屑，极强石灰反应，清晰平滑过渡。

Btk: 110~160 cm，浊棕色（7.5YR 6/3，干），棕色（7.5YR 4/3，润），壤土，强发育的大亚角块状结构，很坚实，很少细根，多量灰棕色黏粒胶膜，中量灰白色假菌丝体，极强石灰反应，清晰平滑过渡。

Bw4: 160~200 cm，浊橙色（7.5YR 6/4，干），棕色（7.5YR 4/6，润），粉质壤土，中等发育的大棱块状结构，极坚实，很少细根，强石灰反应。

二道坪系代表性单个土体物理性质

| 土层 | 深度/cm | 石砾（>2mm，体积分数）/% | 细土颗粒组成(粒径：mm)/(g/kg) | | | 质地 | 容重/(g/cm³) |
			砂粒 2~0.05	粉粒 0.05~0.002	黏粒 <0.002		
Ah	0~20	<2	386	432	182	壤土	1.10
Bw1	20~50	<2	362	472	166	壤土	1.28
Bw2	50~80	<2	398	422	180	壤土	1.51
Bw3	80~110	<2	340	496	164	壤土	1.58
Btk	110~160	0	260	460	280	壤土	1.64
Bw4	160~200	0	300	554	146	粉质壤土	1.72

二道坪系代表性单个土体化学性质

深度/cm	pH(H₂O)	有机碳(C)/(g/kg)	全氮(N)/(g/kg)	全磷(P)/(g/kg)	全钾(K)/(g/kg)	CEC₇/[cmol(+)/kg]	游离铁(Fe)/(g/kg)	铁游离度/%	碳酸钙相当物/(g/kg)
0~20	8.3	20.2	3.12	0.45	14.0	14.2	12.6	41.1	133
20~50	8.7	10.1	3.05	0.38	14.3	4.9	12.6	41.5	130
50~80	8.8	4.0	0.76	0.52	15.3	5.7	12.1	38.4	132
80~110	8.8	3.1	0.52	0.25	18.6	7.7	14.4	39.1	125
110~160	8.8	2.5	0.41	0.59	19.3	5.9	15.5	43.6	130
160~200	8.8	1.8	0.38	0.58	19.6	4.7	12.8	36.7	118

9.5　斑纹铁质干润淋溶土

9.5.1　景星系（Jingxing Series）

土　族：壤质硅质混合型非酸性热性-斑纹铁质干润淋溶土
拟定者：袁大刚，宋易高，张　楚

分布与环境条件　分布于宁南等中山中下部中坡，成土母质为第四系洪积物（第四系红黏土），有林地；南亚热带半湿润气候，年均日照 2258～2334 h，年均气温 20.1～20.6℃，1 月平均气温 11.6～12.8℃，7 月平均气温 26.0～26.5℃，年均降水量 873～960 mm，年干燥度 1.25～1.29。

景星系典型景观

土系特征与变幅　具淡薄表层、黏化层、半干润土壤水分状况、氧化还原特征、热性土壤温度状况、铁质特性；地表粗碎块占地表面积 5%～15%，有效土层厚度 100～150 cm，黏化层出现于距矿质土表 125 cm 范围内，质地通体为壤土，土壤中岩石碎屑达 5%～15%，排水中等。

对比土系　大花地系，空间位置相近，不同土纲，具低活性富铁层。

利用性能综述　所处区域光热条件好，土体深厚，但坡度较大，宜发展林业，防治水土流失。

参比土种　赤红砂泥土（A121）。

代表性单个土体　位于凉山彝族自治州宁南县景星镇黑泥沟村 9 组，27°1′12.4″N，102°45′34.7″E，中山中下部中坡，海拔 870m，坡度为 20°，坡向为东北 67°，成土母质为第四系洪积物（第四系红黏土），有林地，土表下 50 cm 深度处土温为 22.38℃。2015

年8月2日调查，编号为51-074。

Ah：0～12cm，橙色（7.5YR 7/6，干），亮棕色（7.5YR 5/6，润），壤土，中等发育的中亚角块状结构，坚实，很少根系分布，多量中度风化的棱角-次棱角状中小岩石碎屑，清晰平滑过渡。

Bw：12～30cm，橙色（7.5YR 7/6，干），亮棕色（7.5YR 5/8，润），壤土，中等发育的大亚角块状结构，很坚实，很少根系分布，少量中度风化的棱角-次棱角状中小岩石碎屑，模糊波状过渡。

Btr1：30～50cm，橙色（7.5YR 7/6，干），亮棕色（7.5YR 5/8，润），壤土，中等发育的大亚角块状结构，极坚实，结构体表面有少量铁锰-黏粒胶膜，少量中度风化的棱角-次棱角状中小岩石碎屑，模糊波状过渡。

景星系代表性单个土体剖面

Btr2：50～80cm，亮黄橙色（10YR 7/6，干），亮黄棕色（10YR 6/8，润），壤土，中等发育的大亚角块状结构，极坚实，少量根系分布，结构体表面有中量铁锰-黏粒胶膜，中量中度风化的棱角-次棱角状中小岩石碎屑，模糊波状过渡。

Br：80～120cm，淡黄橙色（10YR 8/3，干），亮棕色（10YR7/4，润），壤土，中等发育的大亚角块状结构，极坚实，少量根系分布，结构体表面有少量铁锰胶膜，中量中度风化的棱角-次棱角状中小岩石碎屑。

景星系代表性单个土体物理性质

土层	深度 /cm	石砾 (>2mm，体积分数)/%	细土颗粒组成(粒径：mm)/(g/kg)			质地	容重 /(g/cm³)
			2～0.05	0.05～0.002	<0.002		
Ah	0～12	15	471	380	149	壤土	1.46
Bw	12～30	8	492	363	146	壤土	1.46
Btr1	30～50	5	520	318	162	壤土	1.54
Btr2	50～80	5	484	335	182	壤土	1.57
Br	80～120	10	494	376	130	壤土	1.57

景星系代表性单个土体化学性质

深度 /cm	pH		有机碳(C) /(g/kg)	全氮(N) /(g/kg)	全磷(P) /(g/kg)	全钾(K) /(g/kg)	CEC₇ /[cmol(+)/kg]	游离铁(Fe) /(g/kg)
	H₂O	KCl						
0～12	6.6	5.3	5.0	0.51	0.29	19.5	12.3	18.8
12～30	5.8	4.3	5.0	0.57	0.25	32.9	11.3	29.2
30～50	5.7	4.1	3.7	0.55	0.28	27.2	13.9	20.1
50～80	5.7	4.3	3.3	0.48	0.28	27.4	12.6	27.3
80～120	6.0	4.6	3.3	0.51	0.34	29.1	11.1	28.8

9.6　普通铁质干润淋溶土

9.6.1　甸沙关系（Dianshaguan Series）

土　族：黏质混合型酸性热性–普通铁质干润淋溶土

拟定者：袁大刚，宋易高，张　楚

分布与环境条件　分布于会理、德昌、米易等中山顶部微坡，成土母质为第四系红黏土，果园；南亚热带半湿润气候，年均日照 2164～2388h，年均气温 18.2～18.7℃，1 月平均气温 10.1～10.9℃，7 月平均气温 23.1～24.9℃，年均降水量 762～1048 mm，年干燥度 1.20～1.32。

甸沙关系典型景观

土系特征与变幅　具淡薄表层、聚铁网纹层、黏化层、半干润土壤水分状况、热性土壤温度状况、铁质特性；有效土层厚度≥150 cm，距矿质土表 125 cm 范围内出现黏化层，质地通体为黏土，排水差。

对比土系　挖断山系，同亚类不同土族，温性土壤温度状况。南阁系，空间位置相近，不同土纲，具低活性富铁层。永郎系，空间位置相近，不同土纲，无黏化层，具雏形层。

利用性能综述　所处区域光热资源丰富，地势平缓，土体深厚，但质地黏重，养分不足，宜增施有机肥，间套绿肥或豆科作物，增施磷钾肥。

参比土种　厚层赤红泥土（A113）。

代表性单个土体　位于凉山彝族自治州会理县云甸镇甸沙关村 2 组，27°7′16.2″N，102°14′38.4″E，中山顶部微坡，海拔 1270m，坡度为 5°，坡向为东 85°，成土母质为第四系

中国土系志·四川卷

红黏土，果园，土表下 50 cm 深度处土温为 21.01℃。2015 年 8 月 4 日调查，编号为 51-079。

甸沙关系代表性单个土体剖面

Ap：0～20cm，橙色（5YR 6/6，干），红棕色（2.5YR 4/8，润），黏土，中等发育的中小亚角块状结构，稍坚实，渐变平滑过渡。

Bw：20～50cm，橙色（5YR 6/6，干），红棕色（2.5YR 4/8，润），黏土，中等发育的中亚角块状结构，坚实，模糊平滑过渡。

Bt1：50～80cm，橙色（5YR 6/6，干），亮红棕色（2.5YR 5/8，润），黏土，中等发育的中亚角块状结构，坚实，结构体表面少量黏粒胶膜，模糊平滑过渡。

Bt2：80～110cm，橙色（5YR 6/8，干），亮红棕色（2.5YR 5/6，润），黏土，中等度发育的大棱块状结构，坚实，结构体表面中量黏粒胶膜，模糊平滑过渡。

Bt3：110～150cm，橙色（5YR 6/8，干），亮红棕色（5YR 5/8，润），黏土，中等发育的大棱块状结构，坚实，结构体表面中量黏粒胶膜，模糊平滑过渡。

Btl：150～200cm，橙色（5YR 7/8，干），亮红棕色（5YR 5/8，润），黏土，中等发育的大棱块状结构，很坚实，结构体表面中量黏粒胶膜，中量红黄白相间的条带（聚铁网纹体）。

甸沙关系代表性单个土体物理性质

土层	深度 / cm	石砾（>2mm，体积分数）/%	细土颗粒组成（粒径：mm）/(g/kg)			质地	容重 /(g/cm³)
			砂粒 2～0.05	粉粒 0.05～0.002	黏粒 <0.002		
Ap	0～20	0	253	281	465	黏土	1.38
Bw	20～50	0	284	222	494	黏土	1.44
Bt1	50～80	0	231	306	462	黏土	1.45
Bt2	80～110	0	270	308	422	黏土	1.59
Bt3	110～150	0	263	233	504	黏土	1.53
Btl	150～200	0	248	334	418	黏土	1.75

甸沙关系代表性单个土体化学性质

深度 /cm	pH H₂O	pH KCl	有机碳(C) /(g/kg)	全氮(N) /(g/kg)	全磷(P) /(g/kg)	全钾(K) /(g/kg)	CEC₇ /[cmol(+)/kg]	游离铁(Fe) /(g/kg)	有效磷(P) /(mg/kg)
0～20	5.1	4.3	6.8	0.67	0.29	18.0	14.4	28.5	2.1
20～50	5.1	4.0	5.3	0.53	0.24	17.9	14.3	26.6	2.0
50～80	5.1	4.0	5.2	0.57	0.31	16.2	14.0	39.3	2.5
80～110	4.9	4.3	3.0	0.49	0.27	17.2	14.4	52.8	1.2
110～150	4.7	4.0	3.8	0.53	0.26	17.5	14.7	37.1	0.1
150～200	4.6	3.9	1.6	0.22	0.33	19.3	12.8	29.3	1.2

9.6.2 挖断山系（Waduanshan Series）

土　族：黏壤质混合型石灰性温性-普通铁质干润淋溶土
拟定者：袁大刚，张东坡，张俊思

分布与环境条件　分布于理县、茂县、汶川等中山山脊陡坡，成土母质为黄土状物质，混杂三叠系新都桥组灰色板岩、千枚岩夹变质砂岩坡积物，灌木林地；山地高原暖温带半湿润气候，年均日照 1566～1706 h，年均气温 7.6～9.2℃，1 月平均气温–3.7～–1.6℃，7 月平均气温 17.4～18.6℃，年均降水量 493～591mm，年干燥度 1.01～1.54。

挖断山系典型景观

土系特征与变幅　具淡薄表层、黏化层、半干润土壤水分状况、温性土壤温度状况、铁质特性、石灰性；有效土层厚度≥150 cm，距矿质土表 125 cm 范围内出现黏化层，表层土壤质地为壤土，排水中等。

对比土系　甸沙关系，同亚类不同土族，母质为第四系红黏土，热性土壤温度状况；二道坪系，空间位置相邻，有钙积层。

利用性能综述　土体深厚，但所处区域交通不便，宜发展林草业，防治水土流失。

参比土种　大黄土（J211）。

代表性单个土体　位于阿坝藏族羌族自治州理县杂谷脑镇兴隆村 3 组挖断山，31°26′34.3″N，103°9′31.3″E，中山山脊陡坡，海拔 2224m，坡度为 30°，成土母质为黄土状物质，混杂三叠系新都桥组灰色板岩、千枚岩夹变质砂岩坡积物，灌木林地，土表下 50 cm 深度处土温为 11.91℃。2014 年 5 月 4 日调查，编号为 51-135。

挖断山系代表性单个土体剖面

Ah：0~20cm，灰棕色（7.5YR 4/2，干），黑棕色（7.5YR 3/1，润），壤土，强发育的小团粒状结构，疏松，多量细根，中量中根，少量中度风化的棱角-次棱角状中小岩石碎屑，强石灰反应，清晰平滑过渡。

Bt1：20~40cm，浊黄橙色（7.5YR 6/3，干），棕色（7.5YR 4/3，润），壤土，中等发育的中亚角块状结构，坚实，中量细根，少量中根，结构体表面中量腐殖质-黏粒胶膜，少量中度风化的棱角-次棱角状大中岩石碎屑，极强石灰反应，模糊平滑过渡。

Bt2：40~80cm，浊橙色（7.5YR 6/4，干），棕色（7.5YR 4/4，润），粉质壤土，中等发育的大亚角块状结构，很坚实，少量细根，很少中根，结构体表面中量黏粒胶膜，少量中度风化的棱角-次棱角状大中岩石碎屑，极强石灰反应，模糊平滑过渡。

Bt3：80~120cm，浊橙色（7.5YR 7/3，干），浊棕色（7.5YR 5/4，润），壤土，中等发育的大亚角块状结构，很坚实，很少细根，很少中根，结构体表面中量黏粒胶膜，少量中度风化的棱角-次棱角状大中岩石碎屑，极强石灰反应，清晰波状过渡。

Bw：120~150cm，浊橙色（7.5YR 6/4，干），棕色（7.5YR 4/4，润），粉质壤土，中等发育的大亚角块状结构，坚实，很少细根，很少中根，中量中度风化的棱角-次棱角状大中岩石碎屑，极强石灰反应。

挖断山系代表性单个土体物理性质

| 土层 | 深度/cm | 石砾（>2mm，体积分数）/% | 细土颗粒组成（粒径：mm）/(g/kg) | | | 质地 | 容重/(g/cm³) |
			砂粒 2~0.05	粉粒 0.05~0.002	黏粒 <0.002		
Ah	0~20	2	358	448	194	壤土	0.81
Bt1	20~40	2	288	472	240	壤土	1.25
Bt2	40~80	2	276	510	214	粉质壤土	1.39
Bt3	80~120	2	298	478	224	壤土	1.50
Bw	120~150	5	284	510	206	粉质壤土	1.73

挖断山系代表性单个土体化学性质

深度/cm	pH(H₂O)	有机碳(C)/(g/kg)	全氮(N)/(g/kg)	全磷(P)/(g/kg)	全钾(K)/(g/kg)	CEC₇/[cmol(+)/kg]	游离铁(Fe)/(g/kg)	碳酸钙相当物/(g/kg)
0~20	8.1	61.5	5.19	0.83	13.6	30.8	14.5	108
20~40	8.6	11.3	0.93	0.42	13.4	9.8	15.4	131
40~80	8.4	6.5	0.72	0.14	16.4	9.2	14.2	133
80~120	8.7	4.3	0.41	0.18	15.6	7.0	15.1	131
120~150	8.4	1.7	0.36	0.58	16.8	5.6	14.1	120

9.7　普通简育干润淋溶土

9.7.1　喇嘛寺系（Lamasi Series）

土　族：黏壤质混合型石灰性温性–普通简育干润淋溶土
拟定者：袁大刚，张东坡，张俊思

分布与环境条件　分布于理县、茂县、汶川等中山高阶地后缘缓坡，成土母质为黄土，其他草地；山地高原暖温带半湿润气候，年均日照 1566～1706 h，年均气温 8.5～10.2℃，1 月平均气温–1.7～–0.6℃，7 月平均气温 18.2～19.6℃，年均降水量 493～591mm，年干燥度 1.54～1.96。

喇嘛寺系典型景观

土系特征与变幅　具淡薄表层、黏化层、半干润土壤水分状况、温性土壤温度状况、铁质特性、石灰性；有效土层厚度≥150 cm，距矿质土表 125 cm 范围内出现黏化层，部分土层具有铁质特性，表层土壤质地为粉质壤土，排水中等。

对比土系　二道坪系，空间位置相近，同亚纲不同土类，有钙积层。挖断山系，空间位置相近，同亚纲不同土类，B 层均有铁质特性。

利用性能综述　土体深厚，但干旱缺水，坡度较大，应注意防治水土流失。

参比土种　大黄土（J211）。

代表性单个土体　位于阿坝藏族羌族自治州理县杂谷脑镇官田村 2 组喇嘛寺，31°27′9.5″N，103°9′54.6″E，中山河谷六级阶地后缘缓坡，海拔 2071m，坡度为 8°，成土母质为黄土，混杂三叠系侏倮组灰色变质长石石英砂岩、细砂岩、粉砂岩与灰色砂质

中国土系志·四川卷

板岩、碳质板岩（千枚岩）坡积物，其他草地，土表下 50 cm 深度处土温为 12.34℃。2014 年 5 月 3 日调查，编号为 51-132。

喇嘛寺系代表性单个土体剖面

Ah： 0~20cm，浊棕色（7.5YR 5/3，干），棕色（7.5YR 4/3，润），粉质壤土，中等发育的小亚角块状结构，疏松，多量细根，少量中度风化的棱角-次棱角状中小岩石碎屑，强石灰反应，清晰平滑过渡。

AB： 20~40cm，浊棕色（7.5YR 6/3，干），棕色（7.5YR 4/4，润），粉质壤土，中等发育的中亚角块状结构，稍坚实-坚实，中量细根，很少中度风化的棱角-次棱角状中小岩石碎屑，极强石灰反应，清晰平滑过渡。

Bw1： 40~60cm，浊棕色（7.5YR 6/3，干），棕色（7.5YR 4/6，润），壤土，强发育的大亚角块状结构，坚实，少量细根，很少中度风化的棱角-次棱角状中小岩石碎屑，极强石灰反应，模糊平滑过渡。

Bw2： 60~80cm，浊棕色（7.5YR 6/3，干），浊棕色（7.5YR 5/4，润），壤土，强发育的大亚角块状结构，很坚实，很少细根，很少中度风化的棱角-次棱角状中小岩石碎屑，极强石灰反应，模糊平滑过渡。

Bt1： 80~100cm，浊棕色（7.5YR 6/3，干），浊棕色（7.5YR 5/3，润），壤土，强发育的大亚角块状结构，很坚实，很少细根，结构体表面中量黏粒胶膜，很少中度风化的棱角-次棱角状中小岩石碎屑，极强石灰反应，模糊平滑过渡。

Bt2： 100~120cm，浊棕色（7.5YR 6/3，干），棕色（7.5YR 4/3，润），壤土，强发育的大亚角块状结构，很坚实，很少细根，结构体表面中量黏粒胶膜，极强石灰反应，渐变平滑过渡。

Bt3： 120~140cm，浊黄橙色（10YR 5/3，干），浊黄棕色（10YR 4/3，润），壤土，中等发育的大亚角块状结构，很坚实，很少细根，结构体表面少量黏粒胶膜，极强石灰反应，渐变平滑过渡。

Bw3： 140~170cm，浊黄橙色（10YR 5/4，干），棕色（10YR 4/4，润），粉质壤土，中等发育的大亚角块状结构，坚实，很少细根，很少中度风化的棱角-次棱角状很大岩石碎屑，强石灰反应，渐变平滑过渡。

Bw4： 170~190cm，浊黄橙色（10YR 6/4，干），棕色（10YR 4/6，润），壤土，中等发育的大亚角块状结构，坚实，很少细根，少量中度风化的棱角-次棱角状中小岩石碎屑，强石灰反应。

喇嘛寺系代表性单个土体物理性质

土层	深度 /cm	石砾 (>2mm，体积分数) /%	细土颗粒组成(粒径：mm)/(g/kg)			质地	容重 / (g/cm³)
			砂粒 2~0.05	粉粒 0.05~0.002	黏粒 <0.002		
Ah	0~20	2	314	510	176	粉质壤土	1.21
AB	20~40	<2	274	540	186	粉质壤土	1.41
Bw1	40~60	<2	320	480	200	壤土	1.57
Bw2	60~80	<2	300	494	206	壤土	1.56
Bt1	80~100	<2	280	462	258	壤土	1.55
Bt2	100~120	<2	236	498	266	壤土	1.55
Bt3	120~140	<2	298	482	220	壤土	1.60
Bw3	140~170	<2	282	550	168	粉质壤土	1.58
Bw4	170~190	<2	342	470	188	壤土	1.60

喇嘛寺系代表性单个土体化学性质

深度 /cm	pH(H₂O)	有机碳(C) /(g/kg)	全氮(N) /(g/kg)	全磷(P) /(g/kg)	全钾(K) /(g/kg)	CEC₇ /[cmol(+)/kg]	游离铁(Fe) /(g/kg)	铁游离度 /%	碳酸钙相当物 /(g/kg)
0~20	7.7	12.9	1.32	0.58	14.1	8.6	13.6	42.7	116
20~40	8.0	5.9	0.43	0.37	14.4	7.1	13.6	38.3	119
40~60	8.3	3.2	0.44	0.37	13.4	6.4	13.4	39.1	129
60~80	8.4	3.4	0.41	0.38	14.0	6.4	14.3	36.0	127
80~100	8.4	3.4	0.41	0.47	13.2	7.0	14.6	40.4	131
100~120	8.4	3.5	0.41	0.35	15.7	8.1	15.8	38.9	127
120~140	8.5	2.8	0.36	0.41	14.4	5.7	15.3	37.1	123
140~170	8.5	3.1	0.41	0.48	20.0	5.8	16.0	38.4	103
170~190	8.3	2.9	0.34	0.53	14.3	5.3	14.4	37.3	102

9.8　铁质漂白湿润淋溶土

9.8.1　张家坪系（**Zhangjiaping Series**）

土　　族：黏质混合型非酸性热性-铁质漂白湿润淋溶土
拟定者：袁大刚，付宏阳，张　楚

分布与环境条件　分布于雨城、名山等低山高阶地，成土母质为第四系更新统洪冲积物，旱地；中亚热带湿润气候，年均气温 15.5～16.2℃，1 月平均气温 5.0～6.1℃，7 月平均气温 24.5～25.3℃，年均降水量 1520～1732 mm，年干燥度 0.42～0.44。

张家坪系典型景观

土系特征与变幅　具淡薄表层、肥熟现象、漂白层、雏形层、聚铁网纹层、黏磐、湿润和滞水土壤水分状况、氧化还原特征、热性土壤温度状况、铁质特性；有效土层厚度 100～150 cm，低活性富铁层出现于距矿质土表 125 cm 范围内，表层土壤质地为黏壤土，排水差。

对比土系　茶园系，空间位置相邻，无黏化层，具雏形层。老板山系，空间位置相近，不同土纲，距矿质土表 25 cm 范围内出现准石质接触面。

利用性能综述　所处区域地势平缓，土体深厚，但黏着难耕，养分含量低，供肥能力弱，应增施有机肥，改良土壤结构，增施磷、钾肥，提高作物产量。

参比土种　白鳝泥土（C212）。

代表性单个土体　位于雅安市雨城区四川农业大学老板山张家坪，29°58′47.5″N，102°59′03.0″E，低山高阶地（四级阶地），海拔 665m，成土母质为第四系更新统洪冲积物，旱地，玉米/红苕-油菜（蔬菜）轮套作，土表下 50 cm 深度处土温为 18.14℃。2015年 12 月 13 日调查，编号为 51-125。

Ap:　　0~20 cm，浊黄橙色（10YR 6/3，干），灰黄棕色（10YR 4/3，润），黏壤土，中等发育的屑粒状结构，疏松，清晰波状过渡。

Er:　　20~43 cm，灰白色（2.5Y 8/1，干），淡灰色（2.5Y 7/1，润），粉质壤土，中等发育的大亚角块状结构，稍坚实，结构体内部中量锈斑纹，清晰波状过渡。

Btmrl1：43~72 cm，黄橙色（7.5YR 8/8，干），黄橙色（7.5YR 7/8，润），黏壤土，中等发育的大棱块状结构，坚实，结构体表面中量黏粒胶膜，中量铁锰斑，具多量红黄白相间的网纹，清晰平滑过渡。

Btmrl2：72~110 cm，黄橙色（7.5YR 7/8，干），黄橙色（7.5YR 7/8，润），黏土，中等发育的大棱块状结构，坚实，结构体表面多量黏粒胶膜，中量铁锰斑，少量球形铁锰结核，具中量红黄白相间的网纹，清晰波状过渡。

张家坪系代表性单个土体剖面

Btmrl3：110~130 cm，橙色（2.5YR 7/6，干），红棕色（2.5YR 4/8，润），黏土，中等发育的大棱块状结构，坚实，结构体表面中量黏粒胶膜，少量铁锰斑，具少量红黄白相间的网纹。

张家坪系代表性单个土体物理性质

土层	深度 /cm	石砾 (>2mm，体积分数) /%	细土颗粒组成（粒径：mm)/(g/kg)			质地	容重 /(g/cm³)
			砂粒 2~0.05	粉粒 0.05~0.002	黏粒 <0.002		
Ap	0~20	0	372	340	288	黏壤土	1.22
Er	20~43	0	261	538	200	粉质壤土	1.40
Btmrl1	43~72	0	218	384	398	黏壤土	1.56
Btmrl2	72~110	0	159	274	567	黏土	1.57
Btmrl3	110~130	0	254	290	456	黏土	1.63

张家坪系代表性单个土体化学性质

深度 /cm	pH H₂O	pH KCl	有机碳(C) /(g/kg)	全氮(N) /(g/kg)	全磷(P) /(g/kg)	全钾(K) /(g/kg)	CEC₇ [cmol(+)/kg]	游离铁(Fe) /(g/kg)	铁游离度/%	有效磷(P) /(mg/kg)
0~20	5.9	5.2	12.4	1.04	0.99	12.1	9.8	12.4	47.4	51.0
20~43	6.2	5.4	6.3	0.48	0.26	17.8	12.7	8.2	36.2	6.9
43~72	6.2	5.4	3.4	0.42	0.28	16.6	20.8	22.3	58.1	0.6
72~110	6.3	5.5	3.3	0.43	0.26	14.5	14.5	132.3	76.2	0.2
110~130	5.2	4.5	2.6	0.40	0.26	12.9	12.1	15.3	49.8	0.01

9.9　普通钙质湿润淋溶土

9.9.1　老码头系（Laomatou Series）

土　族：黏壤质硅质混合型热性–普通钙质湿润淋溶土
拟定者：袁大刚，付宏阳，陈剑科

分布与环境条件　分布于沙湾、犍为、沐川等丘陵上部中坡，成土母质为三叠系雷口坡组灰、黄灰色白云岩、白云质灰岩夹石膏残坡积物，旱地；中亚热带湿润气候，年均日照 968～1178 h，年均气温 15.9～17.4℃，1 月平均气温 5.8～7.2℃，7 月平均气温 24.8～26.2℃，年均降水量 1200～1368 mm，年干燥度 0.49～0.61。

老码头系典型景观

土系特征与变幅　具淡薄表层、黏化层、碳酸岩岩性特征、湿润土壤水分状况、热性土壤温度状况、石灰性；有效土层厚度 50～100 cm，距矿质土表 125cm 范围内出现黏化层和碳酸盐岩石质接触面；表层土壤质地为粉质壤土，排水中等。

对比土系　五四系，空间位置相近，不同土纲，无黏化层，且石砾含量高，达 40%以上。

利用性能综述　土体较深厚，但坡度较大，宜退耕还林。

参比土种　石灰黄砂泥土（M112）。

代表性单个土体　位于乐山市沙湾区太平镇老码头村 7 组，29°34′30.0″N，103°33′12.2″E，丘陵上部中坡，海拔 428m，坡度为 25°，坡向为西北 292°，成土母质为三叠系雷口坡组灰、黄灰色白云岩、白云质灰岩夹石膏残坡积物，旱地，麦/玉/豆套作，土表下 50 cm 深度处土温为 19.56℃。2016 年 8 月 2 日调查，编号 51-189。

Ap:　0~15 cm，灰黄棕色（10YR 6/2，干），浊黄棕色（10YR4/3，润），粉质壤土，中等发育的屑粒状结构，稍坚实，中量中度风化的棱角-次棱角状中小岩石碎屑，极强石灰反应，渐变平滑过渡。

Bw:　15~40 cm，浊黄橙色（10YR 7/4，干），浊黄橙色（10YR6/4，润），壤土，中等发育的大棱块状结构，坚实，结构体表面多量灰色腐殖质胶膜，中量中度风化的棱角-次棱角状中小岩石碎屑，极强石灰反应，清晰平滑过渡。

Bt1:　40~70 cm，亮黄棕色（10YR 7/6，干），亮黄棕色（10YR6/6，润），粉质黏壤土，中等发育的大棱块状结构，很坚实，结构体表面中量黏粒胶膜，很少中度风化的棱角-次棱角状中小岩石碎屑，轻度石灰反应，渐变平滑过渡。

老码头系代表性单个土体剖面

Bt2:　70~95 cm，浊黄橙色（10YR 7/4，干），浊黄橙色（10YR6/4，润），粉质黏壤土，中等发育的大棱块状结构，很坚实，很少中度风化的棱角-次棱角状中小岩石碎屑，轻度石灰反应，突变波状过渡。

R:　　95~100 cm，黄灰色白云岩。

老码头系代表性单个土体物理性质

土层	深度 /cm	石砾 (>2mm, 体积分数) /%	细土颗粒组成(粒径：mm)/(g/kg)			质地	容重 /(g/cm³)
			砂粒 2~0.05	粉粒 0.05~0.002	黏粒 <0.002		
Ap	0~15	10	304	502	194	粉质壤土	1.09
Bw	15~40	8	300	500	200	壤土	1.37
Bt1	40~70	<2	197	433	369	粉质黏壤土	1.45
Bt2	70~95	<2	199	522	279	粉质黏壤土	1.47

老码头系代表性单个土体化学性质

深度 /cm	pH(H₂O)	有机碳(C) /(g/kg)	全氮(N) /(g/kg)	全磷(P) /(g/kg)	全钾(K) /(g/kg)	CEC₇ /[cmol(+)/kg]	碳酸钙相当物 /(g/kg)	有效磷(P) /(mg/kg)
0~15	7.9	20.3	2.28	0.67	17.3	29.4	200	7.1
15~40	8.1	7.1	0.87	0.50	20.7	24.7	207	3.1
40~70	7.9	5.1	0.69	0.24	21.8	31.7	13	2.7
70~95	8.1	4.8	0.70	0.47	25.5	38.1	17	2.1

9.10　砂姜黏磐湿润淋溶土

9.10.1　双新系（Shuangxin Series）

土　　族：黏质混合型石灰性热性–砂姜黏磐湿润淋溶土
拟定者：袁大刚，樊瑜贤，蒲光兰

分布与环境条件　分布于金堂、龙泉驿、新都等低丘台地，成土母质为第四系更新统沉积物（成都黏土），旱地；中亚热带湿润气候，年均日照 1299～1414h，年均气温 16.2～16.6℃，1 月平均气温 5.5～5.8℃，7 月平均气温 25.6～26.1℃，年均降水量 902～926 mm，年干燥度 0.80～0.83。

双新系典型景观

土系特征与变幅　具淡薄表层、黏磐、钙积层、湿润土壤水分状况、热性土壤温度状况；有效土层厚度 100～150 cm，黏磐出现于距矿质土表 125 cm 范围内，表层土壤质地为粉质黏土，地表有少量宽度 3～5 mm、间距<5 m 裂隙，排水中等。

对比土系　宝峰系，同土类不同亚类，无钙积层。黎雅系，同亚纲不同土类，土体浅薄，矿质土表下 30 cm 范围内出现准石质接触面。

利用性能综述　所处区域地势平缓，土体深厚，但分布位置相对较高，水利设施差，适宜发展园艺作物或经济林。

参比土种　姜石黄泥土（E111）。

代表性单个土体 位于成都市金堂县官仓镇双新村 16 组，30°55′50.7″N，104°25′56.8″E，低丘台地，海拔 469m，成土母质为第四系更新统沉积物（成都黏土），旱地，种植蔬菜等作物，土表下 50 cm 深度处土温为 18.40℃。2015 年 7 月 28 日调查，编号为 51-018。

Ap: 0～15 cm，棕色（10YR 4/4，干），暗棕色（10YR 3/4，润），粉质黏土，中等发育的屑粒状结构，坚实，少量中小球形碳酸盐结核，轻度石灰反应，模糊平滑过渡。

Btmk1：15～30 cm，亮黄棕色（10YR 6/8，干），棕色（10YR 4/6，润），黏土，强发育的中棱块状结构，极坚实，结构体表面具中量黏粒胶膜，中量中小球形碳酸盐结核，轻度石灰反应，渐变平滑过渡。

Btmk2：30～70 cm，亮黄棕色（10YR 6/6，干），棕色（10YR 4/6，润），黏壤土，中等发育的大棱块状结构，极坚实，结构体表面具中量黏粒胶膜，多量小球形碳酸盐结核，极强石灰反应，渐变平滑过渡。

双新系代表性单个土体剖面

Btmk3：70～130 cm，亮黄棕色（10YR 6/8，干），黄棕色（10YR 5/6，润），粉质黏壤土，中等发育的大棱块状结构，极坚实，结构体表面具中量黏粒胶膜，中量小球形碳酸盐结核，轻度石灰反应，渐变平滑过渡。

双新系代表性单个土体物理性质

土层	深度/cm	石砾(>2mm，体积分数)/%	细土颗粒组成(粒径：mm)/(g/kg)			质地	容重/(g/cm³)
------	---------	------	砂粒 2～0.05	粉粒 0.05～0.002	黏粒 <0.002	------	------
Ap	0～15	0	130	408	462	粉质黏土	1.33
Btmk1	15～30	0	130	274	596	黏土	1.51
Btmk2	30～70	0	344	298	358	黏壤土	1.59
Btmk3	70～130	0	84	604	312	粉质黏壤土	1.69

双新系代表性单个土体化学性质

深度/cm	pH(H₂O)	有机碳(C)/(g/kg)	全氮(N)/(g/kg)	全磷(P)/(g/kg)	全钾(K)/(g/kg)	CEC₇/[cmol(+)/kg]	碳酸钙相当物/(g/kg)	有效磷(P)/(mg/kg)
0～15	7.8	8.1	0.66	0.32	15.0	21.5	29	1.2
15～30	8.1	4.1	0.29	0.09	15.0	19.8	22	0.9
30～70	8.5	3.0	0.19	0.03	11.1	18.6	265	0.1
70～130	8.3	2.1	0.24	0.04	10.8	18.1	25	0.2

9.11　普通黏磐湿润淋溶土

9.11.1　宝峰系（**Baofeng Series**）

土　　族：黏质混合型石灰性热性-普通黏磐湿润淋溶土
拟定者：袁大刚，樊瑜贤，蒲光兰

分布与环境条件　分布于新津、双流等低丘台地，成土母质为第四系更新统沉积物（成都黏土），灌木林地；中亚热带湿润气候，年均日照 1166～1236h，年均气温 16.3～16.5℃，1 月平均气温 5.4～5.7℃，7 月平均气温 25.6～25.8℃，年均降水量 932～966 mm，年干燥度 0.71～0.76。

宝峰系典型景观

土系特征与变幅　具淡薄表层、黏磐、湿润土壤水分状况、氧化还原特征、热性土壤温度状况、石灰性；有效土层厚度≥150 cm，黏磐出现于距矿质土表 125 cm 范围内，矿质土表下 50～100 cm 范围内有氧化还原特征，表层土壤质地为粉质黏土，排水差。

对比土系　双新系，同土类不同亚类，无氧化还原特征。

利用性能综述　所处区域地势平缓，土体深厚，但分布位置相对较高，水利设施差，适宜发展园艺作物或经济林。

参比土种　姜石黄泥土（E111）。

代表性单个土体　位于成都市新津县金华镇宝峰村 2 组，30°23′16.1″N，103°53′20.7″E，低丘台地，海拔 483m，成土母质为第四系更新统沉积物（成都黏土），灌木林地，土表下 50 cm 深度处土温为 18.56℃。2015 年 1 月 30 日调查，编号为 51-003。

Ah: 0～12 cm，浊黄橙色（10YR 7/4，干），亮棕色（7.5YR 5/8，润），粉质黏土，强发育的中角块状结构，坚实，轻度石灰反应，渐变平滑过渡。

Btmr1: 12～30cm，淡黄橙色（10YR 8/4，干），橙色（7.5YR 6/8，润），粉质黏壤土，强发育的大棱块状结构，很坚实，结构体表面具中量黏粒胶膜和中量铁锰胶膜，少量灰白色条带状离铁基质，轻度石灰反应，渐变平滑过渡。

Btmr2: 30～80 cm，淡黄橙色（10YR 8/4，干），亮黄棕色（10YR 6/6，润），粉质黏壤土，强发育的大棱块状结构，极坚实，结构体表面具中量黏粒胶膜和多量铁锰胶膜，少量灰白色条带状离铁基质，轻度石灰反应，模糊平滑过渡。

宝峰系代表性单个土体剖面

Btmr3: 80～120cm，黄橙色（10YR 8/8，干），亮黄棕色（10YR 6/6，润），粉质黏土，中等发育的大棱块状结构，极坚实，结构体表面具少量黏粒胶膜和少量铁锰胶膜，中量灰白色条带状离铁基质，轻度石灰反应，模糊平滑过渡。

Btmr4: 120～175 cm，黄橙色（10YR 8/8，干），亮黄棕色（10YR 6/6，润），粉质黏土，中等发育的大棱块状结构，极坚实，结构体表面具少量黏粒胶膜和少量铁锰胶膜，少量灰白色条带状离铁基质，轻度石灰反应。

宝峰系代表性单个土体物理性质

土层	深度 /cm	石砾 (>2mm，体积分数) /%	细土颗粒组成（粒径: mm）/(g/kg)			质地	容重 /(g/cm³)
			砂粒 2～0.05	粉粒 0.05～0.002	黏粒 <0.002		
Ah	0～12	0	131	410	460	粉质黏土	1.27
Btmr1	12～30	0	99	558	344	粉质黏壤土	1.31
Btmr2	30～80	0	91	549	360	粉质黏壤土	1.33
Btmr3	80～120	0	100	488	412	粉质黏土	1.51
Btmr4	120～175	0	112	445	443	粉质黏土	1.57

宝峰系代表性单个土体化学性质

深度 /cm	pH(H₂O)	有机碳(C) /(g/kg)	全氮(N) /(g/kg)	全磷(P) /(g/kg)	全钾(K) /(g/kg)	CEC₇ /[cmol(+)/kg]	游离铁(Fe) /(g/kg)	碳酸钙相当物 /(g/kg)
0～12	7.4	10.1	0.35	0.02	14.4	18.5	35.8	23
12～30	6.9	8.9	0.75	0.11	11.0	15.5	34.2	19
30～80	6.8	8.2	0.71	0.13	13.7	16.8	33.5	18
80～120	6.8	4.2	0.66	0.09	12.8	15.1	33.2	16
120～175	6.9	3.3	0.34	0.09	14.2	10.5	33.9	17

9.12　腐殖铝质湿润淋溶土

9.12.1　竹马系（Zhuma Series）

土　　族：砂质盖粗骨壤质硅质混合型温性-腐殖铝质湿润淋溶土
拟定者：袁大刚，宋易高，张　楚

分布与环境条件　分布于石棉、甘洛等中山上部中缓坡，成土母质为震旦系苏雄组砖红色流纹岩、流纹质凝灰岩夹流纹质火山角砾岩，以及灰紫色安山岩、安山质凝灰岩及火山角砾岩残坡积物，灌木林地；山地高原暖温带湿润气候，年均日照 1246～1671 h，年均气温 7.3～7.6℃，1 月平均气温–2.1～–1.9℃，7 月平均气温 14.9～15.9℃，年均降水量 774～873 mm，年干燥度<1.0。

竹马系典型景观

土系特征与变幅　具淡薄表层、黏化层、腐殖质特性、湿润土壤水分状况、温性土壤温度状况、铝质现象，有效土层厚度 50～100 cm，矿质土表下 100 cm 范围内出现黏化层，整个 B 层均有铝质现象，表层土壤质地为砂质壤土，排水中等。

对比土系　洛切吾系，同土类不同亚类，无腐殖质特性。徐家山系，空间位置相近，不同土纲，无黏化层，具雏形层。

利用性能综述　地处偏远区域，宜发展林草业；有一定坡度，应保护植被，防治水土流失。

参比土种　厚层棕泡砂泥土（F115）。

代表性单个土体 位于雅安市石棉县回隆乡竹马村，29°2′46.6″N，102°31′21.6″E，中山上部中缓坡，海拔 2389m，坡度为 10°，坡向为西 290°，成土母质为震旦系苏雄组砖红色流纹岩、流纹质凝灰岩夹流纹质火山角砾岩，以及灰紫色安山岩、安山质凝灰岩及火山角砾岩残坡积物，灌木林地，土表下 50 cm 深度处土温为 11.30℃。2015 年 8 月 19 日调查，编号为 51-101。

竹马系代表性单个土体剖面

Ah: 0～17cm，暗棕色（10YR 3/4，干），黑棕色（10YR 2/3，润），砂质壤土，强发育的小团粒状结构，疏松，多量细根，少量中根，裂隙壁填充少量腐殖质，中量中度风化的棱角-次棱角状中小岩石碎屑，清晰平滑过渡。

Bt1: 17～36cm，浊黄橙色（10YR 7/4，干），棕色（10YR 4/6，润），砂质壤土，中等发育的中亚角块状结构，坚实，中量细根，结构体表面有多量黏粒胶膜，裂隙壁填充少量腐殖质，中量中度风化的棱角-次棱角状中小岩石碎屑，渐变平滑过渡。

Bt2: 36～64cm，浊黄橙色（10YR 7/3，干），黄棕色（10YR5/6，润），砂质壤土，中等发育的中亚角块状结构，坚实，少量细根，结构体表面有多量黏粒胶膜，裂隙壁填充少量腐殖质，中量中度风化的棱角-次棱角状中小岩石碎屑，渐变平滑过渡。

Bt3: 64～82cm，浊黄橙色（10YR7/2，干），黄棕色（10YR 5/8，润），砂质壤土，中等发育的中亚角块状结构，坚实，很少细根，结构体表面有多量黏粒-腐殖质胶膜，多量中强风化的棱角-次棱角状中小岩石碎屑，渐变平滑过渡。

C: 82～125cm，橙白色（7.5YR 8/1，干），橙白色（7.5YR8/1，润），壤土，坚实，很多中强风化的棱角-次棱角状中小岩石碎屑。

竹马系代表性单个土体物理性质

土层	深度 /cm	石砾 (>2mm，体积分数) /%	细土颗粒组成(粒径: mm)/(g/kg)			质地	容重 /(g/cm³)
			砂粒 2～0.05	粉粒 0.05～0.002	黏粒 <0.002		
Ah	0～17	10	706	176	118	砂质壤土	0.79
Bt1	17～36	8	671	204	126	砂质壤土	1.04
Bt2	36～64	15	604	248	148	砂质壤土	1.17
Bt3	64～82	20	597	244	160	砂质壤土	1.18
C	82～125	70	758	132	109	砂质壤土	1.56

竹马系代表性单个土体化学性质

深度 /cm	pH		有机碳(C) /(g/kg)	全氮(N) /(g/kg)	全磷(P) /(g/kg)	全钾(K) /(g/kg)	黏粒 CEC_7 /[cmol(+)/kg]	铝饱和度/%
	H_2O	KCl						
0～17	5.1	4.0	66.9	4.23	0.76	16.1	326.8	58.1
17～36	5.2	4.2	24.7	2.47	0.56	19.9	246.8	79.9
36～64	5.3	4.2	15.4	1.29	0.36	23.4	146.1	65.4
64～82	5.4	4.5	14.3	0.57	0.28	24.3	115.8	68.7
82～125	5.3	4.4	3.3	0.13	0.13	35.0	63.1	50.6

9.13 黄色铝质湿润淋溶土

9.13.1 合江系（Hejiang Series）

土　族：黏质混合型热性-黄色铝质湿润淋溶土

拟定者：袁大刚，付宏阳，翁　倩

分布与环境条件　分布于江阳、合江、泸县等丘陵顶部，成土母质为第四系更新统沉积物，混杂侏罗系沙溪庙组上段暗紫红色泥岩与灰紫色长石石英砂岩坡积物，果园；中亚热带湿润气候，年均日照 1290～1434 h，年均气温 17.8～18.2℃，1 月平均气温 7.4～7.8℃，7 月平均气温 27.3～27.9℃，年均降水量 1048～1184 mm，年干燥度 0.67～0.76。

合江系典型景观

土系特征与变幅　具淡薄表层、黏化层、湿润土壤水分状况、热性土壤温度状况、铝质特性、铝质现象；有效土层厚度≥150 cm，距矿质土表 125cm 范围内出现黏化层，整个 B 层均有铝质特性或铝质现象，质地通体为黏壤土，排水差。

对比土系　丙乙底系、洛切吾系，同亚类不同土族，土壤温度状况为温性。

利用性能综述　土体深厚，地势平缓，但酸性至强酸性反应，养分不足，应测土配方施肥。

参比土种　面黄泥土（C142）。

代表性单个土体　位于泸州市合江县合江镇石堰村 1 组，28°49′59.7″N，105°54′09.7″E，丘陵顶部，海拔 239m，坡度为 10°，坡向为东北 40°，成土母质为第四系更新统沉积物，混杂侏罗系沙溪庙组上段暗紫红色泥岩与灰紫色长石石英砂岩坡积物，果园，土表下 50 cm 深度处土温为 20.54℃。2016 年 1 月 27 日调查，编号为 51-152。

合江系代表性单个土体剖面

Ap: 0～21cm，亮黄棕色（10YR7.6，干），亮棕色（7.5YR5/8，润），黏壤土，强发育的中亚角块状结构，稍坚实，渐变平滑过渡。

AB: 21～47cm，亮黄棕色（10YR7/6，干），橙色（7.5YR6/8，润），黏壤土，强发育的中亚角块状结构，很少中度风化的圆-次圆状小砾石，清晰平滑过渡。

Bt1: 47～83cm，黄橙色（10YR7/8，干），亮棕色（7.5YR5/8，润），黏壤土，中等发育的中棱块状结构，坚实，结构体表面多量黏粒胶膜，很少中度风化的圆-次圆状小砾石及棱角-次棱角小岩石碎屑，渐变平滑过渡。

Bt2: 83～125cm，黄橙色（10YR7/8，干），橙色（7.5YR6/8，润），黏壤土，中等发育的大棱块状结构，极坚实，结构体表面多量黏粒胶膜，很少中度风化的圆-次圆状小砾石及棱角-次棱角小岩石碎屑，模糊平滑过渡。

Bt3: 125～170cm，黄橙色（10YR7/8，干），亮棕色（7.5YR5/8，润），黏壤土，中等发育的大棱块状结构，极坚实，结构体表面中量黏粒胶膜，很少中度风化的圆-次圆状小砾石及棱角-次棱角状小岩石碎屑。

合江系代表性单个土体物理性质

土层	深度 /cm	石砾 (>2mm，体积分数) /%	细土颗粒组成（粒径：mm) /(g/kg)			质地	容重 /(g/cm³)
			砂粒 2～0.05	粉粒 0.05～0.002	黏粒 <0.002		
Ap	0～21	0	280	333	386	黏壤土	1.13
AB	21～47	<2	308	320	372	黏壤土	1.28
Bt1	47～83	<2	377	232	391	黏壤土	1.61
Bt2	83～125	<2	320	330	350	黏壤土	1.73
Bt3	125～170	<2	375	277	348	黏壤土	1.79

合江系代表性单个土体化学性质

深度 /cm	pH H₂O	pH KCl	有机碳(C) /(g/kg)	全氮(N) /(g/kg)	全磷(P) /(g/kg)	全钾(K) /(g/kg)	黏粒 CEC₇ /[cmol(+)/kg]	黏粒交换性 Al /[cmol(+)/kg]	有效磷(P) /(mg/kg)
0～21	4.1	3.6	17.8	0.66	0.11	15.8	36.1	18.4	0.8
21～47	4.2	3.6	9.9	0.41	0.14	15.2	37.3	16.0	0.3
47～83	4.4	3.8	2.8	0.39	0.20	13.1	37.9	12.9	0.1
83～125	4.7	4.1	1.7	0.35	0.30	14.4	43.3	12.1	0.02
125～170	4.5	4.0	1.4	0.36	0.32	15.3	38.8	18.4	0.02

9.13.2　丙乙底系（Bingyidi Series）

土　族：黏壤质硅质混合型温性-黄色铝质湿润淋溶土
拟定者：袁大刚，宋易高，张　楚

分布与环境条件　分布于金阳、普格等中山中部缓坡，成土母质为二叠系阳新组灰色灰岩夹白云岩坡积物，有林地；山地高原温带湿润气候，年均日照 1609～2024 h，年均气温 4.9～6.5℃，1 月平均气温-4.9～-1.4℃，7 月平均气温 12.2～13.0℃，年均降水量 796～1454 mm，年干燥度 0.81～0.96。

丙乙底系典型景观

土系特征与变幅　具淡薄表层、黏化层、湿润土壤水分状况、温性土壤温度状况、铝质现象；有效土层厚度 100～150cm，距矿质土表 125cm 范围内出现黏化层，B 层均具铝质现象，质地通体为粉质壤土，排水中等。

对比土系　洛切吾系，同亚类不同土族，颗粒大小级别为壤质。吉史里口系，空间位置相近，不同土纲，矿质土表下 125 cm 范围内无黏化层，颗粒大小级别为粗骨壤质。

利用性能综述　土体深厚，但所处区域人口稀少，坡度较大，宜发展林业，保持水土。

参比土种　中层黑泡泥土（G114）。

代表性单个土体　位于凉山彝族自治州金阳县热柯觉乡丙乙底村，27°48′20.9″N，103°11′11.7″E，中山中部缓坡，海拔 3110m，坡度为 8°，坡向为西北 328°，成土母质为二叠系阳新组灰色灰岩夹白云岩坡积物，有林地，土表下 50 cm 深度处土温为 9.18℃。2015 年 8 月 23 日调查，编号为 51-110。

丙乙底系代表性单个土体剖面

Ah1：0～18cm，亮黄棕色（10YR 6/6，干），棕色（10YR 4/6，润），粉质壤土，中等发育的小亚角块状结构，疏松，多量细根，少量粗根，结构体表面中量菌丝体，中量中度风化的棱角-次棱角状小岩石碎屑，渐变平滑过渡。

Ah2：18～38cm，亮黄棕色（10YR 6/6，干），棕色（10YR 4/6，润），粉质壤土，中等发育的大中亚角块状结构，稍坚实，中量细根，中量粗根，结构体表面中量菌丝体，裂隙或孔隙内填充腐殖质，少量中度风化的棱角-次棱角状小岩石碎屑，渐变平滑过渡。

Bt1：38～62cm，亮黄棕色（10YR 7/6，干），黄棕色（10YR 5/6，润），粉质壤土，中等发育的大中亚角块状结构，坚实，少量细根，结构体表面中量腐殖质-黏粒胶膜和中量菌丝体，裂隙或孔隙内填充腐殖质，少量中度风化的棱角-次棱角状小岩石碎屑，渐变平滑过渡。

Bt2：62～82cm，亮黄棕色（10YR7/6，干），亮黄棕色（10YR6/8，润），粉质壤土，中等发育的大中亚角块状结构，坚实，很少细根，结构体表面中量黏粒胶膜和很少菌丝体，少量中度风化的棱角-次棱角状小岩石碎屑，渐变平滑过渡。

Bt3：82～105cm，亮橙色（10YR 7/8，干），亮黄棕色（10YR6/8，润），粉质壤土，中等发育的大中亚角块状结构，坚实，结构体表面有中量黏粒胶膜，少量中度风化的棱角-次棱角状小岩石碎屑，渐变平滑过渡。

Bt4：105～135cm，亮黄棕色（10YR 7/6，干），黄棕色（10YR 5/6，润），粉质壤土，中等发育的大中亚角块状结构，坚实，结构体表面有中量黏粒胶膜，少量中度风化的棱角-次棱角状小岩石碎屑。

丙乙底系代表性单个土体物理性质

土层	深度/cm	石砾(>2mm，体积分数)/%	细土颗粒组成(粒径：mm)/(g/kg) 砂粒 2～0.05	粉粒 0.05～0.002	黏粒 <0.002	质地	容重/(g/cm³)
Ah1	0～18	5	214	539	247	粉质壤土	1.18
Ah2	18～38	2	195	605	200	粉质壤土	1.31
Bt1	38～62	2	169	603	228	粉质壤土	1.32
Bt2	62～82	2	177	588	236	粉质壤土	1.31
Bt3	82～105	3	261	557	182	粉质壤土	1.38
Bt4	105～135	3	155	662	183	粉质壤土	1.39

丙乙底系代表性单个土体化学性质

深度 /cm	pH		有机碳(C) /(g/kg)	全氮(N) /(g/kg)	全磷(P) /(g/kg)	全钾(K) /(g/kg)	黏粒 CEC$_7$ /[cmol(+)/kg]	黏粒交换性 Al /[cmol(+)/kg]	铝饱和度 /%
	H$_2$O	KCl							
0～18	5.2	4.0	14.6	1.39	1.32	10.8	107.5	22.2	84.4
18～38	5.3	4.2	9.0	0.95	1.35	8.8	126.2	17.5	81.1
38～62	5.3	4.1	8.5	0.84	1.32	10.2	103.6	16.7	80.9
62～82	5.3	4.0	8.9	0.80	1.54	10.8	99.1	18.1	79.8
82～105	5.3	4.0	6.7	0.85	1.50	11.0	124.2	23.0	83.8
105～135	5.3	4.3	6.6	0.80	1.42	12.0	122.3	16.9	78.3

9.13.3　洛切吾系（Luoqiewu Series）

土　　族：壤质硅质混合型温性-黄色铝质湿润淋溶土
拟定者：袁大刚，宋易高，张　楚

分布与环境条件　分布于昭觉、越西、布拖等中山中下部极陡坡，成土母质为第四系洪积物，有林地；北亚热带湿润气候，年均日照 1648～1986 h，年均气温 10.2～11.8℃，1月平均气温 0.8～3.1℃，7 月平均气温 18.5～19.0℃，年均降水量 1022～1113 mm，年干燥度 0.80～0.90。

洛切吾系典型景观

土系特征与变幅　具淡薄表层、黏化层、湿润土壤水分状况、温性土壤温度状况、铝质特性、铝质现象；有效土层厚度 100～150cm，距矿质土表 125cm 范围内出现黏化层，整个 B 层均有铝质特性或铝质现象，表层土壤质地为粉质壤土，排水中等。

对比土系　丙乙底系，同亚类不同土族，颗粒大小级别为黏壤质。

利用性能综述　土体深厚，但坡度较大，宜发展林业，防治水土流失。

参比土种　黄棕砂泥土（D122）。

代表性单个土体　位于凉山彝族自治州昭觉县四开乡洛切吾村，27°56′49.5″N，102°44′48.1″E，中山中下部极陡坡，海拔 2180m，坡度为 25°，坡向为北 10°，成土母质为第四系洪积物，有林地，土表下 50 cm 深度处土温为 14.29℃。2015 年 8 月 22 日调查，编号为 51-108。

Ah: 0～18cm，淡黄色（2.5Y8/3，干），橄榄棕色（2.5Y 4/6，润），粉质壤土，中等发育的小亚角块状结构，稍坚实，中量细根，少量中根，中量中度风化的棱角-次棱角状中小岩石碎屑，清晰平滑过渡。

Bw1：18～45cm，浅淡黄色（2.5Y 8/4，干），橄榄棕色（2.5Y 4/6，润），壤土，中等发育的中小亚角块状结构，坚实，少量细根，很少中根，结构体表面和裂隙壁有中量腐殖质胶膜，少量孔隙填充腐殖质，中量中度风化的棱角-次棱角状中小岩石碎屑，渐变平滑过渡。

Bw2：45～68cm，浅淡黄色（2.5Y 8/4，干），橄榄棕色（2.5Y 4/6，润），壤土，中等发育的中亚角块状结构，坚实，很少细根，结构体表面和裂隙壁有中量腐殖质胶膜，少量孔隙填充腐殖质，中量中度风化的棱角-次棱角状中小岩石碎屑，清晰平滑过渡。

洛切吾系代表性单个土体剖面

Bt1: 68～85cm，浅淡黄色（2.5Y 8/3，干），浊黄橙色（10YR 7/4，润），壤土，中等发育的大中亚角块状结构，坚实，很少细根，结构体表面中量黏粒胶膜，少量中度风化的棱角-次棱角状中小岩石碎屑，渐变平滑过渡。

Bt2: 85～105cm，浅淡黄色（2.5Y 8/4，干），浊黄橙色（10YR 7/4，润），壤土，中等发育的大中亚角块状结构，坚实，结构体表面中量黏粒胶膜，少量中度风化的棱角-次棱角状中小岩石碎屑，渐变平滑过渡。

Bt3：105～130cm，浅黄色（2.5Y 8/5，干），浊黄橙色（10YR 7/4，润），壤土，中等发育的大亚角块状结构，坚实，结构体表面中量黏粒胶膜，很少中度风化的棱角-次棱角状中小岩石碎屑。

洛切吾系代表性单个土体物理性质

土层	深度 /cm	石砾 (>2mm，体积分数) /%	细土颗粒组成(粒径：mm)/(g/kg)			质地	容重 /(g/cm³)
			砂粒 2～0.05	粉粒 0.05～0.002	黏粒 <0.002		
Ah	0～18	10	296	539	166	粉质壤土	1.22
Bw1	18～45	8	363	474	163	壤土	1.31
Bw2	45～68	5	308	489	203	壤土	1.36
Bt1	68～85	2	346	446	208	壤土	1.41
Bt2	85～105	2	338	446	215	壤土	1.61
Bt3	105～130	<2	355	478	166	壤土	1.60

洛切吾系代表性单个土体化学性质

深度/cm	pH		有机碳(C)/(g/kg)	全氮(N)/(g/kg)	全磷(P)/(g/kg)	全钾(K)/(g/kg)	黏粒CEC$_7$/[cmol(+)/kg]	黏粒交换性Al/[cmol(+)/kg]
	H$_2$O	KCl						
0～18	5.2	3.6	12.7	1.91	0.35	12.7	85.4	10.7
18～45	5.2	3.5	8.9	1.46	0.23	130	85.2	20.5
45～68	5.1	3.4	7.4	0.88	0.31	10.9	66.0	16.5
68～85	5.0	3.4	6.1	0.85	0.25	10.3	64.4	25.3
85～105	5.0	3.5	2.7	0.41	0.19	13.0	59.4	21.3
105～130	5.1	3.5	2.9	0.48	0.24	14.1	75.4	32.2

9.14 铝质酸性湿润淋溶土

9.14.1 越城系（Yuecheng Series）

土　族：黏质混合型热性-铝质酸性湿润淋溶土
拟定者：袁大刚，宋易高，张　楚

分布与环境条件　分布于越西、喜德等中山中下部中坡，成土母质为三叠系白果湾组灰-黄绿色砂泥岩夹块状砾岩、碳质页岩坡积物，有林地；北亚热带湿润气候，年均日照1648～2046 h，年均气温 14.0～14.9℃，1 月平均气温 4.0～6.4℃，7 月平均气温 21.7～21.9℃，年均降水量 1006～1113mm，年干燥度 0.80～0.90。

越城系典型景观

土系特征与变幅　具淡薄表层、黏化层、湿润土壤水分状况、热性土壤温度状况、铝质现象、盐基不饱和；有效土层厚度 100～150 cm，距矿质土表 125cm 范围内出现黏化层，部分 B 层具有铝质现象，质地通体为黏壤土，排水中等。

对比土系　果布系，同土族不同土系，质地通体为黏土，50～100cm 范围内出现石质接触面，B 层土壤润态色调为 2.5YR。

利用性能综述　土体深厚，但坡度较大，宜发展林草业，防治水土流失。

参比土种　厚层黄棕泡土（D116）。

代表性单个土体　位于凉山彝族自治州越西县越城镇青龙村，28°40′2.6″N，102°31′31.8″E，中山中下部中坡，海拔 1650m，坡度为 20°，坡向为西南 236°，成土母质为三叠系白果湾组灰-黄绿色砂泥岩夹块状砾岩、碳质页岩坡积物，有林地，土表下 50 cm 深度处土温为 16.16℃。2015 年 8 月 20 日调查，编号为 51-104。

越城系代表性单个土体剖面

Ah: 0～15cm，淡黄橙色（10YR 8/4，干），黄棕色（10YR5/6，润），黏壤土，中等发育的中小亚角块状结构，疏松，多量细根，中量中度风化的棱角-次棱角状很小的岩石碎屑，渐变平滑过渡。

Bt1: 15～30cm，浊黄橙色（10YR 7/4，干），亮黄棕色（10YR6/6，润），黏壤土，中等发育的中棱块状结构，稍坚实，多量细根，中量中度风化的棱角-次棱角状很小的岩石碎屑，结构体表面有多量黏粒胶膜，渐变平滑过渡。

Bt2: 30～48cm，淡黄橙色（10YR 8/4，干），亮黄棕色（10YR 6/6，润），黏壤土，中等发育的中棱块状结构，坚实，中量细根，结构体表面有多量黏粒胶膜，中量中度风化的棱角-次棱角状很小的岩石碎屑，渐变平滑过渡。

Bt3: 48～77cm，淡黄橙色（10YR 8/4，干），亮黄棕色（10YR 6/6，润），黏壤土，中等发育的中棱块状结构，坚实，中量细根，结构体表面有多量黏粒胶膜，渐变平滑过渡。

Bt4: 77～90cm，浊黄橙色（10YR 7/4，干），黄棕色（10YR 5/6，润），黏壤土，中等发育的中棱块状结构，坚实，中量细根，结构体表面有多量厚度>0.5mm的黏粒胶膜，渐变平滑过渡。

Bt5: 90～125cm，淡黄橙色（10YR 8/4，干），黄橙色（10YR 7/8，润），黏壤土，中等发育的中棱块状结构，坚实，少量细根，结构体表面有多量黏粒胶膜，夹灰白色离铁基质。

越城系代表性单个土体物理性质

土层	深度/cm	石砾(>2mm, 体积分数)/%	细土颗粒组成(粒径: mm)/(g/kg) 砂粒 2～0.05	粉粒 0.05～0.002	黏粒 <0.002	质地	容重/(g/cm³)
Ah	0～15	8	286	372	342	黏壤土	1.32
Bt1	15～30	9	286	315	399	黏壤土	1.39
Bt2	30～48	10	223	432	346	黏壤土	1.41
Bt3	48～77	0	289	323	387	黏壤土	1.40
Bt4	77～90	0	373	263	364	黏壤土	1.38
Bt5	90～125	0	375	258	367	黏壤土	1.48

越城系代表性单个土体化学性质

深度/cm	pH H₂O	pH KCl	有机碳(C)/(g/kg)	全氮(N)/(g/kg)	全磷(P)/(g/kg)	全钾(K)/(g/kg)	黏粒 CEC₇/[cmol(+)/kg]	盐基饱和度/%	铝饱和度/%
0～15	4.7	3.5	8.6	1.34	0.56	11.7	38.5	14.4	59.6
15～30	4.7	3.5	6.6	1.18	0.53	11.3	30.8	12.9	62.6
30～48	4.8	3.4	6.1	0.88	0.38	14.0	35.2	19.8	48.6
48～77	4.8	3.6	6.1	1.00	0.47	13.0	30.8	20.0	46.7
77～90	4.7	3.6	6.8	1.12	0.30	12.1	32.4	16.0	61.8
90～125	4.2	3.6	4.6	0.74	0.04	14.2	30.8	21.1	55.8

9.14.2 果布系（Guobu Series）

土　　族：黏质混合型热性-铝质酸性湿润淋溶土
拟定者：袁大刚，宋易高，张　楚

分布与环境条件　分布于喜德、越西等中山上部缓坡，成土母质为三叠系白果湾组灰-黄绿色长石石英砂岩、粉砂岩及泥岩不等厚互层，夹块状砾岩、碳质页岩残坡积物（第四系红黏土），有林地；北亚热带湿润气候，年均日照 1648～2046 h，年均气温 11.5～12.6℃，1 月平均气温 1.5～4.0℃，7 月平均气温 18.9～19.6℃，年均降水量 1006～1113mm，年干燥度 0.80～0.90。

果布系典型景观

土系特征与变幅　具淡薄表层、黏化层、石质接触面、湿润土壤水分状况、热性土壤温度状况、铝质现象、盐基不饱和；地表粗碎块占地表面积 15%～50%；有效土层厚度 50～100 cm，距矿质土表 100 cm 范围内出现黏化层，部分 B 层具有铝质现象，矿质土表下 50～100 cm 范围内出现石质接触面，质地通体为黏土，石砾含量高，排水中等。

对比土系　越城系，同土族不同土系，质地通体为黏壤土，矿质土表下 125 cm 范围内无石质接触面，B 层土壤润态色调为 10YR。红莫系，空间位置相邻，不同土纲，矿质土表下 125 cm 范围内无黏化层，有氧化还原特征。

利用性能综述　土体较深厚，但有一定坡度，应保护植被，防治水土流失。

参比土种　棕红泥土（D211）。

代表性单个土体　位于凉山彝族自治州喜德县红莫镇果布村 1 组，28°6′22.6″N，

102°14′41.8″E，中山上部缓坡，海拔 2030m，坡度为 10°，坡向为西南 220°，成土母质为三叠系白果湾组灰-黄绿色长石石英砂岩、粉砂岩及泥岩不等厚互层，夹块状砾岩、碳质页岩残坡积物（第四系红黏土），有林地，土表下 50 cm 深度处土温为 16.25℃。2015 年 8 月 5 日调查，编号为 51-081。

果布系代表性单个土体剖面

Ah: 0～20cm，橙色（5YR 6/6，干），亮红棕色（5YR 5/6，润），黏土，中等发育的小亚角块状结构，疏松，多量细根，多量中度风化的棱角-次棱角状小岩石碎屑，突变平滑过渡。

Bw: 20～40cm，亮棕色（5YR 5/8，干），红棕色（2.5YR 4/8，润），黏土，中等发育的大中亚角块状结构，稍坚实，中量细根，少量中度风化的棱角-次棱角状小岩石碎屑，清晰平滑过渡。

Bt: 40～70cm，橙色（5YR 6/8，干），红棕色（2.5YR 4/8，润），黏土，中等发育的大中亚角块状结构，坚实，少量细根，结构体表面中量黏粒胶膜，少量中度风化的棱角-次棱角状大小岩石碎屑，清晰平滑过渡。

R: 70～140cm，黄绿色砂泥（页）岩。

果布系代表性单个土体物理性质

| 土层 | 深度/cm | 石砾(>2mm，体积分数)/% | 细土颗粒组成(粒径：mm)/(g/kg) | | | 质地 | 容重/(g/cm³) |
			砂粒 2～0.05	粉粒 0.05～0.002	黏粒 <0.002		
Ah	0～20	25	112	309	579	黏土	1.22
Bw	20～40	2	117	329	554	黏土	1.41
Bt	40～70	5	67	332	601	黏土	1.51

果布系代表性单个土体化学性质

深度/cm	pH H₂O	pH KCl	有机碳(C)/(g/kg)	全氮(N)/(g/kg)	全磷(P)/(g/kg)	全钾(K)/(g/kg)	黏粒 CEF₇/[cmol(+)/kg]	盐基饱和度/%	铝饱和度/%
0～20	5.2	3.7	12.4	0.78	0.28	9.9	18.2	18.1	53.6
20～40	5.2	3.7	6.0	0.69	0.36	13.0	26.0	16.6	46.7
40～70	5.1	3.7	4.1	0.64	0.30	14.4	30.8	13.1	67.9

9.14.3 黑竹关系（Heizhuguan Series）

土 族：黏壤质硅质混合型热性-铝质酸性湿润淋溶土
拟定者：袁大刚，付宏阳，蒲光兰

分布与环境条件 分布于名山、邛崃、蒲江等高阶地，成土母质为第四系更新统洪冲积物，茶园；中亚热带湿润气候，年均日照 1060～1154 h，年均气温 15.5～15.7℃，1 月平均气温 4.9～5.5℃，7 月平均气温 24.5～24.8℃，年均降水量 1123～1520 mm，年干燥度 0.44～0.61。

黑竹关系典型景观

土系特征与变幅 具淡薄表层、聚铁网纹层、黏化层、湿润土壤水分状况、氧化还原特征、热性土壤温度状况、铝质现象、盐基不饱和；有效土层厚度≥150，距矿质土表 125cm 范围内出现黏化层，部分 B 层具有铝质现象，表层土壤质地为粉质黏壤土，排水中等。

对比土系 果布系，同亚类不同土族，颗粒大小级别为黏质，矿物学类别为混合型。

利用性能综述 所处区域地势平缓，土体深厚，宜发展茶叶等经济林木，但应增施有机肥，改良土壤结构，控制土壤酸性。

参比土种 卵石黄红泥土（B121）。

代表性单个土体 位于雅安市名山区黑竹镇黑竹关村 2 组，30°13′08.8″N，103°17′52.7″E，三级阶地，海拔 655m，成土母质为第四系更新统洪冲积物，茶园，土表下 50 cm 深度处土温为 17.56℃。2015 年 2 月 13 日调查，编号为 51-012。

黑竹关系代表性单个土体剖面

Ap:　　0～15 cm，浊橙色（5YR 7/4，干），浊橙色（5YR 6/4，润），粉质黏壤土，强发育的大角块状结构，很坚实，少量细根，很少粗孔隙，少量垂直和近垂直细裂隙，孔隙内填充中量蚯蚓粪，裂隙和结构体表面腐殖质淀积胶膜，清晰平滑过渡。

Btrl1:　15～40 cm，橙色（5YR 6/6，干），橙色（5YR 6/6，润），黏壤土，中等发育的大角块状结构，很坚实，很少细根，很少垂直和近垂直细裂隙，结构体表面少量腐殖质胶膜、中量黏粒胶膜和少量铁锰胶膜，多量红-黄-白相间的聚铁网纹体，模糊波状过渡。

Btrl2:　40～80 cm，橙色（5YR 7/8，干），橙色（5YR 6/6，润），粉质黏壤土，中等发育的大棱块状结构，极坚实，结构体表面中量黏粒胶膜和中量铁锰胶膜，多量红-黄-白相间的聚铁网纹体，模糊波状过渡。

Btrl3:　80～130 cm，橙色（5YR 7/8，干），橙色（5YR 6/6，润），黏壤土，中等发育的大棱块状结构，极坚实，很少细根，结构体表面中量黏粒胶膜和中量铁锰胶膜，多量红-黄-白相间的聚铁网纹体，模糊波状过渡。

Btrl4:　130～200 cm，橙色（5YR7/8，干），橙色（5YR6/6，润），黏壤土，中等发育的大角块状结构，极坚实，结构体表面中量黏粒胶膜和少量铁锰胶膜，多量红-黄-白相间的聚铁网纹体。

黑竹关系代表性单个土体物理性质

土层	深度/cm	石砾（>2mm，体积分数）/%	细土颗粒组成(粒径：mm)/(g/kg)			质地	容重/(g/cm³)
			砂粒 2～0.05	粉粒 0.05～0.002	黏粒 <0.002		
Ap	0～15	0	151	530	318	粉质黏壤土	1.08
Btrl1	15～40	0	236	406	357	黏壤土	1.31
Btrl2	40～80	0	186	481	333	粉质黏壤土	1.58
Btrl3	80～130	0	204	460	336	黏壤土	1.68
Btrl4	130～200	0	213	417	370	黏壤土	1.68

黑竹关系代表性单个土体化学性质

深度/cm	pH H₂O	pH KCl	有机碳(C)/(g/kg)	全氮(N)/(g/kg)	全磷(P)/(g/kg)	全钾(K)/(g/kg)	黏粒 CEC₇/[cmol(+)/kg]	盐基饱和度/%	黏粒交换性 Al/[cmol(+)/kg]	有效磷(P)/(mg/kg)
0～15	3.8	3.4	21.9	0.98	0.34	13.1	44.0	17.9	18.7	13.6
15～40	4.4	3.9	9.0	0.27	0.17	12.5	37.0	31.3	11.8	1.4
40～80	4.5	4.0	3.1	0.30	0.26	17.5	43.2	24.2	15.0	1.6
80～130	4.6	4.0	2.1	0.29	0.11	13.1	42.3	30.8	14.9	1.1
130～200	4.6	4.0	2.1	0.30	0.18	13.1	33.7	39.1	15.8	0.4

9.14.4 吉乃系（Jinai Series）

土　族：壤质硅质混合型温性-铝质酸性湿润淋溶土
拟定者：袁大刚，宋易高，张　楚

分布与环境条件 分布于昭觉、布拖等中山中上部中缓坡，成土母质为第四系更新统沉积物，旱地；山地高原暖温带湿润气候，年均气温 8.7～9.8℃，1 月平均气温 1.1～1.4℃，7 月平均气温 17.0～17.6℃，年均降水量 1022～1113 mm，年干燥度 0.83～0.90。

吉乃系典型景观

土系特征与变幅 具淡薄表层、肥熟现象、黏化层、湿润土壤水分状况、温性土壤温度状况、铝质现象、盐基不饱和；有效土层厚度 100～150 cm，距矿质土表 125cm 范围内出现黏化层，部分 B 层具有铝质现象，质地通体为粉质壤土，排水中等。

对比土系 黑竹关系，同亚类不同土族，颗粒大小级别为黏壤质，土壤温度状况为热性。

利用性能综述 所处区域地势缓和，土体深厚，但海拔较高，气温较低，宜种马铃薯、荞子等作物。

参比土种 红底棕泥土（F131）。

代表性单个土体 位于凉山彝族自治州布拖县特木里镇吉乃村，27°45′11.6″N，102°46′29.5″E，中山中上部中缓坡，海拔 2508m，坡度为 10°，坡向为西 267°，成土母质为第四系更新统沉积物，旱地，种植马铃薯等，土表下 50 cm 深度处土温为 13.04℃。2015 年 8 月 21 日调查，编号为 51-107。

Ap1：0～14cm，亮黄棕色（10YR6/6，干），暗红棕色（5YR 3/4，润），粉质壤土，中等发育的屑粒状结构，疏松，很少中度风化的次棱角状-次圆状小岩石碎屑，清晰平滑过渡。

Ap2：14～32cm，亮黄棕色（10YR6/6，干），暗红棕色（5YR 3/4，润），粉质壤土，中等发育的屑粒状结构，稍坚实，少量中度风化的次棱角状-次圆状小岩石碎屑，渐变平滑过渡。

BAp：32～55cm，黄棕色（10YR 5/6，干），浊红棕色（5YR 4/4，润），粉质壤土，中等发育的中亚角块状结构，稍坚实，少量中度风化的次棱角状-次圆状中小岩石碎屑，清晰平滑过渡。

Bt1：55～77cm，亮棕色（7.5YR 5/6，干），浊红棕色（5YR 4/4，润），粉质壤土，中等发育的大棱块状结构，很坚实，结构体表面多量黏粒胶膜，中量中度风化的次棱角状-次圆状中小岩石碎屑，渐变平滑过渡。

吉乃系代表性单个土体剖面

Bt2：77～97cm，浊黄棕色（10YR6/5，干），红棕色（5YR 4/6，润），粉质壤土，中等发育的大棱块状结构，很坚实，结构体表面多量黏粒胶膜，中量中度风化的次棱角状-次圆状中小岩石碎屑，渐变平滑过渡。

Bt3：97～130cm，亮黄棕色（10YR 6/6，干），红棕色（5YR 4/6，润），粉质壤土，中等发育的大棱块状结构，很坚实，结构体表面多量黏粒胶膜，多量中度风化的次棱角状-次圆状中小岩石碎屑。

吉乃系代表性单个土体物理性质

土层	深度/cm	石砾(>2mm，体积分数)/%	细土颗粒组成(粒径：mm)/(g/kg)			质地	容重/(g/cm³)
			砂粒 2～0.05	粉粒 0.05～0.002	黏粒 <0.002		
Ap1	0～14	<2	179	643	178	粉质壤土	1.03
Ap2	14～32	2	130	728	142	粉质壤土	1.05
BAp	32～55	3	208	627	165	粉质壤土	1.06
Bt1	55～77	10	147	710	143	粉质壤土	1.30
Bt2	77～97	15	171	648	181	粉质壤土	1.31
Bt3	97～130	20	129	708	163	粉质壤土	1.37

吉乃系代表性单个土体化学性质

深度/cm	pH H₂O	pH KCl	有机碳(C)/(g/kg)	全氮(N)/(g/kg)	全磷(P)/(g/kg)	全钾(K)/(g/kg)	黏粒 CEC₇/[cmol(+)/kg]	盐基饱和度/%	黏粒交换性 Al/[cmol(+)/kg]	有效磷(P)/(mg/kg)
0～14	5.1	3.9	25.8	3.23	1.32	12.3	156.3	6.7	17.4	20.7
14～32	5.1	4.0	24.4	3.23	1.20	12.1	197.0	6.2	36.8	18.2
32～55	4.9	3.9	23.3	3.34	1.09	12.3	171.7	6.2	18.8	9.8
55～77	5.0	4.0	9.4	1.42	0.69	8.9	170.8	27.2	12.5	1.3
77～97	5.0	4.3	9.0	1.65	0.99	7.2	132.7	30.1	4.3	1.0
97～130	5.1	4.4	6.9	1.34	1.01	7.7	144.4	32.8	2.9	1.0

9.15 铁质酸性湿润淋溶土

9.15.1 秀水系（Xiushui Series）

土 族：黏质混合型热性-铁质酸性湿润淋溶土
拟定者：袁大刚，樊瑜贤，蒲光兰

分布与环境条件 分布于安州、涪城、游仙等低山坡麓缓坡，成土母质为第四系更新统冲积物，有林地；中亚热带湿润气候，年均日照 1045～1298 h，年均气温 15.3～16.0℃，1 月平均气温 4.2～5.4℃，7 月平均气温 25.0～25.4℃，年均降水量 963～1285 mm，年干燥度 0.58～0.74。

秀水系典型景观

土系特征与变幅 具淡薄表层、黏化层、聚铁网纹层、湿润土壤水分状况、氧化还原特征、热性土壤温度状况、铁质特性、盐基不饱和；有效土层厚度 100～150 cm，距矿质土表 125cm 范围内出现黏化层，B 层均有铁质特性，表层土壤质地为粉质黏壤土，排水中等。

对比土系 张坎系，同亚类不同土族，颗粒大小为黏壤质，矿物学类别为硅质混合型。

利用性能综述 所处区域地势平缓、土体深厚，但相对地势高，灌溉不便，主要发展竹林、马尾松林。

参比土种 面黄泥土（C142）。

代表性单个土体 位于绵阳市安州区秀水镇金埝村 1 组，31°33′20.5″N，104°20′41.9″E，低山坡麓缓坡，海拔 644m，坡度为 8°，成土母质为第四系更新统冲积物，有林地，土表下 50 cm 深度处土温为 17.53℃。2015 年 8 月 10 日调查，编号为 51-083。

秀水系代表性单个土体剖面

Ah：0～20 cm，浊黄橙色（10YR 7/3，干），棕色（10YR 4/6，润），粉质黏壤土，强发育的中小亚角块状结构，坚实，中量细根，清晰平滑过渡。

Brl：20～45 cm，橙色（7.5YR 7/6，干），亮红棕色（5YR 5/8，润），粉质黏壤土，强发育的中小角块状结构，很坚实，少量细根，结构体表面多量腐殖质胶膜，多量铁锰斑，多量红-黄-白相间的聚铁网纹体，渐变平滑过渡。

Btrl1：45～62 cm，浊橙色（7.5YR 7/4，干），亮棕色（7.5YR 5/8，润），粉质黏壤土，强发育的中大角块状结构，很坚实，少量细根，结构体表面中量铁锰-黏粒胶膜，中量铁锰斑，多量红-黄-白相间的聚铁网纹体，渐变平滑过渡。

Btrl2：62～90 cm，橙色（7.5YR 7/6，干），亮棕色（7.5YR 5/8，润），粉质黏壤土，中等发育的中大角块状结构，很坚实，少量细根，结构体表面多量铁锰-黏粒胶膜，多量铁锰斑，多量红-黄-白相间的聚铁网纹体，渐变平滑过渡。

Btrl3：90～138 cm，橙色（7.5YR 6/6，干），亮棕色（7.5YR 5/8，润），质地为黏壤土，中等发育的中大角块状结构，很坚实，很少细根，结构体表面多量铁锰-黏粒胶膜，多量铁锰斑，多量红-黄-白相间的聚铁网纹体。

秀水系代表性单个土体物理性质

土层	深度/cm	石砾（>2mm，体积分数）/%	细土颗粒组成（粒径：mm）/(g/kg)			质地	容重/(g/cm³)
			砂粒 2～0.05	粉粒 0.05～0.002	黏粒 <0.002		
Ah	0～20	0	172	539	288	粉质黏壤土	1.30
Brl	20～45	0	174	444	382	粉质黏壤土	1.49
Btrl1	45～62	0	180	475	345	粉质黏壤土	1.48
Btrl2	62～90	0	188	447	365	粉质黏壤土	1.55
Btrl3	90～138	0	200	441	359	黏壤土	1.55

秀水系代表性单个土体化学性质

深度/cm	pH		有机碳(C)/(g/kg)	全氮(N)/(g/kg)	全磷(P)/(g/kg)	全钾(K)/(g/kg)	CEC$_7$/[cmol(+)/kg]	游离铁(Fe)/(g/kg)	盐基饱和度/%
	H$_2$O	KCl							
0～20	5.2	4.3	9.1	0.67	0.14	12.7	21.3	23.1	40.4
20～45	4.5	3.6	4.4	0.44	0.06	11.9	20.2	33.3	36.7
45～62	4.6	3.6	4.6	0.27	0.13	11.7	19.1	25.5	26.3
62～90	4.7	3.6	3.5	0.39	0.03	11.9	22.4	28.1	27.3
90～138	4.9	3.6	3.4	0.34	0.02	10.1	25.4	28.9	26.3

9.15.2 张坎系（**Zhangkan Series**）

土　族：黏壤质硅质混合型热性-铁质酸性湿润淋溶土
拟定者：袁大刚，付宏阳，蒲光兰

分布与环境条件　分布于东坡、丹棱、洪雅、夹江、青神等丘陵顶部微坡，成土母质为第四系更新统沉积物，有林地；中亚热带湿润气候，年均日照 1080～1200 h，年均气温 16.0～17.2℃，1 月平均气温 6.3～6.7℃，7 月平均气温 25.6～26.5℃，年均降水量 1042～1494 mm，年干燥度 0.46～0.71。

张坎系典型景观

土系特征与变幅　具淡薄表层、黏化层、湿润土壤水分状况、氧化还原特征、热性土壤温度状况、铁质特性、盐基不饱和；有效土层厚度 100～150 cm，距矿质土表 125cm 范围内出现黏化层，B 层均有铁质特性，表层土壤质地为黏壤土，排水中等。

对比土系　西龙系，空间位置相近，不同土纲，矿质土表至 125cm 范围内无黏化层，有聚铁网纹层。秀水系，同亚类不同土族，颗粒大小级别为黏质，矿物学类别为混合型。

利用性能综述　所处区域地势平缓，土体深厚，但灌溉不便，主要种植桉树。

参比土种　铁杆子黄泥土（C143）。

代表性单个土体　位于眉山市东坡区张坎镇茶店村 1 组，29°56′18.6″N，103°47′55.9″E，丘陵顶部微坡，海拔 426m，坡度为 3°，坡向为东 81°，成土母质为第四系更新统沉积物，有林地，土表下 50 cm 深度处土温为 18.93℃。2016 年 1 月 29 日调查，编号为 51-158。

张坎系代表性单个土体剖面

Ah: 0～18 cm，浊橙色（7.5YR 7/4，干），亮棕色（7.5YR 5/6，润），黏壤土，中等发育的大中角块状结构，稍坚实，中量细根，渐变平滑过渡。

Br1: 18～32 cm，浊橙色（7.5YR 7/4，干），亮棕色（7.5YR 5/8，润），粉质黏壤土，中等发育的大中角块状结构，坚实，少量细根，少量铁锰斑，渐变平滑过渡。

Br2: 32～48 cm，橙色（7.5YR 6/6，干），亮棕色（7.5YR 5/8，润），粉质黏壤土，中等发育的大角块状结构，坚实，很少细根，结构体内部少量铁锰斑，渐变平滑过渡。

Btr1: 48～70cm，浊橙色（7.5YR 7/4，干），亮棕色（7.5YR 5/8，润），粉质黏壤土，中等发育的大棱块状结构，很坚实，结构体表面中量黏粒胶膜，结构体内部中量铁锰斑，少量小球形铁锰结核，渐变平滑过渡。

Btr2: 70～110 cm，浊橙色（7.5YR 7/4，干），亮棕色（7.5YR 5/6，润），粉质黏壤土，中等发育的大棱块状结构，很坚实，结构体表面多量黏粒胶膜，结构体内部中量铁锰斑，少量小球形铁锰结核，渐变平滑过渡。

Btr3: 110～135 cm，橙色（7.5YR 7/6，干），亮棕色（7.5YR 5/8，润），粉质黏壤土，中等发育的大棱块状结构，很坚实，结构体表面多量铁锰-黏粒胶膜，结构体内部中量铁锰斑，少量小球形铁锰结核。

张坎系代表性单个土体物理性质

| 土层 | 深度/cm | 石砾（>2mm，体积分数）/% | 细土颗粒组成（粒径：mm）/(g/kg) | | | 质地 | 容重/(g/cm³) |
			砂粒 2～0.05	粉粒 0.05～0.002	黏粒 <0.002		
Ah	0～18	0	202	489	309	黏壤土	1.32
Br1	18～32	0	169	525	306	粉质黏壤土	1.54
Br2	32～48	0	152	535	313	粉质黏壤土	1.62
Btr1	48～70	0	145	531	323	粉质黏壤土	1.62
Btr2	70～110	0	129	550	321	粉质黏壤土	1.69
Btr3	110～135	0	196	429	375	粉质黏壤土	1.65

张坎系代表性单个土体化学性质

深度/cm	pH H₂O	pH KCl	有机碳(C)/(g/kg)	全氮(N)/(g/kg)	全磷(P)/(g/kg)	全钾(K)/(g/kg)	CEC₇/[cmol(+)/kg]	游离铁(Fe)/(g/kg)	盐基饱和度/%
0～18	4.8	3.6	8.4	0.97	0.45	9.2	11.6	32.6	58.6
18～32	4.8	3.6	3.6	0.42	0.12	9.8	16.4	32.6	39.3
32～48	4.7	3.6	2.7	0.40	0.12	9.8	19.0	42.0	38.2
48～70	5.1	3.8	2.7	0.27	0.11	9.5	15.5	31.6	37.1
70～110	5.1	3.9	2.0	0.34	0.11	9.8	10.9	27.9	46.8
110～135	5.1	3.8	2.4	0.39	0.14	9.2	25.0	57.2	24.5

9.16　石质铁质湿润淋溶土

9.16.1　黎雅系（Liya Series）

土　族：壤质硅质混合型石灰性热性-石质铁质湿润淋溶土

拟定者：袁大刚，樊瑜贤，蒲光兰

分布与环境条件　分布于梓潼、江油、游仙等低山顶部，成土母质为第四系更新统黄色钙质结核黏土（黄土），旱地；中亚热带湿润气候，年均日照 1298～1370 h，年均气温 15.8～16.6℃，1 月平均气温 4.7～6.0℃，7 月平均气温 25.5～26.0℃，年均降水量 902～1137 mm，年干燥度 0.63～0.92。

黎雅系典型景观

土系特征与变幅　具淡薄表层、黏化层、钙积现象、准石质接触面、湿润土壤水分状况、热性土壤温度状况、铁质特性、石灰性；有效土层厚度<30cm，距矿质土表 30 cm 范围内出现黏化层、准石质接触面，B 层均有铁质特性，质地通体为粉质壤土，排水中等。

对比土系　双新系，同亚纲不同土类，虽也有碳酸钙结核，但土体深厚，矿质土表下 125 cm 范围内无石质或准石质接触面。

利用性能综述　所处区域地势平缓，但土体浅薄，耐旱性差，应注意防旱。

参比土种　姜石黄砂泥土（E112）。

代表性单个土体　位于绵阳市梓潼县黎雅镇双埝村 1 组，31°45′09.1″N，105°00′10.0″E，低山顶部微坡，海拔 548m，坡度为 5°，成土母质为第四系更新统黄色钙质结核黏土（黄土），旱地，种植玉米等作物，准石质接触面处土温为 17.81℃。2015 年 8 月 11 日调查，编号为 51-087。

Ak： 0～14 cm，浊橙色（7.5YR 6/4，干），棕色（7.5YR 4/6，润），粉质壤土，强发育的小亚角块状结构，稍坚实，多量细根，少量中等大小碳酸钙结核，轻度石灰反应，渐变平滑过渡。

Btk：14～29cm，浊橙色（7.5YR 5/4，干），棕色（7.5YR 4/6，润），粉质壤土，中等发育的中小亚角块状结构，坚实，中量细根，少量中等大小碳酸钙结核，轻度石灰反应，清晰平滑过渡。

2R： 29～80 cm，紫红色砂岩。

黎雅系代表性单个土体剖面

黎雅系代表性单个土体物理性质

土层	深度 /cm	石砾 (>2mm，体积分数) /%	细土颗粒组成(粒径： mm)/(g/kg)			质地	容重 /(g/cm³)
			砂粒 2～0.05	粉粒 0.05～0.002	黏粒 <0.002		
Ak	0～14	0	222	624	154	粉质壤土	1.38
Btk	14～29	0	162	622	216	粉质壤土	1.42

黎雅系代表性单个土体化学性质

深度 /cm	pH(H₂O)	有机碳(C) /(g/kg)	全氮(N) /(g/kg)	全磷(P) /(g/kg)	全钾(K) /(g/kg)	CEC₇ /[cmol(+)/kg]	游离铁(Fe) /(g/kg)	碳酸钙相当物 /(g/kg)	有效磷(P) /(mg/kg)
0～14	8.1	6.8	0.58	0.13	15.8	13.0	15.4	10	0.2
14～29	8.0	5.9	0.55	0.14	14.3	10.5	18.3	11	0.2

9.17　红色铁质湿润淋溶土

9.17.1　盐井系（Yanjing Series）

土　　族：黏质混合型非酸性温性-红色铁质湿润淋溶土
拟定者：袁大刚，宋易高，张　楚

分布与环境条件　分布于盐源、木里等中山中上部缓坡，成土母质为第四系更新统洪冲积物（古红土），果园；北亚热带湿润气候，年均日照 2288～2603 h，年均气温 12.1～12.6℃，1 月平均气温 4.7～5.2℃，7 月平均气温 17.7～18.0℃，年均降水量 776～823 mm，年干燥度<1.00。

盐井系典型景观

土系特征与变幅　具淡薄表层、黏化层、聚铁网纹层、湿润土壤水分状况、氧化还原特征、温性土壤温度状况、铁质特性；有效土层厚度≥150 cm，黏化层出现于距矿质土表125 cm 范围内，质地通体为黏土，排水差。

对比土系　青天铺系，空间位置相近，不同土纲，距矿质土表 125cm 范围内出现低活性富铁层。新黎系，同亚类不同土族，颗粒大小级别为壤质，矿物学类别为硅质混合型。

利用性能综述　所处区域地势平缓，土体深厚，但海拔偏高，土温偏低，养分有效性较差，肥效迟缓，应增施有机肥和钾肥，同时注意防治水土流失。

参比土种　棕红泥土（D211）。

代表性单个土体　位于凉山彝族自治州盐源县盐井镇太平村，27°25′41.5″N，101°29′21.8″E，中山中上部缓坡（三级阶地后缘），海拔2519m，坡度为7°，坡向为西北300°，成土母质为第四系更新统洪冲积物（古红土），果园，土表下50 cm深度处土温为15.13℃。2015年7月29日调查，编号为51-060。

盐井系代表性单个土体剖面

Ah：　0～22cm，红棕色（5YR 4/6，干），暗红棕色（5YR 3/4，润），黏土，中等发育的小亚角块状结构，疏松，多量细根，中量中度风化的次棱角状-次圆状中小岩石碎屑，渐变平滑过渡。

AB：　22～48cm，暗红棕色（5YR 3/6，干），暗红棕色（5YR 3/3，润），黏土，中等发育的中小亚角块状结构，稍坚实，中量细根，中量中度风化的次棱角状-次圆状中小岩石碎屑，渐变平滑过渡。

Bw：　48～85cm，红棕色（2.5YR 4/6，干），浊红棕色（2.5YR4/4，润），黏土，中等发育的中角块状结构，坚实，少量细根，少量中度风化的次棱角状-次圆状中小岩石碎屑，渐变平滑过渡。

Btr1：85～130cm，暗红棕色（2.5YR 3/6，干），亮红棕色（2.5YR3/4，润），黏土，中等发育的大中角块状结构，很坚实，很少细根，结构体表面有多量黏粒胶膜，少量铁锰胶膜和铁锰斑，少量中度风化的次棱角状-次圆状中小岩石碎屑，渐变平滑过渡。

Btr2：130～160cm，亮红棕色（5YR 5/6，干），暗红棕色（5YR 3/6，润），黏土，强发育的大棱块状结构，极坚实，很少细根，结构体表面有多量黏粒胶膜，少量铁锰胶膜和铁锰斑，少量中度风化的次棱角状-次圆状中小岩石碎屑，清晰平滑过渡。

Btl：　160～190cm，橙色（5YR 6/8，干），红棕色（5YR 4/8，润），黏土，强发育的大棱柱状结构，极坚实，结构体表面多量黏粒胶膜，离铁作用导致基质颜色红黄白相间。

盐井系代表性单个土体物理性质

土层	深度/cm	石砾（>2mm，体积分数）/%	细土颗粒组成（粒径：mm）/(g/kg)			质地	容重/(g/cm³)
			砂粒 2～0.05	粉粒 0.05～0.002	黏粒 <0.002		
Ah	0～22	5	176	267	558	黏土	1.13
AB	22～48	5	237	239	524	黏土	1.21
Bw	48～85	2	210	319	472	黏土	1.57
Btr1	85～130	3	202	316	482	黏土	1.59
Btr2	130～160	3	168	336	496	黏土	1.61
Btl	160～190	—	191	273	536	黏土	1.64

盐井系代表性单个土体化学性质

深度	pH		有机碳(C)	全氮(N)	全磷(P)	全钾(K)	CEC$_7$	游离铁(Fe)	有效磷(P)
/cm	H$_2$O	KCl	/(g/kg)	/(g/kg)	/(g/kg)	/(g/kg)	/[cmol(+)/kg]	/(g/kg)	/(mg/kg)
0～22	5.4	4.4	17.6	1.53	0.96	6.1	18.3	43.2	15.7
22～48	5.5	4.5	12.9	1.38	0.80	6.5	21.3	43.8	5.0
48～85	5.7	5.0	3.3	0.21	0.56	7.1	22.4	45.8	4.3
85～130	5.5	4.9	3.0	0.27	0.60	6.6	24.4	43.4	4.6
130～160	5.8	5.0	2.8	0.18	0.62	5.8	25.5	56.2	3.4
160～190	5.4	4.2	2.5	0.21	0.22	7.2	26.4	59.3	0.8

9.17.2　新黎系（Xinli Series）

土　　族：壤质硅质混合型非酸性温性-红色铁质湿润淋溶土
拟定者：袁大刚，宋易高，张　楚

分布与环境条件　分布于汉源、石棉等中山上部陡坡，成土母质为第四系洪积物，有林地；北亚热带湿润气候，年均日照 1246～1478h，年均气温 10.9～11.3℃，1 月平均气温 1.5～1.7℃，7 月平均气温 18.5～19.5℃，年均降水量 726～774 mm，年干燥度<1.0。

新黎系典型景观

土系特征与变幅　具淡薄表层、黏化层、湿润土壤水分状况、氧化还原特征、温性土壤温度状况、铁质特性；有效土层厚度 100～150 cm，黏化层出现于距矿质土表 125 cm 范围内，B 层均有铁质特性，矿质土表下 50～100 cm 范围内有氧化还原特征，表层土壤质地为粉质壤土，土壤中岩石碎屑达 10%以上，排水中等。

对比土系　三星系，空间位置相近，不同土纲，距矿质土表 125 cm 范围内无黏化层，半干润土壤水分状况，热性土壤温度状况，具石灰性。盐井系，同亚类不同土族，颗粒大小级别为黏质，矿物学类别为混合型。呷拖系，同亚类不同土族，颗粒大小级别为壤质，具石灰性。

利用性能综述　土体深厚，但所处区域坡度较大，宜发展林业，保持水土。

参比土种　棕红砂泥土（D212）。

代表性单个土体　位于雅安市汉源县清溪镇新黎村 4 组，29°35′52.5″N，102°37′18.9″E，中山上部陡坡，海拔 1903m，坡度为 30°，坡向为南 188°，成土母质为第四系洪积物，有林地，土表下 50 cm 深度处土温为 13.28℃。2015 年 8 月 26 日调查，编号为 51-117。

Ah:　0～13cm，浊橙色（5YR 7/3，干），浊红棕色（5YR5/3，润），粉质壤土，中等发育的中小亚角块状结构，坚实，多量根系分布，中量中度风化的棱角-次棱角状中小岩石碎屑，清晰平滑过渡。

Btr1：13～35cm，橙白色（5YR 8/2，干），浊橙色（5YR 6/4，润），粉质壤土，中等发育的中亚角块状结构，坚实，少量根系分布，结构体表面多量腐殖质-黏粒胶膜，少量铁锰斑，中量中度风化的棱角-次棱角状中小岩石碎屑，渐变平滑过渡。

Btr2：35～60cm，浊橙色（5YR 7/4，干），亮红棕色（5YR 5/6，润），粉质壤土，中等发育的大亚角块状结构，坚实，少量根系分布，结构体表面中量腐殖质-黏粒胶膜，少量铁锰斑，中量中度风化的棱角-次棱角状中小岩石碎屑，渐变平滑过渡。

新黎系代表性单个土体剖面

Btr3：60～90cm，浊橙色（5YR 7/4，干），亮红棕色（5YR 5/8，润），粉质壤土，中等发育的大亚角块状结构，坚实，少量根系分布，结构体表面少量腐殖质-黏粒胶膜，中量铁锰斑，中量中度风化的棱角-次棱角状中小岩石碎屑，渐变平滑过渡。

Btr4：90～125cm，浊橙色（5YR 7/4，干），亮红棕色（5YR 5/8，润），壤土，中等发育的大亚角块状结构，坚实，少量根系分布，结构体表面少量腐殖质-黏粒胶膜，少量铁锰斑，中量中度风化的棱角-次棱角状中小岩石碎屑。

新黎系代表性单个土体物理性质

土层	深度/cm	石砾（>2mm，体积分数）/%	细土颗粒组成（粒径：mm）/(g/kg)			质地	容重/(g/cm³)
			砂粒 2～0.05	粉粒 0.05～0.002	黏粒 <0.002		
Ah	0～13	12	298	521	181	粉质壤土	1.38
Btr1	13～35	12	309	555	136	粉质壤土	1.40
Btr2	35～60	10	290	533	177	粉质壤土	1.46
Btr3	60～90	10	338	517	145	粉质壤土	1.55
Btr4	90～125	10	378	488	134	壤土	1.66

新黎系代表性单个土体化学性质

深度/cm	pH		有机碳(C)/(g/kg)	全氮(N)/(g/kg)	全磷(P)/(g/kg)	全钾(K)/(g/kg)	CEC₇/[cmol(+)/kg]	游离铁(Fe)/(g/kg)
	H_2O	KCl						
0～13	5.7	4.1	6.8	1.06	0.03	12.3	8.2	14.5
13～35	5.8	4.1	6.3	0.91	0.04	14.5	7.1	16.7
35～60	6.0	4.2	4.9	0.56	0.10	16.8	12.9	20.6
60～90	6.1	4.3	3.5	0.25	0.07	18.3	18.1	19.3
90～125	5.9	4.3	2.3	0.22	0.07	19.7	17.6	23.9

9.17.3　呷拖系（Gatuo Series）

土　族：壤质混合型石灰性温性–红色铁质湿润淋溶土
拟定者：袁大刚，宋易高，张　楚

分布与环境条件　分布于昭觉、喜德等中山下部中坡，成土母质为侏罗系遂宁组棕红色泥岩夹薄层状粉砂岩及灰色泥灰岩残坡积物，其他草地；北亚热带湿润气候，年均日照 1873～2046 h，年均气温 10.0～10.6℃，1 月平均气温 0.2～2.1℃，7 月平均气温 17.6～18.0℃，年均降水量 1006～1022 mm，年干燥度 0.9～1.0。

呷拖系典型景观

土系特征与变幅　具淡薄表层、黏化层、准石质接触面、湿润土壤水分状况、温性土壤温度状况、铁质特性、石灰性；有效土层厚度 30～50 cm，准石质接触面出现于距矿质土表下 30～50 cm 范围内，质地通体为粉质壤土，排水中等。

对比土系　盐井系，同亚类不同土族，颗粒大小级别为黏质，无石灰性。新黎系，同亚类不同土族，矿物学类别为硅质混合型，无石灰性。

利用性能综述　所处区域坡度大，土层较薄，宜发展林草业，保持水土。

参比土种　中层红棕紫泥土（N326）。

代表性单个土体　位于凉山彝族自治州昭觉县央摩租乡呷拖村，28°16′49.3″N，102°46′16.6″E，中山下部中坡，海拔 2326m，坡度为 25°，坡向为东南 122°，成土母质为侏罗系遂宁组棕红色泥岩夹薄层状粉砂岩及灰色泥灰岩残坡积物，其他草地，准石质接触面处土温为 12.89℃。2015 年 8 月 21 日调查，编号为 51-106。

Ah：0～18cm，亮红棕色（2.5YR 5/6，干），暗红棕色（2.5YR 3/4，润），粉质壤土，强发育的中小亚角块状结构，坚实，多量细根，很少中度风化的棱角-次棱角状小岩石碎屑，强度石灰反应，清晰平滑过渡。

Bt1：18～30cm，亮红棕色（2.5YR 5/6，干），浊红棕色（2.5YR 4/4，润），粉质壤土，强发育的大中角块状结构，很坚实，中量细根，结构体表面多量腐殖质-黏粒胶膜，很少中度风化的棱角-次棱角状小岩石碎屑，强度石灰反应，渐变平滑过渡。

Bt2：30～40cm，亮红棕色（2.5YR 5/6，干），浊红棕色（2.5YR 4/4，润），粉质壤土，强发育的大中角块状结构，坚实，少量细根，结构体表面多量黏粒胶膜，少量中度风化的棱角-次棱角状小岩石碎屑，强度石灰反应，突变平滑过渡。

R：　40～80cm，棕红色砂泥岩。

呷拖系代表性单个土体剖面

呷拖系代表性单个土体物理性质

土层	深度 /cm	石砾 (>2mm，体积分数) /%	细土颗粒组成(粒径：mm)/(g/kg)			质地	容重 /(g/cm³)
			砂粒 2～0.05	粉粒 0.05～0.002	黏粒 <0.002		
Ah	0～18	<2	211	589	200	粉质壤土	1.29
Bt1	18～30	<2	168	648	184	粉质壤土	1.38
Bt2	30～40	3	142	667	191	粉质壤土	1.39

呷拖系代表性单个土体化学性质

深度 /cm	pH(H₂O)	有机碳(C) /(g/kg)	全氮(N) /(g/kg)	全磷(P) /(g/kg)	全钾(K) /(g/kg)	CEC₇ /[cmol(+)/kg]	游离铁(Fe) /(g/kg)	碳酸钙相当物 /(g/kg)
0～18	8.0	9.5	1.23	0.71	23.7	11.7	14.2	116
18～30	8.4	6.8	1.12	0.49	18.6	12.3	14.8	111
30～40	8.4	6.4	1.10	0.59	27.6	13.8	17.4	107

9.18　斑纹铁质湿润淋溶土

9.18.1　师古系（Shigu Series）

土　　族：砂质硅质混合型非酸性热性-斑纹铁质湿润淋溶土
拟定者：袁大刚，樊瑜贤，蒲光兰

分布与环境条件　分布于什邡、绵竹等低山上部缓坡，成土母质上部为第四系更新统洪冲积物，下部为白垩系夹关组紫红色砂泥岩残积物，灌木林地；中亚热带湿润气候，年均日照 1004～1281 h，年均气温 15.3～15.5℃，1 月平均气温 4.2～4.8℃，7 月平均气温 24.8～25.5℃，年均降水量 951～1098 mm，年干燥度 0.61～0.75。

师古系典型景观

土系特征与变幅　具淡薄表层、黏化层、准石质接触面、湿润土壤水分状况、氧化还原特征、热性土壤温度状况、铁质特性；有效土层厚度 50～100 cm，黏化层出现于距土表 100 cm 范围内，B 层均有铁质特性，矿质土表下 50～100 cm 范围内出现准石质接触面和氧化还原特征，表层土壤质地为壤土，排水中等。

对比土系　公议系，同亚类不同土族，颗粒大小级别为黏壤质，土体中少到中量大砾石。任家沟系，同亚类不同土族，虽土体中也很少量小砾石，但颗粒大小级别为黏壤质。

利用性能综述　土体较深厚，但坡度较大，宜发展林业或果树，同时注意防治水土流失。

参比土种　卵石黄泥土（C141）。

代表性单个土体　位于德阳市什邡市师古镇九里埂村 8 组，31°8′45.1″N，104°1′39.4″E，低山上部缓坡，海拔 618m，坡度为 8°，成土母质为上部第四系更新统洪冲积物，下部白垩系夹关组紫红色砂泥岩残积物，灌木林地，土表下 50 cm 深度处土温为 17.81℃。2015 年 2 月 21 日调查，编号为 51-015。

Ah: 0～10cm，浊黄橙色（10YR 6/4，干），红棕色（10YR 5/8，润），壤土，中等发育的中小亚角块状结构，坚实，多量根系，中量细动物孔穴，少量蚯蚓，渐变波状过渡。

Bt: 10～30cm，黄棕色（10YR 5/6，干），棕色（10YR 4/6，润），粉质壤土，中等发育的中小亚角块状结构，很坚实，中量根系，中量细动物孔穴，少量蚯蚓，结构体表面具多量腐殖质-黏粒胶膜，少量微风化的圆-次圆状中小砾石，渐变波状过渡。

Btr1: 30～45 cm，亮黄棕色（10YR 6/6，干），黄棕色（10YR 5/8，润），砂质黏壤土，中等发育的中角块状结构，很坚实，少量细根，结构体表面中量黏粒胶膜、少量铁锰胶膜，少量灰白色条带状离铁基质，少量微风化的圆-次圆状的中小砾石，模糊波状过渡。

师古系代表性单个土体剖面

Btr2: 45～60cm，亮黄棕色（10YR 6/6，干），黄棕色（10YR 5/8，润），砂质黏壤土，中等发育的中角块状结构，极坚实，很少细根，结构体表面中量黏粒胶膜、少量铁锰胶膜，少量灰白色条带状离铁基质，清晰波状过渡。

2Btr: 60～100 cm，亮红棕色（5YR 5/6，干），红棕色（5YR 4/6，润），砂质黏壤土，弱发育的大角块状结构，极坚实，很少细根，结构体表面中量黏粒胶膜、少量铁锰胶膜，中量灰白色条带状离铁基质，渐变波状过渡。

2R: 100～140 cm，紫红色砂泥岩。

师古系代表性单个土体物理性质

土层	深度 /cm	石砾 (>2mm, 体积分数) /%	细土颗粒组成(粒径: mm)/(g/kg)			质地	容重 /(g/cm³)
			砂粒 2～0.05	粉粒 0.05～0.002	黏粒 <0.002		
Ah	0～10	0	330	472	198	壤土	1.23
Bt	10～30	<2	250	510	240	粉质壤土	1.41
Btr1	30～45	5	636	129	235	砂质黏壤土	1.43
Btr2	45～60	0	663	95	242	砂质黏壤土	1.71
2Btr	60～100	0	531	259	210	砂质黏壤土	1.65

师古系代表性单个土体化学性质

深度 /cm	pH		有机碳(C) /(g/kg)	全氮(N) /(g/kg)	全磷(P) /(g/kg)	全钾(K) /(g/kg)	CEC$_7$ /[cmol(+)/kg]	游离铁(Fe) /(g/kg)
	H$_2$O	KCl						
0～10	5.4	4.0	12.2	1.05	0.11	13.4	18.8	15.9
10～30	5.6	4.1	6.0	0.78	0.05	14.5	18.5	21.1
30～45	5.3	3.6	5.6	0.59	0.03	13.3	19.5	20.5
45～60	5.4	3.7	1.9	0.29	0.04	13.7	19.8	20.7
60～100	5.9	3.8	2.4	0.34	0.07	15.3	20.9	16.5

9.18.2 箭竹系（Jianzhu Series）

土　族：黏质混合型非酸性热性-斑纹铁质湿润淋溶土
拟定者：袁大刚，付宏阳，翁　倩

分布与环境条件　分布于古蔺、叙永等低山中下部，成土母质为三叠系嘉陵江组灰-深灰-黑色灰岩、岩熔角砾状灰岩、灰质白云岩夹泥质灰岩及生物碎屑灰岩坡积物，有林地；北亚热带湿润气候，年均日照 1194～1319h，年均气温 13.5～14.6℃，1 月平均气温 3.2～4.0℃，7 月平均气温 23.3～24.5℃，年均降水量 748～1167 mm，年干燥度 0.68～1.0。

箭竹系典型景观

土系特征与变幅　具淡薄表层、黏化层、湿润土壤水分状况、氧化还原特征、热性土壤温度状况、铁质特性；有效土层厚度 100～150 cm，黏化层出现于距矿质土表 125 cm 范围内，B 层均有铁质特性，矿质土表下 50～100 cm 范围内有氧化还原特征，表层土壤质地为黏土，排水差。

对比土系　筇连系，空间位置相近，不同土纲，距矿质土表 125 cm 范围内无黏化层，矿质土表下 100 cm 范围内无氧化还原特征，石砾含量>25%。

利用性能综述　土体深厚，但所处区域坡度较大，宜发展林业，保持水土。

参比土种　厚层黄棕泡土（D116）。

代表性单个土体　位于泸州市古蔺县箭竹苗族乡团结村 1 组，28°02′30.1″N，105°36′26.9″E，低山中下部，海拔 1064m，坡度为 15°，坡向为南 182°，成土母质为三叠系嘉陵江组灰-深灰-黑色灰岩、岩熔角砾状灰岩、灰质白云岩夹泥质灰岩及生物碎屑灰岩坡积物，有林地（林下种玉米），土表下 50 cm 深度处土温为 17.06℃。2016 年 1 月 26 日调查，编号为 51-150。

箭竹系代表性单个土体剖面

Ah： 0～13cm，黄橙色（10YR 7/8，干），亮棕色（7.5YR 5/6，润），黏土，中等发育的小亚角块状结构，疏松，多量细根，渐变平滑过渡。

Bw： 13～35cm，黄橙色（10YR 7/8，干），亮棕色（7.5YR 5/8，润），黏壤土，中等发育的中亚角块状结构，稍坚实，多量细根，结构体表面多量腐殖质胶膜，很少中度风化的棱角-次棱角状小岩石碎屑，渐变平滑过渡。

Bt： 35～62cm，亮黄棕色（10YR 7/6，干），黄棕色（10YR 5/6，润），黏壤土，中等发育的大亚角块状结构，坚实，中量细根，结构体表面多量腐殖质-黏粒胶膜，模糊平滑过渡。

Btr1：62～90cm，亮黄棕色（10YR 7/6，干），亮黄棕色（10YR 6/8，润），黏壤土，中等发育的大角块状结构，坚实，少量细根，结构体表面少量腐殖质、铁锰胶膜，多量黏粒胶膜，模糊平滑过渡。

Btr2： 90～125cm，亮黄棕色（10YR 7/6，干），亮黄棕色（10YR 6/8，润），黏壤土，弱发育的大角块状结构，坚实，很少细根，结构体表面少量腐殖质胶膜，少量铁锰-黏粒胶膜，很少中度风化的棱角-次棱角状小岩石碎屑。

箭竹系代表性单个土体物理性质

土层	深度 /cm	石砾 (>2mm，体积分数) /%	细土颗粒组成(粒径：mm)/(g/kg)			质地	容重 /(g/cm³)
			砂粒 2～0.05	粉粒 0.05～0.002	黏粒 <0.002		
Ah	0～13	0	213	384	403	黏土	1.35
Bw	13～35	<2	288	353	359	黏壤土	1.36
Bt	35～62	0	221	408	371	黏壤土	1.39
Btr1	62～90	0	284	375	340	黏壤土	1.50
Btr2	90～125	<2	202	420	378	黏壤土	1.54

箭竹系代表性单个土体化学性质

深度 /cm	pH		有机碳(C) /(g/kg)	全氮(N) /(g/kg)	全磷(P) /(g/kg)	全钾(K) /(g/kg)	CEC₇ /[cmol(+)/kg]	游离铁(Fe) /(g/kg)	有效磷(P) /(mg/kg)
	H₂O	KCl							
0～13	5.2	4.6	7.7	1.17	0.33	28.9	18.0	43.6	3.0
13～35	5.7	5.0	7.2	0.98	0.28	28.3	15.5	43.1	2.4
35～62	5.9	5.1	6.5	0.79	0.23	31.6	23.7	45.3	1.7
62～90	6.0	5.2	4.20	0.63	0.24	35.1	21.6	49.9	0.4
90～125	6.1	5.3	3.7	0.49	0.17	38.6	17.6	43.3	0.4

9.18.3 胡家岩系（Hujiayan Series）

土　　族：黏壤质硅质混合型酸性热性-斑纹铁质湿润淋溶土
拟定者：袁大刚，陈剑科，付宏阳

分布与环境条件 分布于岳池、广安等丘陵台地，成土母质为第四系更新统沉积物，旱地；中亚热带湿润气候，年均日照 1241～1342h，年均气温 17.0～17.2℃，1 月平均气温 6.0～6.5℃，7 月平均气温 27.3～28.0℃，年均降水量 1020～1034 mm，年干燥度 0.72～0.74。

胡家岩系典型景观

土系特征与变幅 具淡薄表层、聚铁网纹层、黏化层、湿润土壤水分状况、氧化还原特征、热性土壤温度状况、铁质特性；有效土层厚度 100～150 cm，黏化层出现于距矿质土表 125 cm 范围内，B 层均有铁质特性，矿质土表下 50～100 cm 范围内有氧化还原特征，表层土壤质地为黏壤土，排水差。

对比土系 任家沟系、云华系，同亚类不同土族，酸碱反应类别为非酸性。

利用性能综述 所处区域地势平缓，土体深厚，但分布位置相对较高，灌溉不便，发展旱作，应注意增施有机肥，改良土壤结构、控制土壤酸性。

参比土种 面黄泥土（C142）。

代表性单个土体 位于广安市岳池县九龙镇胡家岩村 6 组，30°29′59.3″N，106°27′24.1″E，丘陵台地，海拔 372m，成土母质为第四系更新统沉积物，旱地，麦/玉/苕套作，土表下 50 cm 深度处土温为 18.87℃。2016 年 7 月 22 日调查，编号为 51-170。

胡家岩系代表性单个土体剖面

Ap:　0～20 cm，浊黄橙色（10YR7/4，干），亮黄棕色（10YR 6/6，润），黏壤土，中等发育的屑粒状结构，稍坚实，渐变平滑过渡。

Btrl1:　20～44 cm，浊黄橙色（10YR 7/4，干），亮黄棕色（10YR 6/8，润），粉质黏壤土，中等发育的中角块状结构，坚实，结构体表面中量黏粒胶膜，少量铁锰斑纹，多量红-黄-白相间的聚铁网纹体，模糊平滑过渡。

Btrl2:　44～65 cm，浅黄橙色（10YR 8/4，干），亮黄棕色（10YR 6/8，润），粉质黏壤土，中等发育的中角块状结构，坚实，结构体表面中量黏粒胶膜，多量铁锰斑纹，多量红-黄-白相间的聚铁网纹体，渐变平滑过渡。

Btrl3:　65～95 cm，浊黄橙色（10YR 7/4，干），亮黄棕色（10YR 6/8，润），粉质黏壤土，中等发育的中角块状结构，坚实，结构体表面中量黏粒胶膜，中量铁锰斑纹，多量红-黄-白相间的聚铁网纹体，渐变平滑过渡。

Brl:　95～130 cm，浊黄橙色（10YR 7/4，干），亮黄棕色（10YR 6/8，润），粉质黏壤土，中等发育的中角块状结构，坚实，少量铁锰斑纹，多量红-黄-白相间的聚铁网纹体。

胡家岩系代表性单个土体物理性质

土层	深度/cm	石砾（>2mm，体积分数）/%	细土颗粒组成(粒径：mm)/(g/kg)			质地	容重/(g/cm³)
			砂粒 2～0.05	粉粒 0.05～0.002	黏粒 <0.002		
Ap	0～20	0	240	482	278	黏壤土	1.32
Btrl1	20～44	0	180	542	278	粉质黏壤土	1.65
Btrl2	44～65	0	183	524	293	粉质黏壤土	1.63
Btrl3	65～95	0	188	501	312	粉质黏壤土	1.65
Brl	95～130	0	171	508	321	粉质黏壤土	1.63

胡家岩系代表性单个土体化学性质

深度/cm	pH H₂O	pH KCl	有机碳(C)/(g/kg)	全氮(N)/(g/kg)	全磷(P)/(g/kg)	全钾(K)/(g/kg)	CEC₇/[cmol(+)/kg]	游离铁(Fe)/(g/kg)	有效磷(P)/(mg/kg)
0～20	5.0	3.5	8.5	0.86	0.47	10.3	13.2	20.6	10.5
20～44	5.1	3.5	2.4	0.32	0.14	8.7	13.8	26.3	3.5
44～65	5.2	3.4	2.6	0.30	0.13	9.3	14.6	30.7	2.5
65～95	5.2	3.4	2.3	0.30	0.12	9.6	17.0	33.5	3.1
95～130	5.2	3.4	2.6	0.27	0.30	11.3	17.8	35.2	2.9

9.18.4 禹王庙系（Yuwangmiao Series）

土　族：黏壤质硅质混合型非酸性温性-斑纹铁质湿润淋溶土
拟定者：袁大刚，付宏阳，蒲光兰

分布与环境条件　分布于青川、广元、平武等低山中部缓坡，成土母质为前震旦系阴平组千枚岩夹白云质大理岩、凝灰岩坡积物，旱地；北亚热带湿润气候，年均日照 1338～1389h，年均气温 13.5～14.8℃，1 月平均气温 2.3～4.0℃，7 月平均气温 23.5～24.3℃，年均降水量 866～1027 mm，年干燥度 0.70～0.87。

禹王庙系典型景观

土系特征与变幅　具淡薄表层、黏化层、湿润土壤水分状况、氧化还原特征、温性土壤温度状况、铁质特性；有效土层厚度 100～150 cm，黏化层出现于距矿质土表 125 cm 范围内，B 层均有铁质特性，矿质土表下 50～100 cm 范围内有氧化还原特征，表层土壤质地为粉质黏壤土，排水中等。

对比土系　桥楼系，空间位置相邻，同亚类不同土族，矿物学类别为长石混合型。

利用性能综述　土体深厚，但结构不良，应增施有机肥，改良土壤结构，测土配方施肥，提高土壤肥力。所处区域坡度较大，应注意防治水土流失。

参比土种　灰棕泡土（D112）。

代表性单个土体　位于广元市青川县乔庄镇城郊村禹王庙，32°35′27.6″N，105°13′42.9″E，低山中部缓坡，海拔 857m，坡度为 8°，坡向为东 117°，成土母质为前震旦系阴平组千枚岩夹白云质大理岩、凝灰岩坡积物，旱地，麦/玉/豆套作，土表下 50 cm 深度处土温为 15.47℃。2015 年 8 月 12 日调查，编号为 51-091。

禹王庙系代表性单个土体剖面

Ap: 0～17 cm，浊黄橙色（10YR 7/4，干），黄棕色（10YR 5/6，润），粉质黏壤土，中等发育的屑粒状结构，疏松，很少中度风化的棱角-次棱角状中小岩石碎屑，清晰波状过渡。

Btr1: 17～36 cm，浊黄橙色（10YR 7/4，干），橙色（7.5YR 6/8，润），粉质黏壤土，强发育的大棱块状结构，稍坚实，结构体表面多量铁锰-黏粒胶膜，少量灰白色条带状离铁基质，模糊平滑过渡。

Btr2: 36～78 cm，亮黄棕色（10YR 7/6，干），亮棕色（7.5YR 5/8，润），粉质壤土，强发育的大棱块状结构，坚实，结构体表面多量铁锰-黏粒胶膜，少量灰白色条带状离铁基质，模糊平滑过渡。

Btr3: 78～110 cm，亮黄棕色（10YR 7/6，干），亮棕色（7.5YR 5/6，润），粉质壤土，中等发育的大棱块状结构，坚实，结构体表面多量铁锰-黏粒胶膜，很少中度风化的棱角-次棱角状小岩石碎屑，模糊平滑过渡。

Btr4: 110～126 cm，亮黄棕色（10YR 7/6，干），亮棕色（7.5YR 5/8，润），粉质壤土，轻度发育的棱块状结构，坚实，结构体表面中量铁锰-黏粒胶膜，很少中度风化的棱角-次棱角状小岩石碎屑。

禹王庙系代表性单个土体物理性质

土层	深度 /cm	石砾 (>2mm，体积分数) /%	细土颗粒组成(粒径：mm)/(g/kg)			质地	容重 /(g/cm³)
------	---------	------	砂粒 2～0.05	粉粒 0.05～0.002	黏粒 <0.002		
Ap	0～17	<2	146	517	337	粉质黏壤土	1.27
Btr1	17～36	0	132	526	342	粉质黏壤土	1.40
Btr2	36～78	0	264	533	203	粉质壤土	1.53
Btr3	78～110	<2	330	546	124	粉质壤土	1.55
Btr4	110～126	<2	320	572	108	粉质壤土	1.66

禹王庙系代表性单个土体化学性质

深度 /cm	pH(H₂O)	有机碳(C) /(g/kg)	全氮(N) /(g/kg)	全磷(P) /(g/kg)	全钾(K) /(g/kg)	CEC₇ /[cmol(+)/kg]	游离铁(Fe) /(g/kg)	有效磷(P) /(mg/kg)
0～17	7.5	10.4	0.50	0.61	19.9	24.5	20.8	6.9
17～36	7.1	6.2	0.21	0.35	21.2	19.5	20.5	6.5
36～78	6.2	3.8	0.19	0.29	21.2	24.2	25.4	0.4
78～110	6.1	3.5	0.16	0.37	19.6	23.6	23.3	0.2
110～126	6.0	2.3	0.16	0.40	19.1	21.8	22.9	0.01

9.18.5 公议系（Gongyi Series）

土　族：黏壤质硅质混合型非酸性热性-斑纹铁质湿润淋溶土
拟定者：袁大刚，樊瑜贤，蒲光兰

分布与环境条件 分布于崇州、邛崃、大邑、蒲江等高阶地，成土母质为第四系更新统洪冲积物，有林地；中亚热带湿润气候，年均日照 1118～1180h，年均气温 16.0～16.4℃，1 月平均气温 5.3～5.8℃，7 月平均气温 25.3～25.7℃，年均降水量 1089～1297 mm，年干燥度 0.53～0.69。

公议系典型景观

土系特征与变幅 具淡薄表层、聚铁网纹层、黏化层、湿润土壤水分状况、氧化还原特征、热性土壤温度状况、铁质特性；有效土层厚度≥150 cm，黏化层出现于距矿质土表 125 cm 范围内，B 层均有铁质特性，矿质土表下 50～100 cm 范围内有氧化还原特征，土体中少到中量大砾石，质地构型为粉质黏壤土-壤土-黏壤土，排水中等。

对比土系 云华系，同土族不同土系，表层土壤质地为黏壤土，土体中未见砾石。任家沟系，同土族不同土系，通体为粉质黏壤土，土体中很少小砾石。

利用性能综述 土体深厚，但位置偏远，宜发展林业。

参比土种 厚层卵石黄泥土（C145）。

代表性单个土体 位于成都市崇州市公议乡天冬堰村 17 组，30°42′13.1″N，103°34′39.5″E，高阶地，海拔 716m，成土母质为第四系更新统洪冲积物，有林地，土表下 50 cm 深度处土温为 17.51℃。2015 年 2 月 9 日调查，编号为 51-008。

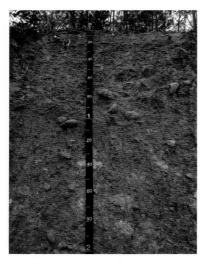

公议系代表性单个土体剖面

Ah:　0～20 cm，浊黄棕色（10YR 5/4，干），棕色（10YR 4/6，润），粉质黏壤土，强发育的中亚角块状结构，坚实，很少微风化的圆-次圆状中小砾石，渐变平滑过渡。

Btr1：20～55 cm，浊黄棕色（10YR 5/4，干），黄棕色（10YR 5/6，润），壤土，强发育的大棱块状结构，极坚实，结构体表面具中量黏粒胶膜和多量铁锰胶膜，很少微风化的圆-次圆状中小砾石，渐变平滑过渡。

Btr2：55～100 cm，浊黄棕色（10YR 5/4，干），黄棕色（10YR 5/8，润），黏壤土，强发育的大棱块状结构，极坚实，结构体表面具中量黏粒胶膜和多量铁锰胶膜，中量微风化的圆状大砾石，清晰波状过渡。

Btl：　100～150 cm，亮黄棕色（10YR 6/6，干），黄棕色（10YR 5/8，润），黏壤土，中等发育的大棱块状结构，很坚实，结构体表面具中量黏粒胶膜，中量红-黄-白相间的聚铁网纹体，多量微风化的-强风化的圆-次圆状中-很大砾石，模糊平滑过渡。

Bl：150～220cm，黄棕色（10YR 5/6，干），黄棕色（10YR 5/8，润），黏壤土，中等发育的大棱块状结构，很坚实，多量红-黄-白相间的聚铁网纹体，多量微风化的-强风化的圆-次圆状中-很大砾石。

公议系代表性单个土体物理性质

土层	深度/cm	石砾（>2mm，体积分数）/%	细土颗粒组成(粒径：mm) /(g/kg)			质地	容重/(g/cm³)
			砂粒 2～0.05	粉粒 0.05～0.002	黏粒 <0.002		
Ah	0～20	<2	179	519	302	粉质黏壤土	1.23
Btr1	20～55	<2	286	483	231	壤土	1.48
Btr2	55～100	5	224	487	289	黏壤土	1.62
Btl	100～150	20	279	338	383	黏壤土	1.60
Bl	150～220	20	325	383	292	黏壤土	1.62

公议系代表性单个土体化学性质

深度/cm	pH		有机碳(C)/(g/kg)	全氮(N)/(g/kg)	全磷(P)/(g/kg)	全钾(K)/(g/kg)	CEC₇/[cmol(+)/kg]	游离铁(Fe)/(g/kg)
	H₂O	KCl						
0～20	5.0	3.8	12.3	1.66	0.05	16.2	13.4	20.6
20～55	5.7	5.6	4.6	0.94	0.02	17.3	13.1	26.0
55～100	5.7	4.2	2.6	0.34	0.002	15.7	13.4	27.3
100～150	5.5	4.0	2.9	0.38	0.13	12.6	13.8	49.8
150～220	5.4	4.0	2.6	0.40	0.17	9.4	12.4	50.9

9.18.6 任家沟系（Renjiagou Series）

土　　族：黏壤质硅质混合型非酸性热性-斑纹铁质湿润淋溶土
拟定者：袁大刚，陈剑科，付宏阳

分布与环境条件　分布于仪陇、南部、阆中等丘陵台地，成土母质为第四系更新统冲积物，旱地；中亚热带湿润气候，年均日照 1409～1566h，年均气温 16.7～17.4℃，1 月平均气温 6.1～6.5℃，7 月平均气温 26.9～27.6℃，年均降水量 966～1110 mm，年干燥度0.79～0.83。

任家沟系典型景观

土系特征与变幅　具淡薄表层、黏化层、湿润土壤水分状况、氧化还原特征、热性土壤温度状况、铁质特性；有效土层厚度 100～150 cm，黏化层出现于距矿质土表 125 cm 范围内，B 层均有铁质特性，矿质土表下 50～100 cm 范围内有氧化还原特征，土体中很少小砾石，通体为粉质黏壤土，排水中等。

对比土系　公议系，同土族不同土系，有聚铁网纹层，质地构型为粉质黏壤土-壤土-黏壤土，土体中少到中量大砾石。云华系，同土族不同土系，质地构型为黏壤土-粉质壤土，土体中未见砾石。

利用性能综述　所处区域地势平坦，但分布位置较高，灌溉不便，宜旱作，应增施有机肥，改善土壤结构，增施磷、钾肥，提高土壤肥力。

参比土种　面黄泥土（C142）。

代表性单个土体　位于南充市仪陇县度门镇任家沟村，31°17′24.8″N，106°14′30.4″E，丘陵台地，海拔 405m，成土母质为第四系更新统冲积物，旱地，撂荒，土表下 50 cm 深度处土温为 18.55℃。2016 年 7 月 28 日调查，编号为 51-185。

任家沟系代表性单个土体剖面

Ah：　0～20 cm，亮黄棕色（10YR 7/6，干），黄棕色（10YR 5/6，润），粉质黏壤土，中等发育的中角块状结构，坚实，中量细根，少量中根，结构体表面少量铁锰胶膜，渐变平滑过渡。

Btr1：20～45cm，浊黄橙色（10YR 7/4，干），黄棕色（10YR 5/6，润），粉质黏壤土，中等发育的大角块状结构，很坚实，少量细根，很少中度风化的次圆状小砾石，结构体表面少量铁锰胶膜，中量腐殖质-黏粒胶膜，渐变平滑过渡。

Btr2：45～85cm，浊黄橙色（10YR 7/4，干），黄棕色（10YR 5/6，润），粉质黏壤土，强发育的大棱块状结构，极坚实，很少细根，很少中度风化的次圆状小砾石，结构体表面少量铁锰和中量黏粒胶膜，模糊平滑过渡。

Btr3：85～105cm，浊黄橙色（10YR 7/3，干），黄棕色（10YR 5/6，润），粉质黏壤土，强发育的大棱块状结构，极坚实，很少细根，很少中度风化的次圆状小砾石，结构体表面结构体少量铁锰和中量黏粒胶膜，模糊平滑过渡。

Btr4：105～130 cm，浊黄橙色（10YR 7/3，干），黄棕色（10YR 5/6，润），粉质黏壤土，中等发育的大棱块状结构，极坚实，很少细根，结构体表面少量铁锰和中量黏粒胶膜。

任家沟系代表性单个土体物理性质

土层	深度 /cm	石砾 (>2mm，体积分数) /%	细土颗粒组成(粒径：mm)/(g/kg)			质地	容重 /(g/cm³)
			砂粒 2～0.05	粉粒 0.05～0.002	黏粒 <0.002		
Ah	0～20	—	192	539	270	粉质黏壤土	1.54
Btr1	20～45	<2	192	535	273	粉质黏壤土	1.45
Btr2	45～85	<2	197	527	276	粉质黏壤土	1.54
Btr3	85～105	<2	180	547	273	粉质黏壤土	1.54
Btr4	105～130	—	179	542	279	粉质黏壤土	1.54

任家沟系代表性单个土体化学性质

深度 /cm	pH		有机碳(C) /(g/kg)	全氮(N) /(g/kg)	全磷(P) /(g/kg)	全钾(K) /(g/kg)	CEC₇ / [cmol(+)/kg]	游离铁(Fe) /(g/kg)	有效磷(P) /(mg/kg)
	H₂O	KCl							
0～20	5.8	4.0	3.6	0.45	0.16	12.9	14.2	24.0	1.2
20～45	6.1	4.4	5.1	0.50	0.15	13.9	13.3	21.7	0.9
45～85	6.2	4.7	3.7	0.50	0.13	14.5	12.8	21.5	0.8
85～105	6.4	4.7	3.6	0.45	0.14	15.2	10.7	18.1	0.8
105～130	6.5	4.6	3.6	0.44	0.16	13.9	10.0	16.7	0.2

9.18.7 云华系（Yunhua Series）

土　族：黏壤质硅质混合型非酸性热性-斑纹铁质湿润淋溶土
拟定者：袁大刚，樊瑜贤，蒲光兰

分布与环境条件 分布于双流、新津、邛崃、蒲江等高阶地，成土母质为第四系更新统沉积物，排水中等，旱地；中亚热带湿润气候，年均日照 1118～1236h，年均气温 16.0～16.4℃，1 月平均气温 5.1～5.6℃，7 月平均气温 25.2～25.7℃，年均降水量 890～1244 mm。

云华系典型景观

土系特征与变幅 具淡薄表层、黏化层、湿润土壤水分状况、氧化还原特征、热性土壤温度状况；有效土层厚度>150 cm，铁锰结核聚集层出现于 20～55 cm 和 80～130 cm，质地构型为黏壤土–粉质壤土。

对比土系 公议系，同土族不同土系，有聚铁网纹层，质地构型为粉质黏壤土–壤土–黏壤土，土体中少到中量大砾石。任家沟系，同土族不同土系，通体为粉质黏壤土，土体中很少小砾石。

利用性能综述 土体深厚，保水保肥性能较好，宜种作物多，但熟化度低的土壤板结难耕，供肥缓慢，应注意用养结合，多施有机肥，早施追肥。

参比土种 面黄泥土（C142）。

代表性单个土体 位于成都市双流区胜利镇云华村 7 组，30°32′03.7″N，103°55′44.0″E，高阶地，海拔 537m，成土母质为第四系更新统沉积物，旱地，种植蔬菜，土表下 50 cm 深度处土温为 18.32℃。2015 年 1 月 27 日调查，编号为 51-001。

Ap: 　0～20 cm，浊黄橙色（10YR 6/4，干），棕色（10YR 4/6，润），黏壤土，强发育的屑粒状结构，坚实，清晰平滑过渡。

Br: 　20～54cm，浊黄橙色（10YR 6/4，干），黄棕色（10YR 5/8，润），粉质壤土，中等发育的大角块状结构，很坚实，结构体内多量小球形铁锰结核，渐变平滑过渡。

Btr1: 54～80cm，浊黄橙色（10YR 6/4，干），黄棕色（10YR 5/6，润），粉质壤土，中等发育的大角块状结构，很坚实，结构体表面具铁锰-黏粒胶膜，结构体内中量直径<2mm 的铁锰结核，中量灰白色条带状离铁基质，渐变平滑过渡。

云华系代表性单个土体剖面

Btr2：80～130cm，浊黄橙色（10YR 7/4，干），亮黄棕色（10YR 6/6，润），粉质壤土，中等发育的大角块状结构，很坚实，结构体表面具铁锰-黏粒胶膜，结构体内中量小球形铁锰结核，表现为自上而下含量逐渐增加，在距矿质土表 100cm 左右区域铁锰结核明显集聚，渐变平滑过渡。

Bw：130～150cm，亮黄棕色（10YR 7/6，干），亮黄棕色（10YR 6/8，润），粉质壤土，中等发育的大角块状结构，极坚实。

云华系代表性单个土体物理性质

| 土层 | 深度 /cm | 石砾 (>2mm，体积分数) /% | 细土颗粒组成(粒径：mm)/(g/kg) | | | 质地 | 容重 /(g/cm³) |
			砂粒 2～0.05	粉粒 0.05～0.002	黏粒 <0.002		
Ap	0～20	0	212	515	273	黏壤土	1.38
Br	20～54	0	191	568	241	粉质壤土	1.49
Btr1	54～80	0	229	508	264	粉质壤土	1.67
Btr2	80～130	0	244	567	189	粉质壤土	1.67
Bw	130～150	0	162	632	206	粉质壤土	1.67

云华系代表性单个土体化学性质

| 深度 /cm | pH | | 有机碳(C) /(g/kg) | 全氮(N) /(g/kg) | 全磷(P) /(g/kg) | 全钾(K) /(g/kg) | CEC₇ / [cmol(+)/kg] | 游离铁(Fe) /(g/kg) | 有效磷(P) /(mg/kg) |
	H₂O	KCl							
0～20	5.3	3.7	6.9	0.88	0.35	16.3	18.5	16.4	17.1
20～54	5.6	4.4	4.6	0.91	0.08	17.9	22.2	21.5	0.2
54～80	5.8	4.1	3.3	0.60	0.05	18.6	21.9	17.5	0.4
80～130	5.7	4.3	2.5	0.41	0.05	15.5	19.2	23.1	0.2
130～150	6.2	4.9	1.7	0.22	0.07	15.1	16.2	25.8	0.3

9.18.8 桥楼系（Qiaolou Series）

土　　族：黏壤质长石混合型非酸性温性-斑纹铁质湿润淋溶土
拟定者：袁大刚，付宏阳，张　楚

分布与环境条件 分布于青川、广元、平武等低山下部陡坡，成土母质为志留系茂县群灰、灰绿色偶夹紫红色绢云英千枚岩夹泥质结晶灰岩坡积物，其他林地；北亚热带湿润气候，年均日照 1338～1389 h，年均气温 13.5～14.8℃，1 月平均气温 2.3～4.0℃，7 月平均气温 23.5～24.3℃，年均降水量 866～1027 mm，年干燥度 0.70～0.87。

桥楼系典型景观

土系特征与变幅 具淡薄表层、黏化层、湿润土壤水分状况、氧化还原特征、温性土壤温度状况、铁质特性；有效土层厚度 100～150 cm，黏化层出现于距矿质土表 125 cm 范围内，B 层均有铁质特性，矿质土表下 50～100 cm 范围内有氧化还原特征，表层土壤质地为粉质壤土，排水中等。

对比土系 禹王庙系，空间位置相邻，同亚类不同土族，矿物学类别为硅质混合型。

利用性能综述 土体深厚，但坡度较大，宜发展林业，保持水土。

参比土种 灰棕泡土（D112）。

代表性单个土体 位于广元市青川县桥楼乡河西村 1 组，32°29′45.9″N，104°56′18.3″E，低山下部陡坡，海拔 856m，坡度为 30°，坡向为东南 115°，成土母质为志留系茂县群灰、灰绿色偶夹紫红色绢云英千枚岩夹泥质结晶灰岩坡积物，其他林地，土表下 50 cm 深度处土温为 15.70℃。2015 年 8 月 13 日调查，编号为 51-092。

桥楼系代表性单个土体剖面

Ah：　0～15cm，浊黄橙色（10YR 7/4，干），黄棕色（10YR 5/6，润），粉质壤土，中等发育的小亚角块状结构，疏松，多量细根，结构体表面中量锈斑纹，少量中度风化的棱角-次棱角状中小岩石碎屑，渐变平滑过渡。

Btr1：15～30cm，浊黄橙色（10YR 7/4，干），黄棕色（10YR 5/6，润），壤土，中等发育的中角块状结构，稍坚实，多量细根，中量蚂蚁，结构体表面中量黏粒胶膜，中量锈斑纹，中量锰斑，少量中度风化的棱角-次棱角状中小岩石碎屑，渐变平滑过渡。

Btr2：30～50cm，浊黄橙色（10YR 7/4，干），黄棕色（10YR 5/6，润），壤土，中等发育的大棱块状结构，坚实，中量细根，结构体表面多量黏粒胶膜，多量锈斑纹，多量锰斑，中量中度风化的棱角-次棱角状中小岩石碎屑，渐变平滑过渡。

Btr3：50～65cm，浊黄橙色（10YR 7/4，干），黄棕色（10YR 5/6，润），壤土，中等发育的大棱块状结构，坚实，少量细根，结构体表面多量黏粒胶膜，多量锈斑纹，多量锰斑，少量中度风化的棱角-次棱角状中小岩石碎屑，渐变平滑过渡。

Btr4：65～88cm，亮黄棕色（10YR 7/6，干），棕色（10YR 4/6，润），壤土，中等发育的大棱块状结构，坚实，很少细根，结构体表面多量黏粒胶膜，多量锈斑纹，多量锰斑，少量中度风化的棱角-次棱角状中小岩石碎屑，模糊平滑过渡。

Btr5：88～116cm，亮黄棕色（10YR 7/6，干），棕色（10YR 4/6，润），壤土，中等发育的大棱块状结构，坚实，结构体表面多量黏粒胶膜，中量锈斑纹，中量锰斑，中量中度风化的棱角-次棱角状中小岩石碎屑。

桥楼系代表性单个土体物理性质

土层	深度/cm	石砾(>2mm, 体积分数)/%	细土颗粒组成(粒径：mm)/(g/kg)			质地	容重/(g/cm³)
			砂粒 2～0.05	粉粒 0.05～0.002	黏粒 <0.002		
Ah	0～15	2	279	501	220	粉质壤土	1.30
Btr1	15～30	5	351	410	239	壤土	1.33
Btr2	30～50	8	375	445	180	壤土	1.64
Btr3	50～65	5	374	398	228	壤土	1.67
Btr4	65～88	5	370	390	241	壤土	1.69
Btr5	88～116	8	426	346	228	壤土	1.71

桥楼系代表性单个土体化学性质

深度 /cm	pH		有机碳(C) /(g/kg)	全氮(N) /(g/kg)	全磷(P) /(g/kg)	全钾(K) /(g/kg)	CEC$_7$ /[cmol(+)/kg]	游离铁(Fe) /(g/kg)
	H$_2$O	KCl						
0~15	5.9	5.1	9.1	0.40	0.22	21.8	15.5	19.2
15~30	6.0	5.2	8.1	0.30	0.28	24.0	18.5	19.1
30~50	6.3	5.5	2.5	0.30	0.64	26.1	19.7	19.9
50~65	6.3	5.5	2.2	0.29	0.38	25.9	20.5	19.7
65~88	6.4	5.5	2.0	0.31	0.40	26.7	15.3	20.6
88~116	6.4	5.6	1.9	0.34	0.39	27.8	13.2	19.7

9.18.9　塘坝系（Tangba Series）

土　　族：黏壤质混合型非酸性热性-斑纹铁质湿润淋溶土
拟定者：袁大刚，付宏阳，陈剑科

分布与环境条件　分布于犍为、沐川、五通桥等低丘坡麓微坡，成土母质为三叠系须家河组黄灰色页岩、粉砂岩、砂岩残坡积物，水田；中亚热带湿润气候，年均日照 968～1178h，年均气温 17.2～17.7℃，1 月平均气温 7.0～7.5℃，7 月平均气温 26.0～26.5℃，年均降水量 1200～1368 mm，年干燥度 0.49～0.64。

塘坝系典型景观

土系特征与变幅　具淡薄表层、黏化层、准石质接触面、湿润土壤水分状况、氧化还原特征、热性土壤温度状况、铁质特性；有效土层厚度 50～100 cm，黏化层出现于距矿质土表 100 cm 范围内，B 层均有铁质特性，矿质土表下 50～100 cm 范围内出现准石质接触面和氧化还原特征，质地通体为壤土，排水中等。

对比土系　下寺系，同亚类不同土族，颗粒大小级别为壤质，矿物学类别为硅质混合型。

利用性能综述　所处区域地势平缓，土体较深厚，但磷、钾养分不足，应增施磷、钾肥。

参比土种　砂黄泥土（C121）。

代表性单个土体　位于乐山市犍为县塘坝乡跃进村 10 组，29°14′23.6″N，103°52′54.8″E，低丘坡麓微坡，海拔 360m，坡度为 5°，坡向为东北 24°，成土母质为三叠系须家河组黄灰色页岩、粉砂岩、砂岩残坡积物，水田，撂荒，土表下 50 cm 深度处土温为 19.57℃。2016 年 8 月 4 日调查，编号为 51-192。

Ap1：0～15 cm，灰黄色（2.5Y 6/2，干），灰棕色（10YR 4/1，润），壤土，强发育的中小亚角块状结构，稍坚实，根系周围和结构体内部少量锈斑纹，很少中度风化的棱角-次棱角状小岩石碎屑，渐变平滑过渡。

Ap2：15～25 cm，灰黄色（2.5Y 6/2，干），灰棕色（10YR 4/1，润），壤土，强发育的中小亚角块状结构，坚实，根系周围和结构体内部中量锈斑纹，很少中度风化的棱角-次棱角状小岩石碎屑，渐变平滑过渡。

Btr1：25～45 cm，灰黄色（2.5Y 6/2，干），灰棕色（10YR 4/1，润），壤土，强发育的大棱块状结构，坚实，根系周围和结构体内部中量锈斑纹，结构体表面多量灰色腐殖质-黏粒胶膜，很少中度风化的棱角-次棱角状小岩石碎屑，渐变平滑过渡。

塘坝系代表性单个土体剖面

Btr2：45～60 cm，浊黄色（2.5Y 6/4，干），棕色（10YR 4/4，润），壤土，中等发育的大棱块状结构，坚实，根系周围和结构体内部中量锈斑纹，结构体表面多量灰色腐殖质-黏粒胶膜，很少中度风化的棱角-次棱角状小岩石碎屑，清晰平滑过渡。

Btr3：60～100 cm，亮黄棕色（2.5Y 7/6，干），亮黄棕色（10YR 6/6，润），壤土，弱发育的大角块状结构，坚实，根系周围和结构体内部少量锈斑纹，结构体表面少量灰色腐殖质-黏粒胶膜，中量中度风化的棱角-次棱角状大小岩石碎屑，突变不规则过渡。

R：　黄灰色砂页岩。

塘坝系代表性单个土体物理性质

| 土层 | 深度 /cm | 石砾 (>2mm，体积分数) /% | 细土颗粒组成(粒径：mm)/(g/kg) | | | 质地 | 容重 /(g/cm³) |
			砂粒 2～0.05	粉粒 0.05～0.002	黏粒 <0.002		
Ap1	0～15	<2	324	422	254	壤土	1.35
Ap2	15～25	<2	337	400	264	壤土	1.41
Btr1	25～45	<2	267	465	268	壤土	1.50
Btr2	45～60	<2	341	452	207	壤土	1.61
Btr3	60～100	5	332	455	212	壤土	1.59

塘坝系代表性单个土体化学性质

深度 /cm	pH H₂O	pH KCl	有机碳(C) /(g/kg)	全氮(N) /(g/kg)	全磷(P) /(g/kg)	全钾(K) /(g/kg)	CEC₇ /[cmol(+)/kg]	游离铁(Fe) /(g/kg)	有效磷(P) /(mg/kg)
0～15	5.9	5.1	19.6	1.77	0.43	18.6	12.7	13.9	4.1
15～25	6.2	5.3	16.3	1.53	0.42	18.0	15.5	15.8	4.3
25～45	6.2	5.4	14.6	1.24	0.47	19.1	12.7	15.3	5.6
45～60	6.3	5.5	8.7	0.92	0.43	18.9	11.5	18.2	2.0
60～100	6.3	5.5	3.1	0.54	0.37	18.1	11.5	18.4	1.6

9.18.10　下寺系（Xiasi Series）

土　　族：壤质硅质混合型非酸性热性-斑纹铁质湿润淋溶土
拟定者：袁大刚，付宏阳，蒲光兰

分布与环境条件　分布于剑阁、利州、昭化等低山侵蚀阶地前缘中坡，成土母质为第四系更新统洪冲积物，水田，侵蚀严重，无法蓄水种稻；中亚热带湿润气候，年均日照 1367～1389h，年均气温 15.4～15.8℃，1 月平均气温 4.4～5.0℃，7 月平均气温 25.4～25.8℃，年均降水量 973～1072 mm，年干燥度 0.78～0.87。

下寺系典型景观

土系特征与变幅　具淡薄表层、黏化层、湿润土壤水分状况、氧化还原特征、热性土壤温度状况、铁质特性；有效土层厚度 100～150 cm，黏化层出现于距矿质土表 125 cm 范围内，B 层均有铁质特性，矿质土表下 50～100 cm 范围内有氧化还原特征，表层土壤质地为粉质黏壤土，排水中等。

对比土系　塘坝系，同亚类不同土族，颗粒大小级别为黏壤质，矿物学类别为混合型。

利用性能综述　土体较深厚，但所处区域坡度较大，应注意防治水土流失。

参比土种　铁杆子黄泥土（C143）。

代表性单个土体　位于广元市剑阁县下寺镇渡口社区，32°17′48.1″N，105°31′44.8″E，低山侵蚀阶地前缘中坡，海拔 559m，坡度为 20°，成土母质为第四系更新统洪冲积物，水田，撂荒 3 年，侵蚀严重，无法蓄水种稻，土表下 50 cm 深度处土温为 17.01℃。2015 年 8 月 12 日调查，编号为 51-089。

Ap1：0～18 cm，浊黄橙色（10YR 6/4，干），棕色（10YR 4/6，润），粉质黏壤土，中等发育的中小亚角块状结构，稍坚实，多量细根，渐变平滑过渡。

Ap2：18～28cm，浊黄橙色（10YR 6/4，干），黄棕色（10YR 5/6，润），粉质壤土，中等发育的中亚角块状结构，坚实，中量细根，少量锈斑纹，渐变平滑过渡。

Btr1：28～38 cm，亮黄棕色（10YR 6/6，干），黄棕色（10YR 5/8，润），粉质壤土，中等发育的大角块状结构，坚实，中量细根，结构体表面中量灰色腐殖质-黏粒胶膜，少量锈斑纹，渐变平滑过渡。

Btr2：38～55 cm，浊黄橙色（10YR 7/3，干），亮黄棕色（10YR 6/6，润），粉质壤土，中等发育的大棱块状结构，坚实，少量细根，结构体表面中量灰色腐殖质-黏粒胶膜，少量锈斑纹，模糊波状过渡。

下寺系代表性单个土体剖面

Btr3：55～95 cm，浊黄橙色（10YR 7/3，干），亮黄棕色（10YR 6/6，润），粉质壤土，中等发育的大棱块状结构，坚实，很少细根，结构体表面多量铁锰-黏粒胶膜，多量小球形铁锰结核，中量灰白色条带状离铁基质，很少中度风化的次圆状-圆状砾石，模糊波状过渡。

Btr4：95～130 cm，亮黄棕色（10YR 7/6，干），亮黄棕色（10YR 6/8，润），壤土，中等发育的大棱块状结构，坚实，结构体表面多量铁锰-黏粒胶膜，多量小球形铁锰结核，中量灰白色条带状离铁基质，很少中度风化的次圆状-圆状砾石。

下寺系代表性单个土体物理性质

土层	深度 /cm	石砾 (>2mm，体积分数) /%	细土颗粒组成(粒径：mm)/(g/kg)			质地	容重 /(g/cm³)
			砂粒 2～0.05	粉粒 0.05～0.002	黏粒 <0.002		
Ap1	0～18	0	157	549	294	粉质黏壤土	1.28
Ap2	18～28	0	156	604	240	粉质壤土	1.49
Btr1	28～38	0	158	605	237	粉质壤土	1.67
Btr2	38～55	0	289	578	134	粉质壤土	1.63
Btr3	55～95	<2	315	526	159	粉质壤土	1.57
Btr4	95～130	<2	292	484	225	壤土	1.53

下寺系代表性单个土体化学性质

深度 /cm	pH		有机碳(C) /(g/kg)	全氮(N) /(g/kg)	全磷(P) /(g/kg)	全钾(K) /(g/kg)	CEC₇ /[cmol(+)/kg]	游离铁(Fe) /(g/kg)	有效磷(P) /(mg/kg)
	H₂O	KCl							
0～18	6.1	5.3	19.6	1.00	0.17	20.4	25.4	18.3	4.1
18～28	6.7	5.8	16.9	0.96	0.42	21.8	19.8	19.3	3.1
28～38	6.8	5.9	15.6	0.54	0.42	21.8	18.7	19.9	2.9
38～55	6.9	6.0	14.1	0.45	0.98	16.1	15.7	19.7	2.5
55～95	6.5	5.6	12.7	0.38	0.32	12.5	17.2	20.1	1.3
95～130	6.1	5.3	7.4	0.36	0.32	17.5	14.0	21.3	0.6

9.19　斑纹简育湿润淋溶土

9.19.1　檀木系（Tanmu Series）

土　　族：壤质长石混合型非酸性热性-斑纹简育湿润淋溶土
拟定者：袁大刚，陈剑科，付宏阳

分布与环境条件　分布于前锋、广安等丘陵上部缓坡，成土母质为侏罗系沙溪庙组紫红色粉砂质泥岩、含粉砂质水云母泥岩与黄灰色长石砂岩、岩屑长石石英砂岩残坡积物，水改旱；中亚热带湿润气候，年均日照 1241～1342 h，年均气温 16.9～17.5℃，1 月平均气温 5.8～6.6℃，7 月平均气温 27.5～27.9℃，年均降水量 1020～1034 mm，年干燥度0.72～0.74。

檀木系典型景观

土系特征与变幅　具淡薄表层、黏化层、准石质接触面、湿润土壤水分状况、氧化还原特征、热性土壤温度状况；有效土层厚度 50～100 cm，黏化层出现于距矿质土表 100 cm 范围内，准石质接触面出现于矿质土表下 50～100 cm 范围内，表层土壤质地为粉质壤土，排水中等。

对比土系　塘坝系，同亚纲不同土类，具铁质特性。

利用性能综述　所处区域地势平缓，土体较深厚，但应注意防治水土流失，同时应测土配方施肥。

参比土种　酸紫砂泥土（N122）。

代表性单个土体　位于广安市前锋区新桥乡檀木村 3 组，30°30′01.7″N，106°49′42.6″E，丘陵上部缓坡，海拔 353m，坡度为 8°，坡向为西南 173°，成土母质为侏罗系沙溪庙组紫红色粉砂质泥岩、含粉砂质水云母泥岩与黄灰色长石砂岩、岩屑长石石英砂岩残坡积物，水改旱 3 年，麦/玉/苕套作，土表下 50 cm 深度处土温为 18.97℃。2016 年 7 月 22 日调查，编号为 51-172。

Ap1: 0~16cm，浊橙色（7.5YR 6/4，干），棕色（7.5YR 4/4，润），粉质壤土，中等发育的屑粒状结构，疏松，很少中度风化的次棱角状中小岩石碎屑，渐变平滑过渡。

Ap2: 16~24 cm，棕色（7.5YR 6/4，干），暗棕色（7.5YR 3/4，润），粉质壤土，中等发育的屑粒状结构，疏松，很少中度风化的次棱角状中小岩石碎屑，渐变平滑过渡。

Br: 24~32cm，浊棕色（7.5YR 6/3，干），棕色（7.5YR 4/4，润），粉质壤土，中等发育的中亚角块状结构，稍坚实，根系周围中量锈斑纹，很少中度风化的次棱角状中小岩石碎屑，清晰平滑过渡。

Btr1: 32~48 cm，浊橙色（7.5YR 6/4，干），棕色（7.5YR 4/4，润），壤土，中等发育的大棱块状结构，很坚实，结构体表面中量灰色腐殖质-黏粒胶膜，根系周围中量锈斑纹，很少中度风化的次棱角状中小岩石碎屑，模糊平滑过渡。

檀木系代表性单个土体剖面

Btr2: 48~74cm，浊棕色（7.5YR 6/3，干），棕色（7.5YR 4/4，润），壤土，中等发育的大棱块状结构，很坚实，结构体表面多量灰色腐殖质-黏粒胶膜，根系周围多量锈斑纹，很少中度风化的次棱角状中小岩石碎屑，突变平滑过渡。

R: 74~85cm，黄灰色砂岩。

檀木系代表性单个土体物理性质

| 土层 | 深度 /cm | 石砾 (>2mm，体积分数) /% | 细土颗粒组成(粒径：mm)/(g/kg) | | | 质地 | 容重 /(g/cm³) |
			砂粒 2~0.05	粉粒 0.05~0.002	黏粒 <0.002		
Ap1	0~16	<2	306	508	186	粉质壤土	1.29
Ap2	16~24	<2	307	506	187	粉质壤土	1.32
Br	24~32	<2	302	537	161	粉质壤土	1.36
Btr1	32~48	<2	403	493	104	壤土	1.44
Btr2	48~74	<2	469	437	93	壤土	1.47

檀木系代表性单个土体化学性质

| 深度 /cm | pH | | 有机碳(C) /(g/kg) | 全氮(N) /(g/kg) | 全磷(P) /(g/kg) | 全钾(K) /(g/kg) | CEC₇ /[cmol(+)/kg] | 游离铁(Fe) /(g/kg) | 铁游离度 /% | 有效磷(P) /(mg/kg) |
	H₂O	KCl								
0~16	5.5	3.7	9.6	1.01	0.28	22.1	22.1	10.0	26.7	6.1
16~24	5.2	3.6	8.5	0.81	0.25	22.7	22.7	10.0	25.8	1.1
24~32	5.6	3.9	7.2	0.71	0.20	22.7	22.0	10.5	26.6	1.1
32~48	6.4	4.7	5.3	0.56	0.20	20.5	21.4	10.7	27.8	1.4
48~74	6.6	5.0	4.9	0.43	0.21	21.4	22.8	10.9	28.4	2.2

第 10 章　雏　形　土

10.1　暗色潮湿寒冻雏形土

10.1.1　葛卡系（Geka Series）

土　　族：黏壤质混合型非酸性-暗色潮湿寒冻雏形土
拟定者：袁大刚，张　楚，宋易高

分布与环境条件　分布于道孚葛卡等高山坡麓缓坡，成土母质为第四系全新统洪积物，天然牧草地；高原亚寒带湿润气候，年均日照 2079～2605h，年均气温 2.7～3.0℃，1 月平均气温–7.2～–6.3℃，7 月平均气温 10.4～11.0℃，年均降水量 579～926 mm，年干燥度<0.94。

葛卡系典型景观

土系特征与变幅　具暗沃表层、雏形层、有机土壤物质、潮湿土壤水分状况、氧化还原特征、冷性土壤温度状况、冻融特征，既有盐基饱和土层，也有盐基不饱和土层；有效土层厚度≥150 cm，有机土壤物质出现于 50 cm 以下，厚度>100 cm；地表粗碎块占地表面积<5%，可见石环、冻胀丘，表层土壤质地为壤土，排水中等。

对比土系　麦昆系，同亚类不同土族，颗粒大小级别为壤质盖粗骨壤质，矿物学类别为长石混合型，无有机土壤物质。

利用性能综述　土层深厚，但海拔高，气候寒冷，宜发展牧草业，注意防止超载放牧。

参比土种　中层黑毡土（W114）。

代表性单个土体 位于甘孜藏族自治州道孚县葛卡乡葛卡村松林口，30°48′08.6″N，101°17′18.7″E，高山坡麓缓坡，海拔 3703m，坡度为 7°，坡向为东南 127°，成土母质为第四系全新统洪积物，天然牧草地，土表下 50 cm 深度处土温为 7.19℃。2015 年 7 月 21 日调查，编号为 51-052。

Ahr: 0~20 cm，灰黄棕色（10YR 5/2，干），黑棕色（10YR 3/1，润），壤土，中等发育的小团粒状结构，疏松，多量根系，根系周围少量锈斑纹，少量微风化的棱角-次棱角状小岩石碎屑，少量蚯蚓，清晰平滑过渡。

Br: 20~58 cm，棕灰色（10YR 5/1，干），黑棕色（10YR 3/1，润），粉质黏壤土，中等发育的小鳞片状-亚角块状结构，疏松，中量细根，根系周围少量锈斑纹，突变平滑过渡。

Oe1: 58~100 cm，暗红棕色（5YR 3/3，干），黑棕色（5YR 2/1，润），半腐有机土壤物质，极疏松，少量细根，渐变平滑过渡。

Oe2: 100~155 cm，黑棕色（10YR 3/2，干），黑色（2.5Y 2/1，润），半腐有机土壤物质，极疏松，少量细根，渐变平滑过渡。

葛卡系代表性单个土体剖面

Oe3: 155~170 cm，黑棕色（10YR 3/2，干），黑色（2.5Y 2/1，润），半腐有机土壤物质，极疏松，极少量细根。

葛卡系代表性单个土体物理性质

土层	深度 /cm	石砾 (>2mm, 体积分数) /%	细土颗粒组成(粒径: mm)/(g/kg)			质地	容重 /(g/cm³)
			砂粒 2~0.05	粉粒 0.05~0.002	黏粒 <0.002		
Ahr	0~20	3	369	437	194	壤土	1.02
Br	20~58	0	104	577	319	粉质黏壤土	1.39
Oe1	58~100	0	566	217	217	砂质黏壤土	0.21
Oe2	100~155	0	669	176	155	砂质壤土	0.23
Oe3	155~170	0	565	272	163	砂质壤土	0.20

葛卡系代表性单个土体化学性质

深度 /cm	pH		有机碳(C) /(g/kg)	全氮(N) /(g/kg)	全磷(P) /(g/kg)	全钾(K) /(g/kg)	CEC₇ /[cmol(+)/kg]	盐基饱和度 /%	C/N
	H₂O	KCl							
0~20	6.7	6.0	38.1	1.58	1.17	26.2	24.9	61.4	24.1
20~58	6.2	4.8	24.8	1.20	0.56	32.2	23.9	57.0	20.7
58~100	5.6	4.4	449.5	19.25	0.68	3.6	96.6	34.8	23.4
100~155	4.9	3.8	437.0	19.12	0.50	4.4	96.9	23.9	22.9
155~170	4.9	4.2	464.8	18.57	0.51	3.6	95.7	26.1	25.0

10.1.2 麦昆系（Maikun Series）

土　　族：壤质盖粗骨壤质长石混合型非酸性-暗色潮湿寒冻雏形土
拟定者：袁大刚，张　楚，张俊思

分布与环境条件　分布于阿坝、红原、壤塘等高山河谷阶地，成土母质为第四系全新统洪冲积物，上部混杂三叠系扎尕山组灰色变质长石石英砂岩、岩屑石英砂岩与灰色粉砂质板岩、粉砂岩、绢云板岩夹生物碎屑砂岩坡积物，天然牧草地；高原亚寒带半湿润气候，年均日照 1844～2352h，年均气温 0.5～2.8℃，1 月平均气温 -10.9～-6.9℃，7 月平均气温 10.3～11.0℃，年均降水量 712～756 mm，年干燥度 1.11～1.15。

麦昆系典型景观

土系特征与变幅　具暗沃表层、雏形层、潮湿土壤水分状况、氧化还原特征、冷性土壤温度状况、冻融特征；有效土层厚度≥150 cm，土体中石砾含量 15%以上，地表粗碎块占地表面积 5%～15%，可见石环、冻胀丘，质地通体为粉质壤土，排水中等。

对比土系　葛卡系，同亚类不同土族，颗粒大小级别为黏壤质，矿物学类别为混合型，具有机土壤物质。

利用性能综述　土层深厚，但石砾含量高，所处区域海拔高，气候寒冷，宜发展牧草业，但应防止超载放牧。

参比土种　新积黑砂土（K182）。

代表性单个土体　位于阿坝藏族羌族自治州阿坝县麦昆乡蚕木扎村，32°54′51.9″N，101°50′06.7″E，高山河谷阶地，海拔 3578m，成土母质为第四系全新统洪冲积物，上部混杂三叠系扎尕山组灰色变质长石石英砂岩、岩屑石英砂岩与灰色粉砂质板岩、粉砂岩、绢云板岩夹生物碎屑砂岩坡积物，天然牧草地，土表下 50 cm 深度处土温为 5.44℃。2015 年 8 月 15 日调查，编号为 51-098。

Ah: 0～20 cm，灰黄棕色（10YR 4/2，干），黑棕色（10YR 2/2，润），粉质壤土，中等发育的小亚角块状结构，稍坚实-坚实，多量细根，多量微风化的棱角-次棱角状小到很大的岩石碎屑，轻度石灰反应，渐变平滑过渡。

Br: 20～45 cm，灰黄棕色（10YR 4/2，干），黑棕色（10YR 3/2，润），粉质壤土，中等发育的小亚角块状结构，稍坚实-坚实，中量细根，少量橙色锈斑纹，多量微风化的棱角-次棱角状小到很大的岩石碎屑，轻度石灰反应，清晰平滑过渡。

2Br: 45～75 cm，浊黄棕色（10YR 5/4，干），浊黄棕色（10YR 4/3，润），粉质壤土，中等发育的小鳞片状-亚角块状结构，稍坚实-坚实，中量细根，中量橙色锈斑纹，多量微风化的次棱角状-次圆状大小岩石碎屑，轻度石灰反应，底部具层理面，清晰平滑过渡。

麦昆系代表性单个土体剖面

2Cr1: 75～110 cm，浊黄棕色（10YR 5/4，干），浊黄棕色（10YR 4/3，润），砂质壤土，很坚实，中量细根，多量橙色锈斑纹，很多微风化的次棱角状-次圆状小块到大块的砾石，轻度石灰反应，底部具层理面，清晰平滑过渡。

2Cr2: 110～128 cm，浊黄橙色（10YR 6/4，干），棕色（10YR 4/4，润），砂质壤土，很坚实，中量细根，中量橙色锈斑纹，很多微风化的次棱角状-次圆状大小砾石，底部具层理面，清晰平滑过渡。

2Cr3: 128～150 cm，浊黄橙色（10YR 6/4，干），浊黄棕色（10YR 5/4，润），很坚实，很少橙色锈斑，极多微风化的次棱角状-次圆状中到很大的砾石。

麦昆系代表性单个土体物理性质

土层	深度 /cm	石砾 (>2mm，体积分数) /%	细土颗粒组成(粒径：mm)/(g/kg)			质地	容重 /(g/cm³)
			砂粒 2～0.05	粉粒 0.05～0.002	黏粒 <0.002		
Ah	0～20	25	325	531	145	粉质壤土	0.98
Br	20～45	20	327	529	144	粉质壤土	1.18
2Br	45～75	15	280	624	96	粉质壤土	1.20
2Cr1	75～110	70	714	191	95	砂质壤土	1.23
2Cr2	110～128	75	618	287	96	砂质壤土	1.32
2Cr3	128～150	90	—	—	—	—	—

麦昆系代表性单个土体化学性质

深度 /cm	pH(H$_2$O)	有机碳(C) /(g/kg)	全氮(N) /(g/kg)	全磷(P) /(g/kg)	全钾(K) /(g/kg)	CEC$_7$ /[cmol(+)/kg]	碳酸钙相当物 /(g/kg)	C/N
0～20	7.0	31.4	1.62	0.65	24.7	16.9	12	19.4
20～45	7.6	14.6	1.32	0.64	25.3	16.7	9	11.1
45～75	7.5	13.4	1.02	0.63	26.2	13.9	10	13.1
75～110	7.7	12.2	0.71	0.60	25.1	11.5	8	17.2
110～128	7.9	8.5	0.69	0.58	22.0	11.0	6	12.3

10.2　潜育潮湿寒冻雏形土

10.2.1　红原系（Hongyuan Series）

土　　族：壤质混合型非酸性–潜育潮湿寒冻雏形土
拟定者：袁大刚，张　楚，张俊思

分布与环境条件　分布于红原、阿坝、若尔盖等丘状高原河流低阶地，成土母质为第四系全新统洪冲积物，天然牧草地；高原亚寒带半湿润气候，年均日照 2393～2418 h，年均气温 0.3～1.2℃，1 月平均气温–11.6～–10.0℃，7 月平均气温 9.6～10.4℃，年均降水量 648～753 mm，年干燥度 1.02～1.18。

红原系典型景观

土系特征与变幅　具淡薄表层、雏形层、潮湿土壤水分状况、氧化还原特征、潜育特征、冷性土壤温度状况、冻融特征；有效土层厚度 50～100 cm，潜育特征出现于矿质土表下 50～100 cm 范围内，地表可见冻胀丘，表层土壤质地为粉质壤土，排水中等。

对比土系　壤口系，空间位置相邻，不同土纲，潜育特征出现于距矿质土表 50cm 范围内。

利用性能综述　所处区域地势平坦开阔，产草量高，但应合理放牧，防止载畜过量。

参比土种　厚层砾质草甸砂壤土（P113）。

代表性单个土体　位于阿坝藏族羌族自治州红原县壤口乡壤口村，32°18′21.9″N，102°28′51.6″E，丘状高原河流低阶地，海拔 3632m，成土母质为第四系全新统洪冲积物，天然牧草地，土表下 50 cm 深度处土温为 4.96℃。2015 年 8 月 15 日调查，编号为 51-099。

红原系代表性单个土体剖面

Ah：0～20 cm，浊黄棕色（10YR 5/3，干），黑棕色（10YR 3/2，润），粉质壤土，强发育中小亚角块状结构，稍坚实-坚实，多量细根，根系周围极少量锈斑纹，无亚铁反应，清晰平滑过渡。

Br1：20～40 cm，浊黄橙色（10YR 7/4，干），棕色（10YR 4/4，润），粉质壤土，中等发育的中小鳞片状-亚角块状结构，很坚实，中量细根，结构体内部多量锈斑纹，无亚铁反应，清晰平滑过渡。

Br2：40～55 cm，浊黄橙色（10YR 7/3，干），浊黄棕色（10YR 4/3，润），壤土，中等发育的中小亚角块状结构，坚实，中量细根，结构体内部中量锈斑纹，中量微风化的圆-次圆状中小砾石，无亚铁反应，清晰平滑过渡。

Br3：55～74 cm，浊黄橙色（10YR 6/3，干），棕色（10YR 4/4，润），砂质壤土，中等发育的中小亚角块状结构，稍坚实-坚实，少量细根，结构体内部少量锈斑纹，很多微风化的圆-次圆状中小砾石，无亚铁反应，清晰平滑过渡。

Bg：74～90 cm，浊黄橙色（10YR 6/3，干），灰黄棕色（10YR 4/4，润），砂质壤土，中等发育的中小亚角块状结构，稍坚实-坚实，结构体内部极少量锈斑纹，多量微风化的圆-次圆状中小砾石，中度亚铁反应。

红原系代表性单个土体物理性质

土层	深度/cm	石砾(>2mm，体积分数)/%	细土颗粒组成(粒径：mm)/(g/kg)			质地	容重/(g/cm³)
			砂粒 2～0.05	粉粒 0.05～0.002	黏粒 <0.002		
Ah	0～20	0	265	539	196	粉质壤土	0.93
Br1	20～40	0	177	581	242	粉质壤土	1.13
Br2	40～55	12	423	433	144	壤土	1.14
Br3	55～74	50	598	284	117	砂质壤土	1.15
Bg	74～90	30	619	282	99	砂质壤土	1.17

红原系代表性单个土体化学性质

深度/cm	pH		有机碳(C)/(g/kg)	全氮(N)/(g/kg)	全磷(P)/(g/kg)	全钾(K)/(g/kg)	CEC$_7$/[cmol(+)/kg]	C/N
	H$_2$O	KCl						
0～20	5.4	4.2	38.7	3.16	1.29	27.3	21.7	12.3
20～40	5.8	4.5	17.5	1.01	0.82	30.8	13.1	17.3
40～55	6.0	4.1	16.8	0.90	0.78	25.4	11.1	18.62
55～74	6.1	4.8	16.4	0.94	0.70	24.8	10.8	17.5
74～90	6.5	4.8	15.2	0.84	0.65	24.4	7.9	18.1

10.3　普通草毡寒冻雏形土

10.3.1　年龙系（Nianlong Series）

土　族：粗骨壤质长石混合型非酸性-普通草毡寒冻雏形土
拟定者：袁大刚，张　楚，宋易高

分布与环境条件　分布于色达、石渠等高山下部中缓坡，成土母质为三叠系侏倭组砂岩与板岩坡积物，天然牧草地；高原亚寒带半湿润气候，年均日照 2451～2526 h，年均气温–2.2～–1.8℃，1 月平均气温–13.4～–12.8℃，7 月平均气温 7.7～8.2℃，年均降水量 569～644 mm，年干燥度 1.26～1.39。

年龙系典型景观

土系特征与变幅　具草毡表层、暗沃表层、雏形层、半干润土壤水分状况、冷性土壤温度状况、冻融特征；有效土层厚度 100～150 cm，土壤中岩石碎屑可达 20%以上，地表粗碎块占地表面积<5%，可见石环、冻胀丘，表层土壤质地为砂质壤土，排水中等。

对比土系　塔子系，空间位置相近，同亚纲不同土类，无草毡表层，具暗沃表层和氧化还原特征。

利用性能综述　土体深厚，但石砾含量高，地处高寒区域且坡度较大，宜发展牧草业，同时注意防止超载放牧，保护植被，防治水土流失。

参比土种　厚层草毡土（V111）。

代表性单个土体　位于甘孜藏族自治州色达县年龙乡色拉村（色年路 19.5 km），32°25′47.5″N，100°24′01.5″E，高山下部中缓坡，海拔 4240m，坡度为 15°，坡向为东 82°，成土母质为三叠系侏倭组砂岩与板岩坡积物，天然牧草地，土表下 50 cm 深度处土温为 2.59℃。2015 年 7 月 17 日调查，编号为 51-040。

年龙系代表性单个土体剖面

Ah1：0～20 cm，暗棕色（10YR 3/4，干），黑色（10YR 2/1，润），砂质壤土，中等发育的小团粒状结构，疏松，多量细根，多量微风化的棱角–次棱角状岩石碎屑中小岩石碎屑，渐变平滑过渡。

Ah2：20～45 cm，暗棕色（10YR 3/4，干），黑色（10YR 2/1，润），壤土，中等发育的小亚角块状结构，疏松，多量细根，很多微风化的棱角–次棱角状岩石碎屑中小岩石碎屑，清晰平滑过渡。

AB：45～70 cm，暗棕色（10YR 3/4，干），黑色（10YR 2/1，润），壤土，中等发育的中小亚角块状结构，稍坚实–坚实，中量细根，多量微风化的棱角–次棱角状岩石碎屑中小岩石碎屑，渐变平滑过渡。

Bw1：70～120 cm，暗棕色（10YR 3/4，干），黑色（10YR 2/1，润），粉质壤土，中等发育的中小亚角块状结构，稍坚实–坚实，少量细根，多量微风化的棱角–次棱角状岩石碎屑中小岩石碎屑，清晰平滑过渡。

Bw2：120～130 cm，浊黄橙色（10YR 6/4，干），棕色（10YR 4/4，润），砂质壤土，中等发育的大中亚角块状结构，稍坚实–坚实，很少细根，多量微风化的棱角–次棱角状岩石碎屑中小岩石碎屑。

年龙系代表性单个土体物理性质

| 土层 | 深度 /cm | 石砾 (>2mm，体积分数) /% | 细土颗粒组成(粒径：mm)/(g/kg) | | | 质地 | 容重 /(g/cm³) |
			砂粒 2～0.05	粉粒 0.05～0.002	黏粒 <0.002		
Ah1	0～20	20	473	469	58	砂质壤土	0.87
Ah2	20～45	45	500	394	106	壤土	0.92
AB	45～70	35	462	370	168	壤土	0.91
Bw1	70～120	25	356	531	114	粉质壤土	0.88
Bw2	120～130	35	484	476	40	砂质壤土	1.41

年龙系代表性单个土体化学性质

深度 /cm	pH(H₂O)	有机碳(C) /(g/kg)	全氮(N) /(g/kg)	全磷(P) /(g/kg)	全钾(K) /(g/kg)	CEC₇ /[cmol(+)/kg]	C/N
0～20	5.7	49.3	3.35	1.42	25.0	26.5	14.7
20～45	6.0	40.3	2.49	1.23	26.1	23.4	16.2
45～70	6.2	41.6	2.40	1.30	23.2	25.6	17.3
70～120	6.1	45.9	2.73	1.57	23.1	27.5	16.8
120～130	6.8	5.9	0.55	0.55	25.4	9.1	10.8

10.4　石灰暗沃寒冻雏形土

10.4.1　恩洞系（Endong Series）

土　族：壤质长石混合型-石灰暗沃寒冻雏形土
拟定者：袁大刚，张　楚，宋易高

分布与环境条件　分布于德格、甘孜等高山河谷阶地，成土母质为第四系全新统洪冲积物，天然牧草地；高原亚寒带半湿润气候，年均日照 2044～2642 h，年均气温 3.1～3.5℃，1 月平均气温–6.5～–6.1℃，7 月平均气温 11.2～11.9℃，年均降水量 612～636 mm，年干燥度 1.48～1.50。

恩洞系典型景观

土系特征与变幅　具暗沃表层、雏形层、半干润土壤水分状况、冷性土壤温度状况、冻融特征、石灰性；有效土层厚度≥150 cm，地表可见冻胀丘，表层土壤质地为壤土，排水中等。

对比土系　绒岔系，空间位置相近，不同土纲，无雏形层，表层土壤质地为砂质壤土。

利用性能综述　所处区域地势平坦，土体深厚，但海拔较高、气候寒冷，可发展林草业，同时注意防止超载放牧。

参比土种　厚层黑毡土（W113）。

代表性单个土体　位于甘孜藏族自治州德格县错阿乡恩洞村，31°48′42.0″N，99°25′46.5″E，高山河谷阶地，海拔 3715m，成土母质为第四系全新统洪冲积物，天然牧草地，土表下50 cm 深度处土温为 6.94℃。2015 年 7 月 19 日调查，编号为 51-045。

恩洞系代表性单个土体剖面

Ah1：0～25 cm，浊黄棕色（10YR 5/4，干），暗棕色（10YR 3/3，润），壤土，强发育的小亚角块状结构，疏松，多量细根，很少微风化的棱角-次棱角状小岩石碎屑，轻度石灰反应，清晰平滑过渡。

Ah2：25～55 cm，暗棕色（10YR 3/4，干），黑棕色（10YR 2/1，润），粉质壤土，强发育的小亚角块状结构，疏松，中量细根，少量微风化的棱角-次棱角状小岩石碎屑，轻度石灰反应，渐变波状过渡。

Bw1：55～80 cm，浊黄橙色（10YR 6/3，干），棕色（10YR 4/4，润），粉质壤土，中等发育的大角块状结构，极坚实，很少细根，中量微风化的棱角-次棱角状小岩石碎屑，轻度石灰反应，渐变波状过渡。

Bw2：80～110 cm，浊黄橙色（10YR 6/4，干），棕色（10YR 4/4，润），粉质壤土，中等发育的大角块状结构，极坚实，少量黑色有机质斑块，中量微风化的棱角-次棱角状小岩石碎屑，轻度石灰反应，渐变波状过渡。

Bw3：110～160 cm，浊黄橙色（10YR 6/4，干），棕色（10YR 4/4，润），粉质壤土，中等发育的大角块状结构，极坚实，少量微风化的棱角-次棱角状小岩石碎屑，轻度石灰反应。

恩洞系代表性单个土体物理性质

| 土层 | 深度/cm | 石砾(>2mm, 体积分数)/% | 细土颗粒组成(粒径：mm)/(g/kg) | | | 质地 | 容重/(g/cm³) |
			砂粒 2～0.05	粉粒 0.05～0.002	黏粒 <0.002		
Ah1	0～25	<2	481	402	118	壤土	1.20
Ah2	25～55	6	273	587	140	粉质壤土	1.14
Bw1	55～80	14	286	564	150	粉质壤土	1.50
Bw2	80～110	9	231	577	192	粉质壤土	1.34
Bw3	110～160	4	136	672	192	粉质壤土	1.46

恩洞系代表性单个土体化学性质

深度/cm	pH(H₂O)	有机碳(C)/(g/kg)	全氮(N)/(g/kg)	全磷(P)/(g/kg)	全钾(K)/(g/kg)	CEC₇/[cmol(+)/kg]	碳酸钙相当物/(g/kg)	C/N
0～25	7.7	13.7	1.59	0.71	20.8	20.2	10	8.6
25～55	6.6	17.3	1.76	0.87	23.2	19.5	10	9.8
55～80	7.0	4.3	0.47	0.44	24.8	9.0	11	9.0
80～110	6.9	7.8	0.55	0.36	28.3	10.3	10	14.1
110～160	7.2	4.9	0.61	0.57	28.3	10.2	10	8.02

10.5 斑纹暗沃寒冻雏形土

10.5.1 塔子系（**Tazi Series**）

土　　族：粗骨壤质硅质混合型非酸性-斑纹暗沃寒冻雏形土
拟定者：袁大刚，张　楚，宋易高

分布与环境条件 分布于色达、壤塘、石渠等高山洪积扇扇缘中缓坡，成土母质为三叠系新都桥组砂岩、板岩夹薄层灰岩坡洪积物，天然牧草地；高原亚寒带半湿润气候，年均日照 2451～2526h，年均气温 0.5～1.7 ℃，1 月平均气温–10.7～–8.0℃，7 月平均气温 10.1～10.9℃，年均降水量 569～644 mm，年干燥度 1.26～1.39。

塔子系典型景观

土系特征与变幅 具暗沃表层、雏形层、滞水土壤水分状况、氧化还原特征、冷性土壤温度状况、冻融特征；有效土层厚度 100～150 cm，氧化还原特征出现于 25 cm 以下，土壤中岩石碎屑可达 25%以上，地表粗碎块占地表面积<5%，可见石环，表层土壤质地为壤土，排水中等。

对比土系 年龙系，空间位置相近，同亚纲不同土类，有草毡表层，无氧化还原特征。

利用性能综述 土体深厚，但所处区域海拔高且坡度较大，宜发展牧草业，同时注意防止超载放牧，防治水土流失。

参比土种 厚层黑毡土（W113）。

代表性单个土体　位于甘孜藏族自治州色达县塔子乡吉泽村，32°04′38.6″N，100°18′19.1″E，高山洪积扇扇缘中缓坡，海拔3792m，坡度为15°，坡向为东北60°，成土母质为三叠系新都桥组砂岩、板岩夹薄层灰岩坡洪积物，天然牧草地，土表下50cm深度处土温为6.03℃。2015年7月18日调查，编号为51-041。

塔子系代表性单个土体剖面

Ah1：0～14 cm，棕色（10YR 4/4，干），黑棕色（10YR 2/3，润），壤土，中等发育的小团粒状结构，疏松，多量细根，多量中度风化的棱角-次棱角状中小岩石碎屑，少量蚯蚓活动，渐变平滑过渡。

Ah2：14～26 cm，浊黄棕色（10YR 5/4，干），暗棕色（10YR 3/3，润），壤土，中等发育的小亚角块状结构，疏松，多量细根，多量中度风化的棱角-次棱角状中小岩石碎屑，清晰平滑过渡。

Br1：26～45 cm，棕色（10YR 4/4，干），暗棕色（10YR 3/4，润），壤土，中等发育的中小亚角块状结构，稍坚实-坚实，中量细根，中量锈斑纹，多量中度风化的棱角-次棱角状中小岩石碎屑，清晰平滑过渡。

Br2：45～65 cm，棕色（10YR 4/4，干），暗棕色（10YR 3/3，润），壤土，中等发育的中小亚角块状结构，稍坚实-坚实，中量细根，多量锈斑纹，多量中度风化的棱角-次棱角状中小岩石碎屑，轻度石灰反应，清晰平滑过渡。

Br3：65～95 cm，浊黄棕色（10YR 5/4，干），黑棕色（10YR 3/2，润），砂质壤土，中等发育的中小亚角块状结构，稍坚实-坚实，少量细根，少量锈斑纹，很多中度风化的棱角-次棱角状中小岩石碎屑，模糊平滑过渡。

Br4：95～125 cm，浊黄棕色（10YR 5/4，干），黑棕色（10YR 2/3，润），壤土，中等发育的中小亚角块状结构，稍坚实-坚实，很少细根，少量锈斑纹，多量中度风化的棱角-次棱角状中小岩石碎屑。

塔子系代表性单个土体物理性质

土层	深度 /cm	石砾 (>2mm，体积分数) /%	细土颗粒组成(粒径：mm)/(g/kg)			质地	容重 /(g/cm³)
			砂粒 2～0.05	粉粒 0.05～0.002	黏粒 <0.002		
Ah1	0～14	40	468	387	145	壤土	0.82
Ah2	14～26	40	516	339	145	壤土	0.90
Br1	26～45	40	519	385	96	壤土	0.86
Br2	45～65	25	422	433	144	壤土	1.02
Br3	65～95	50	569	335	96	砂质壤土	1.24
Br4	95～125	38	475	382	143	壤土	1.24

塔子系代表性单个土体化学性质

深度 /cm	pH(H₂O)	有机碳(C) /(g/kg)	全氮(N) /(g/kg)	全磷(P) /(g/kg)	全钾(K) /(g/kg)	CEC₇ /[cmol(+)/kg]	C/N
0~14	6.9	58.8	4.40	1.13	19.4	22.3	13.4
14~26	7.1	43.1	3.19	1.00	20.6	18.5	13.5
26~45	7.2	50.9	3.01	0.83	21.4	15.7	16.9
45~65	7.6	27.1	2.56	0.88	25.0	16.4	10.6
65~95	7.8	11.6	1.44	0.72	25.0	12.5	8.1
95~125	7.9	11.4	1.54	0.84	24.2	12.5	7.4

10.6　普通暗沃寒冻雏形土

10.6.1　麦尔玛系（Mai'erma Series）

土　　族：黏壤质盖粗骨质长石混合型非酸性–普通暗沃寒冻雏形土
拟定者：袁大刚，张　楚，张俊思

分布与环境条件　分布于阿坝、红原、壤塘等丘状高原山丘顶部缓坡，成土母质为三叠系扎尕山组灰褐色长石细砂岩、微晶灰岩与板岩残坡积物，天然牧草地；高原亚寒带半湿润气候，年均日照 2352～2418h，年均气温 0.7～1.6℃，1 月平均气温–10.7～–9.6℃，7 月平均气温 10.5～10.8℃，年均降水量 712～756 mm，年干燥度 1.02～1.15。

麦尔玛系典型景观

土系特征与变幅　具暗沃表层、雏形层、半干润土壤水分状况、冷性土壤温度状况、冻融特征，盐基饱和；有效土层厚度 30～50 cm，地表粗碎块占地表面积<5%，可见石环，表层土壤质地为粉质壤土，排水中等。

对比土系　麦昆系，空间位置相近，同亚纲不同土类，具暗沃表层、潮湿土壤水分状况和氧化还原特征。

利用性能综述　土体较浅薄，可发展牧草业，但应防止过度放牧，防治鼠害和虫害。

参比土种　中层黑毡土（W114）。

代表性单个土体　位于阿坝藏族羌族自治州阿坝县麦尔玛乡，33°05′24.4″N，102°02′42.7″E，丘状高原山丘顶部缓坡，海拔 3559m，坡度为 5°，坡向为南 190°，成土母质为三叠系扎尕山组灰褐色长石细砂岩、微晶灰岩与板岩残坡积物，天然牧草地，土表下 50 cm 深度处土温为 5.64℃。2015 年 8 月 15 日调查，编号为 51-097。

Ah： 0～20 cm，棕色（10YR 4/4，干），黑棕色（10YR 3/2，润），粉质壤土，强发育中小亚角块状结构，稍坚实-坚实，多量细根，很少微风化的棱角-次棱角状中等大小岩石碎屑，清晰平滑过渡。

AB： 20～40 cm，浊黄棕色（10YR 5/4，干），黑棕色（10YR 2/3，润），粉质黏壤土，强发育中亚角块状结构，坚实，中量细根，少量微风化的棱角-次棱角状中等大小岩石碎屑，清晰平滑过渡。

C： 40～80 cm，亮黄棕色（2.5Y 7/6，干），黄棕色（2.5Y 5/4，润），很少细根，极多微风化的棱角-次棱角状中等大小岩石碎屑。

麦尔玛系代表性单个土体剖面

麦尔玛系代表性单个土体物理性质

| 土层 | 深度 /cm | 石砾 (>2mm，体积分数) /% | 细土颗粒组成(粒径：mm)/(g/kg) | | | 质地 | 容重 /(g/cm³) |
			砂粒 2～0.05	粉粒 0.05～0.002	黏粒 <0.002		
Ah	0～20	<2	69	686	245	粉质壤土	0.87
AB	20～40	3	75	633	292	粉质黏壤土	0.99
C	40～80	85	—	—	—	—	—

麦尔玛系代表性单个土体化学性质

| 深度 /cm | pH | | 有机碳(C) /(g/kg) | 全氮(N) /(g/kg) | 全磷(P) /(g/kg) | 全钾(K) /(g/kg) | CEC₇ /[cmol(+)/kg] | 盐基饱和度 /% | C/N |
	H₂O	KCl							
0～20	6.2	4.8	48.6	3.65	1.00	22.1	28.3	55.9	13.3
20～40	6.1	5.0	31.0	1.75	0.79	23.7	21.9	60.2	17.7

10.7　钙积简育寒冻雏形土

10.7.1　更知系（Gengzhi Series）

土　　族：壤质长石混合型-钙积简育寒冻雏形土
拟定者：袁大刚，张　楚，宋易高

分布与环境条件　分布于炉霍、甘孜等丘状高原山丘中上部缓坡，成土母质为黄土，天然牧草地；高原亚寒带半湿润气候，年均日照 2605～2642h，年均气温 3.3～3.5℃，1 月平均气温–6.7～–6.5℃，7 月平均气温 11.6～11.9℃，年均降水量 636～652 mm，年干燥度 1.56～1.59。

更知系典型景观

土系特征与变幅　具淡薄表层、钙积层、钙积现象、半干润土壤水分状况、冷性土壤温度状况、冻融特征、石灰性；有效土层厚度 100～150 cm，钙积层位于距矿质土表 15cm以下，地表粗碎块占地表面积 5%～15%，可见石环，表层土壤质地为粉质壤土，排水中等。

对比土系　忠仁达系，空间位置相近，不同土纲，无钙积层，温性土壤温度状况，土壤中石砾含量≥55%。

利用性能综述　土体深厚，可发展牧草业，但应防止超载放牧，防治鼠害和草害。

参比土种　厚层黑毡土（W113）。

代表性单个土体　位于甘孜藏族自治州炉霍县更知乡前进村，31°38′22.6″N，100°14′38.2″E，丘状高原山丘中上部缓坡，海拔 3679m，坡度为 8°，坡向为南 165°，成土母质为黄土，天然牧草地，土表下 50 cm 深度处土温为 7.28℃。2015 年 7 月 20 日调查，编号为 51-048。

Ah:　0～16 cm，棕色（10YR 4/4，干），棕色（10YR 4/4，润），粉质壤土，强发育的小亚角块状结构，稍坚实-坚实，多量细根，轻度石灰反应，渐变平滑过渡。

Bk1:　16～30 cm，浊棕色（7.5YR 6/3，干），棕色（10YR 4/4，润），粉质壤土，强发育的中小亚角块状结构，很坚实，中量细根，很少白色假菌丝体，很少角块状大碳酸钙结核，轻度石灰反应，清晰平滑过渡。

Bk2:　30～80 cm，浊棕色（7.5YR 6/3，干），棕色（10YR 4/6，润），粉质壤土，强发育的大棱块状结构，极坚实，很少细根，多量白色假菌丝体，少量角块状大碳酸钙结核，中度石灰反应，清晰平滑过渡。

Bk3:　80～100 cm，浊棕色（7.5YR 6/4，干），棕色（10YR 4/6，润），粉土，中等发育的大棱块状结构，极坚实，很少细根，少量白色假菌丝体，少量角块状大碳酸钙结核，中度石灰反应，模糊平滑过渡。

更知系代表性单个土体剖面

Bk4:　100～125 cm，浊棕色（10YR 6/4，干），棕色（10YR 4/6，润），粉质壤土，弱发育的大角块状结构，极坚实，很少白色假菌丝体，少量角块状大碳酸钙结核，中度石灰反应。

更知系代表性单个土体物理性质

土层	深度 /cm	石砾 (>2mm, 体积分数) /%	细土颗粒组成(粒径：mm)/(g/kg)			质地	容重 /(g/cm³)
			砂粒 2～0.05	粉粒 0.05～0.002	黏粒 <0.002		
Ah	0～16	0	123	682	195	粉质壤土	1.14
Bk1	16～30	0	81	774	145	粉质壤土	1.34
Bk2	30～80	0	132	771	96	粉质壤土	1.36
Bk3	80～100	0	91	813	96	粉土	1.38
Bk4	100～125	0	136	720	144	粉质壤土	1.41

更知系代表性单个土体化学性质

深度 /cm	pH(H₂O)	有机碳(C) /(g/kg)	全氮(N) /(g/kg)	全磷(P) /(g/kg)	全钾(K) /(g/kg)	CEC₇ /[cmol(+)/kg]	碳酸钙相当物 /(g/kg)	C/N
0～16	7.6	17.3	1.45	0.44	23.3	16.1	25	12.0
16～30	7.9	8.0	0.49	0.30	25.4	11.9	41	16.3
30～80	8.5	7.4	0.35	0.37	25.3	11.8	91	21.4
80～100	8.6	6.7	0.33	0.23	23.7	8.0	78	20.5
100～125	8.7	6.1	0.26	0.24	23.7	9.3	72	23.0

10.8　普通简育寒冻雏形土

10.8.1　呷柯系（Gake Series）

土　　族：粗骨砂质硅质混合型非酸性−普通简育寒冻雏形土
拟定者：袁大刚，张　楚，宋易高

分布与环境条件　分布于理塘、雅江等高山中部微坡，成土母质为三叠系雅江组灰色变质岩屑石英砂岩坡洪积物，天然牧草地；高原亚寒带半湿润气候，年均日照 2319～2624 h，年均气温 0.7 ～0.9 ℃，1 月平均气温–8.8～–8.1 ℃，7 月平均气温 7.9～8.4 ℃，年均降水量 706～726 mm，年干燥度 1.28～1.50。

呷柯系典型景观

土系特征与变幅　具淡薄表层、雏形层、半干润土壤水分状况、冷性土壤温度状况、冻融特征、均腐殖质特性；有效土层厚度 30～50cm，土壤中岩石碎屑可高达 70%，地表粗碎块占地表面积 5%～15%，可见石环，表层土壤质地为壤土，排水良好。

对比土系　西俄洛系，空间位置相邻，同土族不同土系，有滞水土壤水分状况和氧化还原特征。

利用性能综述　土体较浅薄，可发展牧草业，但应防止超载放牧。

参比土种　中层草毡土（V112）。

代表性单个土体　位于甘孜藏族自治州理塘县呷柯乡门之哈村（国道 318，3026 路标处），

30°01′39.7″N，100°47′31.9″E，高山中部微坡，海拔 4306m，坡度为 5°，坡向为南 172°，成土母质为三叠系雅江组灰色变质岩屑石英砂岩坡洪积物，天然牧草地，土表下 50 cm 深度处土温为 4.95℃。2015 年 7 月 22 日调查，编号为 51-054。

Ah：0～13 cm，浊黄棕色（10YR 5/3，干），黑棕色（10YR 3/2，润），壤土，中等发育的小亚角块状结构，疏松，多量细根，中量微风化的棱角-次棱角状小岩石碎屑，清晰平滑过渡。

AB：13～30 cm，浊黄橙色（10YR 7/4，干），棕色（10YR 4/6，润），壤土，中等发育的中等大小亚角块状结构，稍坚实-坚实，中量细根，多量微风化的棱角-次棱角状中小岩石碎屑，清晰平滑过渡。

Bw：30～48 cm，浊黄橙色（10YR 7/3，干），棕色（10YR 4/4，润），砂质壤土，中等发育的小亚角块状结构，稍坚实-坚实，少量细根，很多微风化的棱角-次棱角状中小岩石碎屑，清晰平滑过渡。

呷柯系代表性单个土体剖面

C1：48～80 cm，淡黄色（2.5Y 7/4，干），黄棕色（2.5Y 5/4，润），砂质壤土，疏松，很多微风化的棱角-次棱角状大中岩石碎屑，清晰平滑过渡。

C2：80～120 cm，淡黄色（2.5Y 7/4，干），橄榄棕色（2.5Y 4/3，润），壤质砂土，疏松，很多微风化的棱角-次棱角状中小岩石碎屑。

呷柯系代表性单个土体物理性质

| 土层 | 深度 /cm | 石砾 (>2mm，体积分数) /% | 细土颗粒组成(粒径：mm)/(g/kg) | | | 质地 | 容重 /(g/cm³) |
			砂粒 2～0.05	粉粒 0.05～0.002	黏粒 <0.002		
Ah	0～13	8	496	391	113	壤土	0.88
AB	13～30	20	430	389	181	壤土	0.99
Bw	30～48	45	584	351	65	砂质壤土	1.15
C1	48～80	70	670	239	91	砂质壤土	1.23
C2	80～120	70	759	201	40	壤质砂土	1.30

呷柯系代表性单个土体化学性质

| 深度 /cm | pH | | 有机碳(C) /(g/kg) | 全氮(N) /(g/kg) | 全磷(P) /(g/kg) | 全钾(K) /(g/kg) | CEC₇ /[cmol(+)/kg] | C/N |
	H₂O	KCl						
0～13	5.5	4.2	45.7	4.60	2.07	28.3	24.5	9.9
13～30	5.7	4.7	30.5	2.47	1.33	29.0	22.9	12.4
30～48	5.8	4.4	16.3	1.44	0.99	31.9	12.4	11.3
48～80	5.7	4.6	12.0	0.89	0.82	26.2	10.8	13.5
80～120	5.9	3.9	9.1	0.71	0.52	36.9	11.2	12.9

10.8.2　西俄洛系（Xi'eluo Series）

土　　族：粗骨砂质硅质混合型非酸性-普通简育寒冻雏形土
拟定者：袁大刚，张　楚，宋易高

分布与环境条件　分布于雅江、理塘、稻城等高山中部缓坡沟谷地，成土母质为三叠系雅江组深灰色含钙质粉砂质板岩夹灰色中厚层状变质岩屑石英砂岩坡洪积物，天然牧草地；高原亚寒带半湿润气候，年均日照 2319～2624 h，年均气温 0.8～1.1℃，1 月平均气温–9.2～–7.9 ℃，7 月平均气温 8.1～8.6 ℃，年均降水量 706～726 mm，年干燥度 1.28～1.50。

西俄洛系典型景观

土系特征与变幅　具淡薄表层、雏形层、滞水土壤水分状况、氧化还原特征、冷性土壤温度状况、冻融特征，盐基不饱和；有效土层厚度 100～150 cm，土壤中岩石碎屑可达 40%以上，地表粗碎块占地表面积 5%～15%，可见石环，表层土壤质地为粉质壤土，排水良好。

对比土系　呷柯系，空间位置相邻，同土族不同土系，无滞水土壤水分状况和氧化还原特征。

利用性能综述　土体较深厚，但石砾含量高，同时海拔高，气候寒冷，可发展牧草业，但应防止超载放牧。

参比土种　薄层棕毡土（W213）。

代表性单个土体　位于甘孜藏族自治州雅江县西俄洛乡汪堆村，30°01′05.2″N，

100°48′40.2″E，高山中部缓坡沟谷地，海拔 4271m，坡度为 8°，坡向为东北 38°，成土母质为三叠系雅江组深灰色含钙质粉砂质板岩夹灰色中厚层状变质岩屑石英砂岩坡洪积物，天然牧草地，土表下 50 cm 深度处土温为 4.91℃。2015 年 7 月 22 日调查，编号为51-053。

Ahr1：0～10 cm，灰黄棕色（10YR 5/2，干），暗棕色（10YR 3/3，润），粉质壤土，中等发育的小团粒状结构，疏松，多量细根和少量中根，根系周围很少锈斑纹，中量微风化的大小棱角-次棱角状岩石碎屑，清晰平滑过渡。

Ahr2：10～32 cm，灰黄棕色（10YR 5/2，干），暗棕色（10YR 3/3，润），砂质壤土，中等发育的小亚角块状结构，稍坚实，多量细根和中量中根，根系周围很少锈斑纹，多量微风化的棱角-次棱角状中小岩石碎屑，模糊平滑过渡。

Bw1：32～48 cm，灰黄棕色（10YR 6/2，干），浊黄棕色（10YR 4/3，润），砂质壤土，弱发育的鳞片状结构，稍坚实，少量粗根系，很多微风化的棱角-次棱角状中小岩石碎屑，模糊平滑过渡。

西俄洛系代表性单个土体剖面

Bw2：48～70 cm，浊黄橙色（10YR 7/3，干），浊黄棕色（10YR 4/3，润），砂质壤土，弱发育的小亚角块状结构，稍坚实，少量根系，很多微风化的棱角-次棱角状中小岩石碎屑，模糊平滑过渡。

Bw3：70～90 cm，灰黄棕色（10YR 6/2，干），浊黄棕色（10YR 4/3，润），砂质壤土，弱发育的小亚角块状结构，稍坚实，很少根系，很多微风化的棱角-次棱角状中小岩石碎屑，清晰平滑过渡。

C：90～125 cm，浊黄橙色（10YR 6/4，干），棕色（10YR 4/4，润），壤质砂土，稍坚实，很多微风化的棱角-次棱角状中小岩石碎屑。

西俄洛系代表性单个土体物理性质

土层	深度/cm	石砾（>2mm，体积分数）/%	细土颗粒组成(粒径：mm)/(g/kg)			质地	容重/(g/cm³)
			砂粒 2～0.05	粉粒 0.05～0.002	黏粒 <0.002		
Ahr1	0～10	8	275	531	193	粉质壤土	1.01
Ahr2	10～32	30	567	289	144	砂质壤土	1.07
Bw1	32～48	30	615	297	88	砂质壤土	1.29
Bw2	48～70	40	740	196	64	砂质壤土	1.32
Bw3	70～90	40	750	193	57	砂质壤土	1.27
C	90～125	55	757	206	37	壤质砂土	1.31

西俄洛系代表性单个土体化学性质

深度/cm	pH		有机碳(C)/(g/kg)	全氮(N)/(g/kg)	全磷(P)/(g/kg)	全钾(K)/(g/kg)	CEC₇/[cmol(+)/kg]	盐基饱和度/%	C/N
	H₂O	KCl							
0~10	5.6	4.2	28.1	3.04	0.86	22.0	27.3	47.4	9.2
10~32	5.8	4.6	22.5	2.39	0.75	26.0	19.6	66.0	9.4
32~48	6.1	5.0	9.7	1.21	0.57	29.8	11.4	56.7	8.0
48~70	6.7	—	8.4	1.14	0.57	29.2	10.7	—	7.4
70~90	6.8	—	10.5	1.34	0.65	28.3	11.3	—	7.8
90~125	6.8	—	8.7	1.22	0.60	26.2	10.7	—	7.1

10.8.3　折多山系（Zheduoshan Series）

土　族：粗骨砂质长石混合型非酸性–普通简育寒冻雏形土
拟定者：袁大刚，张　楚，宋易高

分布与环境条件　分布于康定、雅江、理塘等高山坡麓中缓坡，成土母质为第四系更新统冰碛物，灌木林地；高原亚寒带半湿润气候，年均日照 1738～2624h，年均气温 0～0.9℃，1 月平均气温–8.8～–8.2℃，7 月平均气温 7.6～8.3℃，年均降水量 706～804 mm，年干燥度 1.01～1.50。

折多山系典型景观

土系特征与变幅　具淡薄表层、雏形层、半干润土壤水分状况、冷性土壤温度状况、冻融特征，盐基不饱和；有效土层厚度 50～100 cm，土壤中岩石碎屑可达 15%以上，地表粗碎块占地表面积 5%～15%，可见石环、冻胀丘，表层土壤质地为砂质壤土，排水中等。

对比土系　西俄洛系，空间位置相近，同亚类不同土族，具滞水土壤水分状况、氧化还原特征，距矿质土表 10 cm 以下土层盐基饱和度>50%。

利用性能综述　土体较深厚，但坡度较大，宜发展林草，防止植被破坏导致水土流失。

参比土种　薄层棕毡土（W213）。

代表性单个土体　位于甘孜藏族自治州康定市折多山口，30°04′39.0″N，101°48′17.8″E，高山坡麓中缓坡，海拔 4322m，坡度为 10°，坡向为南 208°，成土母质为第四系更新统冰碛物，灌木林地，土表下 50 cm 深度处土温为 2.72℃。2015 年 7 月 23 日调查，编号为 51-056。

Ah1：0～14 cm，浊黄棕色（10YR 5/4，干），浊黄棕色（10YR 4/4，润），砂质壤土，强发育的小团粒状结构，疏松，多量根系交织盘结，有一定弹性，铁铲不易挖掘，中量微风化的棱角-次棱角状小岩石碎屑，模糊平滑过渡。

Ah2：14～28 cm，黄棕色（10YR 5/6，干），棕色（10YR 4/6，润），砂质壤土，中等发育的小亚角块状结构，稍坚实，中量细根，中量微风化的棱角-次棱角状小块到中块岩石碎屑，渐变平滑过渡。

Bw1：28～45 cm，浊黄橙色（10YR 6/4，干），黄棕色（10YR 5/6，润），砂质壤土，中等发育的中小亚角块状结构，稍坚实，少量细根，多量微风化的棱角-次棱角状小块到中块岩石碎屑，渐变平滑过渡。

折多山系代表性单个土体剖面

Bw2：45～70 cm，浊黄橙色（10YR7/3，干），浊黄棕色（10YR 5/4，润），砂质壤土，中等发育的鳞片状结构，坚实（冻层），很少细根，多量微风化的棱角-次棱角状小块到大块岩石碎屑，渐变平滑过渡。

Bw3：70～100 cm，浊黄橙色（10YR7/2，干），浊黄橙色（10YR 6/4，润），壤质砂土，弱发育的中小亚角块状结构，坚实（冻层），很多微风化的棱角-次棱角状中块到很大块岩石碎屑。

折多山系代表性单个土体物理性质

土层	深度 /cm	石砾 (>2mm，体积分数) /%	细土颗粒组成（粒径：mm)/(g/kg)			质地	容重 /(g/cm³)
			砂粒 2～0.05	粉粒 0.05～0.002	黏粒 <0.002		
Ah1	0～14	15	607	274	119	砂质壤土	0.84
Ah2	14～28	15	659	302	39	砂质壤土	1.02
Bw1	28～45	25	663	285	52	砂质壤土	1.23
Bw2	45～70	35	665	326	9	砂质壤土	1.65
Bw3	70～100	40	815	170	15	壤质砂土	1.66

折多山系代表性单个土体化学性质

深度 /cm	pH		有机碳(C) /(g/kg)	全氮(N) /(g/kg)	全磷(P) /(g/kg)	全钾(K) /(g/kg)	CEC₇ /[cmol(+)/kg]	盐基饱和度 /%	C/N
	H₂O	KCl							
0～14	4.7	4.1	53.7	2.42	0.69	36.1	23.5	12.5	22.2
14～28	5.6	4.4	26.9	1.78	0.52	41.5	10.0	10.2	15.1
28～45	5.9	4.8	11.8	1.25	0.33	47.3	10.3	10.0	9.5
45～70	6.2	4.9	2.4	0.28	0.18	46.5	3.1	12.6	8.3
70～100	6.4	4.5	2.3	0.30	0.23	50.7	3.6	11.8	7.5

10.9　普通暗色潮湿雏形土

10.9.1　邓家桥系（Dengjiaqiao Series）

土　族：粗骨壤质长石混合型石灰性温性-普通暗色潮湿雏形土
拟定者：袁大刚，张　楚，蒲光兰

分布与环境条件　分布于马尔康、金川、理县、黑水等中山河谷阶地，成土母质为第四系全新统洪冲积物，旱地；山地高原温带半湿润气候，年均日照 2130～2214h，年均气温 8.6～11.0℃，1 月平均气温-0.8～1.8℃，7 月平均气温 16.4～20.6℃，年均降水量 616～761 mm，年干燥度 1.24～1.56。

邓家桥系典型景观

土系特征与变幅　具暗沃表层、雏形层、潮湿土壤水分状况、氧化还原特征、温性土壤温度状况、石灰性；有效土层厚度 50～100cm，矿质土表至 50cm 范围内出现氧化还原特征，厚度>10cm，地表粗碎块占地表面积 15%～40%，耕作层岩石碎屑>25%，质地通体为粉质壤土，排水中等。

对比土系　阿底系，空间位置相近，同土纲不同亚纲，无潮湿土壤水分状况和氧化还原特征。

利用性能综述　所处区域地势平坦，土体较深厚，但耕作层因山洪影响石砾含量高，应防止山洪暴发毁坏农田。

参比土种　卵石底草甸砂壤土（P112）。

代表性单个土体　位于阿坝藏族羌族自治州马尔康县马尔康镇邓家桥村 1 组，

31°56′18.6″N，102°08′06.3″E，中山河谷阶地，海拔 2551m，成土母质为第四系全新统洪冲积物，旱地，撂荒，土表下 50 cm 深度处土温为 12.08℃。2015 年 7 月 2 日调查，编号为 51-027。

邓家桥系代表性单个土体剖面

Ap1: 0～13 cm，暗灰黄色（2.5Y 4/2，干），黑棕色（2.5Y 3/2，润），粉质壤土，强发育的小亚角块状结构，疏松，中量细根，少量蚯蚓，多量微风化的棱角-次棱角状中小岩石碎屑，中度石灰反应，清晰平滑过渡。

Ap2: 13～24 cm，暗灰黄色（2.5Y 4/2，干），黑棕色（2.5Y 3/2，润），粉质壤土，强发育的小亚角块状结构，稍坚实，中量细根，少量玻璃碎屑和塑料薄膜，多量微风化的棱角-次棱角状中小岩石碎屑，中度石灰反应，清晰平滑过渡。

Bw: 24～32 cm，黄棕色（2.5Y 5/4，干），橄榄棕色（2.5Y 4/4，润），粉质壤土，中等发育的中小亚角块状结构，稍坚实-坚实，少量细根，很多微风化的棱角-次棱角状大小岩石碎屑，强度石灰反应，清晰平滑过渡。

Br: 32～50 cm，黄棕色（2.5Y 5/4，干），橄榄棕色（2.5Y 4/4，润），粉质壤土，中等发育的中亚角块状结构，稍坚实-坚实，很少细根，根系周围多量锈斑纹，少量微风化的棱角-次棱角状小岩石碎屑，强度石灰反应，清晰平滑过渡。

BrC: 50～65 cm，橄榄棕色（2.5Y 4/3，干），暗橄榄棕色（2.5Y 3/3，润），粉质壤土，中等发育的小亚角块状结构，稍坚实，很少细根，根系周围中量锈斑纹，多量微风化的次圆状中到很大岩石碎屑，中度石灰反应，清晰平滑过渡。

Cr: 65～80 cm，黄棕色（2.5Y 5/4，干），橄榄棕色（2.5Y 4/4，润），稍坚实，很多微风化的次圆状很大岩石碎屑。

邓家桥系代表性单个土体物理性质

土层	深度/cm	石砾(>2mm，体积分数)/%	细土颗粒组成(粒径：mm)/(g/kg)			质地	容重/(g/cm³)
			砂粒 2～0.05	粉粒 0.05～0.002	黏粒 <0.002		
Ap1	0～13	25	280	624	96	粉质壤土	1.03
Ap2	13～24	30	274	629	97	粉质壤土	1.10
Bw	24～32	35	328	576	96	粉质壤土	1.21
Br	32～50	10	323	629	48	粉质壤土	1.43
BrC	50～65	50	373	530	96	粉质壤土	1.21
Cr	65～80	90	—	—	—	—	—

邓家桥系代表性单个土体化学性质

深度 /cm	pH(H$_2$O)	有机碳(C) /(g/kg)	全氮(N) /(g/kg)	全磷(P) /(g/kg)	全钾(K) /(g/kg)	CEC$_7$ /[cmol(+)/kg]	碳酸钙相当物 /(g/kg)	C/N	有效磷(P) /(mg/kg)
0～13	7.8	26.3	2.22	1.02	24.7	15.3	59	11.8	2.2
13～24	7.9	19.5	1.42	0.98	23.4	13.5	67	13.8	1.3
24～32	8.2	12.9	1.18	0.78	21.4	9.7	81	10.9	1.5
32～50	8.4	5.6	0.39	0.54	19.5	5.1	97	14.4	1.4
50～65	8.4	13.0	1.11	1.00	23.0	9.8	62	11.7	1.5

10.10　石灰淡色潮湿雏形土

10.10.1　顺金系（Shunjin Series）

土　　族：砂质混合型热性-石灰淡色潮湿雏形土
拟定者：袁大刚，樊瑜贤，蒲光兰

分布与环境条件　分布于崇州、双流、新津、大邑等河间地，成土母质为第四系全新统灰色冲积物，旱地；中亚热带带湿润气候，年均日照 1089～1236 h，年均气温 16.0～16.5 ℃，1 月平均气温 5.3～5.7 ℃，7 月平均气温 25.3～25.8 ℃，年均降水量 932～1108 mm，年干燥度 0.61～0.76。

顺金系典型景观

土系特征与变幅　具淡薄表层、肥熟现象、雏形层、潮湿土壤水分状况、氧化还原特征、热性土壤温度状况、石灰性；有效土层厚度≥150 cm，矿质土表至 50 cm 范围内出现氧化还原特征，厚度＞10 cm，表层土壤质地为砂质壤土，排水中等。

对比土系　赤化系，同亚类不同土族，颗粒大小级别壤质盖粗骨质。尚合系，空间位置相近，不同土纲，无雏形层，有潜育特征，颗粒大小级别为壤质，矿物学类别为长石混合型。

利用性能综述　所处区域地势平坦，土层深厚，但砂粒含量高，保水保肥能力差，应多施有机肥，提高保水保肥能力。

参比土种　灰潮砂泥土（R132）。

代表性单个土体　位于成都市崇州市三江镇顺金村，30°34′5″N，　103°48′48″E，河间地，海拔 494 m，成土母质为第四系全新统灰色冲积物，旱地，种植蔬菜，土表下 50 cm 深度处土温为 18.31 ℃。2015 年 1 月 29 日调查，编号为 51-002。

Ap： 0～20 cm，暗灰黄色（2.5Y 5/2，干），黑棕色（2.5Y 3/1，润），砂质壤土，强发育的小团粒状结构，疏松，多量蚯蚓粪和中粗蚯蚓穴，中度石灰反应，清晰平滑过渡。

Br1：20～50 cm，灰黄色（2.5Y 6/4，干），黑棕色（2.5Y 3/2，润），砂质壤土，中等发育的中小亚角块状结构，稍坚实，根系周围中量锈斑纹，少量中等大小蚯蚓穴，孔隙内填充有多量蚯蚓粪，中度石灰反应，清晰平滑过渡。

Br2：50～70 cm，灰黄色（2.5Y 6/2，干），黑棕色（2.5Y 3/2，润），砂质壤土，中等发育的中小亚角块状结构，稍坚实，根系周围中量锈斑纹，少量中等大小蚯蚓穴，孔隙内填充有多量蚯蚓粪，中度石灰反应，突变波状过渡。

Cr1：70～90 cm，黄灰色（2.5Y 5/1，干），黄灰色（2.5Y 4/1，润），砂质壤土，松散，强石灰反应，突变波状过渡。

顺金系代表性单个土体剖面

Cr2：90～120cm，浊黄色（2.5Y 6/3，干），暗灰黄色（2.5Y 4/2，润），壤质砂土，疏松，中量锈斑纹，强石灰反应，清晰平滑过渡。

Cr3：120～160 cm，黄灰色（2.5Y 6/1，干），黄灰色（2.5Y 4/1，润），壤质砂土，疏松，强石灰反应。

顺金系代表性单个土体物理性质

| 土层 | 深度/cm | 石砾(>2mm，体积分数)/% | 细土颗粒组成(粒径：mm)/(g/kg) | | | 质地 | 容重/(g/cm³) |
			砂粒 2～0.05	粉粒 0.05～0.002	黏粒 <0.002		
Ap	0～20	0	671	211	118	砂质壤土	1.32
Br1	20～50	0	692	221	87	砂质壤土	1.38
Br2	50～70	0	702	212	85	砂质壤土	1.27
Cr1	70～90	0	734	201	65	砂质壤土	1.39
Cr2	90～120	0	773	159	68	壤质砂土	1.28
Cr3	120～160	0	823	117	60	壤质砂土	1.33

顺金系代表性单个土体化学性质

深度/cm	pH(H₂O)	有机碳(C)/(g/kg)	全氮(N)/(g/kg)	全磷(P)/(g/kg)	全钾(K)/(g/kg)	CEC₇/[cmol(+)/kg]	碳酸钙相当物/(g/kg)	有效磷(P)/(mg/kg)
0～20	7.5	6.7	0.82	1.47	16.1	8.4	84	72.0
20～50	8.1	4.0	0.56	0.73	17.7	3.2	94	5.8
50～70	8.3	4.1	0.28	0.62	17.3	4.2	99	1.9
70～90	8.5	3.6	0.22	0.53	19.9	2.8	105	1.3
90～120	8.4	2.5	0.22	0.69	17.9	1.7	102	0.7
120～160	8.4	2.3	0.19	0.50	16.4	4.0	103	0.4

10.10.2　赤化系（**Chihua Series**）

土　　族：壤质盖粗骨质混合型热性-石灰淡色潮湿雏形土
拟定者：袁大刚，付宏阳，蒲光兰

分布与环境条件　分布于利州、剑阁等低山河谷阶地，成土母质为第四系全新统灰棕色冲积物，旱地；中亚热带湿润气候，年均日照 1367～1389h，年均气温 16.1～16.2 ℃，1 月平均气温 4.9～5.0 ℃，7 月平均气温 26.1～26.3℃，年均降水量 973～1142 mm，年干燥度 0.67～0.87。

赤化系典型景观

土系特征与变幅　具淡薄表层、雏形层、潮湿土壤水分状况、氧化还原特征、热性土壤温度状况、石灰性；有效土层厚度 100～150cm，矿质土表至 50cm 范围内出现氧化还原特征，厚度＞10cm，表层土壤质地为砂质壤土，排水中等。

对比土系　顺金系，同亚类不同土族，颗粒大小级别为砂质。

利用性能综述　所处区域地势平坦，但矿质土表下 40cm 范围内存在砾石含量高的土层，易漏水漏肥，宜种豆类作物，同时应增施有机肥培肥土壤。

参比土种　新积钙质灰棕砂土（K121）。

代表性单个土体　位于广元市利州区赤化镇赤化村，32°20′31.8″N，　105°34′56.8″E，低山河谷阶地，海拔 486m，成土母质为第四系全新统灰棕色冲积物，旱地，麦/玉/豆套作，土表下 50 cm 深度处土温为 17.34 ℃。2015 年 8 月 12 日调查，编号为 51-090。

Ap：　0～15 cm，浊黄橙色（10YR 6/3，干），暗棕色（10YR 3/3，润），砂质壤土，中等发育的中亚角块状结构，稍坚实，少量中细虫孔，少量蚯蚓粪，很少微风化的次圆状-圆状大小砾石，中度石灰反应，模糊平滑过渡。

Bw：　15～30 cm，浊黄橙色（10YR 6/3，干），棕色（10YR 3/4，润），砂质壤土，中等发育的中亚角块状结构，稍坚实，很少虫孔，很少蚯蚓粪，很少微风化的次圆状-圆状大小砾石，中度石灰反应，清晰波状过渡。

BCr：　30～40 cm，橙白色（10YR 8/2，干），浊黄橙色（10YR 6/2，润），壤质砂土，弱发育的中小亚角块状结构，疏松，底部为明显的冲积层理，多量微风化的次圆状-圆状中小砾石，中度石灰反应，清晰平滑过渡。

赤化系代表性单个土体剖面

Cr1：　40～68 cm，浊黄橙色（10YR 6/3，干），棕色（10YR 3/4，润），砂质壤土，稍坚实，少量锈斑纹，底部为明显的冲积层理，少量微风化的次圆状-圆状大小砾石，中度石灰反应，清晰平滑过渡。

Cr2：　68～120 cm，浊黄橙色（10YR 8/1，干），棕色（10YR 6/2，润），极疏松，很多微风化的次圆状-圆状大小砾石。

赤化系代表性单个土体物理性质

土层	深度 /cm	石砾 (>2mm，体积分数) /%	细土颗粒组成(粒径：mm)/(g/kg) 砂粒 2～0.05	粉粒 0.05～0.002	黏粒 <0.002	质地	容重 /(g/cm³)
Ap	0～15	<2	600	347	54	砂质壤土	1.22
Bw	15～30	<2	690	224	86	砂质壤土	1.36
BCr	30～40	25	786	148	66	壤质砂土	1.47
Cr1	40～68	5	546	382	71	砂质壤土	1.50
Cr2	68～120	75	—	—	—	—	—

赤化系代表性单个土体化学性质

深度 /cm	pH(H₂O)	有机碳(C) /(g/kg)	全氮(N) /(g/kg)	全磷(P) /(g/kg)	全钾(K) /(g/kg)	CEC₇ /[cmol(+)/kg]	碳酸钙相当物 /(g/kg)	有效磷(P) /(mg/kg)
0～15	7.9	12.5	0.65	0.69	16.3	21.2	36	8.0
15～30	8.2	7.4	0.53	0.64	15.8	5.8	34	7.0
30～40	8.4	4.7	0.46	0.72	17.7	5.1	30	5.7
40～68	8.3	4.3	0.44	0.65	17.4	6.1	17	4.5

10.11　酸性淡色潮湿雏形土

10.11.1　沙合莫系（Shahemo Series）

土　族：粗骨砂质硅质混合型温性-酸性淡色潮湿雏形土
拟定者：袁大刚，宋易高，张　楚

分布与环境条件　分布于普格、昭觉、布拖、会理等中山坡麓缓坡，成土母质为第四系全新统洪积物，其他林地；北亚热带湿润气候，年均日照 1873～2388h，年均气温 10.1～14.0℃，1 月平均气温 1.4～4.0℃，7 月平均气温 17.3～19.4 ℃，年均降水量 1022～1131 mm，年干燥度 0.81～0.98。

沙合莫系典型景观

土系特征与变幅　具淡薄表层、雏形层、潮湿土壤水分状况、氧化还原特征、温性土壤温度状况，盐基不饱和；有效土层厚度 100～150 cm，矿质土表至50cm 范围内出现氧化还原特征，厚度＞10cm，矿质土表下 50 cm 范围内盐基饱和度<50%，表层土壤质地为砂质壤土，排水中等。

对比土系　茶叶系，空间位置相近，不同土纲，无雏形层，热性土壤温度状况，通体盐基饱和。小槽河系，空间位置相近，同土纲不同亚纲，无潮湿土壤水分状况和氧化还原特征。

利用性能综述　所处区域地势平缓，但土壤中石砾含量高，宜发展林草业。

参比土种　新积棕砂泥土（K171）。

代表性单个土体 位于凉山彝族自治州普格县五道箐乡沙合莫村 2 组，27°39′32.8″N，102°23′25.5″E，中山坡麓缓坡，海拔 2210m，坡度为 5°，坡向为东 80°，成土母质为第四系全新统洪积物，其他林地，土表下 50 cm 深度处土温为 15.28℃。2015 年 8 月 3 日调查，编号为 51-077。

Ah： 0～15 cm，浊黄橙色（10YR 6/3，干），暗棕色（7.5YR 3/3，润），砂质壤土，中等发育的小亚角块状结构，疏松，多量细根，中量中度风化的次棱角状小岩石碎屑，清晰平滑过渡。

Br1： 15～30 cm，浊黄橙色（10YR 7/3，干），浊棕色（7.5YR5/4，润），砂质壤土，中等发育的中亚角块状结构，稍坚实，中量细根，根系周围多量锈纹锈斑，多量中度风化的次棱角状中小岩石碎屑，渐变平滑过渡。

Br2： 30～60 cm，橙白色（10YR 8/2，干），浊橙色（7.5YR6/4，润），砂质壤土，弱发育的中亚角块状结构，疏松，少量细根，根系周围中量锈纹锈斑，多量中度风化的次棱角状大小岩石碎屑，渐变平滑过渡。

沙合莫系代表性单个土体剖面

Br3： 60～120 cm，橙白色（10YR 8/1，干），浊棕色（7.5YR 6/3，润），砂质壤土，弱发育的中小亚角块状结构，疏松，很少细根，根系周围中量锈纹锈斑，多量中度风化的次棱角状大小岩石碎屑。

沙合莫系代表性单个土体物理性质

土层	深度 /cm	石砾 (>2mm，体积分数) /%	细土颗粒组成(粒径：mm)/(g/kg)			质地	容重 /(g/cm³)
			砂粒 2～0.05	粉粒 0.05～0.002	黏粒 <0.002		
Ah	0～15	10	536	286	178	砂质壤土	1.01
Br1	15～30	20	681	173	146	砂质壤土	1.30
Br2	30～60	30	690	192	118	砂质壤土	1.50
Br3	60～120	40	721	164	116	砂质壤土	1.99

沙合莫系代表性单个土体化学性质

深度 /cm	pH		有机碳(C) /(g/kg)	全氮(N) /(g/kg)	全磷(P) /(g/kg)	全钾(K) /(g/kg)	CEC_7 /[cmol(+)/kg]	盐基饱和度 /%
	H₂O	KCl						
0～15	5.5	4.1	28.4	1.99	0.40	31.8	10.4	20.6
15～30	5.7	4.2	9.4	0.57	0.22	33.8	6.2	35.9
30～60	5.8	4.4	4.2	0.60	0.17	36.6	4.0	32.9
60～120	5.9	4.4	0.6	0.12	0.17	37.7	3.7	62.9

10.12　普通淡色潮湿雏形土

10.12.1　新都桥系（Xinduqiao Series）

土　族：粗骨壤质混合型非酸性冷性–普通淡色潮湿雏形土
拟定者：袁大刚，张　楚，宋易高

分布与环境条件　分布于康定新都桥等高山河谷洪积扇扇缘微坡，成土母质为第四系全新统洪冲积物，天然牧草地；山地高原温带半湿润气候，年均日照 1738～2525 h，年均气温 2.1～5.2℃，1 月平均气温–4.7～–3.6℃，7 月平均气温 12.0～12.8℃，年均降水量 804～924 mm，年干燥度 1.01～1.28。

新都桥系典型景观

土系特征与变幅　具淡薄表层、雏形层、潮湿土壤水分状况、氧化还原特征等，冷性土壤温度状况；有效土层厚度 100～150 cm，土壤中岩石碎屑可达 40%以上，地表粗碎块占地表面积<5%，表层土壤质地为粉质壤土，排水中等。

对比土系　麦昆系，同土纲不同亚纲，具暗沃表层、冻融特征。

利用性能综述　土体深厚，但石砾含量高，宜发展牧草业，同时注意防止超载放牧。

参比土种　厚层砾质草甸砂壤土（P113）。

代表性单个土体　位于甘孜藏族自治州康定市新都桥镇新都桥大桥旁，30°02′06.8″N，101°30′23.9″E，高山河谷洪积扇扇缘微坡，海拔 3454m，坡度为 5°，成土母质为第四系全新统洪冲积物，天然牧草地，土表下 50 cm 深度处土温为 8.53℃。2015 年 7 月 22 日调查，编号为 51-055。

Ahr1：0～18 cm，灰黄色（2.5Y 6/2，干），黄灰色（2.5Y4/1，润），粉质壤土，中等发育的中小亚角块状结构，稍坚实-坚实，中量细根，根系周围和结构体表面中量锈斑纹，中量微风化的棱角状小岩石碎屑，清晰平滑过渡。

Ahr2：18～35 cm，黄灰色（2.5Y 6/1，干），黄灰色（2.5Y 4/1，润），壤土，中等发育的中小亚角块状结构，很坚实，少量细根，根系周围和结构体表面少量锈斑纹，很多微风化的棱角状小岩石碎屑，清晰平滑过渡。

Br1：　35～60 cm，灰黄棕色（10YR 6/2，干），灰黄棕色（10YR 4/2，润），壤土，中等发育的中小角块状结构，极坚实，极少量细根，根系周围和结构体表面少量锈斑纹，极多微风化的棱角状中小岩石碎屑，渐变平滑过渡。

新都桥系代表性单个土体剖面

Br2：　60～90 cm，浊黄橙色（10YR 7/3，干），浊黄棕色（10YR 4/3，润），壤土，弱发育中小角块状结构，极坚实，结构体表面少量锈斑纹，极多微风化的棱角状中小岩石碎屑，模糊平滑过渡。

Br3：　90～130 cm，浊黄橙色（10YR 7/3，干），浊黄棕色（10YR 4/3，润），壤土，弱发育中小角块状结构，极坚实，结构体表面少量锈斑纹，极多微风化的棱角状大中岩石碎屑。

新都桥系代表性单个土体物理性质

土层	深度/cm	石砾(>2mm，体积分数)/%	砂粒 2～0.05	粉粒 0.05～0.002	黏粒 <0.002	质地	容重/(g/cm³)
Ahr1	0～18	5	239	585	176	粉质壤土	1.11
Ahr2	18～35	40	504	354	143	壤土	1.13
Br1	35～60	45	520	362	118	壤土	1.27
Br2	60～90	45	488	379	132	壤土	1.42
Br3	90～130	45	507	387	106	壤土	1.42

注：细土颗粒组成(粒径：mm)/(g/kg)

新都桥系代表性单个土体化学性质

深度/cm	pH H₂O	pH KCl	有机碳(C)/(g/kg)	全氮(N)/(g/kg)	全磷(P)/(g/kg)	全钾(K)/(g/kg)	CEC₇/[cmol(+)/kg]	C/N
0～18	5.1	4.2	19.3	1.11	0.48	32.9	12.7	17.4
18～35	5.9	4.4	17.6	1.06	0.57	36.3	8.7	16.6
35～60	6.1	4.6	10.4	0.78	0.72	34.8	8.4	13.3
60～90	6.3	4.8	5.8	0.86	0.72	31.4	8.4	6.7
90～130	6.3	5.2	5.8	0.95	0.72	36.2	8.6	6.1

10.13　石质铁质干润雏形土

10.13.1　双沟系（Shuanggou Series）

土　族：黏壤质混合型非酸性热性–石质铁质干润雏形土

拟定者：袁大刚，宋易高，张　楚

分布与环境条件　分布于米易等中山下部陡坡，成土母质为二叠系峨眉山玄武岩组灰、绿等色钙碱性玄武岩夹少量苦橄岩、凝灰质砂岩、泥岩及硅质岩残坡积物，灌木林地；南亚热带半湿润气候，年均日照 2342～2362h，年均气温 18.6～19.5 ℃，1 月平均气温 10.2～11.1℃，7 月平均气温 24.0～24.9℃，年均降水量 1076～1094 mm，年干燥度 1.13～1.25。

双沟系典型景观

土系特征与变幅　具淡薄表层、雏形层、石质接触面、半干润土壤水分状况、热性土壤温度状况、铁质特性；有效土层厚度 30～50 cm，B 层均有铁质特性，石质接触面位于矿质土表下 30～50cm 范围内，表层土壤质地为黏壤土，排水中等。

对比土系　昔街系，空间位置相近，同土类不同亚类，矿质土表下 125 cm 范围内无石质或准石质接触面。

利用性能综述　所处区域光热条件好，但坡度大，宜发展林草业，防治水土流失。

参比土种　赤红砂泥土（A121）。

代表性单个土体 位于攀枝花市米易县攀莲镇双沟村，26°57′20″N， 102°9′5.3″E，中山下部陡坡，海拔 1208m，坡度为 45°，坡向为西 260°，成土母质为二叠系峨眉山玄武岩组灰、绿等色钙碱性玄武岩夹少量苦橄岩、凝灰质砂岩、泥岩及硅质岩残坡积物，灌木林地，石质接触面处土温为 21.30 ℃。2015 年 7 月 31 日调查，编号为 51-067。

Ah：　0～15cm，红棕色（5YR 4/8，干），暗红棕色（5YR 3/6，润），黏壤土，中等发育的小亚角块状结构，稍坚实，多量细根，很少中度风化的棱角-次棱角状小岩石碎屑，清晰平滑过渡。

Bw1：15～33cm，亮红棕色（5YR 5/6，干），暗红棕色（5YR 3/6，润），黏壤土，中等发育的中亚角块状结构，坚实，中量细根，少量中度风化的棱角-次棱角状小岩石碎屑，清晰平滑过渡。

Bw2：33～45cm，亮红棕色（5YR 5/6，干），暗红棕色（5YR 3/6，润），粉质黏壤土，中等发育的亚角块状结构，坚实，少量细根，很多中度风化的棱角-次棱角状大小岩石碎屑，渐变波状过渡。

R：　45～120cm，灰绿色杂岩。

双沟系代表性单个土体剖面

双沟系代表性单个土体物理性质

| 土层 | 深度/cm | 石砾(>2mm，体积分数)/% | 细土颗粒组成(粒径：mm)/(g/kg) | | | 质地 | 容重/(g/cm³) |
			砂粒 2~0.05	粉粒 0.05~0.002	黏粒 <0.002		
Ah	0~15	2	255	461	285	黏壤土	1.15
Bw1	15~33	3	248	383	369	黏壤土	1.28
Bw2	33~45	25	194	501	305	粉质黏壤土	1.32

双沟系代表性单个土体化学性质

| 深度/cm | pH | | 有机碳(C)/(g/kg) | 全氮(N)/(g/kg) | 全磷(P)/(g/kg) | 全钾(K)/(g/kg) | CEC_7/[cmol(+)/kg] | 游离铁(Fe)/(g/kg) |
	H₂O	KCl						
0~15	6.4	5.3	16.2	1.03	0.61	4.7	16.2	80.9
15~33	6.5	4.8	9.8	0.73	0.45	3.2	16.4	73.0
33~45	6.5	4.9	8.5	0.43	0.38	2.7	16.9	69.0

10.14　酸性铁质干润雏形土

10.14.1　永郎系（Yonglang Series）

土　　族：黏质高岭石混合型热性-酸性铁质干润雏形土
拟定者：袁大刚，宋易高，张　楚

分布与环境条件　分布于德昌、米易、会理等中山中上部中坡，成土母质为元古宇二长花岗岩坡积物，果园；南亚热带半湿润气候，年均日照 2164～2342h，年均气温 17.6～20.3℃，1 月平均气温 10.2～11.1 ℃，7 月平均气温 23.1～24.9℃，年均降水量 762～1048 mm，年干燥度 1.25～1.32。

永郎系典型景观

土系特征与变幅　具淡薄表层、雏形层、半干润土壤水分状况、热性土壤温度状况、铁质特性，盐基不饱和；有效土层厚度 100～150 cm，B 层均有铁质特性，矿质土表至 125cm 范围内盐基饱和度<50%，且 pH<5.5；质地通体为砂质黏土，排水中等。

对比土系　渔门系，同亚类不同土族，矿物学类别为混合型。甸沙关系，空间位置相近，不同土纲，距矿质土表 125 cm 范围内出现黏化层。

利用性能综述　所处区域光热条件好，土体深厚，宜发展热带作物，但坡度较大，应实施坡改梯，肥力水平较低，应增施有机肥，实施测土配方施肥。

参比土种　赤红砂泥土（A121）。

代表性单个土体　位于凉山彝族自治州德昌县永郎镇永红村 1 组，27°07′26.3″N，102°14′20.1″E，中山中上部中坡，海拔 1244m，坡度为 25°，坡向为西 274°，成土母质为元古宇二长花岗岩坡积物，果园，土表下 50 cm 深度处土温为 21.27℃。2015 年 8 月 4 日调查，编号为 51-078。

Ap: 0～20cm，橙色（5YR 6/8，干），红棕色（2.5YR 4/6，润），砂质黏土，中等发育的中小亚角块状结构，坚实，很少细根，多量中度风化的棱角-次棱角状很小矿物碎屑，模糊平滑过渡。

Bw1: 20～50cm，橙色（5YR 6/6，干），红棕色（2.5YR 4/6，润），砂质黏土，中等发育的中亚角块状结构，坚实，中量中度风化的棱角-次棱角状很小矿物碎屑，模糊平滑过渡。

Bw2: 50～70cm，橙色（5YR 5.5/8，干），暗红棕色（2.5YR 3/6，润），砂质黏土，中等发育的大中亚角块状结构，坚实，中量中度风化的棱角-次棱角状很小矿物碎屑，模糊平滑过渡。

永郎系代表性单个土体剖面

Bw3: 70～95cm，亮红棕色（2.5YR 5/8，干），暗红棕色（2.5YR 3/6，润），砂质黏土，中等发育的大亚角块状结构，坚实，中量中度风化的棱角-次棱角状很小矿物碎屑，模糊平滑过渡。

Bw4: 95～130cm，亮红棕色（2.5YR 5/5，干），暗红棕色（2.5YR 3/6，润），砂质黏土，中等发育的大亚角块状结构，坚实，中量中度风化的棱角-次棱角状很小矿物碎屑。

永郎系代表性单个土体物理性质

土层	深度 /cm	石砾 (>2mm，体积分数) /%	细土颗粒组成(粒径：mm)/(g/kg)			质地	容重 /(g/cm³)
			砂粒 2～0.05	粉粒 0.05～0.002	黏粒 <0.002		
Ap	0～20	15	456	146	398	砂质黏土	1.33
Bw1	20～50	10	500	58	442	砂质黏土	1.37
Bw2	50～70	10	522	58	419	砂质黏土	1.39
Bw3	70～95	8	498	119	383	砂质黏土	1.55
Bw4	95～130	5	463	160	378	砂质黏土	1.60

永郎系代表性单个土体化学性质

深度 /cm	pH		有机碳(C) /(g/kg)	全氮(N) /(g/kg)	全磷(P) /(g/kg)	全钾(K) /(g/kg)	CEC₇ /[cmol(+)/kg]	游离铁(Fe) /(g/kg)	盐基饱和度 /%	有效磷(P) /(mg/kg)
	H₂O	KCl								
0～20	4.9	4.1	8.2	0.99	0.34	32.5	14.4	23.9	14.8	1.3
20～50	4.8	4.0	7.0	0.86	0.29	35.1	14.3	23.8	11.3	1.2
50～70	5.0	4.1	6.5	0.63	0.22	20.0	14.8	32.6	14.0	1.1
70～95	5.0	4.4	3.6	0.37	0.30	15.7	13.0	28.7	22.9	1.6
95～130	5.2	4.5	2.9	0.19	0.28	15.6	11.7	24.4	29.5	2.3

10.14.2　渔门系（Yumen Series）

土　族：黏质混合型热性–酸性铁质干润雏形土
拟定者：袁大刚，宋易高，张　楚

分布与环境条件　分布于盐边、米易、仁和等中山下部水库消落区缓坡，成土母质为元古宇会理群浅变质细碎屑岩、变质碳酸盐岩夹少量变质火山岩及火山碎屑岩坡积物，上部受水库水位消落影响，内陆滩涂；南亚热带半湿润气候，年均日照 2342～2709h，年均气温 19.2～20.3℃，1 月平均气温 10.4～12.0℃，7 月平均气温 24.7～25.7℃，年均降水量 761～1094 mm，年干燥度 1.13～1.25。

渔门系典型景观

土系特征与变幅　具淡薄表层、雏形层、半干润土壤水分状况、氧化还原特征、热性土壤温度状况、铁质特性，盐基不饱和；有效土层厚度≥150 cm，B 层均有铁质特性，矿质土表至 125cm 范围内部分土层盐基饱和度<50%，pH<5.5；表层土壤质地为粉质黏土，排水中等。

对比土系　永郎系，同亚类不同土族，矿物学类别为高岭石混合型。岩郎系，空间位置相近，同亚类不同土族，颗粒大小级别为壤质盖粗骨壤质。

利用性能综述　土体深厚，但所处区域坡度大，同时受消落带影响，宜发展牧草业，保持水土。

参比土种　赤红泥土（A111）。

代表性单个土体　位于攀枝花市盐边县渔门镇桑云街，26°53′26.6″N，　101°30′16.8″E，中山下部水库消落区缓坡地，海拔 1210m，坡度为 10°，坡向为西 268°，成土母质为元古宇会理群浅变质细碎屑岩、变质碳酸盐岩夹少量变质火山岩及火山碎屑岩坡积物，上部受水库水位消落影响，内陆滩涂，土表下 50 cm 深度处土温为 21.74 ℃。2015 年 7 月 30 日调查，编号为 51-062。

Ah: 0～20cm，橙色（7.5YR 6/8，干），亮红棕色（5YR 5/8，润），粉质黏土，中等发育的中小亚角块状结构，稍坚实，多量细根，很少小球形铁锰结核，少量中度风化的棱角-次棱角状小岩石碎屑，渐变平滑过渡。

Br1: 20～40cm，橙色（5YR 6/6，干），红棕色（2.5YR 4/8，润），粉质黏土，中等发育的中小亚角块状结构，坚实，中量细根，很少小球形铁锰结核，少量中度风化的棱角-次棱角状中小岩石碎屑，渐变平滑过渡。

Br2: 40～60cm，橙色（5YR 6/8，干），红棕色（2.5YR 4/8，润），黏土，中等发育的中亚角块状结构，很坚实，少量细根，很少小球形铁锰结核，很少中度风化的棱角-次棱角状小岩石碎屑，渐变平滑过渡。

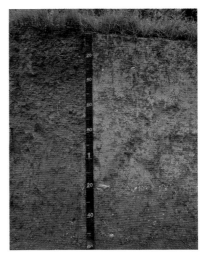

渔门系代表性单个土体剖面

Br3: 60～80cm，亮红棕色（5YR5/8，干），红棕色（2.5YR 4/8，润），粉质黏土，中等发育的中亚角块状结构，很坚实，很少细根，很少小球形铁锰结核，很少中度风化的棱角-次棱角状小岩石碎屑，渐变平滑过渡。

Br4: 80～120cm，亮红棕色（5YR5/6，干），红棕色（2.5YR 4/6，润），粉质黏土，中等发育的中亚角块状结构，极坚实，很少小球形铁锰结核，少量中度风化的棱角-次棱角状小岩石碎屑，渐变平滑过渡。

Br5: 120～153cm，亮红棕色（5YR5/8，干），红棕色（2.5YR 4/8，润），粉质黏土，中等发育的中亚角块状结构，极坚实，很少小球形铁锰结核，中量中度风化的棱角-次棱角状中小岩石碎屑。

渔门系代表性单个土体物理性质

土层	深度 /cm	石砾 (>2mm，体积分数) /%	细土颗粒组成(粒径：mm)/(g/kg)			质地	容重 /(g/cm³)
			砂粒 2～0.05	粉粒 0.05～0.002	黏粒 <0.002		
Ah	0～20	2	109	406	485	粉质黏土	1.21
Br1	20～40	2	145	435	420	粉质黏土	1.24
Br2	40～60	<2	165	393	442	黏土	1.27
Br3	60～80	<2	111	465	424	粉质黏土	1.45
Br4	80～120	<2	131	456	413	粉质黏土	1.44
Br5	120～153	5	108	458	434	粉质黏土	1.44

渔门系代表性单个土体化学性质

深度 /cm	pH		有机碳(C) /(g/kg)	全氮(N) /(g/kg)	全磷(P) /(g/kg)	全钾(K) /(g/kg)	CEC$_7$ /[cmol(+)/kg]	游离铁(Fe) /(g/kg)	盐基饱和度 /%
	H$_2$O	KCl							
0~20	7.1	5.7	13.1	2.25	0.44	14.9	15.3	28.7	60.0
20~40	6.3	4.6	11.4	1.45	0.46	14.5	14.9	46.4	46.8
40~60	5.6	3.9	10.3	1.18	0.55	14.5	19.1	42.2	28.6
60~80	4.8	3.9	5.2	0.90	0.55	13.5	17.4	33.8	28.9
80~120	5.4	4.4	5.4	1.10	0.30	14.9	15.8	32.9	37.7
120~153	5.4	4.4	5.3	0.86	0.28	17.0	16.1	40.2	37.1

10.14.3　昔街系（**Xijie Series**）

土　族：黏壤质硅质混合型热性-酸性铁质干润雏形土
拟定者：袁大刚，宋易高，张　楚

分布与环境条件　分布于米易、盐边等中山中上部缓坡台地，成土母质为第四系更新统冲洪积物，旱地；南亚热带半湿润气候，年均日照 2342～2362h，年均气温 18.6～19.5 ℃，1 月平均气温 10.2～11.1℃，7 月平均气温 24.0～24.9℃，年均降水量 1076～1094 mm，年干燥度 1.13～1.25。

昔街系典型景观

土系特征与变幅　具淡薄表层、雏形层、半干润土壤水分状况、氧化还原特征、热性土壤温度状况、铁质特性，盐基不饱和；有效土层厚度≥150 cm，B 层均有铁质特性，矿质土表至125cm 范围内盐基饱和度<50%，部分土层 pH<5.5；地表粗碎块占地表面积5%～15%，表层土壤质地为黏壤土，排水中等。

对比土系　双沟系，空间位置相近，同土类不同亚类，矿质土表下 30～50 cm 范围内具石质接触面。

利用性能综述　所处区域光热条件好，宜种植热带水果；土体深厚，但养分不足，应测土配方施肥；有一定坡度，应防治水土流失。

参比土种　厚层赤红泥土（A113）。

代表性单个土体　位于攀枝花市米易县湾丘乡昔街村，27°5′39.8″N，102°13′50.9″E，中山中上部缓坡台地，海拔 1255m，坡度为 15°，坡向为西南 265°，成土母质为第四系更新统冲洪积物，旱地，撂荒，土表下 50 cm 深度处土温为 21.25 ℃。2015 年 7 月 31 日调查，编号为 51-068。

Ah：0～18cm，红棕色（5YR 4/8，干），亮红棕色（2.5YR 5/6，润），黏壤土，中等发育的中小亚角块状结构，稍坚实，多量细根，很少中度风化的次圆状-圆状大中岩石碎屑，渐变平滑过渡。

Br1：18～42cm，亮红棕色（5YR 5/8，干），暗红棕色（2.5YR 3/6，润），砂质黏壤土，中等发育的中亚角块状结构，坚实，中量细根，很少球形铁锰小结核，少量中度风化的次圆状-圆状大中岩石碎屑，清晰平滑过渡。

Br2：42～57cm，橙色（5YR 6/6，干），暗红棕色（2.5YR 3/6，润），砂质黏壤土，中等发育的中亚角块状结构，坚实，中量细根，很少铁锰斑和球形铁锰小结核，渐变平滑过渡。

昔街系代表性单个土体剖面

Br3：57～85cm，亮红棕色（5YR 5/8，干），红棕色（2.5YR 4/6，润），壤土，中等发育的中亚角块状结构，坚实，少量细根，很少球形铁锰小结核，模糊平滑过渡。

Bw：85～120cm，红棕色（5YR 4/8，干），红棕色（2.5YR 4/6，润），砂质黏壤土，中等发育的中亚角块状结构，坚实，少量细根，模糊平滑过渡。

BC：120～150cm，颜色深红，红棕色（5YR 4/8，干），暗红棕色（2.5YR 3/6，润），黏壤土，弱发育的中亚角块状结构，坚实，很少细根。

昔街系代表性单个土体物理性质

| 土层 | 深度/cm | 石砾（>2mm，体积分数）/% | 细土颗粒组成（粒径：mm）/(g/kg) | | | 质地 | 容重/(g/cm³) |
			砂粒 2～0.05	粉粒 0.05～0.002	黏粒 <0.002		
Ah	0～18	<2.0	396	255	350	黏壤土	1.37
Br1	18～42	3.0	482	194	325	砂质黏壤土	1.39
Br2	42～57	0	475	199	326	砂质黏壤土	1.46
Br3	57～85	0	434	309	256	壤土	1.49
Bw	85～120	0	464	259	277	砂质黏壤土	1.63
BC	120～150	0	385	324	291	黏壤土	1.61

昔街系代表性单个土体化学性质

深度/cm	pH H₂O	pH KCl	有机碳(C)/(g/kg)	全氮(N)/(g/kg)	全磷(P)/(g/kg)	全钾(K)/(g/kg)	CEC₇/[cmol(+)/kg]	游离铁(Fe)/(g/kg)	盐基饱和度/%	有效磷(P)/(mg/kg)
0～18	5.6	4.6	6.9	0.56	0.22	13.2	15.1	36.9	44.2	0.2
18～42	5.8	4.9	6.4	0.51	0.26	12.1	13.7	32.5	43.7	0.02
42～57	5.7	4.8	5.0	0.40	0.29	11.8	12.9	30.1	40.6	1.9
57～85	5.5	4.3	4.3	0.32	0.35	12.0	12.2	32.8	31.1	1.8
85～120	5.1	4.2	2.6	0.38	0.25	11.9	11.8	37.3	39.3	0.9
120～150	5.4	4.1	2.8	0.31	0.30	11.9	11.6	36.3	35.9	0.7

10.14.4 岩郎系（Yanlang Series）

土　族：壤质盖粗骨壤质混合型热性-酸性铁质干润雏形土
拟定者：袁大刚，宋易高，张　楚

分布与环境条件　分布于盐边、米易、仁和等中山下部中缓坡，成土母质为元古宇会理群浅变质细碎屑岩、变质碳酸盐岩夹少量变质火山岩及火山碎屑岩残坡积物，有林地；南亚热带半湿润气候，年均日照 2342～2709 h，年均气温 19.2～20.3℃，1 月平均气温 10.4～12.0 ℃，7 月平均气温 24.7～25.7 ℃，年均降水量 761～1094 mm，年干燥度 1.13～1.25。

岩郎系典型景观

土系特征与变幅　具淡薄表层、雏形层、半干润土壤水分状况、热性土壤温度状况、铁质特性，盐基不饱和；有效土层厚度 100～150 cm，B 层均有铁质特性，通体盐基饱和度<50%，且 pH<5.5；地表粗碎块占地表面积<5%，质地通体为粉质壤土，排水中等。

对比土系　渔门系，空间位置相近，同亚类不同土族，颗粒大小级别为黏质。

利用性能综述　所处区域光热条件好，但坡度较大，灌溉不便，宜发展林草业，防治水土流失。

参比土种　赤红砂泥土（A121）。

代表性单个土体　位于攀枝花市盐边县渔门镇岩郎村，26°54′38.8″N，101°30′53.3″E，中山下部中缓坡，海拔 1236m，坡度为 15°，坡向为东南 125°，成土母质为元古宇会理群浅变质细碎屑岩、变质碳酸盐岩夹少量变质火山岩及火山碎屑岩残坡积物，有林地，土表下 50 cm 深度处土温为 21.98 ℃。2015 年 7 月 30 日调查，编号为 51-063。

Ah: 0～20cm，橙色（5YR 6/8，干），红棕色（2.5YR 4/8，润），粉质壤土，中等发育的中小亚角块状结构，稍坚实，多量细根，很少中度风化的棱角-次棱角状小岩石碎屑，渐变平滑过渡。

Bw1: 20～40cm，橙色（5YR 5.5/8，干），红棕色（2.5YR 4/8，润），粉质壤土，中等发育的中亚角块状结构，坚实，中量细根，很少中度风化的棱角-次棱角状小岩石碎屑，渐变平滑过渡。

Bw2: 40～63cm，橙色（5YR 6/6，干），红棕色（2.5YR 4/8，润），粉质壤土，中等发育的中亚角块状结构，坚实，中量细根，中量中度风化的棱角-次棱角状小岩石碎屑，渐变平滑过渡。

岩郎系代表性单个土体剖面

BC: 63～100cm，橙色（5YR 7/6，干），亮红棕色（2.5YR 5/8，润），粉质壤土，中等发育的中小亚角块状结构，坚实，中量细根，多量中度风化的棱角-次棱角状小岩石碎屑，渐变平滑过渡。

C: 100～140cm，橙色（5YR 7/6，干），亮红棕色（2.5YR 5/8，润），粉质壤土，坚实，中量细根，很多中度风化的棱角-次棱角状小岩石碎屑。

岩郎系代表性单个土体物理性质

土层	深度/cm	石砾(>2mm，体积分数)/%	细土颗粒组成(粒径：mm)/(g/kg)			质地	容重/(g/cm³)
			砂粒 2～0.05	粉粒 0.05～0.002	黏粒 <0.002		
Ah	0～20	<2	239	569	192	粉质壤土	1.35
Bw1	20～40	<2	321	555	125	粉质壤土	1.39
Bw2	40～63	8	312	574	114	粉质壤土	1.47
BC	63～100	60	288	550	163	粉质壤土	1.51
C	100～140	80	266	626	108	粉质壤土	1.53

岩郎系代表性单个土体化学性质

深度/cm	pH H₂O	pH KCl	有机碳(C)/(g/kg)	全氮(N)/(g/kg)	全磷(P)/(g/kg)	全钾(K)/(g/kg)	CEC₇/[cmol(+)/kg]	游离铁(Fe)/(g/kg)	盐基饱和度/%
0～20	5.2	3.9	7.7	0.99	0.39	20.9	13.8	34.3	12.1
20～40	5.0	3.9	6.4	0.77	0.35	20.8	13.6	33.7	5.9
40～63	5.2	3.9	4.7	0.72	0.41	24.5	13.1	33.7	6.3
63～100	5.2	3.9	4.0	0.80	0.34	23.3	13.9	32.6	8.3
100～140	5.2	3.9	3.8	0.79	0.36	28.9	16.1	32.0	6.6

10.15 普通铁质干润雏形土

10.15.1 金江系（**Jinjiang Series**）

土 族：粗骨砂质混合型非酸性热性-普通铁质干润雏形土
拟定者：袁大刚，宋易高，张 楚

分布与环境条件 分布于仁和、盐边等中山中上部中坡，成土母质为古近系-新近系昌台组灰黑、灰绿或黄绿色间砖红色砂页（泥）岩、砂砾岩夹油页岩及泥灰岩坡积物，有林地；南亚热带半湿润气候，年均日照 2362～2709h，年均气温 19.2～20.3 ℃，1 月平均气温 10.4～12.0 ℃，7 月平均气温 24.7 ～25.7℃，年均降水量 762～1076 mm，年干燥度 1.13～1.74。

金江系典型景观

土系特征与变幅 具淡薄表层、雏形层、半干润土壤水分状况、氧化还原特征、热性土壤温度状况、铁质特性；有效土层厚度 100～150 cm，B 层均有铁质特性，地表粗碎块占地表面积 5%～15%，土壤中岩石碎屑含量可高达 30%，表层土壤质地为砂质壤土，排水良好。

对比土系 斑鸠湾系，空间位置相邻，不同土纲，距矿质土表 25cm 范围内出现准石质接触面，无雏形层。

利用性能综述 土体深厚，但土壤中岩石碎屑含量高，坡度较大，宜发展林草业，保持水土。

参比土种 石子燥红砂土（I112）。

代表性单个土体 位于攀枝花市仁和区金江镇鱼塘村菁头组，26°29′51.3″N， 101°49′22.5″E，中山中上部中坡，海拔 1292m，坡度为 25°，坡向为西南 230°，成土母质为古近系-新近系昌台组灰黑、灰绿、黄绿色间砖红砂页（泥）岩、砂砾岩夹油页岩及泥灰岩坡积物，有林地，土表下 50 cm 深度处土温为 21.93 ℃。2015 年 7 月 30 日调查，编号为 51-064。

金江系代表性单个土体剖面

Ah：　0～16cm，浊黄色（2.5Y 6/3，干），橄榄棕色（2.5Y 4/4，润），砂质壤土，中等发育的中小亚角块状结构，疏松，中量细根，少量中度风化的棱角-次棱角状小岩石碎屑，渐变平滑过渡。

Bw1：16～35cm，浊黄色（2.5Y 6/4，干），黄棕色（2.5Y 5/6，润），砂质壤土，中等发育的亚角块状结构，稍坚实，少量细根，多量中度风化的棱角-次棱角状小岩石碎屑，模糊平滑清晰过渡。

Bw2：35～60cm，淡黄色（2.5Y7/4，干），亮黄棕色（2.5Y6/6，润），砂质壤土，中等发育的中小亚角块状结构，稍坚实，少量细根，多量中度风化的棱角-次棱角状小岩石碎屑，渐变平滑过渡。

Br1：60～85cm，淡黄色（2.5Y 7/3，干），亮黄色（2.5Y6/6，润），砂质壤土，中等发育的中小亚角块状结构，坚实，很少细根，结构体内部中量锈斑，多量中度风化的棱角-次棱角状小岩石碎屑，模糊平滑过渡。

Br2：85～130cm，淡黄色（2.5Y 7/4，干），黄棕色（2.5Y5/6，润），壤质砂土，中等发育的中小亚角块状结构，坚实，很少细根，结构体内部少量锈斑，多量中度风化的棱角-次棱角状小岩石碎屑。

金江系代表性单个土体物理性质

土层	深度 /cm	石砾 (>2mm，体积分数) /%	细土颗粒组成(粒径：mm)/(g/kg)			质地	容重 /(g/cm³)
			砂粒 2～0.05	粉粒 0.05～0.002	黏粒 <0.002		
Ah	0～16	8	775	122	103	砂质壤土	1.17
Bw1	16～35	20	770	119	111	砂质壤土	1.22
Bw2	35～60	30	793	111	97	砂质壤土	1.51
Br1	60～85	25	770	129	101	砂质壤土	1.60
Br2	85～130	30	812	107	82	壤质砂土	1.62

金江系代表性单个土体化学性质

深度 /cm	pH(H₂O)	有机碳(C) /(g/kg)	全氮(N) /(g/kg)	全磷(P) /(g/kg)	全钾(K) /(g/kg)	CEC₇ / [cmol(+)/kg]	游离铁(Fe) /(g/kg)
0～16	7.7	15.1	1.05	0.67	15.4	13.9	16.9
16～35	7.6	12.5	0.75	0.55	18.2	13.8	15.9
35～60	7.5	4.0	0.49	0.50	18.9	15.5	16.0
60～85	7.5	2.8	0.57	0.58	19.7	16.2	16.3
85～130	8.0	2.7	0.43	0.54	19.3	19.2	16.2

10.15.2 岗木达系（Gangmuda Series）

土　　族：粗骨壤质硅质混合型石灰性冷性-普通铁质干润雏形土
拟定者：袁大刚，张　楚，宋易高

分布与环境条件　分布于壤塘、阿坝等高山下部陡坡，成土母质为三叠系杂谷脑组绿灰色变质石英砂岩、长石石英砂岩为主夹少量板岩残坡积物，灌木林地；山地高原温带半湿润气候，年均日照 1844～2352 h，年均气温 3.3～4.7 ℃，1 月平均气温–7.9～–5.0 ℃，7 月平均气温 12.5～13.1 ℃，年均降水量 712～756 mm，年干燥度 1.11～1.15。

岗木达系典型景观

土系特征与变幅　具淡薄表层、雏形层、石质接触面、半干润土壤水分状况、冷性土壤温度状况、铁质特性、石灰性；有效土层厚度 50～100 cm，B 层均有铁质特性，石质接触面位于矿质土表下 50～100 cm 范围内，出露岩石占地表面积<5%，地表粗碎块占地表面积 5%～15%，土壤中岩石碎屑达 20%以上，质地通体为粉质壤土，排水中等。

对比土系　达日系，空间位置相近，同亚类不同土族，矿质土表下 125 cm 范围内无石质接触面，矿物学类别为长石混合型。

利用性能综述　所处区域坡度较大，宜封山育林育草，保护植被，防治水土流失。

参比土种　夹石暗褐砂土（J424）。

代表性单个土体　位于阿坝藏族羌族自治州壤塘县岗木达乡珠木达村，32°16′27.8″N，100°57′46.9″E，高山下部陡坡，海拔 3263m，坡度为 30°，坡向为南 196°，成土母质为三叠系杂谷脑组绿灰色变质石英砂岩、长石石英砂岩为主夹少量板岩残坡积物，灌木林地，土表下 50 cm 深度处土温为 7.73 ℃。2015 年 7 月 17 日调查，编号为 51-038。

Ah: 0～12 cm，亮棕色（7.5YR 5/6，干），暗棕色（7.5YR 3/4，润），粉质壤土，中等发育的中小亚角块状结构，稍坚实，多量细根，多量微风化的棱角-次棱角状中小岩石碎屑，轻度石灰反应，清晰平滑过渡。

Bw1: 12～32 cm，亮棕色（7.5YR 5/8，干），棕色（7.5YR 4/6，润），粉质壤土，中等发育的中亚角块状结构，稍坚实-坚实，中量细根，多量微风化的棱角-次棱角状大小岩石碎屑，轻度石灰反应，清晰平滑过渡。

Bw2: 32～55 cm，浊棕色（7.5YR 5/4，干），暗棕色（7.5YR 3/4，润），粉质壤土，中等发育的中小亚角块状结构，稍坚实-坚实，少量细根，很多微风化的棱角-次棱角状中到很大岩石碎屑，轻度石灰反应，突变波状过渡。

R: 55～100 cm，绿灰色砂板岩。

岗木达系代表性单个土体剖面

岗木达系代表性单个土体物理性质

土层	深度 /cm	石砾 (>2mm，体积分数) /%	细土颗粒组成（粒径：mm)/(g/kg)			质地	容重 /(g/cm³)
			砂粒 2～0.05	粉粒 0.05～0.002	黏粒 <0.002		
Ah	0～12	25	254	524	222	粉质壤土	1.08
Bw1	12～32	20	181	675	145	粉质壤土	1.13
Bw2	32～55	40	199	539	262	粉质壤土	1.14

岗木达系代表性单个土体化学性质

深度 /cm	pH(H₂O)	有机碳(C) /(g/kg)	全氮(N) /(g/kg)	全磷(P) /(g/kg)	全钾(K) /(g/kg)	CEC₇ /[cmol(+)/kg]	游离铁(Fe) /(g/kg)	碳酸钙相当物 /(g/kg)	C/N
0～12	7.2	21.5	1.97	0.86	20.2	19.1	16.9	12	10.9
12～32	7.4	18.0	1.67	0.73	23.6	17.5	17.7	11	10.7
32～55	7.5	16.9	1.47	0.79	23.8	18.8	17.9	10	11.5

10.15.3 宅垄系（Zhailong Series）

土　　族：粗骨壤质长石型石灰性温性-普通铁质干润雏形土
拟定者：袁大刚，张　楚，宋易高

分布与环境条件　分布于小金、理县、金川等中山河谷阶地后缘陡坡，成土母质为第四系洪冲积物，上部受三叠系侏倭组灰-深灰色变质长石石英砂岩、细砂岩、粉砂岩与灰色粉砂质板岩、碳质板岩（千枚岩）夹砂泥质灰岩坡积物影响，灌木林地；山地高原暖温带半湿润气候，年均日照 1686～2130 h，年均气温 11.4～13.5 ℃，1 月平均气温 2.2～2.6 ℃，7 月平均气温 20.0～20.8 ℃，年均降水量 591～916 mm，年干燥度 1.54～1.91。

宅垄系典型景观

土系特征与变幅　具淡薄表层、钙积层、半干润土壤水分状况、温性土壤温度状况、铁质特性、石灰性；有效土层厚度 100～150 cm，B 层均有铁质特性，钙积层出现于 20～100 cm 范围内，地表粗碎块占地表面积 5%～15%，土壤中岩石碎屑达 15% 以上，表层土壤质地为粉质壤土，排水中等。

对比土系　春厂系，空间位置相近，同亚纲不同土类，B 层无铁质特性。

利用性能综述　土体深厚，但坡度较大，石砾含量较高，宜发展林草，防治水土流失。

参比土种　灰砂土（J523）。

代表性单个土体　位于阿坝藏族羌族自治州小金县宅垄乡马尔村 4 组（乡政府后面），31°01′48.5″N，102°13′37.6″E，中山河谷阶地后缘陡坡，海拔 2224m，坡度为 30°，成土母质为第四系洪冲积物，上部受三叠系侏倭组灰-深灰色变质长石石英砂岩、细砂岩、粉砂岩与灰色粉砂质板岩、碳质板岩（千枚岩）夹砂泥质灰岩坡积物影响，灌木林地，土表下 50 cm 深度处土温为 14.46 ℃。2015 年 7 月 15 日调查，编号为 51-034。

宅垄系代表性单个土体剖面

Ah:　0～20 cm，暗灰黄色（2.5Y 5/2，干），暗灰黄色（2.5Y 4/2，润），粉质壤土，中等发育的中小亚角块状结构，疏松，多量细根，多量微风化的棱角状-次圆状大中砾石，强石灰反应，渐变平滑过渡。

Bk1:　20～48 cm，黄棕色（2.5Y 5/3，干），橄榄棕色（2.5Y 4/3，润），壤土，中等发育的中小亚角块状结构，稍坚实，中量细根，中量灰白色假菌丝，中量微风化的棱角状-次圆状大中砾石，强石灰反应，渐变平滑过渡。

Bk2:　48～97 cm，浊黄色（2.5Y 6/4，干），黄棕色（2.5Y 5/4，润），砂质壤土，中等发育的中亚角块状结构，稍坚实，少量细根，中量灰白色假菌丝，很多微风化的棱角状-次圆状大中砾石，极强石灰反应，清晰平滑过渡。

Ck：97～140 cm，灰黄色（2.5Y 6/2，干），黄灰色（2.5 Y5/1，润），壤质砂土，松散，很少细根，多量微风化的次棱角状-次圆状大中砾石，极强石灰反应。

宅垄系代表性单个土体物理性质

土层	深度 /cm	石砾 (>2mm，体积分数) /%	细土颗粒组成(粒径：mm)/(g/kg)			质地	容重 /(g/cm³)
			砂粒 2～0.05	粉粒 0.05～0.002	黏粒 <0.002		
Ah	0～20	35	363	539	98	粉质壤土	1.23
Bk1	20～48	15	414	488	98	壤土	1.28
Bk2	48～97	45	566	386	48	砂质壤土	1.34
Ck	97～140	35	854	98	49	壤质砂土	1.68

宅垄系代表性单个土体化学性质

深度 /cm	pH(H₂O)	有机碳(C) /(g/kg)	全氮(N) /(g/kg)	全磷(P) /(g/kg)	全钾(K) /(g/kg)	CEC₇ /[cmol(+)/kg]	游离铁(Fe) /(g/kg)	碳酸钙相当物 /(g/kg)
0～20	8.7	11.8	1.81	0.67	18.3	8.7	13.7	163
20～48	8.8	10.0	1.32	0.53	15.4	7.1	14.1	168
48～97	9.2	7.9	1.26	0.64	18.1	6.4	14.9	228
97～140	9.4	2.2	0.47	0.57	17.7	2.2	13.6	222

10.15.4 卡苏系（Kasu Series）

土　族：粗骨壤质长石混合型石灰性冷性-普通铁质干润雏形土
拟定者：袁大刚，张　楚，宋易高

分布与环境条件　分布于甘孜、炉霍、色达等高山坡麓缓坡，成土母质为三叠系新都桥组板岩夹砂岩坡洪积物，天然牧草地；山地高原温带半湿润气候，年均日照 2451～2642 h，年均气温 3.8～4.3℃，1 月平均气温−6.0～−5.4 ℃，7 月平均气温 12.0～12.7 ℃，年均降水量 636～756 mm，年干燥度 1.26～1.59。

卡苏系典型景观

土系特征与变幅　具淡薄表层、钙积层、半干润土壤水分状况、冷性土壤温度状况、铁质特性、石灰性；有效土层厚度 100～150 cm，B 层均有铁质特性，矿质土表下 20～100 cm 范围内可见钙积层，地表粗碎块占地表面积 15%～50%，土壤中岩石碎屑达 35% 以上，表层土壤质地为粉质壤土，排水中等。

对比土系　达日系，同土族不同土系，无钙积层，质地通体为壤土。

利用性能综述　土体深厚，但石砾含量高，宜发展牧草业，所处区域有一定坡度，应保护植被，防治水土流失。

参比土种　厚层棕毡土（W211）。

代表性单个土体　位于甘孜藏族自治州甘孜县四通达乡卡苏村，31°42′18.7″N，100°11′04.4″E，高山坡麓缓坡，海拔 3599m，坡度为 5°，坡向为东 116°，成土母质为三叠系新都桥组板岩夹砂岩坡洪积物，天然牧草地，土表下 50 cm 深度处土温为 7.68 ℃。

2015 年 7 月 18 日调查, 编号为 51-043。

卡苏系代表性单个土体剖面

Ah: 0~20 cm, 浊黄棕色（10YR 5/4, 干）, 黑棕色（10YR 3/2, 润）, 粉质壤土, 强度发育的小团粒状结构, 稍坚实-坚实, 多量细根, 很多微风化的棱角-次棱角状小岩石碎屑, 中度石灰反应, 渐变平滑过渡。

Bk1: 20~40 cm, 浊黄橙色（10YR 6/3, 干）, 暗棕色（10YR 3/4, 润）, 壤土, 中等发育的中亚角块状结构, 很坚实, 中量细根, 很少灰白色假菌丝体, 多量微风化的棱角-次棱角状小岩石碎屑, 中度石灰反应, 清晰平滑过渡。

Bk2: 40~80 cm, 浊黄橙色（10YR 6/3, 干）, 棕色（10YR 4/4, 润）, 壤土, 中等发育的中亚角块状结构, 很坚实, 很少根系, 多量灰白色假菌丝体, 多量微风化的棱角-次棱角状小岩石碎屑, 中度石灰反应, 渐变平滑过渡。

Bk3: 80~120 cm, 浊黄橙色（10YR 6/3, 干）, 棕色（10YR 4/6, 润）, 壤土, 中等发育的中亚角块状结构, 很坚实, 极少量根系, 中量灰白色假菌丝体, 很多微风化的棱角-次棱角状小岩石碎屑, 中度石灰反应, 渐变平滑过渡。

Bk4: 120~145 cm, 浊黄棕色（10YR 5/4, 干）, 棕色（10YR 4/6, 润）, 壤土, 中等发育的中亚角块状结构, 很坚实, 极少量根系, 中量灰白色假菌丝体, 很多微风化的棱角-次棱角状小岩石碎屑, 中度石灰反应。

卡苏系代表性单个土体物理性质

土层	深度 /cm	石砾 (>2mm, 体积分数) /%	细土颗粒组成(粒径: mm) /(g/kg)			质地	容重 /(g/cm³)
			砂粒 2~0.05	粉粒 0.05~0.002	黏粒 <0.002		
Ah	0~20	45	274	533	194	粉质壤土	0.98
Bk1	20~40	38	397	483	120	壤土	1.14
Bk2	40~80	38	424	474	102	壤土	1.25
Bk3	80~120	50	425	431	144	壤土	1.29
Bk4	120~145	50	327	481	192	壤土	1.31

卡苏系代表性单个土体化学性质

深度 /cm	pH(H₂O)	有机碳(C) /(g/kg)	全氮(N) /(g/kg)	全磷(P) /(g/kg)	全钾(K) /(g/kg)	CEC₇ / [cmol(+)/kg]	游离铁(Fe) /(g/kg)	碳酸钙相当物 /(g/kg)	C/N
0~20	7.8	32.1	3.14	1.04	26.1	19.5	24.9	23	10.2
20~40	8.3	17.2	2.05	1.06	24.4	10.0	23.3	78	8.4
40~80	8.4	11.0	1.37	0.99	25.1	6.8	23.8	82	8.0
80~120	8.6	9.7	1.32	0.85	27.9	5.6	25.6	50	7.3
120~145	8.5	9.0	1.39	0.82	29.4	7.9	25.5	60	6.5

10.15.5　达日系（**Dari Series**）

土　　族：粗骨壤质长石混合型石灰性冷性–普通铁质干润雏形土
拟定者：袁大刚，张　楚，宋易高

分布与环境条件　分布于壤塘、阿坝等高山下部中坡，成土母质为三叠系侏倭组灰、绿灰变质石英砂岩、长石石英与灰色板岩坡洪积物，灌木林地；山地高原温带半湿润气候，年均日照 1844～2352 h，年均气温 3.3～4.7℃，1 月平均气温–7.9～–5.0℃，7 月平均气温 12.5～13.1℃，年均降水量 712～756 mm，年干燥度 1.11～1.15。

达日系典型景观

土系特征与变幅　具淡薄表层、雏形层、半干润土壤水分状况、冷性土壤温度状况、铁质特性、石灰性；有效土层厚度 100～150 cm，B 层均有铁质特性，出露岩石占地表面积<5%，地表粗碎块占地表面积 15%～50%，土壤中岩石碎屑达 40%以上，质地通体为壤土，排水中等。

对比土系　卡苏系，同土族不同土系，具钙积层，表层土壤质地为粉质壤土。岗木达系，空间位置相近，同亚类不同土族，矿质土表下 50～100 cm 范围内出现石质接触面，矿物学类别为硅质混合型。

利用性能综述　土体深厚，但石砾含量高，宜发展林草业，防治水土流失。

参比土种　厚层暗褐砂泥土（J425）。

代表性单个土体　位于阿坝藏族羌族自治州壤塘县岗木达乡达日村，32°18′05.8″N，100°55′02.3″E，高山下部中坡，海拔 3328m，坡度为 20°，成土母质为三叠系侏倭组灰、绿灰变质石英砂岩、长石石英与灰色板岩坡洪积物，灌木林地，土表下 50 cm 深度处土温为 7.35℃。2015 年 7 月 17 日调查，编号为 51-039。

Ah：0～18 cm，浊黄棕色（10YR 5/4，干），浊黄棕色（10YR 4/3，润），壤土，中等发育的中小亚角块状结构，稍坚实-坚实，中量细根，少量蚂蚁，多量微风化的棱角-次棱角状中小岩石碎屑，轻度石灰反应，渐变平滑过渡。

Bw1：18～40 cm，浊黄橙色（10YR 6/4，干），棕色（10YR 4/4，润），壤土，中等发育的中小亚角块状结构，很坚实，少量细根，很多微风化的棱角-次棱角状中小岩石碎屑，轻度石灰反应，渐变平滑过渡。

Bw2：40～70 cm，浊黄棕色（10YR 5/4，干），暗棕色（10YR 3/4，润），壤土，中等发育的中小亚角块状结构，很坚实，很少细根，很多微风化的棱角-次棱角状中小岩石碎屑，轻度石灰反应，渐变平滑过渡。

达日系代表性单个土体剖面

Bw3：70～98 cm，棕色（10YR 4/4，干），黑棕色（10YR 3/2，润），壤土，中等发育的中小亚角块状结构，极坚实，很多微风化的棱角-次棱角状中小岩石碎屑，轻度石灰反应，渐变平滑过渡。

Bw4：98～130 cm，浊黄棕色（10YR 4/3，干），黑棕色（10YR 2/3，润），壤土，中等发育的中小亚角块状结构，极坚实，很多微风化的棱角-次棱角状中小岩石碎屑，轻度石灰反应。

达日系代表性单个土体物理性质

| 土层 | 深度 /cm | 石砾 (>2mm，体积分数) /% | 细土颗粒组成(粒径：mm)/(g/kg) | | | 质地 | 容重 /(g/cm³) |
			砂粒 2～0.05	粉粒 0.05～0.002	黏粒 <0.002		
Ah	0～18	40	426	335	239	壤土	1.12
Bw1	18～40	45	377	431	192	壤土	1.27
Bw2	40～70	45	426	335	239	壤土	1.32
Bw3	70～98	45	376	384	240	壤土	1.23
Bw4	98～130	45	328	432	240	壤土	1.21

达日系代表性单个土体化学性质

深度 /cm	pH(H₂O)	有机碳(C) /(g/kg)	全氮(N) /(g/kg)	全磷(P) /(g/kg)	全钾(K) /(g/kg)	CEC₇ /[cmol(+)/kg]	游离铁(Fe) /(g/kg)	碳酸钙相当物 /(g/kg)
0～18	7.1	18.1	2.42	0.92	27.3	15.0	15.8	12
18～40	6.9	10.5	1.35	0.92	29.4	13.3	16.2	11
40～70	7.1	8.5	1.11	0.94	30.9	13.4	17.0	11
70～98	7.2	12.3	1.58	0.91	22.8	15.5	16.1	10
98～130	7.6	12.8	1.63	0.76	25.1	15.1	16.0	11

10.15.6 阿底系（Adi Series）

土　族：粗骨壤质长石混合型石灰性温性-普通铁质干润雏形土
拟定者：袁大刚，张　楚，蒲光兰

分布与环境条件　分布于马尔康、理县等中山下部缓坡，成土母质为第四系更新统冲洪积物，旱地；山地高原暖温带半湿润气候，年均日照 1686～2214h，年均气温 8.6～11.4℃，1 月平均气温–0.8～0.6℃，7 月平均气温 16.4～20.8℃，年均降水量 591～761 mm，年干燥度 1.24～1.54。

阿底系典型景观

土系特征与变幅　具暗沃表层、雏形层、钙积层、半干润土壤水分状况、温性土壤温度状况、铁质特性、石灰性；有效土层厚度 100～150 cm，距矿质土表 100cm 范围内出现钙积层，B 层均有铁质特性，质地通体为壤土，土壤中岩石碎屑达 25%以上，排水中等。

对比土系　麦洛系，同土族不同土系，具淡薄表层，质地构型为壤土-砂质壤土-粉质壤土。邓家桥系，空间位置相近，同土纲不同亚纲，具潮湿土壤水分状况和氧化还原特征。

利用性能综述　土体深厚，但石砾含量高，不利耕作，宜发展林草或果树，所处区域坡度较大，注意防治水土流失。

参比土种　黑褐砂泥土（J231）。

代表性单个土体　位于阿坝藏族羌族自治州马尔康县马尔康镇阿底村日瓦坝新区，31°53′08.4″N，102°15′11.4″E，中山下部缓坡，海拔 2665m，坡度为 8°，成土母质为第四系更新统冲洪积物，旱地，现已撂荒，土表下 50 cm 深度处土温为 11.12℃。2015 年 7

月 2 日调查，编号为 51-028。

阿底系代表性单个土体剖面

Ah1：0～18 cm，灰黄棕色（10YR 4/2，干），暗棕色（10YR 3/3，润），壤土，中等发育的小亚角块状结构，稍坚实，多量细根，多量微风化的棱角-次棱角状中小岩石碎屑，轻度石灰反应，渐变平滑过渡。

Ah2：18～42 cm，棕色（10YR 4/4，干），暗棕色（10YR 3/3，润），壤土，中等发育的小亚角块状结构，稍坚实-坚实，中量细根，很多微风化的棱角-次棱角状中小岩石碎屑，轻度石灰反应，清晰平滑过渡。

Bw：42～70 cm，浊黄橙色（10YR 6/3，干），暗棕色（10YR 3/3，润），壤土，中等发育的中小亚角块状结构，坚实，少量细根，很多微风化的棱角-次棱角状中小岩石碎屑，中度石灰反应，渐变平滑过渡。

Bk1：70～105 cm，浊黄橙色（10YR 6/3，干），暗棕色（10YR 3/3，润），壤土，中等发育的中小亚角块状结构，坚实，很少细根，中量灰白色假菌丝，很多微风化的棱角-次棱角状中小岩石碎屑，中度石灰反应，渐变平滑过渡。

Bk2：105～130 cm，浊黄橙色（10YR 6/3，干），棕色（10YR 4/4，润），壤土，弱发育的中小亚角块状结构，坚实，少量灰白色假菌丝，很多微风化的棱角-次棱角状中小岩石碎屑，强度石灰反应。

阿底系代表性单个土体物理性质

| 土层 | 深度 /cm | 石砾 (>2mm，体积分数) /% | 细土颗粒组成(粒径：mm) /(g/kg) | | | 质地 | 容重 /(g/cm³) |
			砂粒 2～0.05	粉粒 0.05～0.002	黏粒 <0.002		
Ah1	0～18	25	421	386	193	壤土	1.02
Ah2	18～42	45	471	385	144	壤土	0.99
Bw	42～70	50	425	431	144	壤土	1.16
Bk1	70～105	45	358	374	268	壤土	1.24
Bk2	105～130	50	390	368	242	壤土	1.26

阿底系代表性单个土体化学性质

深度 /cm	pH(H₂O)	有机碳(C) /(g/kg)	全氮(N) /(g/kg)	全磷(P) /(g/kg)	全钾(K) /(g/kg)	CEC₇ /[cmol(+)/kg]	游离铁(Fe) /(g/kg)	碳酸钙相当物 /(g/kg)	C/N
0～18	7.9	26.7	2.23	0.91	27.6	18.2	16.6	14	12.0
18～42	7.2	29.9	2.76	1.11	26.7	17.3	16.5	16	10.8
42～70	8.4	15.7	1.31	1.04	28.0	13.2	14.8	41	12.0
70～105	8.3	11.5	0.66	0.89	29.3	11.5	16.9	58	17.5
105～130	8.6	10.7	0.69	0.85	26.4	10.8	16.0	82	15.4

10.15.7　麦洛系（Mailuo Series）

土　　族：粗骨壤质长石混合型石灰性温性-普通铁质干润雏形土
拟定者：袁大刚，张　楚，宋易高

分布与环境条件　分布于新龙、甘孜、炉霍、道孚等高山下部中缓坡，成土母质为三叠系上占扇体板岩夹砂岩坡积物，灌木林地；山地高原温带半湿润气候，年均日照 2149～2642 h，年均气温 5.6～7.8℃，1 月平均气温-4.4～-2.2℃，7 月平均气温 14.0～15.9℃，年均降水量 579～652 mm，年干燥度 1.56～1.76。

麦洛系典型景观

土系特征与变幅　具淡薄表层、雏形层、钙积层、钙积现象、半干润土壤水分状况、温性土壤温度状况、铁质特性、石灰性；有效土层厚度 100～150 cm，B 层均有铁质特性，地表粗碎块占地表面积 15%～50%，土壤中岩石碎屑达 25%以上，表层土壤质地为壤土，排水中等。

对比土系　阿底系，同土族不同土系，具暗沃表层，质地通体为壤土。

利用性能综述　土体深厚，但坡度较大，宜发展林草，防治水土流失。

参比土种　夹石褐砂土（J223）。

代表性单个土体　位于甘孜藏族自治州新龙县沙堆乡麦洛村，31°28′54.5″N，100°05′53.3″E，高山下部中缓坡，海拔 3341m，坡度为 15°，坡向为西南 243°，成土母质为三叠系上占扇体板岩夹砂岩坡积物，灌木林地，土表下 50 cm 深度处土温为 9.25℃。2015 年 7 月 20 日调查，编号为 51-047。

麦洛系代表性单个土体剖面

Ah:　0～18 cm，浊黄棕色（10YR 5/3，干），黑棕色（7.5YR 3/2，润），壤土，中等发育的小亚角块状结构，疏松，多量细根，多量微风化的棱角-次棱角状中小岩石碎屑，中度石灰反应，渐变平滑过渡。

Bk1：18～32 cm，浊黄橙色（10YR 6/3，干），黑棕色（10YR 3/2，润），砂质壤土，中等发育的小亚角块状结构，稍坚实，中量细根，多量微风化的棱角-次棱角状中小岩石碎屑，中度石灰反应，渐变平滑过渡。

Bk2：32～60 cm，浊黄棕色（10YR 5/3，干），暗棕色（10YR 3/3，润），砂质壤土，中等发育的中小亚角块状结构，坚实，少量细根，多量微风化的棱角-次棱角状中小岩石碎屑，中度石灰反应，渐变平滑过渡。

Ahb：60～72 cm，浊黄棕色（10YR 5/4，干），极暗红棕色（5YR 2/3，润），粉质壤土，中等发育的中小亚角块状结构，坚实，少量细根，少量假菌丝体，多量微风化的棱角-次棱角状中小岩石碎屑，中度石灰反应，渐变平滑过渡。

Bkb1：72～90 cm，浊黄棕色（10YR 5/3，干），暗红棕色（5YR 3/2，润），粉质壤土，中等发育的中小亚角块状结构，坚实，很少细根，少量假菌丝体，多量微风化的棱角-次棱角状中小岩石碎屑，轻度石灰反应，渐变平滑过渡。

Bkb2：90～125 cm，浊黄棕色（10YR 5/3，干），暗红棕色（5YR 3/2，润），粉质壤土，中等发育的小亚角块状结构，坚实，很少细根，少量假菌丝体，多量微风化的棱角-次棱角状中小岩石碎屑，轻度石灰反应。

麦洛系代表性单个土体物理性质

土层	深度 /cm	石砾 (>2mm，体积分数) /%	细土颗粒组成（粒径：mm）/(g/kg)			质地	容重 /(g/cm³)
			砂粒 2～0.05	粉粒 0.05～0.002	黏粒 <0.002		
Ah	0～18	25	478	424	97	壤土	1.13
Bk1	18～32	35	645	289	67	砂质壤土	1.22
Bk2	32～60	30	560	385	55	砂质壤土	1.31
Ahb	60～72	20	327	536	137	粉质壤土	1.05
Bkb1	72～90	25	283	619	99	粉质壤土	1.17
Bkb2	90～125	30	275	642	84	粉质壤土	1.36

麦洛系代表性单个土体化学性质

深度 /cm	pH(H$_2$O)	有机碳(C) /(g/kg)	全氮(N) /(g/kg)	全磷(P) /(g/kg)	全钾(K) /(g/kg)	CEC$_7$ /[cmol(+)/kg]	游离铁(Fe) /(g/kg)	碳酸钙相当物 /(g/kg)
0~18	8.3	18.0	0.86	0.60	19.1	13.4	15.1	72
18~32	8.4	12.8	0.96	0.50	21.4	11.2	14.2	90
32~60	8.6	8.9	0.63	0.52	22.1	8.1	14.4	92
60~72	8.3	24.3	1.93	0.85	26.6	16.9	15.0	16
72~90	8.4	15.1	1.37	0.76	25.3	13.3	14.2	21
90~125	8.4	7.2	0.59	0.46	24.3	9.0	14.4	18

10.15.8　波波奎系（Bobokui Series）

土　　族：黏壤质硅质混合型非酸性热性-普通铁质干润雏形土
拟定者：袁大刚，宋易高，张　楚

分布与环境条件　分布于甘洛、越西等中山中部中缓坡，成土母质为侏罗系自流井组鲜紫红色泥岩、紫红、暗紫色泥质粉砂岩、粉砂质泥岩及钙质泥岩坡积物，其他草地；北亚热带湿润气候，年均日照 1648～1671h，年均气温 13.3～16.2℃，1 月平均气温 3.9～6.5℃，7 月平均气温 21.6～24.5℃，年均降水量 873～1113 mm，年干燥度 1.00～1.29。

波波奎系典型景观

土系特征与变幅　具淡薄表层、雏形层、半干润土壤水分状况、热性土壤温度状况、铁质特性；有效土层厚度 100～150 cm，B 层均有铁质特性，土壤中岩石碎屑<5%，表层土壤质地为粉质黏壤土，排水中等。

对比土系　徐家山系，空间位置相近，同土纲不同亚纲，有碳酸盐岩性特征，湿润土壤水分状况，温性土壤温度状况，土壤色调 10YR。

利用性能综述　土体深厚，可种植玉米等作物，但有一定坡度，应注意防治水土流失。

参比土种　暗紫泥土（N221）。

代表性单个土体　位于凉山彝族自治州甘洛县前进乡波波奎村，28°59′40.2″N，102°45′59.9″E，中山中部中缓坡，海拔 1170m，坡度为 10°，坡向为北 15°，成土母质为侏罗系自流井组鲜紫红色泥岩、紫红、暗紫色泥质粉砂岩、粉砂质泥岩及钙质泥岩坡积物，其他草地，土表下 50 cm 深度处土温为 17.27℃。2015 年 8 月 20 日调查，编号为 51-103。

Ah: 　0～20cm，浊橙色（5YR 7/3，干），浊红棕色（5YR 4/4，润），粉质黏壤土，中等发育的中亚角块状结构，坚实，多量细根，很少中度风化的棱角-次棱角状中小岩石碎屑，无石灰反应，模糊平滑过渡。

Bw1: 20～40cm，浊橙色（5YR 7/4，干），红棕色（5YR 4/6，润），黏壤土，中等发育的大中亚角块状结构，坚实，中量细根，很少中度风化的棱角-次棱角状中小岩石碎屑，轻度石灰反应，模糊平滑过渡。

Bw2: 40～60cm，浊橙色（5YR 6/4，干），暗红棕色（5YR 3/6，润），黏壤土，中等发育的大亚角块状结构，坚实，少量细根，很少中度风化的棱角-次棱角状中小岩石碎屑，无石灰反应，模糊平滑过渡。

波波奎系代表性单个土体剖面

Bw3: 60～76cm，亮红棕色（5YR 5/6，干），暗红棕色（5YR 3/6，润），粉质黏壤土，中等发育的大亚角块状结构，坚实，很少细根，少量中度风化的棱角-次棱角状中小岩石碎屑，无石灰反应，渐变平滑过渡。

Bw4: 76～115cm，橙色（5YR 6/6，干），暗红棕色（5YR 3/6，润），黏壤土，中等发育的大亚角块状结构，坚实，很少细根，少量中度风化的棱角-次棱角状中小岩石碎屑，无石灰反应，平滑清晰过渡。

波波奎系代表性单个土体物理性质

土层	深度/cm	石砾(>2mm，体积分数)/%	细土颗粒组成(粒径：mm)/(g/kg)			质地	容重/(g/cm³)
			砂粒 2～0.05	粉粒 0.05～0.002	黏粒 <0.002		
Ah	0～20	<2	192	504	305	粉质黏壤土	1.34
Bw1	20～40	<2	217	437	346	黏壤土	1.47
Bw2	40～60	<2	218	502	280	黏壤土	1.54
Bw3	60～76	2	171	505	324	粉质黏壤土	1.55
Bw4	76～115	3	241	468	291	黏壤土	1.57

波波奎系代表性单个土体化学性质

深度/cm	pH(H₂O)	有机碳(C)/(g/kg)	全氮(N)/(g/kg)	全磷(P)/(g/kg)	全钾(K)/(g/kg)	CEC₇/[cmol(+)/kg]	游离铁(Fe)/(g/kg)	碳酸钙相当物/(g/kg)	有效磷(P)/(mg/kg)
0～20	7.3	7.9	1.16	0.23	18.0	26.7	23.2	7	1.9
20～40	7.1	4.8	0.53	0.23	18.6	22.7	24.0	11	2.3
40～60	6.9	3.6	0.59	0.23	19.9	18.3	25.0	8	1.1
60～76	7.0	3.5	0.64	0.18	19.6	19.3	26.0	4	2.0
76～115	7.1	3.3	0.60	0.22	20.7	20.6	28.4	3	0.9

10.15.9 三星系（Sanxing Series）

土　　族：壤质长石混合型石灰性热性-普通铁质干润雏形土
拟定者：袁大刚，宋易高，张　楚

分布与环境条件　分布于石棉、汉源等中低山下部极陡坡，成土母质为震旦系强过铝高钾钙碱性中粗粒-细粒黑云正长-二长花岗岩坡积物，其他草地；中亚热带半湿润气候，年均日照 1246～1478 h，年均气温 17.1～17.9℃，1 月平均气温 7.9～8.3℃，7 月平均气温 24.7～25.9℃，年均降水量 726～774 mm，年干燥度 1.14～1.21。

三星系典型景观

土系特征与变幅　具淡薄表层、雏形层、半干润土壤水分状况、热性土壤温度状况、铁质特性、石灰性；有效土层厚度 100～150 cm，B 层均有铁质特性，出露岩石占地表面积 15%～50%，间距 20～50 m，地表粗碎块占地表面积 5%～15%，土壤中岩石碎屑<18%，质地通体为粉质壤土，排水中等。

对比土系　新黎系，空间位置相近，不同土纲，矿质土表下 125cm 范围内具黏化层，湿润土壤水分状况，温性土壤温度状况，无石灰性。

利用性能综述　土体深厚，但坡度大，宜封山育林育草，防治水土流失。

参比土种　红石渣砂泥土（B323）。

代表性单个土体　位于雅安市石棉县丰乐乡三星村，29°19′31.9″N，102°32′8.4″E，中低山下部极陡坡，海拔 878m，坡度为 60°，坡向为南 180°，成土母质为震旦系强过铝高钾钙碱性中粗粒-细粒黑云正长-二长花岗岩坡积物，其他草地，土表下 50 cm 深度处土温为

19.27℃。2015 年 8 月 26 日调查，编号为 51-116。

Ah：　0～10cm，亮棕色（7.5YR 4.5/7，干），红棕色（7.5YR 4/6，润），粉质壤土，中等发育的小亚角块状结构，疏松，中量细根，少量中度风化的棱角-次棱角状小岩石碎屑，强石灰反应，清晰平滑过渡。

Bw1：10～30cm，亮棕色（7.5YR 5/7，干），红棕色（7.5YR 4/6，润），粉质壤土，中等发育的中小亚角块状结构，稍坚实，少量细根，少量中度风化的棱角-次棱角状中小岩石碎屑，强石灰反应，渐变平滑过渡。

Bw2：30～60cm，亮棕色（7.5YR 5/8，干），亮红棕色（7.5YR 5/8，润），粉质壤土，中等发育的中小亚角块状结构，稍坚实，很少细根，中量中度风化的棱角-次棱角状中小岩石碎屑，强石灰反应，渐变平滑过渡。

三星系代表性单个土体剖面

Bw3：60～90cm，亮棕色（7.5YR 5/6，干），红棕色（7.5YR 4/6，润），粉质壤土，中等发育的中亚角块状结构，坚实，很少细根，多量中度风化的棱角-次棱角状中小岩石碎屑，强石灰反应，渐变平滑过渡。

Bw4：90～128cm，浊棕色（7.5YR 5/4，干），红棕色（7.5YR 4/8，润），粉质壤土，中等发育的中亚角块状结构，坚实，很少细根，中量中度风化的棱角-次棱角状中小岩石碎屑，强石灰反应。

三星系代表性单个土体物理性质

| 土层 | 深度 /cm | 石砾 (>2mm，体积分数) /% | 细土颗粒组成(粒径：mm)/(g/kg) | | | 质地 | 容重 /(g/cm³) |
			砂粒 2～0.05	粉粒 0.05～0.002	黏粒 <0.002		
Ah	0～10	5	289	533	178	粉质壤土	1.33
Bw1	10～30	3	235	582	182	粉质壤土	1.60
Bw2	30～60	10	295	529	176	粉质壤土	1.63
Bw3	60～90	18	291	523	186	粉质壤土	1.66
Bw4	90～128	15	291	510	199	粉质壤土	1.64

三星系代表性单个土体化学性质

深度 /cm	pH(H₂O)	有机碳(C) /(g/kg)	全氮(N) /(g/kg)	全磷(P) /(g/kg)	全钾(K) /(g/kg)	CEC₇ /[cmol(+)/kg]	游离铁(Fe) /(g/kg)	碳酸钙相当物 /(g/kg)	有效磷(P) /(mg/kg)
0～10	8.5	8.1	0.59	0.23	21.4	18.6	16.9	114	0.4
10～30	8.2	2.9	0.34	0.05	20.1	18.8	15.7	118	0.6
30～60	8.4	2.5	0.32	0.13	18.1	19.3	15.1	150	0.5
60～90	8.4	2.3	0.30	0.11	17.9	17.6	14.5	143	0.6
90～128	8.5	2.5	0.38	0.07	18.5	17.1	14.6	140	0.6

10.16　石灰底锈干润雏形土

10.16.1　沙湾村系（Shawancun Series）

土　　族：粗骨壤质混合型温性-石灰底锈干润雏形土
拟定者：袁大刚，张　楚，宋易高

分布与环境条件　分布于道孚等高山下部缓坡，成土母质上部为第四系全新统洪积物，下部为三叠系如年各岩群深灰色粉砂质绢云母板岩、变质细-粉砂岩夹少量灰色薄层灰岩（见辉绿色玄武岩块、硅质岩块、碳酸盐岩块）残坡积物，灌木林地；山地高原温带湿润气候，年均日照 2079～2605h，年均气温 6.0～7.8℃，1 月平均气温-4.2～-2.4℃，7 月平均气温 12.6～15.9℃，年均降水量 579～926 mm，年干燥度>1.0。

沙湾村系典型景观

土系特征与变幅　具淡薄表层、雏形层、准石质接触面、半干润和滞水土壤水分状况、氧化还原特征、温性土壤温度状况、石灰性；有效土层厚度 50～100 cm，地表粗碎块占地表面积 15%～50%，土壤中岩石碎屑 25%左右，表层土壤质地为壤土，排水中等。

对比土系　葛卡系，空间位置相近，同土纲不同亚纲，具暗沃表层、潮湿土壤水分状况、冷性土壤温度状况。

利用性能综述　石砾含量高，宜发展林草业，有一定坡度，应注意防治水土流失。

参比土种　夹石暗褐砂土（J424）。

代表性单个土体　位于甘孜藏族自治州道孚县葛卡乡沙湾村，30°54′05.6″N，101°13′20.1″E，高山下部缓坡，海拔 3264m，坡度为 8°，坡向为东北 47°，成土母质上部为第四系全新统洪积物，下部为三叠系如年各岩群深灰色粉砂质绢云母板岩、变质细-粉砂岩夹少量灰色薄层灰岩残坡积物，灌木林地，土表下 50 cm 深度处土温为 9.55℃。2015 年 7 月 21 日调查，编号为 51-051。

Ahr：0～20 cm，黄灰色（2.5Y 4/1，干），黑棕色（2.5Y 3/1，润），壤土，中等发育的小亚角块状结构，疏松，多量细根，根系周围很少锈斑纹，多量中度风化的棱角-次棱角状小岩石碎屑，轻度石灰反应，清晰不规则过渡。

2Br1：20～40 cm，灰色（N 6/0，干），灰色（N 4/0，润），壤土，弱发育的中小亚角块状结构，坚实，少量细根，根系周围很少锈斑纹，少量灰岩碎屑，多量中度风化的棱角-次棱角状小岩石碎屑，轻度石灰反应，模糊不规则过渡。

2Br2：40～60 cm，灰色（N 4/0，干），灰色（N 4/0，润），壤土，弱发育的中小亚角块状结构，很坚实，很少细根，根系周围少量锈斑纹，中量灰岩碎屑，多量中度风化的棱角-次棱角状中小岩石碎屑，轻度石灰反应，模糊不规则过渡。

沙湾村系代表性单个土体剖面

2Cr：60～70 cm，灰色（N 5/0，干），灰色（N 4/0，润），砂质壤土，极坚实，很少细根，根系周围很少锈斑纹，少量灰岩碎屑，多量中度风化的棱角-次棱角状小岩石碎屑，轻度石灰反应，模糊不规则过渡。

2R：70～150 cm，深灰色板岩。

沙湾村系代表性单个土体物理性质

土层	深度 /cm	石砾 (>2mm，体积分数) /%	细土颗粒组成（粒径：mm)/(g/kg)			质地	容重 /(g/cm³)
			砂粒 2～0.05	粉粒 0.05～0.002	黏粒 <0.002		
Ahr	0～20	25	463	391	146	壤土	0.97
2Br1	20～40	25	475	382	143	壤土	1.13
2Br2	40～60	25	475	382	143	壤土	1.27
2Cr	60～70	25	565	318	117	砂质壤土	1.20

沙湾村系代表性单个土体化学性质

深度 /cm	pH(H₂O)	有机碳(C) /(g/kg)	全氮(N) /(g/kg)	全磷(P) /(g/kg)	全钾(K) /(g/kg)	CEC₇ [cmol(+)/kg]	碳酸钙相当物 /(g/kg)
0～20	7.9	32.5	1.26	0.67	23.9	25.7	59
20～40	8.5	18.0	0.74	0.73	32.5	9.3	68
40～60	8.7	10.5	0.89	0.87	32.3	8.9	46
60～70	8.9	13.3	1.12	0.81	37.6	8.7	41

10.17　普通暗沃干润雏形土

10.17.1　集沐系（Jimu Series）

土　　族：粗骨壤质长石混合型石灰性温性-普通暗沃干润雏形土
拟定者：袁大刚，张　楚，宋易高

分布与环境条件　分布于金川、小金等中山下部陡坡，成土母质为三叠系侏倭组灰色变质长石石英砂岩、细砂岩、粉砂岩与灰色粉砂质板岩、碳质板岩（千枚岩）夹砂泥质灰岩坡积物，灌木林地；山地高原暖温带半湿润气候，年均日照 2130～2243 h，年均气温 10.0～12.8℃，1 月平均气温 0～2.8℃，7 月平均气温 17.9～21.2℃，年均降水量 590～616 mm，年干燥度 1.56～1.91。

集沐系典型景观

土系特征与变幅　具暗沃表层、雏形层、钙积层、半干润土壤水分状况、温性土壤温度状况、石灰性；有效土层厚度 100～150 cm，地表粗碎块占地表面积 15%～50%，土壤中岩石碎屑>25%，表层土壤质地为粉质壤土，排水中等。

对比土系　铁邑系，同亚类不同土族，矿物学类别为混合型。

利用性能综述　所处区域坡度较大，宜封山育林育草，防治水土流失。

参比土种　褐砂泥土（J211）。

代表性单个土体　位于阿坝藏族羌族自治州金川县集沐乡，31°43′41.0″N，102°00′36.4″E，中山下部陡坡，海拔 2221m，坡度为 30°，坡向为东北 54°，成土母质为三叠系侏倭组灰色变质长石石英砂岩、细砂岩、粉砂岩与灰色粉砂质板岩、碳质板岩（千枚岩）夹砂泥质灰岩坡积物，灌木林地，土表下 50 cm 深度处土温为 14.46℃。2015 年 7 月 16 日调查，编号为 51-036。

Ah1：0～12 cm，灰黄棕色（10YR 4/2，干），黑棕色（10YR 3/1，润），粉质壤土，中等发育的小亚角块状结构，稍坚实，多量细根，多量中度风化的棱角-次棱角状中小岩石碎屑，轻度石灰反应，渐变平滑过渡。

Ah2：12～40 cm，灰黄棕色（10YR 4/2，干），黑棕色（10YR 3/2，润），砂质壤土，中等发育的中小亚角块状结构，稍坚实-坚实，中量细根，多量中度风化的棱角-次棱角状大中岩石碎屑，轻度石灰反应，清晰平滑过渡。

Bw：40～60 cm，棕色（10YR 4/4，干），暗棕色（10YR 3/4，润），粉质壤土，中等发育的中小亚角块状结构，坚实，少量细根，多量中度风化的棱角-次棱角状中到很大块岩石碎屑，轻度石灰反应，清晰平滑过渡。

集沐系代表性单个土体剖面

Bk1：60～80 cm，棕色（10YR 4/4，干），暗棕色（10YR 3/4，润），砂质壤土，中等发育的中小亚角块状结构，坚实，少量细根，少量白色假菌丝体，多量中度风化的棱角-次棱角状大中岩石碎屑，轻度石灰反应，清晰平滑过渡。

Bk2：80～100 cm，浊黄棕色（10YR 5/4，干），棕色（10YR 4/4，润），砂质壤土，弱发育的中小亚角块状结构，坚实，少量细根，中量白色假菌丝体，很多中度风化的棱角-次棱角状大中岩石碎屑，中度石灰反应，清晰平滑过渡。

Ck：100～140 cm，浊黄棕色（10YR 5/4，干），棕色（10YR 4/4，润），壤质砂土，弱发育的小亚角块状结构，稍坚实，很少细根，极多白色假菌丝体，很多中度风化的棱角-次棱角状大中岩石碎屑，中度石灰反应。

集沐系代表性单个土体物理性质

土层	深度/cm	石砾(>2mm，体积分数)/%	细土颗粒组成(粒径：mm)/(g/kg)			质地	容重/(g/cm³)
			砂粒 2～0.05	粉粒 0.05～0.002	黏粒 <0.002		
Ah1	0～12	25	421	526	52	粉质壤土	0.90
Ah2	12～40	30	501	459	40	砂质壤土	1.12
Bw	40～60	40	419	526	54	粉质壤土	1.12
Bk1	60～80	40	550	380	70	砂质壤土	1.24
Bk2	80～100	50	602	363	35	砂质壤土	1.26
Ck	100～140	75	849	122	29	壤质砂土	1.31

集沐系代表性单个土体化学性质

深度 /cm	pH(H$_2$O)	有机碳(C) /(g/kg)	全氮(N) /(g/kg)	全磷(P) /(g/kg)	全钾(K) /(g/kg)	CEC$_7$ /[cmol(+)/kg]	碳酸钙相当物 /(g/kg)	C/N
0～12	7.8	43.7	3.16	0.75	24.9	21.0	17	13.8
12～40	7.9	18.2	1.18	0.64	27.6	12.1	13	15.5
40～60	8.0	18.7	1.73	1.90	26.6	15.3	18	10.8
60～80	8.5	11.8	1.22	0.67	24.1	16.8	33	9.7
80～100	8.6	10.8	0.36	0.71	27.0	8.6	42	30.1
100～140	9.2	8.8	0.28	0.75	18.4	6.8	102	31.0

10.17.2 铁邑系（Tieyi Series）

土　　族：粗骨壤质混合型石灰性温性-普通暗沃干润雏形土
拟定者：袁大刚，张　楚，蒲光兰

分布与环境条件 分布于汶川、茂县、理县等中山下部中缓坡，成土母质为志留系茂县群碳质千枚岩、千枚岩、板岩夹变质砂岩、砂泥质结晶灰岩、泥灰岩、生物碎屑灰岩坡积物，其他草地；山地高原暖温带半湿润气候，年均日照 1566～1706 h，年均气温 11.4～12.7℃，1 月平均气温 0.4～2.4℃，7 月平均气温 20.8～21.9℃，年均降水量 492～516 mm，年干燥度 1.86～1.96。

铁邑系典型景观

土系特征与变幅 具暗沃表层、雏形层、钙积层、半干润土壤水分状况、温性土壤温度状况、石灰性；有效土层厚度≥150 cm，矿质土表下 50～100 cm 范围内存在钙积层，地表粗碎块占地表面积 15%～50%，土壤中岩石碎屑>15%，表层土壤质地为砂质壤土，排水中等。

对比土系 集沐系，同亚类不同土族，矿物学类别为长石混合型。

利用性能综述 土体深厚，光热条件较优越，但缺水严重，在解决灌溉的条件下可发展苹果、花椒、核桃等，所处区域坡度较大，应注意防治水土流失。

参比土种 厚层燥褐砂土（J51 4）。

代表性单个土体 位于阿坝藏族羌族自治州汶川县威州镇铁邑村 2 组，31°31′09.9″N，103°32′58.7″E，中山下部中缓坡，海拔 1381m，坡度为 15°，坡向为北 345°，成土母质为志留系茂县群碳质千枚岩、千枚岩、板岩夹变质砂岩、砂泥质结晶灰岩、泥灰岩、生物碎屑灰岩坡积物，其他草地，土表下 50 cm 深度处土温为 14.84℃。2015 年 7 月 3 日调查，编号为 51-032。

铁邑系代表性单个土体剖面

Ah1：0～20 cm，黄棕色（2.5Y 5/3，干），暗橄榄棕色（2.5Y 3/3，润），砂质壤土，强发育的小团粒状结构，疏松，多量细根，多量中度风化的棱角-次棱角状中小岩石碎屑，中度石灰反应，渐变平滑过渡。

Ah2：20～50 cm，黄棕色（2.5Y 5/3，干），黑棕色（2.5Y 3/2，润），砂质壤土，强发育的小亚角块状结构，稍坚实，中量细根，多量中度风化的棱角-次棱角状大小岩石碎屑，中度石灰反应，清晰平滑过渡。

Bk1：50～85 cm，黄棕色（2.5Y 5/3，干），橄榄棕色（2.5Y 4/3，润），砂质壤土，中等发育的中小亚角块状结构，坚实，少量细根，多量灰白色假菌丝体，多量中块到大块的中度风化的岩石碎屑，中度石灰反应，清晰平滑过渡。

Bk2：85～106 cm，灰棕色（7.5YR 5/2，干），棕色（7.5YR 4/4，润），砂质壤土，中等发育的中亚角块状结构，坚实，很少细根，中量灰白色假菌丝体，很多中度风化的棱角-次棱角状中到很大岩石碎屑，中度石灰反应，清晰平滑过渡。

Bw1：106～130 cm，浊棕色（7.5YR 5/4，干），棕色（7.5YR 4/6，润），粉质壤土，中等发育的中亚角块状结构，很坚实，很少细根，多量中度风化的棱角-次棱角状大中岩石碎屑，中度石灰反应，清晰平滑过渡。

Bw2：130～150 cm，淡灰棕色（7.5YR 7/2，干），灰棕色（7.5YR 4/2，润），砂质壤土，中等发育的大亚角块状结构，坚实，很少细根，多量中度风化的棱角-次棱角状大中岩石碎屑，强石灰反应，清晰平滑过渡。

Bw3：150～170 cm，灰黄色（2.5Y 6/2，干），橄榄棕色（2.5Y 4/3，润），壤质砂土，中等发育的中小亚角块状结构，稍坚实-坚实，很少细根，很多中度风化的棱角-次棱角状大中岩石碎屑，强石灰反应。

铁邑系代表性单个土体物理性质

| 土层 | 深度 /cm | 石砾 (>2mm，体积分数) /% | 细土颗粒组成（粒径： mm)/(g/kg) | | | 质地 | 容重 /(g/cm³) |
			砂粒 2～0.05	粉粒 0.05～0.002	黏粒 <0.002		
Ah1	0～20	30	525	427	47	砂质壤土	1.23
Ah2	20～50	25	475	477	48	砂质壤土	1.11
Bk1	50～85	30	526	427	47	砂质壤土	1.34
Bk2	85～106	40	622	331	47	砂质壤土	1.48
Bw1	106～130	15	382	571	48	粉质壤土	1.52
Bw2	130～150	25	481	471	47	砂质壤土	1.61
Bw3	150～170	55	812	141	47	壤质砂土	1.66

铁邑系代表性单个土体化学性质

深度 /cm	pH(H$_2$O)	有机碳(C) /(g/kg)	全氮(N) /(g/kg)	全磷(P) /(g/kg)	全钾(K) /(g/kg)	CEC$_7$ /[cmol(+)/kg]	碳酸钙相当物 /(g/kg)	C/N
0～20	7.8	11.9	1.02	0.78	24.8	10.0	85	11.7
20～50	7.9	19.0	1.66	0.72	27.1	12.3	82	11.5
50～85	8.0	7.8	1.27	0.73	29.9	7.5	69	6.1
85～106	8.1	4.6	0.72	0.63	25.4	4.9	91	6.3
106～130	8.4	3.9	0.77	0.75	28.6	4.5	61	5.1
130～150	8.3	2.8	0.55	0.60	26.2	3.2	118	5.0
150～170	8.9	2.3	0.39	0.60	27.2	3.4	122	5.9

10.17.3　日底系（Ridi Series）

土　族：壤质混合型石灰性温性–普通暗沃干润雏形土
拟定者：袁大刚，张东坡，张俊思

分布与环境条件　分布于理县、茂县、汶川等中山河谷高阶地后缘中缓坡，成土母质为第四系更新统洪冲积物，其他林地；山地高原暖温带半湿润气候，年均日照 1566～1706 h，年均气温 11.2～11.5℃，1 月平均气温 0.4～0.7℃，7 月平均气温 20.6～20.9℃，年均降水量 493～591mm，年干燥度 1.54～1.96。

日底系典型景观

土系特征与变幅　具暗沃表层、雏形层、半干润土壤水分状况、温性土壤温度状况、石灰性；有效土层厚度 100～150cm，暗沃表层厚度达 30 cm 以上，表层土壤质地为壤土，土壤中岩石碎屑 10%以下，排水中等。

对比土系　铁邑系，同亚类不同土族，颗粒大小级别为粗骨壤质。杂谷脑系，空间位置相邻，处于三级阶地后缘中缓坡，同亚纲不同土类，无暗沃表层。官田坝系，空间位置相邻，位于本土系上方第五级阶地前缘，不同土纲，具均腐殖质特性。

利用性能综述　土体深厚，质地适中，但所处区域坡度较大，应注意保护植被，保持水土，可适当种植苹果、樱桃等果树和花椒、核桃等经济林木。

参比土种　灰褐泥土（J512）。

代表性单个土体　位于阿坝藏族羌族自治州理县杂谷脑镇日底村 2 组，31°27′19.7″N，103°10′12.7″E，中山河谷四级阶地后缘中缓坡，海拔 1903m，坡度为 15°，成土母质为第四系更新统洪冲积物，其他林地，土表下 50 cm 深度处土温为 13.62℃。2014 年 5 月 4 日调查，编号为 51-130。

日底系代表性单个土体剖面

Ah1： 0～15cm，灰黄棕色（10YR 5/2，干），黑棕色（10YR 3/2，润），壤土，中等发育的小团粒状结构，疏松，多量细根，少量中度风化的棱角-次棱角状中小岩石碎屑，强石灰反应，渐变平滑过渡。

Ah2： 15～32cm，浊黄棕色（10YR 5/3，干），黑棕色（10YR 3/2，润），壤土，中等发育的小团粒状结构，稍坚实，中量细根，少量中度风化的棱角-次棱角状中小岩石碎屑，强石灰反应，清晰平滑过渡。

Bw1： 32～55cm，浊黄橙色（10YR 6/3，干），浊黄棕色（10YR 4/3，润），粉质壤土，中等发育的大亚角块状结构，坚实，少量细根，中量中度风化的棱角-次棱角状大小岩石碎屑，强石灰反应，模糊平滑过渡。

Bw2： 55～100cm，浊黄橙色（10YR 6/3，干），棕色（10YR 4/4，润），壤土，中等发育的大亚角块状结构，坚实，很少细根，中量中度风化的棱角-次棱角状大小岩石碎屑，极强石灰反应，模糊平滑过渡。

Bw3： 100～135cm，浊黄橙色（10YR 6/3，干），浊黄棕色（10YR 4/3，润），壤土，中等发育的大亚角块状结构，坚实，很少细根，中量中度风化的棱角-次棱角状中小岩石碎屑，强石灰反应。

日底系代表性单个土体物理性质

| 土层 | 深度/cm | 石砾(>2mm, 体积分数)/% | 细土颗粒组成(粒径: mm)/(g/kg) | | | 质地 | 容重/(g/cm³) |
			砂粒 2～0.05	粉粒 0.05～0.002	黏粒 <0.002		
Ah1	0～15	2	378	480	142	壤土	1.08
Ah2	15～32	2	418	460	122	壤土	1.09
Bw1	32～55	5	342	538	120	粉质壤土	1.48
Bw2	55～100	8	362	486	152	壤土	1.66
Bw3	100～135	8	392	470	138	壤土	1.52

日底系代表性单个土体化学性质

深度/cm	pH(H₂O)	有机碳(C)/(g/kg)	全氮(N)/(g/kg)	全磷(P)/(g/kg)	全钾(K)/(g/kg)	CEC₇/[cmol(+)/kg]	碳酸钙相当物/(g/kg)	C/N
0～15	8.4	21.3	1.85	0.53	11.5	16.2	113	11.5
15～32	8.3	20.3	2.18	0.57	13.9	11.8	107	9.3
32～55	8.5	4.5	0.52	0.50	13.0	5.1	122	8.7
55～100	8.0	2.3	0.39	0.59	15.8	4.7	112	5.9
100～135	8.2	3.9	0.32	0.48	13.9	4.2	109	12.2

10.18　普通简育干润雏形土

10.18.1　甲居系（Jiaju Series）

土　　族：砂质混合型石灰性温性-普通简育干润雏形土
拟定者：袁大刚，张　楚，宋易高

分布与环境条件　分布于丹巴、小金、金川等中山中上部中缓坡，成土母质为第四系全系统残积物，混杂通化组二段云英片岩夹斜长片麻岩、石英岩坡积物，其他草地；山地高原暖温带半湿润气候，年均日照 2079～2243h，年均气温 12.0～14.5℃，1 月平均气温 1.8～4.4℃，7 月平均气温 20.6～22.4℃，年均降水量 594～616 mm，年干燥度 2.04～2.16。

甲居系典型景观

土系特征与变幅　具淡薄表层、钙积层、半干润土壤水分状况、温性土壤温度状况、石灰性；有效土层厚度 100～150 cm，钙积层出现于矿质土表下 90～125 cm 范围，表层土壤质地为砂质壤土，排水中等。

对比土系　春厂系和杂谷脑系，同亚类不同族，颗粒大小级别为壤质，杂谷脑系无钙积层。

利用性能综述　土体深厚，但有一定坡度，可发展林草业，防治水土流失。

参比土种　厚层石灰褐砂泥土（J224）。

代表性单个土体　位于甘孜藏族自治州丹巴县聂呷乡甲居一村（甲居藏寨），30°55′05.5″N，101°52′15.8″E，中山中上部中缓坡，海拔 2289m，坡度为 10°，坡向为东 84°，成土母质为第四系全系统残积物，混杂通化组二段云英片岩夹斜长片麻岩、石英岩坡积物，其他草地，土表下 50 cm 深度处土温为 15.04℃，温性土壤温度状况，半干润土壤水分状况。2015 年 7 月 15 日调查，编号为 51-035。

Ah: 0~22 cm，浊棕色（7.5YR 6/3，干），棕色（7.5YR 4/3，润），砂质壤土，中等发育的小亚角块状结构，疏松，多量细根，很少中度风化的棱角-次棱角状中小岩石碎屑，中度石灰反应，清晰平滑过渡。

Bw: 22~40 cm，浊橙色（7.5YR 6/4，干），浊棕色（7.5YR 5/4，润），壤土，中等发育的小亚角块状结构，疏松，中量细根，很少中度风化的棱角-次棱角状中小岩石碎屑，中度石灰反应，清晰平滑过渡。

Ahb1: 40~68 cm，浊橙色（7.5YR 6/4，干），棕色（7.5YR 4/4，润），砂质壤土，中等发育的大中亚角块状结构，疏松，少量细根，很少中度风化的棱角-次棱角状中小岩石碎屑，中度石灰反应，清晰平滑过渡。

甲居系代表性单个土体剖面

Ahb2: 68~90 cm，浊棕色（7.5YR 5/4，干），棕色（7.5YR 3/4，润），砂质壤土，中等发育的大中亚角块状结构，疏松，少量细根，中量粗根，中量中度风化的棱角-次棱角状中小岩石碎屑，轻度石灰反应，清晰平滑过渡。

Bwb: 90~125 cm，浊黄橙色（10YR 6/3，干），棕色（10YR 4/4，润），砂质壤土，弱发育大中亚角块状结构，疏松，少量细根，少量中度风化的棱角-次棱角状中小岩石碎屑，强石灰反应。

甲居系代表性单个土体物理性质

土层	深度 /cm	石砾 (>2mm，体积分数) /%	细土颗粒组成(粒径：mm)/(g/kg)			质地	容重 /(g/cm³)
			砂粒 2~0.05	粉粒 0.05~0.002	黏粒 <0.002		
Ah	0~22	<2	554	347	99	砂质壤土	1.10
Bw	22~40	<2	520	384	96	壤土	1.12
Ahb1	40~68	<2	570	335	96	砂质壤土	1.10
Ahb2	68~90	8	714	191	95	砂质壤土	1.10
Bwb	90~125	3	659	272	68	砂质壤土	1.41

甲居系代表性单个土体化学性质

深度 /cm	pH(H₂O)	有机碳(C) /(g/kg)	全氮(N) /(g/kg)	全磷(P) /(g/kg)	全钾(K) /(g/kg)	CEC₇ /[cmol(+)/kg]	碳酸钙相当物 /(g/kg)
0~22	8.4	20.1	2.85	0.61	30.4	14.1	42
22~40	8.5	18.5	2.26	0.51	27.6	10.6	98
40~68	8.4	20.0	2.09	0.51	29.5	8.6	70
68~90	8.3	20.2	2.34	0.72	29.3	12.4	53
90~125	8.4	6.0	0.92	0.40	22.0	4.4	172

10.18.2　春厂系（Chunchang Series）

土　　族：壤质混合型石灰性温性-普通简育干润雏形土
拟定者：袁大刚，张　楚，宋易高

分布与环境条件　分布于小金、丹巴、金川等中山河谷中坡，成土母质为三叠系侏倭组灰色变质长石石英砂岩、细砂岩、粉砂岩与灰色粉砂质板岩、碳质板岩（千枚岩）夹砂泥质灰岩坡积物，灌木林地；山地高原暖温带半湿润气候，年均日照 2079～2243 h，年均气温 11.1～12.2℃，1 月平均气温 0.6～2.2℃，7 月平均气温 20.0～20.6℃，年均降水量 594～614 mm，年干燥度 1.56～1.91。

春厂系典型景观

土系特征与变幅　具淡薄表层、钙积层、半干润土壤水分状况、温性土壤温度状况、石灰性；有效土层厚度 100～150 cm，钙积层出现于 60～150 cm 范围，地表粗碎块占地表面积 5%～15%，土壤中岩石碎屑 15%左右，质地通体为粉质壤土，排水中等。

对比土系　杂谷脑系，同土族不同土系，无钙积层，质地构型为粉质壤土-壤土。宅垄系，空间位置相近，同亚纲不同土类，B 层具铁质特性。

利用性能综述　土体深厚，质地适中，养分较丰富，但所处区域坡度较大，石砾含量较高，应保护植被，防治水土流失，可适当发展核桃等经济林木和苹果种植等。

参比土种　厚层石灰褐砂泥土（J224）。

代表性单个土体　位于阿坝藏族羌族自治州小金县美兴镇春厂村，31°00′44.4″N，102°23′52.6″E，中山河谷中坡，海拔 2321m，坡度为 20°，坡向为西北 325°，成土母质上部为三叠系侏倭组灰色变质长石石英砂岩、细砂岩、粉砂岩与灰色粉砂质板岩、碳质板岩（千枚岩）夹砂泥质灰岩坡积物，下部夹杂有洪冲积物，灌木林地，土表下 50 cm 深度处土温为 13.52℃。2015 年 7 月 15 日调查，编号为 51-033。

Ah：　0～22 cm，浊黄橙色（10YR 6/3，干），暗棕色（10YR 3/3，润），粉质壤土，强发育的小团粒状结构，疏松，多量细根，多量中度风化的棱角-次棱角状中块岩石碎屑，极强石灰反应，清晰平滑过渡。

AB：　22～45 cm，浊黄橙色（10YR 6/3，干），暗棕色（10YR 3/3，润），粉质壤土，中等发育的中小亚角块状结构，稍坚实-坚实，中量细根，多量中度风化的棱角-次棱角状中块岩石碎屑，强石灰反应，清晰波状过渡。

Bw1：45～60 cm，浊黄棕色（10YR 5/3，干），暗棕色（10YR 3/3，润），粉质壤土，中等发育的中亚角块状结构，坚实，少量细根，多量中度风化的棱角-次棱角状大中岩屑和砾石，强石灰反应，清晰波状过渡。

春厂系代表性单个土体剖面

Bw2：60～105 cm，浊黄橙色（10YR 6/3，干），棕色（10YR 4/4，润），粉质壤土，中等发育的中亚角块状结构，稍坚实-坚实，很少细根，多量中度风化的棱角-次棱角状中小岩屑和砾石，极强石灰反应，渐变平滑过渡。

Bw3：105～140 cm，浊黄橙色（10YR 7/3，干），棕色（10YR 4/4，润），粉质壤土，中等发育的中亚角块状结构，稍坚实-坚实，很少细根，多量中度风化的次棱角状-次圆状大中岩屑和砾石，强石灰反应。

春厂系代表性单个土体物理性质

| 土层 | 深度 /cm | 石砾 (>2mm, 体积分数) /% | 细土颗粒组成(粒径：mm)/(g/kg) | | | 质地 | 容重 /(g/cm³) |
			砂粒 2～0.05	粉粒 0.05～0.002	黏粒 <0.002		
Ah	0～22	20	333	524	143	粉质壤土	1.21
AB	22～45	15	332	525	143	粉质壤土	1.27
Bw1	45～60	15	330	622	48	粉质壤土	1.29
Bw2	60～105	15	334	619	48	粉质壤土	1.37
Bw3	105～140	10	313	638	49	粉质壤土	1.44

春厂系代表性单个土体化学性质

深度 /cm	pH(H₂O)	有机碳(C) /(g/kg)	全氮(N) /(g/kg)	全磷(P) /(g/kg)	全钾(K) /(g/kg)	CEC₇ /[cmol(+)/kg]	碳酸钙相当物 /(g/kg)	游离铁(Fe) /(g/kg)	铁游离度 /%
0～22	8.8	13.0	1.56	0.75	23.3	14.7	204	9.8	23.9
22～45	8.7	10.5	1.16	0.62	21.6	9.3	229	9.7	24.9
45～60	8.6	9.5	1.17	0.57	22.0	8.7	145	11.5	26.0
60～105	8.8	7.0	0.86	0.53	18.8	7.0	228	9.4	24.2
105～140	8.7	5.3	0.64	0.51	21.1	5.5	196	10.6	23.0

10.18.3　杂谷脑系（Zagunao Series）

土　族：壤质混合型石灰性温性-普通简育干润雏形土
拟定者：袁大刚，张东坡，张俊思

分布与环境条件　分布于理县、茂县、汶川等中山河谷高阶地后缘中缓坡，成土母质为第四系更新统洪冲积物，有林地；山地高原暖温带半湿润气候，年均日照 1566～1706 h，年均气温 11.2～11.5℃，1 月平均气温 0.4～0.7℃，7 月平均气温 20.6～20.9℃，年均降水量 493～591mm，年干燥度 1.54～1.96。

杂谷脑系典型景观

土系特征与变幅　具淡薄表层、雏形层、半干润土壤水分状况、温性土壤温度状况、石灰性；有效土层厚度≥150 cm，地表粗碎块占地表面积<5%，表层土壤质地为粉质壤土，排水中等。

对比土系　春厂系，同土族不同土系，有钙积层，质地通体为粉质壤土。日底系，空间位置相邻，同土类不同亚类，具暗沃表层。白帐房系，空间位置相邻，不同土纲，具肥熟表层、磷质耕作淀积层。

利用性能综述　土体深厚，但所处区域坡度较大，应注意保护植被，保持水土，可适当种植苹果、樱桃等果树或核桃、花椒等经济林木。

参比土种　灰褐泥土（燥褐土，J512）。

代表性单个土体　位于阿坝藏族羌族自治州理县杂谷脑镇日底村 2 组，31°27′22.2″N，103°10′16.1″E，中山河谷三级阶地后缘中缓坡，海拔 1869m，坡度为 15°，成土母质为第四系更新统洪冲积物，有林地，土表下 50 cm 深度处土温为 13.62℃。2014 年 5 月 4

日调查，编号为 51-129。

Ah: 0～15cm，灰黄棕色（10YR 6/2，干），浊黄棕色（10YR 4/3，润），粉质壤土，中等发育的小亚角块状结构，稍坚实，多量细根，少量中根，少量中度风化的棱角-次棱角状中小岩石碎屑，强石灰反应，渐变平滑过渡。

AB: 15～30cm，浊黄橙色（10YR 6/3，干），棕色（10YR 4/4，润），壤土，中等发育的小亚角块状结构，稍坚实，中量细根，很少粗根，少量中度风化的棱角-次棱角状中小岩石碎屑，极强石灰反应，渐变平滑过渡。

Bw1: 30～70cm，浊黄橙色（10YR 6/3，干），浊黄棕色（10YR 5/3，润），壤土，中等发育的大亚角块状结构，坚实，少量细根，少量中度风化的棱角-次棱角状中小岩石碎屑，极强石灰反应，渐变平滑过渡。

Bw2: 70～90cm，灰黄棕色（10YR 6/2，干），灰黄棕色（10YR 5/2，润），壤土，中等发育的大亚角块状结构，坚实，很少细根，中量中度风化的棱角-次棱角状中小岩石碎屑，极强石灰反应，渐变平滑过渡。

Bw3: 90～120cm，浊黄橙色（10YR 6/3，干），浊黄棕色（10YR 5/3，润），壤土，中等发育的大亚角块状结构，坚实，很少细根，少量中度风化的棱角-次棱角状中小岩石碎屑，极强石灰反应，渐变平滑过渡。

杂谷脑系代表性单个土体剖面

Bw4: 120～160cm，浊黄橙色（10YR 7/3，干），浊黄棕色（10YR 5/4，润），壤土，中等发育的大亚角块状结构，坚实，很少细根，少量中度风化的棱角-次棱角状中小岩石碎屑，极强石灰反应。

杂谷脑系代表性单个土体物理性质

土层	深度 /cm	石砾 (>2mm，体积分数) /%	细土颗粒组成（粒径：mm）/(g/kg)			质地	容重 /(g/cm³)
			砂粒 2～0.05	粉粒 0.05～0.002	黏粒 <0.002		
Ah	0～15	3	322	536	142	粉质壤土	1.24
AB	15～30	3	368	490	142	壤土	1.37
Bw1	30～70	5	378	458	164	壤土	1.52
Bw2	70～90	8	372	454	174	壤土	1.50
Bw3	90～120	3	352	430	218	壤土	1.53
Bw4	120～160	2	354	480	166	壤土	1.57

杂谷脑系代表性单个土体化学性质

深度 /cm	pH(H$_2$O)	有机碳(C) /(g/kg)	全氮(N) /(g/kg)	全磷(P) /(g/kg)	全钾(K) /(g/kg)	CEC$_7$ /[cmol(+)/kg]	碳酸钙相当物 /(g/kg)
0～15	8.0	11.8	1.11	0.37	8.4	6.7	116
15～30	8.2	7.1	0.56	0.40	7.7	5.3	123
30～70	8.3	3.9	0.41	0.36	8.3	3.5	122
70～90	8.3	4.2	0.39	0.42	9.5	4.0	125
90～120	8.3	3.8	0.40	0.36	8.5	5.0	122
120～160	8.6	3.3	0.38	0.33	7.7	4.5	128

10.19 腐殖冷凉常湿雏形土

10.19.1 二郎山系（Erlangshan Series）

土　　族：黏壤质硅质混合型酸性-腐殖冷凉常湿雏形土

拟定者：袁大刚，付宏阳，陈剑科

分布与环境条件 分布于天全、泸定等中山上部陡坡，成土母质为泥盆系养马坝组灰、深灰色生物灰岩、泥质灰岩夹页岩、粉砂岩、砂岩坡积物，其他草地；山地高原温带湿润气候，年均日照 862～1155 h，年均气温 2.0～5.5℃，1 月平均气温–7.5～–3.8℃，7 月平均气温 10.8～12.9℃，年均降水量 1732 mm 左右，年干燥度 0.35 左右。

二郎山系典型景观

土系特征与变幅 具淡薄表层、雏形层、常湿润和滞水土壤水分状况、氧化还原特征、冷性土壤温度状况、腐殖质特性；有效土层厚度 100～150cm，地表粗碎块占地表面积 15%～50%，土壤中岩石碎屑可高达 25%，表层土壤质地为粉质壤土，排水中等。

对比土系 黄铜系，空间位置相近，同亚纲不同土类，为热性土壤温度状况，无滞水土壤水分状况和氧化还原特征。

利用性能综述 所处区域地势高亢寒冷，位置偏远，地表坡度大，同时土壤石砾含量较高，宜发展林草业，防治水土流失。

参比土种 厚层山地草甸土（Q111）。

代表性单个土体 位于雅安市天全县二郎山垭口，29°51′44.8″N，102°16′51.7″E，中山上部陡坡，海拔2986m，坡度为30°，坡向为东南106°，成土母质为泥盆系养马坝组灰、深灰色生物灰岩、泥质灰岩夹页岩、粉砂岩、砂岩坡积物，其他草地，土表下50 cm深度处土温为7.66℃。2016年8月5日调查，编号为51-194。

二郎山系代表性单个土体剖面

Ahr1：0～20 cm，浊黄橙色（10YR 6/3，干），浊黄棕色（10YR 4/3，润），粉质壤土，中等发育的小团粒状结构，疏松，多量细根，根系周围少量锈斑纹，少量微风化的棱角-次棱角状中小岩石碎屑，渐变平滑过渡。

Ahr2：20～30 cm，浊黄橙色（10YR 6/4，干），棕色（10YR 4/4，润），壤土，中等发育的小团粒状结构，疏松，中量细根，根系周围少量锈斑纹，少量微风化的棱角-次棱角状中小岩石碎屑，清晰平滑过渡。

Bw1：30～60 cm，亮黄橙色（10YR 7/6，干），黄棕色（10YR 5/6，润），壤土，中等发育的中亚角块状结构，坚实，很少细根，裂隙壁填充中量腐殖质，中量微风化的棱角-次棱角状中小岩石碎屑，模糊平滑过渡。

Bw2：60～90 cm，亮黄橙色（10YR 7/6，干），黄棕色（10YR 5/6，润），砂质壤土，中等发育的中亚角块状结构，极坚实，裂隙壁填充中量腐殖质，中量微风化的棱角-次棱角状中小岩石碎屑，模糊平滑过渡。

Bw3：90～105 cm，浊黄橙色（10YR 7/4，干），亮黄棕色（10YR 6/6，润），壤土，中等发育的中亚角块状结构，极坚实，多量微风化的棱角-次棱角状中小岩石碎屑，渐变平滑过渡。

Bw4：105～125 cm，浊黄橙色（10YR 7/4，干），亮黄棕色（10YR 6/6，润），黏壤土，中等发育的中亚角块状结构，极坚实，多量微风化的棱角-次棱角状中小岩石碎屑。

二郎山系代表性单个土体物理性质

土层	深度/cm	石砾(>2mm，体积分数)/%	细土颗粒组成(粒径：mm)/(g/kg)			质地	容重/(g/cm³)
			砂粒 2～0.05	粉粒 0.05～0.002	黏粒 <0.002		
Ahr1	0～20	5	305	510	185	粉质壤土	0.89
Ahr2	20～30	5	396	404	201	壤土	0.96
Bw1	30～60	10	370	371	260	壤土	1.16
Bw2	60～90	15	549	263	187	砂质壤土	1.36
Bw3	90～105	25	431	336	232	壤土	1.36
Bw4	105～125	20	311	382	306	黏壤土	1.45

二郎山系代表性单个土体化学性质

深度 /cm	pH		有机碳(C) /(g/kg)	全氮(N) /(g/kg)	全磷(P) /(g/kg)	全钾(K) /(g/kg)	CEC$_7$ /[cmol(+)/kg]	C/N
	H$_2$O	KCl						
0~20	4.8	4.2	44.0	3.65	0.83	22.3	17.1	12.1
20~30	4.9	4.3	33.7	2.45	0.77	22.8	31.3	13.8
30~60	5.0	4.3	15.6	1.54	0.92	23.4	20.4	10.1
60~90	5.1	4.5	7.3	1.04	0.96	23.7	15.8	7.0
90~105	5.5	4.8	7.2	1.00	0.79	19.1	15.2	7.2
105~125	5.9	5.1	5.1	0.91	0.85	20.2	15.0	5.6

10.20　石质钙质常湿雏形土

10.20.1　大旗系（Daqi Series）

土　族：壤质硅质混合型热性-石质钙质常湿雏形土
拟定者：袁大刚，付宏阳，蒲光兰

分布与环境条件　分布于兴文、石海等低山中上部缓坡，成土母质为二叠系阳新组灰岩残坡积物，旱地；中亚热带湿润气候，年均日照 1045～1194 h，年均气温 18.1～18.9℃，1 月平均气温 7.0～7.7 ℃，7 月平均气温 26.7～27.8℃，年均降水量 1022～1335 mm，年干燥度 0.54～0.68。

大旗系典型景观

土系特征与变幅　具淡薄表层、雏形层、碳酸盐岩性特征、石质接触面、常湿润土壤水分状况、热性土壤温度状况、石灰性；有效土层厚度 30～50cm，石质接触面位于矿质土表下 30～50 cm 范围内，出露岩石占地表面积 5%～15%，间距 5～20m，地表粗碎块占地表面积 5%～15%，土壤中岩石碎屑>10%，表层土壤质地为粉质壤土，排水中等。

对比土系　五四系，同土纲不同亚纲，湿润土壤水分状况，矿质土表下 125 cm 范围内无石质接触面。

利用性能综述　保肥力强，但海拔较高，应注意施用热性有机肥，引进耐寒品种；土层较浅薄，应发展灌溉，防治水土流失。

参比土种　石灰黄砂泥土（M112）。

代表性单个土体 位于宜宾市兴文县石海镇大旗村 5 组，28°10′25.9″N，105°08′16.9″E，低山中上部缓坡，海拔 714m，坡度为 5°，坡向为东南 125°，成土母质为二叠系阳新组灰岩残坡积物，旱地，撂荒，石质接触面处土温为 18.55℃。2016 年 1 月 25 日调查，编号为 51-148。

Ap： 0~14cm，橄榄棕色（2.5Y 4/4，干），黑棕色（10YR 3/2，润），粉质壤土，中等发育的屑粒状结构，疏松，少量粗蚁穴，很少蚯蚓，中量中度风化的棱角-次棱角状大小岩石碎屑，轻度石灰反应，渐变平滑过渡。

Bw1：14~26cm，黄棕色（2.5Y 5/6，干），棕色（10YR 4/6，润），砂质壤土，中等发育的小亚角块状结构，稍坚实，少量粗蚁穴和蚂蚁，中量中度风化的棱角-次棱角状大小岩石碎屑，轻度石灰反应，模糊平滑过渡。

Bw2：26~50cm，黄棕色（2.5Y 5/6，干），棕色（10YR 4/6，润），砂质壤土，中等发育的中亚角块状结构，稍坚实，很少粗蚁穴和蚂蚁，中量中度风化的棱角-次棱角状大小岩石碎屑，石灰岩基岩出露，轻度石灰反应，突变不规则过渡。

大旗系代表性单个土体剖面

R： 50~60cm，灰岩。

大旗系代表性单个土体物理性质

土层	深度/cm	石砾(>2mm，体积分数)/%	细土颗粒组成(粒径：mm)/(g/kg)			质地	容重/(g/cm³)
			砂粒 2~0.05	粉粒 0.05~0.002	黏粒 <0.002		
Ap	0~14	15	201	641	158	粉质壤土	1.25
Bw1	14~26	10	529	338	134	砂质壤土	1.26
Bw2	26~50	10	536	288	176	砂质壤土	1.28

大旗系代表性单个土体化学性质

深度/cm	pH(H₂O)	有机碳(C)/(g/kg)	全氮(N)/(g/kg)	全磷(P)/(g/kg)	全钾(K)/(g/kg)	CEC₇/[cmol(+)/kg]	碳酸钙相当物/(g/kg)	C/N	有效磷(P)/(mg/kg)
0~14	7.4	11.2	1.53	1.19	8.9	30.8	22	7.3	12.3
14~26	7.5	10.7	1.49	0.56	8.6	31.4	12	7.2	4.4
26~50	7.5	10.1	1.72	0.48	8.6	28.8	10	5.9	3.1

10.21　铁质简育常湿雏形土

10.21.1　黄铜系（Huangtong Series）

土　　族：黏壤质混合型非酸性热性-铁质简育常湿雏形土
拟定者：袁大刚，付宏阳，陈剑科

分布与环境条件　分布于天全、雨城、名山等低山坡麓缓坡，成土母质为古近系-新近系名山组棕红色泥岩夹石英粉砂岩、灰黑色页岩坡积物，下部混杂第四系冲积物，有林地；中亚热带湿润气候，年均日照 862～1061 h，年均气温 15.1～16.2℃，1 月平均气温 5.0～6.1 ℃，7 月平均气温 24.0～25.3 ℃，年均降水量 1520～1774 mm，年干燥度 0.35～0.44。

黄铜系典型景观

土系特征与变幅　具淡薄表层、雏形层、常湿润土壤水分状况、热性土壤温度状况、铁质特性；有效土层厚度 100～150 cm，表层土壤质地为壤土，排水中等。

对比土系　茶园系，空间位置相近，同土纲不同亚纲，为湿润土壤水分状况。

利用性能综述　土体深厚，土壤酸性到弱酸性，适于喜酸或耐酸植物生长，所处区域坡度较大，应保护植被，防治水土流失。

参比土种　酸紫黄泥土（N124）。

代表性单个土体　位于雅安市天全县城厢镇黄铜村 4 组，30°04′28.0″N，102°45′38.3″E，低山坡麓缓坡，海拔 775m，坡度为 8°，坡向为西南 197°，成土母质为古近系-新近系名山组棕红色泥岩夹石英粉砂岩、灰黑色页岩坡积物，下部混杂第四系冲积物，有林地，土表下 50 cm 深度处土温为 17.60℃。2016 年 8 月 6 日调查，编号为 51-195。

Ah: 0～13 cm，浊黄橙色（10YR 6/4，干），棕色（10YR 4/6，润），壤土，中等发育的中小亚角块状结构，坚实，多量细根，很少中度风化的棱角-次棱角状的中小岩石碎屑，渐变平滑过渡。

Bw1: 13～30 cm，浊黄橙色（10YR 6/6，干），黄棕色（10YR 5/6，润），砂质黏壤土，中等发育的大中亚角块状结构，坚实，中量细根，很少中度风化的棱角-次棱角状中小岩石碎屑，渐变波状过渡。

Bw2: 30～50 cm，浊黄橙色（10YR 6/6，干），黄棕色（10YR 5/6，润），壤土，中等发育的大中亚角块状结构，坚实，中量细根，结构体表面多量腐殖质胶膜，很少中度风化的棱角-次棱角状中小岩石碎屑，渐变波状过渡。

黄铜系代表性单个土体剖面

Bw3: 50～90 cm，浊黄橙色（10YR 6/6，干），黄棕色（10YR 5/6，润），壤土，中等发育的大中亚角块状结构，坚实，少量细根，结构体表面很多腐殖质胶膜，很少中度风化的棱角-次棱角状中小岩石碎屑，渐变波状过渡。

Bw4: 90～108 cm，浊黄橙色（10YR 6/6，干），黄棕色（10YR 5/6，润），壤土，中等发育的大亚角块状结构，坚实，结构体表面中量腐殖质胶膜，很少中度风化的棱角-次棱角状大岩石碎屑，渐变波状过渡。

Bw5: 108～128 cm；浊黄橙色（10YR 6/6，干），黄棕色（10YR 5/6，润），壤土，中等发育的大亚角块状结构，坚实，很少中度风化的圆-次圆状大岩石碎屑。

黄铜系代表性单个土体物理性质

土层	深度 /cm	石砾 (>2mm，体积分数) /%	细土颗粒组成(粒径：mm)/(g/kg)			质地	容重 /(g/cm³)
			砂粒 2～0.05	粉粒 0.05～0.002	黏粒 <0.002		
Ah	0～13	<2	454	309	236	壤土	1.15
Bw1	13～30	<2	517	241	241	砂质黏壤土	1.30
Bw2	30～50	<2	422	331	246	壤土	1.31
Bw3	50～90	<2	425	340	235	壤土	1.42
Bw4	90～108	<2	428	323	250	壤土	1.43
Bw5	108～128	<2	451	326	223	壤土	1.44

黄铜系代表性单个土体化学性质

深度 /cm	pH		有机碳(C) /(g/kg)	全氮(N) /(g/kg)	全磷(P) /(g/kg)	全钾(K) /(g/kg)	CEC$_7$ /[cmol(+)/kg]	游离铁(Fe) /(g/kg)
	H$_2$O	KCl						
0～13	5.3	4.6	16.5	1.81	0.69	17.3	15.9	17.7
13～30	5.6	4.9	9.3	1.18	0.66	17.5	13.4	16.2
30～50	5.8	5.1	8.7	1.11	0.53	17.0	13.7	16.9
50～90	5.9	5.2	5.8	0.99	0.47	16.5	13.9	16.9
90～108	6.0	5.3	5.7	0.94	0.40	15.4	14.1	16.4
108～128	6.3	5.4	5.4	0.84	0.42	17.0	13.5	15.6

10.22 腐殖钙质湿润雏形土

10.22.1 五四系（Wusi Series）

土　族：粗骨壤质混合型热性-腐殖钙质湿润雏形土
拟定者：袁大刚，付宏阳，陈剑科

分布与环境条件　分布于沐川、沙湾等低山中下部缓坡，成土母质为三叠系嘉陵江组灰色、浅灰色泥质灰岩、泥质白云质灰岩夹石膏残坡积物，有林地；中亚热带湿润气候，年均日照 968～1178 h，年均气温 16.0～17.3℃，1 月平均气温 5.5～7.2℃，7 月平均气温 25.0～26.2℃，年均降水量 1332～1368 mm，年干燥度 0.49～0.54。

五四系典型景观

土系特征与变幅　具淡薄表层、雏形层、碳酸盐岩岩性特征、湿润土壤水分状况、热性土壤温度状况、腐殖质特性、石灰性；有效土层厚度 100～150 cm，通体石灰性，土壤中灰岩碎屑≥40%，表层土壤质地为粉质壤土，排水良好。

对比土系　徐家山系，同土类不同亚类，无腐殖质特性，颗粒大小级别为粗骨砂质。老码头系，空间位置相近，不同土纲，距矿质土表 100 cm 范围内出现黏化层和碳酸盐岩石质接触面。

利用性能综述　石砾含量高，不宜耕作，宜发展林草业。

参比土种　石灰黄石渣土（M113）。

代表性单个土体　位于乐山市沐川县茨竹乡五四村 4 组，29°10′29.0″N，　103°38′37.4″E，低山中下部缓坡，海拔 466m，坡度为 5°，坡向为东 81°，成土母质为三叠系嘉陵江组灰色、浅灰色泥质灰岩、泥质白云质灰岩夹石膏残坡积物，有林地，土表下 50 cm 深度处土温为 18.45℃。2016 年 8 月 2 日调查，编号为 51-190。

五四系代表性单个土体剖面

Ah:　0～15 cm，灰黄色（2.5Y 7/2，干），暗灰黄色（2.5Y 4/2，润），粉质壤土，中等发育的小亚角块状结构，疏松，多量细根，很多中度风化的棱角-次棱角状大小白云岩碎屑，极强石灰反应，渐变波状过渡。

Bw1:　15～40cm，淡黄色（2.5Y 7/4，干），黄棕色（2.5Y 5/4，润），粉质壤土，弱发育的小亚角块状结构，疏松，中量细根，孔隙填充有自 A 层落下的含腐殖质土体，多量中度风化的棱角-次棱角状大小白云岩碎屑，极强石灰反应，模糊波状过渡。

Bw2:　40～60cm，亮红棕色（2.5Y 7/6，干），黄棕色（2.5Y 5/4，润），粉质壤土，弱发育的小亚角块状结构，疏松，中量细根，孔隙填充有自 A 层落下的含腐殖质土体，多量中度风化的棱角-次棱角状大小白云岩碎屑，极强石灰反应，模糊波状过渡。

BC1:　60～95cm，亮黄棕色（2.5Y 7/6，干），橄榄棕色（2.5Y 4/6，润），壤土，弱发育的小亚角块状结构，疏松，少量细根，很多中度风化的棱角-次棱角状大小白云岩碎屑，极强石灰反应，模糊波状过渡。

BC2:　95～125cm，亮黄棕色（2.5Y 7/6，干），橄榄棕色（2.5Y 4/6，润），壤土，弱发育的小亚角块状结构，疏松，很少细根，很多中度风化的棱角-次棱角状大小白云岩碎屑，极强石灰反应。

五四系代表性单个土体物理性质

| 土层 | 深度/cm | 石砾(>2mm，体积分数)/% | 细土颗粒组成(粒径: mm)/(g/kg) | | | 质地 | 容重/(g/cm³) |
			砂粒 2～0.05	粉粒 0.05～0.002	黏粒 <0.002		
Ah	0～15	45	352	538	110	粉质壤土	1.08
Bw1	15～40	40	273	639	88	粉质壤土	1.17
Bw2	40～60	40	251	682	67	粉质壤土	1.31
BC1	60～95	55	284	448	268	壤土	1.59
BC2	95～125	55	296	494	210	壤土	1.75

五四系代表性单个土体化学性质

深度 /cm	pH(H₂O)	有机碳(C) /(g/kg)	全氮(N) /(g/kg)	全磷(P) /(g/kg)	全钾(K) /(g/kg)	CEC₇ /[cmol(+)/kg]	碳酸钙相当物 /(g/kg)
0～15	8.3	21.5	2.06	0.72	26.1	16.4	157
15～40	8.3	15.2	1.66	0.68	30.8	16.4	160
40～60	8.3	8.8	1.55	0.61	27.6	14.8	160
60～95	8.5	3.0	1.54	0.71	20.2	17.3	163
95～125	8.5	1.6	1.31	0.57	27.1	15.0	161

10.23　棕色钙质湿润雏形土

10.23.1　徐家山系（Xujiashan Series）

土　　族：粗骨砂质混合型温性-棕色钙质湿润雏形土
拟定者：袁大刚，宋易高，张　楚

分布与环境条件　分布于甘洛、越西等中山下部极陡坡，成土母质为奥陶系巧家组深灰色灰岩、白云质灰岩、页岩夹细、粉砂岩及赤铁矿残坡积物，灌木林地；北亚热带湿润气候，年均日照 1648～1671h，年均气温 13.3～16.2℃，1 月平均气温 3.9～6.5℃，7 月平均气温 21.6～24.5℃，年均降水量 873～1113 mm，年干燥度 0.8～1.0。

徐家山系典型景观

土系特征与变幅　具淡薄表层、雏形层、碳酸盐岩岩性特征、湿润土壤水分状况、温性土壤温度状况、石灰性；有效土层厚度 50～100 cm，通体石灰性；出露岩石占地表面积 5%～15%，间距 20～50 m；地表粗碎块占地表面积 15%～50%，土壤中灰岩碎屑≥25%，表层土壤质地为砂质壤土，排水良好。

对比土系　五四系，同土类不同亚类，具腐殖质特性。波波奎系，空间位置相近，同土纲不同亚纲，无碳酸盐岩岩性特征，半干润土壤水分状况，热性土壤温度状况。

利用性能综述　所处区域地势陡峻，土壤石砾含量高，宜封山育林，保持水土。

参比土种　中层石灰棕泥土（M413）。

代表性单个土体 位于凉山彝族自治州甘洛县海棠镇徐家山村，29°2′38.8″N，102°35′28.2″E，中山下部极陡坡，海拔 1675m，坡度为 45°，坡向为西 259°，成土母质为奥陶系巧家组深灰色灰岩、白云质灰岩、页岩夹细、粉砂岩及赤铁矿残坡积物，灌木林地，土表下 50 cm 深度处土温为 15.05℃。2015 年 8 月 19 日调查，编号为 51-102。

Ah:　0～17cm，浊黄棕色（10YR 4/3，干），黑棕色（10YR 3/2，润），砂质壤土，中等发育的小亚角块状结构，疏松，多量细根，多量中度风化的棱角-次棱角状中小灰岩岩屑，中度石灰反应，渐变平滑过渡。

Bw1：17～40cm，浊黄橙色（10YR 7/4，干），黄棕色（10YR 5/6，润），砂质壤土，中等发育的小亚角块状结构，稍坚实，多量细根，多量中度风化的棱角-次棱角状大小灰岩岩屑，中度石灰反应，渐变平滑过渡。

Bw2：40～65cm，浊黄橙色（10YR 7/3，干），棕色（10YR 4/6，润），砂质壤土，弱发育的小亚角块状结构，稍坚实，中量细根，很多中度风化的棱角-次棱角状大小灰岩岩屑，中度石灰反应，渐变平滑过渡。

徐家山系代表性单个土体剖面

C：　65～90cm，浊黄橙色（10YR 7/3，干），黄棕色（10YR 5/6，润），砂质壤土，坚实，很多中度风化的棱角-次棱角状大小灰岩岩屑，中度石灰反应。

徐家山系代表性单个土体物理性质

土层	深度/cm	石砾（>2mm，体积分数）/%	细土颗粒组成（粒径：mm）/(g/kg)			质地	容重/(g/cm³)
			砂粒 2～0.05	粉粒 0.05～0.002	黏粒 <0.002		
Ah	0～17	25	758	132	109	砂质壤土	0.97
Bw1	17～40	40	750	164	86	砂质壤土	1.40
Bw2	40～65	50	746	175	79	砂质壤土	1.56
C	65～90	70	737	152	111	砂质壤土	1.75

徐家山系代表性单个土体化学性质

深度/cm	pH(H₂O)	有机碳(C)/(g/kg)	全氮(N)/(g/kg)	全磷(P)/(g/kg)	全钾(K)/(g/kg)	CEC₇/[cmol(+)/kg]	碳酸钙相当物/(g/kg)
0～17	7.5	32.9	5.15	0.78	24.3	26.2	84
17～40	7.8	6.3	0.84	0.36	19.8	13.0	77
40～65	8.2	3.4	0.65	0.32	23.2	7.3	81
65～90	8.3	1.6	0.26	0.28	22.3	6.1	92

10.24　石灰紫色湿润雏形土

10.24.1　垇店系（Aodian Series）

土　　族：黏壤质长石混合型热性-石灰紫色湿润雏形土
拟定者：袁大刚，陈剑科，蒲光兰

分布与环境条件　分布于仁寿、雁江、资中等丘陵上部中缓坡，成土母质为侏罗系沙溪庙组紫红、紫灰色砂泥岩坡积物，其他林地；中亚热带湿润气候，年均日照 1197～1307 h，年均气温 17.1～17.5℃，1 月平均气温 6.5～6.9℃，7 月平均气温 26.5～26.9℃，年均降水量 951～1009 mm，年干燥度 0.79～0.85。

垇店系典型景观

土系特征与变幅　具淡薄表层、雏形层、紫色砂页岩岩性特征、石质接触面、湿润土壤水分状况、热性土壤温度状况、石灰性；有效土层厚度 50～100 cm，矿质土表下 50～100 cm 范围内出现石质接触面，通体强石灰反应，碳酸钙相当物含量≥125g/kg，质地通体为壤土，排水中等。

对比土系　破河系，同土族不同土系，质地通体为黏壤土。

利用性能综述　土体较深厚，但坡度较大，宜发展林草业，保护植被，防治水土流失。

参比土种　钙紫二泥土（N352）。

代表性单个土体　位于眉山市仁寿县富加镇垇店村（付加镇熬田村）5 组，29°56′39.9″N，

104°16′17.4″E，丘陵上部中缓坡，海拔 417m，坡度为 10°，坡向为南 190°，成土母质为侏罗系沙溪庙组紫红、紫灰色砂泥岩坡积物，其他林地，土表下 50 cm 深度处土温为 19.38℃。2016 年 1 月 19 日调查，编号为 51-136。

A: 0～15 cm，浊红棕色（2.5YR 5/3，干），浊红棕色（2.5YR 4/3，润），壤土，中等发育的中亚角块状结构，稍坚实-坚实，少量细根，少量中度风化的次棱角状很小-小岩石碎屑（10RP 5/2），强石灰反应，模糊平滑过渡。

Bw1: 15～35 cm，浊橙色（2.5YR 6/3，干），暗红棕色（2.5YR 3/3，润），壤土，中等发育的中亚角块状结构，坚实，很少细根，少量中度风化的次棱角状很小-小岩石碎屑（10RP 5/2），强石灰反应，模糊平滑过渡。

Bw2: 35～60 cm，浊红棕色（2.5YR 5/3，干），暗红棕色（2.5YR 3/3，润），壤土，中等发育的中亚角块状结构，坚实，很少细根，少量中度风化的次棱角状小岩石碎屑（10RP 5/2），强石灰反应，突变波状过渡。

圸店系代表性单个土体剖面

R: 60～100cm，紫斑（10RP 5/2）砂泥岩。

圸店系代表性单个土体物理性质

| 土层 | 深度 /cm | 石砾 (>2mm，体积分数) /% | 细土颗粒组成(粒径：mm)/(g/kg) | | | 质地 | 容重 /(g/cm³) |
			砂粒 2～0.05	粉粒 0.05～0.002	黏粒 <0.002		
A	0～15	5	336	452	212	壤土	1.42
Bw1	15～35	5	352	430	217	壤土	1.55
Bw2	35～60	8	361	435	204	壤土	1.57

圸店系代表性单个土体化学性质

深度 /cm	pH(H₂O)	有机碳(C) /(g/kg)	全氮(N) /(g/kg)	全磷(P) /(g/kg)	全钾(K) /(g/kg)	CEC₇ /[cmol(+)/kg]	碳酸钙相当物 /(g/kg)
0～15	7.7	5.7	0.68	0.77	18.3	14.3	125
15～35	8.0	3.6	0.49	0.63	19.2	13.7	136
35～60	7.9	3.2	0.48	0.60	18.6	12.6	133

10.24.2 破河系（Pohe Series）

土　　族：黏壤质长石混合型热性-石灰紫色湿润雏形土
拟定者：袁大刚，陈剑科，付宏阳

分布与环境条件　分布于乐至、安岳、雁江、简阳等丘陵下部缓坡，成土母质为侏罗系蓬莱镇组紫红色泥岩夹同色砂岩、粉砂岩及黄绿色页岩残坡积物，旱地；中亚热带湿润气候，年均日照 1251～1331 h，年均气温 16.8～17.7℃，1 月平均气温 6.1～6.8℃，7 月平均气温 26.5～27.6℃，年均降水量 883～987 mm，年干燥度 0.79～0.93。

破河系典型景观

土系特征与变幅　具淡薄表层、雏形层、紫色砂页岩岩性特征、石质接触面、湿润土壤水分状况、热性土壤温度状况、石灰性；有效土层厚度 50～100 cm，石质接触面位于矿质土表下 50～100cm 范围内，通体强石灰反应，碳酸钙相当物含量>70 g/kg，质地通体为黏壤土，排水中等。

对比土系　圳店系，同土族不同土系，质地通体为壤土。

利用性能综述　土体较深厚，保肥力较强，但有机质含量低，花生表现缺铁症状，应增施有机肥，测土配方施肥，此外，所处区域有一定坡度，应注意防治水土流失。

参比土种　棕紫泥土（N311）。

代表性单个土体　位于资阳市乐至县高寺镇破河村 2 组，30°16′40.5″N，104°53′17.3″E，丘陵下部缓坡，海拔 409m，坡度为 5°，坡向为西南 240°，成土母质为侏罗系蓬莱镇组紫红色泥岩夹同色砂岩、粉砂岩及黄绿色页岩残坡积物，旱地，麦/玉/花生套作，土表下 50 cm 深度处土温为 19.10℃。2016 年 7 月 17 日调查，编号为 51-162。

Ap: 0～15 cm，浊红棕色（5YR 5/3，干），暗红棕色（5YR 3/4，润），黏壤土，中等发育的屑粒状结构，稍坚实，少量中度风化的次棱角状小岩石碎屑（10RP 4/2），强石灰反应，渐变平滑过渡。

Bw1: 15～30 cm，浊红棕色（5YR 5/3，干），暗红棕色（5YR 3/4，润），黏壤土，中等发育的中亚角块状结构，坚实，少量中度风化的次棱角状小岩石碎屑（10RP 4/2），强石灰反应，渐变平滑过渡。

Bw2: 30～40 cm，浊红棕色（5YR 5/4，干），暗红棕色（5YR 3/4，润），黏壤土，中等发育的中亚角块状结构，坚实，少量中度风化的次棱角状小岩石碎屑（10RP 4/2），强石灰反应，渐变平滑过渡。

破河系代表性单个土体剖面

Bw3: 40～60 cm，浊红棕色（5YR 5/4，干），暗红棕色（5YR 3/4，润），黏壤土，中等发育的大亚角块状结构，坚实，少量中度风化的次棱角状小岩石碎屑（10RP 4/2），强石灰反应，渐变平滑过渡。

Bw4: 60～80 cm，浊红棕色（5YR 5/4，干），暗红棕色（5YR 3/4，润），黏壤土，中等发育的大亚角块状结构，坚实，少量中度风化的次棱角状小岩石碎屑（10RP 4/2），强石灰反应，突变平滑过渡。

R: 80～90 cm，紫斑（10RP 4/2）砂页岩。

破河系代表性单个土体物理性质

土层	深度 /cm	石砾 (>2mm，体积分数) /%	细土颗粒组成(粒径：mm)/(g/kg)			质地	容重 /(g/cm³)
			砂粒 2～0.05	粉粒 0.05～0.002	黏粒 <0.002		
Ap	0～15	2	292	425	283	黏壤土	1.28
Bw1	15～30	2	281	426	293	黏壤土	1.44
Bw2	30～40	2	285	430	285	黏壤土	1.47
Bw3	40～60	2	280	386	334	黏壤土	1.40
Bw4	60～80	2	303	395	301	黏壤土	1.51

破河系代表性单个土体化学性质

深度 /cm	pH(H₂O)	有机碳(C) /(g/kg)	全氮(N) /(g/kg)	全磷(P) /(g/kg)	全钾(K) /(g/kg)	CEC₇ /[cmol(+)/kg]	碳酸钙相当物 /(g/kg)	有效磷(P) /(mg/kg)
0～15	7.7	9.9	1.03	1.39	21.7	19.6	103	15.2
15～30	7.8	5.4	0.77	0.96	22.3	16.4	106	5.5
30～40	7.9	4.7	0.62	0.74	21.7	16.1	115	2.3
40～60	7.9	6.3	0.69	0.60	22.3	18.0	73	1.9
60～80	7.9	4.1	0.51	0.72	21.8	17.2	103	1.2

10.24.3　桥坝系（Qiaoba Series）

土　　族：壤质长石混合型热性-石灰紫色湿润雏形土
拟定者：袁大刚，付宏阳，陈剑科

分布与环境条件　分布于达州、开江、渠县等丘陵中上部中缓坡，成土母质为侏罗系沙溪庙组紫红、暗紫红、棕红色泥岩、砂质泥岩、泥质粉砂岩夹黄灰、灰紫、青灰色长石砂岩残坡积物，有林地；中亚热带湿润气候，年均日照 1376～1473 h，年均气温 16.7～17.8℃，1 月平均气温 5.5～6.7℃，7 月平均气温 27.4～28.4℃，年均降水量 1044～1230 mm，年干燥度 0.64～0.78。

桥坝系典型景观

土系特征与变幅　具淡薄表层、雏形层、紫色砂页岩岩性特征、准石质接触面、湿润土壤水分状况、热性土壤温度状况、石灰性；有效土层厚度 30～50 cm，准石质接触面出现于矿质土表下 30～50 cm 范围，通体石灰性，表层土壤质地为壤土，排水良好。

对比土系　坰店系和破河系，同亚类不同土族，颗粒大小级别为黏壤质。黑水塘系，同土类不同亚类，无石灰性，表层土壤质地为砂质壤土，通体呈中性反应。

利用性能综述　土体较薄，具石灰性，宜种喜钙植物，所处区域坡度较大，应注意防治水土流失。

参比土种　灰棕紫砂泥土（N212）。

代表性单个土体　位于达州市达州经济开发区斌郎乡桥坝村 7 组，31°06′31.1″N，107°28′38.3″E，丘陵中上部中缓坡，海拔 346m，坡度为 15°，坡向为东北 15°，成土母质为侏罗系沙溪庙组紫红、暗紫红、棕红色泥岩、砂质泥岩、泥质粉砂岩夹黄灰、灰紫、青灰色长石砂岩残坡积物，有林地，准石质接触面处土温为 18.49℃。2016 年 7 月 24 日调查，编号为 51-176。

Ah: 0～13 cm，浊红棕色（2.5YR 5/3，干），暗红棕色（2.5YR 3/3，润），壤土，中等发育的中亚角块状结构，稍坚实，多量细根，少量中度风化的棱角-次棱角状中小岩石碎屑（5RP 4/1），轻度石灰反应，渐变平滑过渡。

Bw1: 13～26 cm，浊红棕色（2.5YR 5/3，干），暗红棕色（2.5YR 3/4，润），砂质壤土，中等发育的中亚角块状结构，稍坚实，中量细根，少量中度风化的棱角-次棱角状中小岩石碎屑（5RP 4/1），强石灰反应，渐变平滑过渡。

Bw2: 26～40 cm，浊橙色（2.5YR 6/3，干），暗红棕色（2.5YR 3/4，润），砂质壤土，弱发育的中亚角块状结构，稍坚实，少量细根，多量中度风化的棱角-次棱角状大小岩石碎屑（5RP 4/1），中度石灰反应，清晰平滑过渡。

R: 40～90 cm，紫斑（5RP 4/1）砂泥岩。

桥坝系代表性单个土体剖面

桥坝系代表性单个土体物理性质

土层	深度 /cm	石砾 (>2mm，体积分数) /%	细土颗粒组成（粒径：mm)/(g/kg)			质地	容重 /(g/cm³)
			砂粒 2～0.05	粉粒 0.05～0.002	黏粒 <0.002		
Ah	0～13	2	446	407	147	壤土	1.32
Bw1	13～26	3	561	334	106	砂质壤土	1.44
Bw2	26～40	40	561	304	135	砂质壤土	1.69

桥坝系代表性单个土体化学性质

深度 /cm	pH(H₂O)	有机碳(C) /(g/kg)	全氮(N) /(g/kg)	全磷(P) /(g/kg)	全钾(K) /(g/kg)	CEC₇ /[cmol(+)/kg]	碳酸钙相当物 /(g/kg)
0～13	7.9	8.4	0.81	0.80	22.5	20.7	11
13～26	8.1	5.5	0.39	0.83	25.1	18.4	48
26～40	8.2	2.1	0.37	0.79	24.3	19.8	25

10.25　酸性紫色湿润雏形土

10.25.1　李端系（Liduan Series）

土　　族：黏壤质硅质混合型热性-酸性紫色湿润雏形土
拟定者：袁大刚，付宏阳，翁　倩

分布与环境条件　分布于翠屏、宜宾、屏山等丘陵中下部中坡，成土母质为侏罗系沙溪庙组紫红、紫灰色砂泥岩残坡积物，有林地；中亚热带湿润气候，年均日照 958～1139h，年均气温 15.0～17.8℃，1 月平均气温 4.9～7.8℃，7 月平均气温 24.1～26.9℃，年均降水量 1085～1177 mm，年干燥度 0.60～0.63。

李端系典型景观

土系特征与变幅　具淡薄表层、雏形层、紫色砂页岩岩性特征、准石质接触面、湿润土壤水分状况、热性土壤温度状况，盐基不饱和；有效土层厚度 30～50 cm，准石质接触面出现于矿质土表下 30～50 cm 范围，质地通体为壤土，排水中等。

对比土系　大乘系，空间位置相近，同土类不同亚类，准石质接触面出现于矿质土表下 50～100 cm 范围内，盐基饱和度>50%。

利用性能综述　强酸性，可种植耐酸或喜酸植物，坡度较大，应保护植被，防治水土流失。

参比土种　酸紫砂泥土（N122）。

代表性单个土体 位于宜宾市翠屏区李端镇新庄村 1 组，28°35′53.8″N，104°49′56.4″E，丘陵中下部中坡，海拔 374m，坡度为 20°，坡向为东北 45°，成土母质为侏罗系沙溪庙组紫红、紫灰色砂泥岩残坡积物，有林地，准石质接触面处土温为 19.63℃。2016 年 1 月 23 日调查，编号为 51-145。

李端系代表性单个土体剖面

Ah： 0～14 cm，浊棕色（7.5YR 5/4，干），暗棕色（7.5YR 3/3，润），壤土，中等发育的小亚角块状结构，稍坚实，多量细根，很少中度风化的棱角-次棱角状小紫色砂页岩碎屑（10RP 5/3），渐变波状过渡。

Bw： 14～30 cm，浊橙色（7.5YR 6/4，干），棕色（7.5YR 4/6，润），壤土，中等发育的中亚角块状结构，坚实，少量细根，很少中度风化的棱角-次棱角状小紫色砂页岩碎屑（10RP 5/3），突变波状过渡。

R： 30～85 cm，紫斑（10RP 5/3）砂泥岩。

李端系代表性单个土体物理性质

| 土层 | 深度 /cm | 石砾 (>2mm，体积分数) /% | 细土颗粒组成(粒径：mm)/(g/kg) | | | 质地 | 容重 /(g/cm³) |
			砂粒 2～0.05	粉粒 0.05～0.002	黏粒 <0.002		
Ah	0～14	<2	359	387	253	壤土	1.06
Bw	14～30	<2	401	337	262	壤土	1.61

李端系代表性单个土体化学性质

| 深度 /cm | pH | | 有机碳(C) /(g/kg) | 全氮(N) /(g/kg) | 全磷(P) /(g/kg) | 全钾(K) /(g/kg) | CEC₇ /[cmol(+)/kg] | 盐基饱和度 /% |
	H₂O	KCl						
0～14	3.8	3.4	23.4	1.00	0.23	19.4	16.8	18.3
14～30	4.2	3.7	2.8	0.53	0.21	20.4	18.0	19.2

10.26　普通紫色湿润雏形土

10.26.1　凤庙系（Fengmiao Series）

土　族：黏壤质长石混合型石灰性热性-普通紫色湿润雏形土
拟定者：袁大刚，陈剑科，蒲光兰

分布与环境条件　分布于东兴、资中、威远、隆昌等丘陵中下部缓坡，成土母质为侏罗系遂宁组紫红色泥岩夹紫灰、灰绿、灰白色粉砂岩残坡积物，其他林地；中亚热带湿润气候，年均日照 1196～1307 h，年均气温 17.5～18.0 ℃，1 月平均气温 6.9～7.4℃，7 月平均气温 26.9～27.2℃，年均降水量 967～1039 mm，年干燥度 0.73～0.85。

凤庙系典型景观

土系特征与变幅　具淡薄表层、雏形层、紫色砂页岩岩性特征、准石质接触面、湿润土壤水分状况、热性土壤温度状况；有效土层厚度 50～100 cm，准石质接触面出现于矿质土表下 50～100 cm 范围内，表层土壤质地为砂质壤土，排水良好。

对比土系　大乘系，同亚类不同土族，颗粒大小级别为壤质，表层土壤质地为壤土。

利用性能综述　土体较深厚，但所处区域坡度较大，应保护植被，防治水土流失。

参比土种　紫砂泥土（N232）。

代表性单个土体　位于内江市东兴区高桥镇凤庙村 8 组，29°37′44.0″N，105°07′55.1″E，丘陵中下部缓坡，海拔 351m，坡度为 8°，坡向为西 278°，成土母质为侏罗系遂宁组紫红色泥岩夹紫灰、灰绿、灰白色粉砂岩残坡积物，其他林地，土表下 50 cm 深度处土温为 19.59℃。2016 年 1 月 28 日调查，编号为 51-155。

Ah: 0～15 cm，亮红棕色（5YR 5/6，干），暗红棕色（5YR 3/4，润），砂质壤土，中等发育的中亚角块状结构，疏松，多量细根，中量中根，少量中度风化的次棱角状小岩石碎屑（10RP 6/3），无石灰反应，渐变平滑过渡。

Bw1：15～36 cm，亮红棕色（5YR 5/6，干），暗红棕色（5YR 3/4，润），砂质壤土，中等发育的中亚角块状结构，疏松，中量细根，少量中度风化的次棱角状小岩石碎屑（10RP 6/3），轻度石灰反应，模糊平滑过渡。

Bw2：36～52 cm，亮红棕色（5YR 5/6，干），暗红棕色（5YR 3/6，润），砂质黏壤土，中等发育的中亚角块状结构，疏松，中量细根，少量中度风化的次棱角状小岩石碎屑（10RP 6/3），轻度石灰反应，突变平滑过渡。

R: 52～85cm，紫斑（10RP 6/3）砂泥岩。

凤庙系代表性单个土体剖面

凤庙系代表性单个土体物理性质

土层	深度/cm	石砾（>2mm，体积分数）/%	细土颗粒组成(粒径：mm)/(g/kg)			质地	容重/(g/cm³)
			砂粒 2～0.05	粉粒 0.05～0.002	黏粒 <0.002		
Ah	0～15	2	572	277	151	砂质壤土	1.43
Bw1	15～36	2	536	288	176	砂质壤土	1.51
Bw2	36～52	2	515	266	218	砂质黏壤土	1.56

凤庙系代表性单个土体化学性质

深度/cm	pH(H₂O)	有机碳(C)/(g/kg)	全氮(N)/(g/kg)	全磷(P)/(g/kg)	全钾(K)/(g/kg)	CEC₇/[cmol(+)/kg]	碳酸钙相当物/(g/kg)	有效磷(P)/(mg/kg)
0～15	7.2	5.5	0.62	0.44	13.0	11.8	8	4.4
15～36	7.5	4.1	0.48	0.49	13.6	11.5	16	3.8
36～52	7.8	3.4	0.49	0.44	14.8	10.4	21	2.6

10.26.2　黑水塘系（**Heishuitang Series**）

土　　族：壤质长石混合型石灰性热性-普通紫色湿润雏形土
拟定者：袁大刚，陈剑科，付宏阳

分布与环境条件　分布于武胜、岳池等丘陵上部缓坡，成土母质为侏罗系沙溪庙组灰紫色长石石英砂岩与暗紫红色泥岩残坡积物，其他林地；中亚热带湿润气候，年均日照 1305～1342 h，年均气温 17.0～17.7℃，1 月平均气温 6.0～6.8℃，7 月平均气温 27.3～28.1℃，年均降水量 1015～1020 mm，年干燥度 0.74～0.78。

黑水塘系典型景观

土系特征与变幅　具淡薄表层、雏形层、紫色砂页岩岩性特征、准石质接触面、湿润土壤水分状况、热性土壤温度状况；有效土层厚度 30～50 cm，准石质接触面出现于 30～50 cm 范围，通体石灰性，但 pH 呈中性反应，表层土壤质地为砂质壤土，排水良好。

对比土系　凤庙系，同亚类不同土族，颗粒大小级别为黏壤质。桥坝系，同土类不同亚类，有石灰性，表层土壤质地为壤土，pH 通体呈碱性反应。

利用性能综述　土体较薄，具石灰性，宜种喜钙植物，所处区域有一定坡度，应注意防治水土流失。

参比土种　灰棕紫砂泥土（N212）。

代表性单个土体　位于广安市武胜县华封镇黑水塘村，30°21′31.3″N，106°13′33.0″E，丘陵上部缓坡，海拔 335m，坡度为 5°，坡向为东北 74°，成土母质为侏罗系沙溪庙组灰紫色长石石英砂岩与暗紫红色泥岩残坡积物，其他林地，准石质接触面处土温为 19.20℃。

2016 年 7 月 21 日调查，编号为 51-169。

Ah: 0～17 cm，浊红棕色（2.5YR 4/3，干），暗红棕色（2.5YR 3/2，润），砂质壤土，中等发育的中亚角块状结构，疏松，多量细根，中量中根，很少粗根，少量中度风化的次棱角状小岩石碎屑（5RP 5/1），轻度石灰反应，模糊平滑过渡。

Bw1：17～27 cm，浊红棕色（2.5YR 4/3，干），极暗红棕色（2.5YR 2/4，润），壤土，中等发育的中亚角块状结构，疏松，中量细根，中量中根，少量中度风化的次棱角状小岩石碎屑（5RP 5/1），轻度石灰反应，模糊平滑过渡。

Bw2：27～40 cm，浊红棕色（2.5YR 4/3，干），极暗红棕色（2.5YR 2/4，润），壤土，中等发育的中亚角块状结构，疏松，中量细根，中量中度风化的次棱角状小岩石碎屑（5RP 5/1），轻度石灰反应，清晰平滑过渡。

R: 40～70 cm，紫斑（5RP 5/1）砂泥岩。

黑水塘系代表性单个土体剖面

黑水塘系代表性单个土体物理性质

土层	深度 /cm	石砾 (>2mm，体积分数) /%	细土颗粒组成(粒径：mm)/(g/kg)			质地	容重 /(g/cm³)
			砂粒 2～0.05	粉粒 0.05～0.002	黏粒 <0.002		
Ah	0～17	5	532	331	137	砂质壤土	1.32
Bw1	17～27	5	496	369	135	壤土	1.40
Bw2	27～40	10	411	416	173	壤土	1.42

黑水塘系代表性单个土体化学性质

深度 /cm	pH(H₂O)	有机碳(C) /(g/kg)	全氮(N) /(g/kg)	全磷(P) /(g/kg)	全钾(K) /(g/kg)	CEC₇ /[cmol(+)/kg]	碳酸钙相当物 /(g/kg)	有效磷(P) /(mg/kg)
0～17	7.5	8.6	0.79	0.70	23.9	17.1	14	2.4
17～27	7.4	6.3	0.60	0.69	22.7	17.3	11	1.1
27～40	7.1	5.8	0.60	0.57	25.1	18.6	9	0.9

10.26.3　大乘系（Dacheng Series）

土　　族：壤质混合型非酸性热性-普通紫色湿润雏形土
拟定者：袁大刚，付宏阳，翁　倩

分布与环境条件　分布于屏山、宜宾、翠屏等丘陵中上部中坡，成土母质为侏罗系沙溪庙组紫灰色长石石英砂岩与紫红、紫灰色泥岩残坡积物，有林地；中亚热带湿润气候，年均日照 958～1139 h，年均气温 15.0～17.8℃，1 月平均气温 4.9～7.8℃，7 月平均气温 24.1～26.9℃，年均降水量 1085～1177 mm，年干燥度 0.60～0.63。

大乘系典型景观

土系特征与变幅　具淡薄表层、雏形层、紫色砂页岩岩性特征、准石质接触面、湿润土壤水分状况、热性土壤温度状况，盐基饱和；有效土层厚度 50～100 cm，准石质接触面出现于矿质土表下 50～100 cm 范围内，表层土壤质地为壤土，排水中等。

对比土系　黑水塘系，同亚类不同土族，矿物学类别为长石混合型，控制层段内细土具石灰反应。李端系，空间位置相近，同土类不同亚类，矿质土表下 30～50 cm 范围出现准石质接触面，盐基饱和度<50%。

利用性能综述　酸性，可种植耐酸或喜酸植物，坡度较大，应保护植被，防治水土流失。

参比土种　厚层酸紫砂泥土（N125）。

代表性单个土体　位于宜宾市屏山县大乘镇柏杨村，28°47′15.3″N，104°19′05.3″E，丘陵中上部中坡，海拔 567m，坡度为 20°，坡向为西南 208°，成土母质为侏罗系沙溪庙组紫灰色长石石英砂岩与紫红、紫灰色泥岩残坡积物，有林地，土表下 50 cm 深度处土温为

18.36℃。2016 年 1 月 22 日调查，编号为 51-142。

A:　0～15 cm，浊红棕色（2.5YR 5/3，干），暗红棕色（2.5YR 3/3，润），壤土，强发育的小亚角块状结构，疏松，多量细根，少量瓦片、塑料膜等生活垃圾，少量中度风化的棱角-次棱角状大小紫色岩石碎屑（10RP 6/2），渐变平滑过渡。

Bw1:　15～35 cm，浊红棕色（2.5YR 5/3，干），暗红棕色（2.5YR 3/3，润），壤土，中等发育的中亚角块状结构，疏松，中量细根，少量中度风化的棱角-次棱角状大小紫色岩石碎屑（10RP 6/2），渐变平滑过渡。

Bw2:　35～60 cm，浊红棕色（2.5YR 5/3，干），暗红棕色（2.5YR 3/3，润），壤土，中等发育的中亚角块状结构，疏松，中量细根，少量中度风化的棱角-次棱角状大小紫色岩石碎屑（10RP 6/2），模糊平滑过渡。

大乘系代表性单个土体剖面

Bw3:　60～80 cm，浊红棕色（2.5YR 5/3，干），暗红棕色（2.5YR 3/3，润），砂质壤土，中等发育的中亚角块状结构，疏松，中量细根，少量中度风化的棱角-次棱角状大小紫色岩石碎屑（10RP 6/2），清晰波状过渡。

R:　80～120cm，紫斑（10RP 6/2）砂泥岩。

大乘系代表性单个土体物理性质

土层	深度 /cm	石砾 (>2mm，体积分数) /%	细土颗粒组成(粒径：mm)/(g/kg)			质地	容重 /(g/cm³)
			砂粒 2～0.05	粉粒 0.05～0.002	黏粒 <0.002		
A	0～15	5	399	391	210	壤土	1.31
Bw1	15～35	5	457	352	191	壤土	1.33
Bw2	35～60	5	464	385	151	壤土	1.35
Bw3	60～80	5	534	311	155	砂质壤土	1.34

大乘系代表性单个土体化学性质

深度 /cm	pH		有机碳(C) /(g/kg)	全氮(N) /(g/kg)	全磷(P) /(g/kg)	全钾(K) /(g/kg)	CEC$_7$ /[cmol(+)/kg]	盐基饱和度 /%
	H$_2$O	KCl						
0～15	5.5	4.8	8.9	1.37	0.43	19.9	19.7	86.2
15～35	5.3	4.6	8.2	0.74	0.40	21.0	17.3	90.4
35～60	5.5	4.8	7.4	0.63	0.46	20.7	19.5	78.0
60～80	4.7	4.1	7.8	0.67	0.39	18.8	17.6	63.7

10.27　石质铝质湿润雏形土

10.27.1　观音庵系（Guanyin'an Series）

土　　族：砂质长石型热性-石质铝质湿润雏形土
拟定者：袁大刚，付宏阳，陈剑科

分布与环境条件　分布于恩阳、平昌、通江、仪陇、阆中等丘陵顶部中缓坡，成土母质为白垩系苍溪组灰紫、浅黄色细粒岩屑砂岩残坡积物，有林地；中亚热带湿润气候，年均日照 1413～1566 h，年均气温 15.8～17.1 ℃，1 月平均气温 4.9～6.2 ℃，7 月平均气温 26.0～27.1 ℃，年均降水量 996～1120 mm，年干燥度 0.69～0.80。

观音庵系典型景观

土系特征与变幅　具淡薄表层、雏形层、石质接触面、湿润土壤水分状况、热性土壤温度状况、铝质现象；出露岩石占地表面积 15%～50%，间距<5m；有效土层厚度<30 cm，石质接触面位于距矿质土表 30cm 范围内，通体具铝质现象，色调为 10YR，质地通体为壤质砂土，排水良好。

对比土系　永民系，同土族不同土系，色调为 5YR，质地通体为砂质壤土。巴州系，空间位置相近，同亚纲不同土类，B 层无铝质现象，质地通体为砂质壤土。

利用性能综述　土体浅薄，而且所处区域坡度较大，宜发展林草业，保护植被，防治水土流失。

参比土种　黄砂土（C122）。

代表性单个土体 位于巴中市恩阳区观音井镇观音庵村 2 组，31°36′54.9″N，106°27′56.5″E，丘陵顶部中缓坡，海拔 431m，坡度为 15°，坡向为西北 330°，成土母质为白垩系苍溪组灰紫、浅黄色细粒岩屑砂岩残坡积物，有林地，石质接触面处土温为 18.15℃。2016 年 7 月 27 日调查，编号为 51-184。

Ah： 0～13 cm，浊黄橙色（10YR 6/4，干），浊黄棕色（10YR 5/4，润），壤质砂土，弱发育的小亚角块状结构，疏松，多量细根，少量中度风化的棱角-次棱角状中小岩石碎屑，渐变平滑过渡。

Bw： 13～25cm，亮黄棕色（10YR 7/6，干），黄棕色（10YR 5/6，润），壤质砂土，弱发育的小亚角块状结构，疏松，多量细根，少量中度风化的棱角-次棱角状中小岩石碎屑，突变平滑过渡。

R： 25～30cm，灰色砂岩。

观音庵系代表性单个土体剖面

观音庵系代表性单个土体物理性质

土层	深度/cm	石砾(>2mm，体积分数)/%	砂粒 2～0.05	粉粒 0.05～0.002	黏粒 <0.002	质地	容重/(g/cm³)
			细土颗粒组成(粒径：mm)/(g/kg)				
Ah	0～13	2	818	137	45	壤质砂土	1.42
Bw	13～25	2	755	191	54	壤质砂土	1.64

观音庵系代表性单个土体化学性质

深度/cm	pH H₂O	pH KCl	有机碳(C)/(g/kg)	全氮(N)/(g/kg)	全磷(P)/(g/kg)	全钾(K)/(g/kg)	黏粒 CEC₇/[cmol(+)/kg]	黏粒交换性 Al/[cmol(+)/kg]
0～13	4.9	4.3	5.8	0.48	0.26	19.2	224.3	36.6
13～25	4.8	4.2	2.5	0.22	0.20	18.6	272.3	46.2

10.27.2　永民系（Yongmin Series）

土　族：砂质长石型热性-石质铝质湿润雏形土
拟定者：袁大刚，陈剑科，蒲光兰

分布与环境条件　分布于富顺、沿滩等丘陵上部中缓坡，成土母质为侏罗系沙溪庙组紫灰色砂泥岩残坡积物，旱地；中亚热带湿润气候，年均日照 1221～1274 h，年均气温 17.8～18.0℃，1 月平均气温 7.3～7.6℃，7 月平均气温 26.9～27.3℃，年均降水量 982～1041 mm，年干燥度 0.77～0.81。

永民系典型景观

土系特征与变幅　具淡薄表层、雏形层、准石质接触面、湿润土壤水分状况、热性土壤温度状况、铝质现象；有效土层厚度<30 cm，准石质接触面位于距矿质土表 30cm 范围内，通体铝质现象，色调为 5YR，质地通体为砂质壤土，排水良好。

对比土系　观音庵系，同土族不同土系，色调为 10YR，质地通体为壤质砂土。成佳系，空间位置相近，不同土纲，具紫色砂页岩岩性特征，准石质接触面位于距矿质土表 25cm 范围内，有效土层厚度<25cm。滨江系，空间位置相近，同亚纲不同土类，B 层无铝质现象。

利用性能综述　强酸性，宜种耐酸或喜酸作物；土体浅薄，宜加厚土层，提高防旱能力；有一定坡度，可坡改梯，防治水土流失。

参比土种　酸紫砂土（N123）。

代表性单个土体　位于自贡市富顺县永年镇永民村 5 组宋家坡，29°08′20.0″N，

104°51′15.5″E，丘陵上部中缓坡，海拔 329m，坡度为 10°，坡向为西北 308°，成土母质为侏罗系沙溪庙组紫灰色砂泥岩残坡积物，旱地，麦/玉/花生套作，准石质接触面处土温为 19.89 ℃。2015 年 5 月 4 日调查，编号为 51-021。

Ap: 0～13 cm，浊红棕色（5YR 5/3，干），极暗红棕色（5YR 2/4，润），砂质壤土，中等发育的屑粒状结构，疏松，多量蚂蚁，少量 2～5 mm 根孔，少量蚁穴，渐变平滑过渡。

Bw: 13～26 cm，浊红棕色（5YR 5/4，干），暗红棕色（5YR 3/4，润），砂质壤土，中等发育的中亚角块状结构，稍坚实–坚实，中量蚂蚁，极少量 2～5 mm 根孔，清晰平滑过渡。

R: 26～36 cm，半风化的紫灰色砂泥岩。

永民系代表性单个土体剖面

永民系代表性单个土体物理性质

土层	深度 /cm	石砾 (>2mm，体积分数) /%	细土颗粒组成(粒径：mm) /(g/kg)			质地	容重 /(g/cm³)
			砂粒 2～0.05	粉粒 0.05～0.002	黏粒 <0.002		
Ap	0～13	0	750	172	78	砂质壤土	1.35
Bw	13～26	0	772	156	72	砂质壤土	1.45

永民系代表性单个土体化学性质

深度 /cm	pH		有机碳(C) /(g/kg)	全氮(N) /(g/kg)	全磷(P) /(g/kg)	全钾(K) /(g/kg)	黏粒 CEC_7 / [cmol(+)/kg]	黏粒交换性 Al / [cmol(+)/kg]
	H_2O	KCl						
0～13	4.9	3.5	7.4	0.79	0.27	18.6	137.0	24.0
13～26	4.9	3.4	5.2	0.57	0.18	17.9	143.0	21.6

10.28　斑纹铝质湿润雏形土

10.28.1　田坝系（Tianba Series）

土　族：壤质硅质混合型热性-斑纹铝质湿润雏形土
拟定者：袁大刚，付宏阳，翁　倩

分布与环境条件　分布于泸县、龙马潭、纳溪等丘陵中下部中缓坡，成土母质为三叠系须家河组灰色砂岩、粉砂岩残坡积物，有林地；中亚热带湿润气候，年均日照 1194～1434 h，年均气温 17.7～18.0 ℃，1 月平均气温 7.4～7.8 ℃，7 月平均气温 26.9～27.8 ℃，年均降水量 1048～1167 mm，年干燥度 0.67～0.76。

田坝系典型景观

土系特征与变幅　具淡薄表层、雏形层、石质接触面、湿润土壤水分状况、氧化还原特征、热性土壤温度状况、铝质特性、铝质现象；有效土层厚度 50～100 cm，石质接触面位于矿质土表下 50～100 cm 范围内，B 层均有铝质特性或铝质现象，表层土壤质地为壤土，排水中等。

对比土系　合江系，空间位置相近，不同土纲，距矿质土表 125cm 范围内出现黏化层，无石质接触面和氧化还原特征。

利用性能综述　强酸性，宜种耐酸或喜酸植物；所处区域坡度较大，应保护植被，注意防治水土流失。

参比土种　砂黄泥土（C121）。

代表性单个土体 位于泸州市泸县天兴镇田坝村 3 组，29°06′06.4″N，105°20′01.9″E，丘陵中下部中缓坡，海拔 390m，坡度为 20°，坡向为北 14°，成土母质为三叠系须家河组灰色砂岩、粉砂岩残坡积物，有林地，土表下 50 cm 深度处土温为 19.74℃。2016 年 1 月 27 日调查，编号为 51-154。

Ah： 0～16cm，亮黄橙色（10YR 7/6，干），黄棕色（10YR 5/8，润），壤土，强发育的小亚角块状结构，疏松，多量细根，中量中度风化的棱角-次棱角状中小岩石碎屑，渐变平滑过渡。

AB： 16～31cm，亮黄橙色（10YR 7/6，干），黄棕色（10YR 5/6，润），粉质壤土，中等发育的中亚角块状结构，稍坚实，少量细根，少量中度风化的棱角-次棱角状中小岩石碎屑，渐变波状过渡。

Br1： 31～54cm，黄橙色（10YR 7/8，干），橙色（5YR 6/8，润），粉质壤土，中等发育的大亚角块状结构，坚实，少量细根，结构体表面中量铁锰斑，少量中度风化的棱角-次棱角状大小岩石碎屑，模糊波状过渡。

田坝系代表性单个土体剖面

Br2： 54～70cm，黄橙色（10YR 7/8，干），橙色（5YR 6/8，润），砂质黏壤土，弱发育的大亚角块状结构，坚实，少量细根，结构体表面多量铁锰斑和铁锰胶膜，少量中度风化的棱角-次棱角状中小岩石碎屑，清晰波状过渡。

R： 70～125cm，灰色粉砂岩。

田坝系代表性单个土体物理性质

土层	深度/cm	石砾（>2mm，体积分数）/%	砂粒 2～0.05	粉粒 0.05～0.002	黏粒 <0.002	质地	容重/(g/cm³)
Ah	0～16	10	444	458	97	壤土	1.07
AB	16～31	5	397	502	102	粉质壤土	1.39
Br1	31～54	3	269	534	198	粉质壤土	1.62
Br2	54～70	20	498	206	296	砂质黏壤土	1.72

细土颗粒组成(粒径：mm)/(g/kg)

田坝系代表性单个土体化学性质

深度/cm	pH H₂O	pH KCl	有机碳(C)/(g/kg)	全氮(N)/(g/kg)	全磷(P)/(g/kg)	全钾(K)/(g/kg)	黏粒 CEC₇/[cmol(+)/kg]	黏粒交换性 Al/[cmol(+)/kg]
0～16	3.8	3.4	22.5	0.51	0.34	8.6	99.0	52.8
16～31	3.9	3.4	6.6	0.46	0.75	9.4	123.8	51.8
31～54	3.9	3.4	2.6	0.31	0.34	9.7	42.5	24.8
54～70	4.2	3.7	1.8	0.31	0.32	9.4	26.0	12.9

10.28.2　木尼古尔系（Muniguer Series）

土　　族：壤质混合型温性-斑纹铝质湿润雏形土
拟定者：袁大刚，宋易高，张　楚

分布与环境条件　分布于金阳、美姑等中山中部陡坡，成土母质上部为侏罗系自流井组紫红色泥岩、粉砂岩夹长石石英砂岩坡积物，混杂第四系沉积物，其他林地；山地高原温带湿润气候，年均日照 1690～1810 h，年均气温 7.0～9.4℃，1 月平均气温–3.0～–2.8℃，7 月平均气温 14.5～15.2 ℃，年均降水量 796～818 mm，年干燥度<1.0。

木尼古尔系典型景观

土系特征与变幅　具淡薄表层、雏形层、湿润和滞水土壤水分状况、氧化还原特征、热性土壤温度状况、铝质现象；有效土层厚度 100～150 cm，色调为 5YR 或更红，表层土壤质地为粉质壤土，排水中等。

对比土系　四比齐系，空间位置相近，同亚纲不同土类，无铝质现象，颗粒大小级别为粗骨壤质，矿物学类别为长石型，土壤温度状况为热性。

利用性能综述　所处区域坡度大，宜封山育林，保护植被，防治水土流失。

参比土种　夹石黑泥土（G112）。

代表性单个土体　位于凉山彝族自治州金阳县丙底乡木尼古尔村，27°49′40.3″N，103°10′28.1″E，中山中部陡坡，海拔 2910m，坡度为 30°，坡向为西 275°，成土母质上部为侏罗系自流井组紫红色泥岩、粉砂岩夹长石石英砂岩坡积物，混杂第四系沉积物，其他林地，土表下 50 cm 深度处土温为 10.06℃。2015 年 8 月 23 日调查，编号为 51-111。

Ah:　0～18cm，浊红棕色（2.5YR 5/3，干），极暗红棕色（5YR 2/3，润），粉质壤土，中等发育的中小亚角块状结构，疏松，多量细根，中量中度风化的棱角-次棱角状小岩石碎屑，模糊平滑过渡。

Bw:　18～52cm，灰红色（2.5YR 5/2，干），极暗红棕色（5YR 2/4，润），壤土，中等发育的中亚角块状结构，坚实，中量细根，少量锈斑纹，中量中度风化的棱角-次棱角状中小岩石碎屑和微风化的次圆状-圆状中小砾石，模糊平滑过渡。

Br1:　52～70cm，浊红棕色（2.5YR 5/3，干），极暗红棕色（5YR 2/4，润），壤土，中等发育的大亚角块状结构，坚实，少量细根，根系周围少量锈斑纹，中量中度风化的棱角-次棱角状中小岩石碎屑和微风化的次圆状-圆状中小砾石，模糊平滑过渡。

木尼古尔系代表性单个土体剖面

Br2:　70～86cm，灰棕色（5YR 5/2，干），极暗红棕色（5YR 2/3，润），粉质壤土，中等发育的大亚角块状结构，坚实，少量细根，根系周围少量锈斑纹，中量中度风化的棱角-次棱角状中小岩石碎屑和微风化的次圆状-圆状中小砾石，清晰平滑过渡。

Ahrb1:　86～102cm，灰棕色（5YR 5/2，干），黑棕色（5YR 2/2，润），粉质壤土，中等发育的大亚角块状结构，稍坚实，少量细根，根系周围中量锈斑纹，填充多量有机物质，多量微风化的次圆状-圆状中小砾石（玛瑙）和中度风化的棱角-次棱角状中小岩石碎屑，清晰平滑过渡。

Ahrb2:　102～120cm，浊红棕色（5YR 5/3，干），暗红棕色（5YR 3/3，润），粉质壤土，中等发育的中小亚角块状结构，坚实，很少细根，根系周围少量锈斑纹，中量微风化的次圆状-圆状中小砾石（玛瑙）和中度风化的棱角-次棱角状中小岩石碎屑。

木尼古尔系代表性单个土体物理性质

土层	深度 /cm	石砾 (>2mm，体积分数) /%	细土颗粒组成(粒径：mm) /(g/kg)			质地	容重 /(g/cm³)
			砂粒 2～0.05	粉粒 0.05～0.002	黏粒 <0.002		
Ah	0～18	15	332	544	124	粉质壤土	1.16
Bw	18～52	10	419	452	129	壤土	1.25
Br1	52～70	8	401	499	100	壤土	1.17
Br2	70～86	6	339	568	93	粉质壤土	0.93
Ahrb1	86～102	20	354	504	142	粉质壤土	0.83
Ahrb2	102～120	10	337	574	89	粉质壤土	1.07

木尼古尔系代表性单个土体化学性质

深度 /cm	pH		有机碳(C) /(g/kg)	全氮(N) /(g/kg)	全磷(P) /(g/kg)	全钾(K) /(g/kg)	黏粒 CEC$_7$ / [cmol(+)/kg]	黏粒交换性 Al /[cmol(+)/kg]
	H$_2$O	KCl						
0～18	5.5	3.8	15.6	1.81	1.11	16.0	210.1	29.5
18～52	5.5	4.0	11.1	1.64	1.18	15.8	187.4	18.6
52～70	5.5	4.1	15.4	1.64	1.60	12.9	244.6	27.2
70～86	5.5	3.9	38.7	1.31	1.56	11.4	252.9	30.1
86～102	5.1	3.8	56.1	1.54	1.05	10.2	162.3	21.4
102～120	5.3	3.8	22.0	1.78	0.86	12.9	253.7	42.5

10.29　普通铝质湿润雏形土

10.29.1　筠连系（Junlian Series）

土　族：粗骨壤质硅质混合型热性–普通铝质湿润雏形土
拟定者：袁大刚，付宏阳，翁　倩

分布与环境条件　分布于筠连、高县、珙县、兴文等低山中下部陡坡，成土母质为二叠系峨眉山玄武岩组灰、绿等色钙碱性玄武岩坡积物，茶园；中亚热带湿润气候，年均日照 1045～1147 h，年均气温 17.2～18.1 ℃，1 月平均气温 7.0～7.9℃，7 月平均气温 26.6～27.3℃，年均降水量 1022～1335 mm，年干燥度 0.54～0.73。

筠连系典型景观

土系特征与变幅　具淡薄表层、雏形层、湿润土壤水分状况、热性土壤温度状况、铝质特性、铝质现象；有效土层厚度 100～150 cm，通体铝质特性或铝质现象，表层土壤质地为黏壤土，排水中等。

对比土系　大里村系，同土族不同土系，矿质土表下 50～100 cm 范围内出现准石质接触面，表层土壤质地为壤土，全剖面色调为 2.5 YR。箭竹系，空间位置相近，不同土纲，矿质土表下 125 cm 范围内出现黏化层，矿质土表下 50～100 cm 范围内有氧化还原特征，石砾含量<2%。

利用性能综述　所处区域坡度大，应保护植被，防治水土流失。

参比土种　石渣黄泥土（C321）。

代表性单个土体　位于宜宾市筠连县筠连镇水塘村 1 组纸厂沟，28°08′54.2″N，104°27′49.6″E，低山中下部陡坡，海拔 488m，坡度为 25°，坡向为东南 149°，成土母质为二叠系峨眉山玄武岩组灰、绿等色钙碱性玄武岩坡积物，茶园，土表下 50 cm 深度处土温为 19.93℃。2016 年 1 月 24 日调查，编号为 51-147。

筇连系代表性单个土体剖面

Ap：　0～15cm，浊黄橙色（10YR 7/4，干），黄棕色（10YR 5/6，润），黏壤土，中等发育的小亚角块状结构，疏松，多量中度风化的棱角-次棱角状大小岩石碎屑，少量石砾，渐变平滑过渡。

AB：　15～29cm，浊黄橙色（10YR 6/4，干），黄棕色（10YR 5/6，润），砂质黏壤土，中等发育的中角块状结构，稍坚实，多量中度风化的棱角-次棱角状大小岩石碎屑，少量石砾，模糊平滑过渡。

Bw1：29～65cm，亮黄橙色（10YR 6/6，干），黄棕色（10YR 5/6，润），粉质黏壤土，中等发育的中亚角块状结构，稍坚实，多量中度风化的棱角-次棱角状大小岩石碎屑，少量石砾，模糊平滑过渡。

Bw2：65～90cm，亮黄橙色（10YR 6/6，干），亮黄棕色（10YR 6/8，润），砂质黏壤土，中等发育的中亚角块状结构，稍坚实，多量中度风化的棱角-次棱角状大小岩石碎屑，少量石砾，模糊平滑过渡。

Bw3：90～130cm，亮黄橙色（10YR 6/6，干），亮黄棕色（10YR 6/8，润），砂质黏壤土，中等发育的中亚角块状结构，稍坚实，多量中度风化的棱角-次棱角状大小岩石碎屑，少量石砾。

筇连系代表性单个土体物理性质

土层	深度/cm	石砾（>2mm，体积分数）/%	细土颗粒组成(粒径：mm)/(g/kg)			质地	容重/(g/cm³)
			砂粒 2～0.05	粉粒 0.05～0.002	黏粒 <0.002		
Ap	0～15	25	446	236	317	黏壤土	0.97
AB	15～29	25	466	205	329	砂质黏壤土	1.05
Bw1	29～65	30	101	575	323	粉质黏壤土	1.30
Bw2	65～90	25	488	192	320	砂质黏壤土	1.46
Bw3	90～130	25	476	200	324	砂质黏壤土	1.49

筇连系代表性单个土体化学性质

深度/cm	pH H$_2$O	pH KCl	有机碳(C)/(g/kg)	全氮(N)/(g/kg)	全磷(P)/(g/kg)	全钾(K)/(g/kg)	黏粒 CEC$_7$/[cmol(+)/kg]	黏粒交换性 Al/[cmol(+)/kg]	有效磷(P)/(mg/kg)
0～15	4.3	3.8	33.3	1.71	0.91	18.0	75.5	18.0	6.0
15～29	4.3	3.8	24.0	1.25	0.93	14.5	70.6	34.1	4.5
29～65	4.6	4.1	9.0	1.04	1.22	14.5	64.4	19.9	3.5
65～90	4.7	4.1	4.9	0.98	0.97	16.2	68.2	14.5	3.0
90～130	4.7	4.1	4.3	0.83	0.96	16.2	65.9	21.2	2.4

10.29.2 大里村系（Dalicun Series）

土　族：粗骨壤质硅质混合型热性-普通铝质湿润雏形土
拟定者：袁大刚，付宏阳，翁　倩

分布与环境条件　分布于高县、珙县等丘陵中上部中缓坡，成土母质为侏罗系沙溪庙组紫红、紫灰、黄灰色砂泥岩残坡积物，有林地；中亚热带湿润气候，年均日照 1045～1148 h，年均气温 17.4～18.1℃，1 月平均气温 7.3～7.9℃，7 月平均气温 26.8～27.3℃，年均降水量 1022～1144 mm，年干燥度 0.61～0.73。

大里村系典型景观

土系特征与变幅　具淡薄表层、雏形层、准石质接触面、湿润土壤水分状况、热性土壤温度状况、铝质特性、铝质现象；有效土层厚度 50～100 cm，B 层均有铝质特性或铝质现象，准石质接触面位于矿质土表下 50～100 cm 范围内，表层土壤质地为壤土，排水中等。

对比土系　筠连系，同土族不同土系，矿质土表下 125cm 范围内无石质或准石质接触面，表层土壤质地为黏壤土，全剖面色调为 10YR。齐龙坳系，同亚类不同土族，矿质土表下 125 cm 范围内无石质或准石质接触面，颗粒大小级别为黏壤质，矿物学类别为混合型。

利用性能综述　土体较厚，酸性到强酸性反应，宜种植耐酸或喜酸植物，但坡度较大，应注意防治水土流失。

参比土种　厚层酸紫砂泥土（N125）。

代表性单个土体　位于宜宾市高县沙河镇大里村 1 组，28°31′48.2″N，104°45′28.8″E，丘陵中上部中缓坡，海拔 411m，坡度为 10°，坡向为东南 134°，成土母质为侏罗系沙溪庙组紫红、紫灰、黄灰色砂泥岩残坡积物，有林地，土表下 50 cm 深度处土温为 19.67℃。2016 年 1 月 24 日调查，编号为 51-146。

Ah：　0~12cm，浊橙色（2.5YR 6/3，干），暗红棕色（2.5YR 3/6，润），壤土，中等发育的小亚块状结构，疏松，多量细根，很少大孔，渐变波状过渡。

Bw1：12~23cm，浊橙色（2.5YR 6/4，干），暗红棕色（2.5YR 3/6，润），黏壤土，中等发育的中亚角块状结构，稍坚实，中量细根，很少大孔，很少蚯蚓，渐变波状过渡。

Bw2：23~40cm，浊橙色（2.5YR 6/3，干），浊红棕色（2.5YR 4/4，润），壤土，中等发育的大块状结构，坚实，中量细根，模糊波状过渡。

C：　40~83cm，浊橙色（2.5YR 6/3，干），浊红棕色（2.5YR 4/4，润），壤土，坚实，少量细根，渐变平滑过渡。

大里村系代表性单个土体剖面

R：　83~125cm，紫红色砂泥岩。

大里村系代表性单个土体物理性质

土层	深度/cm	石砾（>2mm，体积分数）/%	砂粒 2~0.05	粉粒 0.05~0.002	黏粒 <0.002	质地	容重/(g/cm³)
			细土颗粒组成（粒径：mm）/(g/kg)				
Ah	0~12	<2	348	415	237	壤土	1.29
Bw1	12~23	<2	314	396	290	黏壤土	1.35
Bw2	23~40	45	303	459	237	壤土	1.69
C	40~83	75	433	403	164	壤土	1.76

大里村系代表性单个土体化学性质

深度/cm	pH H₂O	pH KCl	有机碳(C)/(g/kg)	全氮(N)/(g/kg)	全磷(P)/(g/kg)	全钾(K)/(g/kg)	黏粒 CEC₇/[cmol(+)/kg]	黏粒交换性 Al/[cmol(+)/kg]
0~12	4.8	4.2	9.4	0.73	0.41	26.4	89.5	25.7
12~23	4.3	3.8	7.5	0.62	0.33	28.6	74.1	38.3
23~40	4.2	3.7	2.0	0.42	0.29	28.2	92.6	34.9
40~83	4.3	3.8	1.6	0.36	0.28	28.5	160.9	81.8

10.29.3 安谷系（Angu Series）

土　族：砂质硅质混合型热性-普通铝质湿润雏形土
拟定者：袁大刚，付宏阳，陈剑科

分布与环境条件　分布于乐山市市中区等丘陵顶部微坡，成土母质为白垩系窝头山组砖红色长石砂岩夹粉砂岩残坡积物，果园；中亚热带湿润气候，年均日照 1079～1178 h，年均气温 17.1～17.7℃，1 月平均气温 6.7～7.5℃，7 月平均气温 26.0～26.5℃，年均降水量 1200～1368 mm，年干燥度 0.53～0.61。

安谷系典型景观

土系特征与变幅　具淡薄表层、雏形层、湿润土壤水分状况、热性土壤温度状况、铝质特性、铝质现象；有效土层厚度 50～100 cm，B 层均有铝质特性或铝质现象，表层土壤质地为砂质黏壤土，排水中等。

对比土系　高场系，同亚类不同土族，颗粒大小级别为壤质。

利用性能综述　土体较厚，呈强酸性反应，宜种植喜酸或耐酸作物，同时控制酸性，测土配方施肥。

参比土种　红紫砂泥土（N111）。

代表性单个土体　位于乐山市市中区安谷镇高山村 4 组，29°29′06.3″N，103°37′57.2″E，丘陵顶部微坡，海拔 404m，坡度为 3°，坡向为西北 293°，成土母质为白垩系窝头山组砖红色长石砂岩夹粉砂岩残坡积物，果园，土表下 50 cm 深度处土温为 19.54℃。2016年 8 月 2 日调查，编号为 51-188。

Ap: 0～16 cm，亮黄棕色（5YR 5/6，干），浊黄棕色（2.5YR 4/4，润），砂质黏壤土，强发育的屑粒状结构，疏松，很少中度风化的棱角-次棱角状小岩石碎屑，渐变平滑过渡。

Bw1: 16～30cm，亮红棕色（5YR 5/6，干），亮红棕色（2.5YR 5/8，润），砂质黏壤土，中等发育的中亚角块状结构，稍坚实，结构体表面少量腐殖质胶膜，少量中度风化的棱角-次棱角状小岩石碎屑，渐变平滑过渡。

Bw2: 30～50cm，亮红棕色（5YR 5/8，干），亮红棕色（2.5YR 5/8，润），砂质壤土，中等发育的大亚角块状结构，稍坚实，结构体表面少量腐殖质胶膜，少量中度风化的棱角-次棱角状小岩石碎屑，渐变平滑过渡。

安谷系代表性单个土体剖面

Bw3: 50～80cm，亮红棕色（5YR 5/8，干），亮红棕色（2.5YR 5/8，润），砂质壤土，弱发育的大亚角块状结构，稍坚实，多量中度风化的棱角-次棱角状小岩石碎屑，渐变平滑过渡。

Bw4: 80～100cm，亮红棕色（5YR 5/8，干），亮红棕色（2.5YR 5/8，润），砂质壤土，弱发育的大亚角块状结构，稍坚实，多量中度风化的棱角-次棱角状小岩石碎屑。

安谷系代表性单个土体物理性质

| 土层 | 深度 /cm | 石砾 (>2mm，体积分数) /% | 细土颗粒组成(粒径：mm)/(g/kg) | | | 质地 | 容重 /(g/cm³) |
			砂粒 2～0.05	粉粒 0.05～0.002	黏粒 <0.002		
Ap	0～16	<2	532	236	232	砂质黏壤土	1.18
Bw1	16～30	2	548	230	222	砂质黏壤土	1.57
Bw2	30～50	5	555	248	196	砂质壤土	1.71
Bw3	50～80	20	615	243	142	砂质壤土	1.82
Bw4	80～100	25	695	130	175	砂质壤土	1.83

安谷系代表性单个土体化学性质

| 深度 /cm | pH | | 有机碳(C) /(g/kg) | 全氮(N) /(g/kg) | 全磷(P) /(g/kg) | 全钾(K) /(g/kg) | 黏粒 CEC_7 / [cmol(+)/kg] | 黏粒交换性 Al / [cmol(+)/kg] |
	H_2O	KCl						
0～16	4.3	3.7	14.9	0.91	0.34	10.4	66.8	38.3
16～30	4.1	3.6	3.3	0.31	0.22	11.7	59.8	49.7
30～50	4.0	3.5	1.9	0.25	0.18	11.2	69.0	54.9
50～80	4.1	3.6	1.2	0.23	0.20	11.9	104.5	71.5
80～100	4.1	3.6	1.2	0.22	0.16	12.7	96.4	64.7

10.29.4　小高山系（**Xiaogaoshan Series**）

土　族：黏质混合型温性-普通铝质湿润雏形土
拟定者：袁大刚，宋易高，张　楚

分布与环境条件　分布于盐源、木里等高山上部缓坡，成土母质为二叠系宣威组灰、灰绿色岩屑砂岩、粉砂岩夹泥岩坡积物（古红土），下伏青天堡组暗紫灰色粉砂岩基岩，有林地；山地高原暖温带湿润气候，年均日照 2288～2603 h，年均气温 10.0～12.6℃，1 月平均气温 0.4～4.0 ℃，7 月平均气温 13.4～17.0℃，年均降水量 776～823 mm，年干燥度<1.0。

小高山系典型景观

土系特征与变幅　具淡薄表层、雏形层、石质接触面、湿润土壤水分状况、温性土壤温度状况、铝质现象；有效土层厚度 100～150 cm，石质接触面位于矿质土表下 100～125 cm 范围内，B 层均有铝质现象，地表粗碎块占地表面积 5%～15%，表层土壤质地为砂质黏壤土，排水中等。

对比土系　青天铺系，空间位置相近，不同土纲，距矿质土表 125cm 范围内出现低活性富铁层。盐井系，空间位置相近，不同土纲，距矿质土表 125cm 范围内出现黏化层。

利用性能综述　土体深厚，但坡度较大，位置偏远，宜保护植被，防治水土流失。

参比土种　红底棕泥土（F131）。

代表性单个土体　位于凉山彝族自治州盐源县小高山金顶观景台，27°32′1.4″N，101°42′40.6″E，高山上部缓坡，海拔 3213m，坡度为 8°，坡向为西南 217°，成土母质为二叠系宣威组灰、灰绿色岩屑砂岩、粉砂岩夹泥岩坡积物，下伏青天堡组暗紫灰色粉砂岩基岩，有林地，土表下 50 cm 深度处土温为 11.26℃。2015 年 7 月 28 日调查，编号为 51-059。

小高山系代表性单个土体剖面

Ah：　0～20cm，亮红棕色（5YR 5/6，干），红棕色（5YR 4/6，润），砂质黏壤土，中等发育的小亚角块状结构，稍坚实，多量细根，中量中度风化的棱角-次棱角状中小岩石碎屑，渐变平滑过渡。

AB：　20～40cm，亮红棕色（5YR 5/8，干），暗红棕色（5YR 3/6，润），砂质黏壤土，中等发育的小亚角块状结构，稍坚实，中量细根，中量中度风化的棱角-次棱角状中小岩石碎屑，渐变平滑过渡。

Bw1：40～56cm，红棕色（5YR4/8，干），暗红棕色（5YR 3/6，润），黏壤土，中等发育的中亚角块状结构，坚实，少量细根，中量中度风化的棱角-次棱角状中小岩石碎屑，渐变平滑过渡。

Bw2：56～84cm，亮红棕色（5YR 5/6，干），红棕色（5YR 4/8，润），黏壤土，中等发育的中亚角块状结构，很坚实，中量中度风化的棱角-次棱角状中小岩石碎屑，渐变平滑过渡。

Bw3：84～104cm，红棕色（5YR 4/8，干），红棕色（5YR 4/8，润），黏壤土，中等发育的中亚角块状结构，很坚实，中量中度风化的棱角-次棱角状中小岩石碎屑，突变波状过渡。

2R：　104～125cm，暗紫灰色（10RP 4/2）粉砂岩。

小高山系代表性单个土体物理性质

土层	深度 /cm	石砾 (>2mm，体积分数) /%	细土颗粒组成(粒径：mm)/(g/kg)			质地	容重 /(g/cm³)
			砂粒 2～0.05	粉粒 0.05～0.002	黏粒 <0.002		
Ah	0～20	12	461	210	330	砂质黏壤土	1.13
AB	20～40	15	465	208	327	砂质黏壤土	1.14
Bw1	40～56	10	332	292	376	黏壤土	1.22
Bw2	56～84	10	334	282	384	黏壤土	1.31
Bw3	84～104	15	337	277	386	黏壤土	1.40

小高山系代表性单个土体化学性质

深度 /cm	pH		有机碳(C) /(g/kg)	全氮(N) /(g/kg)	全磷(P) /(g/kg)	全钾(K) /(g/kg)	黏粒 CEC_7 /[cmol(+)/kg]	黏粒交换性 Al /[cmol(+)/kg]
	H_2O	KCl						
0～20	5.4	4.1	17.6	0.99	0.59	4.7	78.3	18.0
20～40	5.6	4.1	17.1	0.61	0.56	4.7	92.2	20.6
40～56	5.6	4.0	12.4	0.81	0.65	3.7	88.0	17.8
56～84	5.7	4.0	8.9	0.75	0.69	3.7	79.0	23.3
84～104	5.8	4.0	6.2	0.68	0.73	3.7	74.7	21.1

10.29.5 鹤山系（**Heshan Series**）

土 族：黏壤质硅质混合型热性-普通铝质湿润雏形土
拟定者：袁大刚，樊瑜贤，蒲光兰

分布与环境条件 分布于蒲江、邛崃、丹棱等高阶地前缘中坡，成土母质为第四系更新统洪冲积物，果园；中亚热带湿润气候，年均日照 1118～1156 h，年均气温 15.6～16.5℃，1 月平均气温 5.3～6.6℃，7 月平均气温 24.5～25.7℃，年均降水量 1123～1297 mm，年干燥度 0.53～0.61。

鹤山系典型景观

土系特征与变幅 具淡薄表层、雏形层、湿润土壤水分状况、热性土壤温度状况、铝质现象；有效土层厚度≥150 cm，B 层均有铝质现象，表层土壤质地为粉质黏壤土，排水中等。

对比土系 头塘系，同土族不同土系，矿质土表下 125 cm 范围内出现准石质接触面，表层土壤质地为黏壤土，土壤色调为 5YR 或更红，土体中无磨圆度高的砾石。公议系，空间位置相近，不同土纲，距矿质土表 125cm 范围内出现黏化层。

利用性能综述 土体深厚，呈酸性-强酸性反应，应种植耐酸或喜酸植物，增施有机肥，测土配方施肥，所处区域坡度较大，注意防治水土流失。

参比土种 面黄泥土（C142）。

代表性单个土体 位于成都市蒲江县鹤山镇青龙村，30°12′59.8″N，103°28′45.0″E；三级阶地前缘中坡，海拔 571m，坡度为 20°，成土母质为第四系更新统洪冲积物，果园，土表下 50 cm 深度处土温为 18.02℃。2015 年 2 月 12 日调查，编号为 51-011。

鹤山系代表性单个土体剖面

Ap:　0~20cm，亮黄橙色（10YR 7/6，干），黄棕色（10YR 5/8，润），粉质黏壤土，中等发育的中亚角块状结构，稍坚实，少量中细根孔，少量蚯蚓、蚂蚁，渐变平滑过渡。

Bw1:　20~40 cm，淡黄橙色（10YR 8/4，干），亮黄棕色（10YR 6/6，润），粉质黏壤土，中等发育的中亚角块状结构，稍坚实，少量中细根孔，少量陶瓷碎屑，模糊平滑过渡。

Bw2:　40~60 cm，淡黄橙色（10YR 7/4，干），亮黄棕色（10YR 6/8，润），黏壤土，中等发育的中亚角块状结构，坚实，很少中细根孔，内具灰色填充物，渐变波状过渡。

BC1:　60~105 cm，黄橙色（10YR 7/8，干），亮黄棕色（10YR 6/8，润），黏壤土，弱发育的中角块状结构，坚实，很少中细根孔，内具灰色填充物，渐变平滑过渡。

BC2：105~140 cm，橙色（7.5YR 6/6，干），橙色（7.5YR 6/8，润），黏壤土，中等发育的中角块状结构，坚实，很少中细根孔，内具灰色填充物，很少微风化-强风化的圆-次圆状中小砾石，渐变平滑过渡。

C:　140~210 cm，橙色（7.5YR 6/8，干），亮棕色（7.5YR 5/8，润），黏壤土，很坚实，中量微风化-强风化的圆-次圆状中等大小砾石。

鹤山系代表性单个土体物理性质

土层	深度/cm	石砾（>2mm，体积分数）/%	细土颗粒组成（粒径：mm）/(g/kg)			质地	容重/(g/cm³)
			砂粒 2~0.05	粉粒 0.05~0.002	黏粒 <0.002		
Ap	0~20	0	196	473	331	粉质黏壤土	1.05
Bw1	20~40	0	191	478	331	粉质黏壤土	1.28
Bw2	40~60	0	224	446	331	黏壤土	1.25
BC1	60~105	0	219	415	366	黏壤土	1.12
BC2	105~140	<2	235	376	389	黏壤土	1.31
C	140~210	10	249	391	360	黏壤土	—

鹤山系代表性单个土体化学性质

深度/cm	pH H₂O	pH KCl	有机碳(C)/(g/kg)	全氮(N)/(g/kg)	全磷(P)/(g/kg)	全钾(K)/(g/kg)	黏粒 CEC₇/[cmol(+)/kg]	黏粒交换性 Al/[cmol(+)/kg]	有效磷(P)/(mg/kg)
0~20	4.2	3.5	10.6	1.01	0.03	11.7	38.9	19.5	2.6
20~40	4.3	3.7	5.1	0.72	0.05	11.9	39.1	16.0	0.8
40~60	4.4	3.8	4.7	0.63	0.11	11.7	38.0	13.0	1.3
60~105	4.7	3.9	3.9	0.68	0.13	10.9	39.0	15.2	0.8
105~140	4.5	3.9	3.8	0.57	0.14	11.2	40.0	17.7	1.1
140~210	4.6	3.4	3.2	0.46	0.19	10.9	32.6	19.5	0.5

10.29.6 头塘系（Toutang Series）

土　族：黏壤质硅质混合型热性-普通铝质湿润雏形土
拟定者：袁大刚，付宏阳，翁　倩

分布与环境条件　分布于叙永、古蔺、江阳、纳溪等丘陵中上部中坡，成土母质为侏罗系遂宁组紫红色泥岩、细砂岩残坡积物，旱地；中亚热带湿润气候，年均日照 1194～1319 h，年均气温 17.6～18.0℃，1 月平均气温 7.0～7.7℃，7 月平均气温 26.9～27.3℃，年均降水量 748～1167 mm，年干燥度 0.67～1.0。

头塘系典型景观

土系特征与变幅　具淡薄表层、雏形层、准石质接触面、湿润土壤水分状况、热性土壤温度状况、铝质特性、铝质现象；有效土层厚度 50～100cm，准石质接触面位于矿质土表下 50～100 cm 范围内，B 层均有铝质特性或铝质现象，表层土壤质地为黏壤土，排水中等。

对比土系　鹤山系，同土族不同土系，矿质土表下 125 cm 范围内无石质或准石质接触面，表层土壤质地为粉质黏壤土，土壤色调为 7.5YR 或更黄，土体中存在磨圆度高的砾石。

利用性能综述　土体较厚，呈强酸性反应，宜种植耐酸植物，坡度较大，应防治水土流失。

参比土种　酸紫泥土（N121）。

代表性单个土体　位于泸州市叙永县龙凤乡头塘村 5 组，28°13′38.6″N，105°24′37.1″E，丘陵中上部中坡，海拔 340m，坡度为 20°，坡向为西北 320°，成土母质为侏罗系遂宁组紫红色泥岩、细砂岩残坡积物，旱地，撂荒，土表下 50 cm 深度处土温为 20.46℃。2016 年 1 月 25 日调查，编号为 51-149。

Ah：　0～13cm，橙色（5YR 6/8，干），红棕色（2.5YR 4/6，润），黏壤土，中等发育的中亚角块状结构，稍坚实，多量细根，很少中度风化的棱角-次棱角状小岩石碎屑，渐变平滑过渡。

Bw1：13～27cm，橙色（5YR 6/6，干），红棕色（2.5YR 4/6，润），黏壤土，中等发育的中角块状结构，稍坚实，中量细根，少量中度风化的棱角-次棱角状中小岩石碎屑，渐变平滑过渡。

Bw2：27～41cm，橙色（5YR 6/6，干），红棕色（2.5YR 4/6，润），黏壤土，中等发育的大角块状结构，坚实，中量细根，少量中度风化的棱角-次棱角状中小岩石碎屑，渐变平滑过渡。

头塘系代表性单个土体剖面

Bw3：41～56cm，橙色（5YR 6/6，干），红棕色（2.5YR 4/6，润），黏壤土，中等发育的大角块状结构，坚实，少量细根，中量中度风化的棱角-次棱角状大小岩石碎屑，渐变波状过渡。

C：56～100cm，亮红棕色（5YR 5/8，干），暗红棕色（2.5YR 3/6，润），砂质壤土，坚实，很少细根，多量中度风化的棱角-次棱角状大小岩石碎屑，清晰平滑过渡。

R：100cm，紫红色砂泥岩。

头塘系代表性单个土体物理性质

土层	深度 /cm	石砾 (>2mm，体积分数) /%	细土颗粒组成(粒径：mm)/(g/kg)			质地	容重 /(g/cm³)
			砂粒 2～0.05	粉粒 0.05～0.002	黏粒 <0.002		
Ah	0～13	<2	284	401	315	黏壤土	1.25
Bw1	13～27	2	292	423	284	黏壤土	1.55
Bw2	27～41	2	305	408	287	黏壤土	1.59
Bw3	41～56	15	357	345	298	黏壤土	1.71
C	56～100	55	564	262	175	砂质壤土	1.76

头塘系代表性单个土体化学性质

深度 /cm	pH H₂O	pH KCl	有机碳(C) /(g/kg)	全氮(N) /(g/kg)	全磷(P) /(g/kg)	全钾(K) /(g/kg)	黏粒 CEC₇ / [cmol(+)/kg]	黏粒交换性 Al /[cmol(+)/kg]	有效磷(P) /(mg/kg)
0～13	4.5	3.9	11.3	0.43	0.10	16.1	55.0	34.6	2.6
13～27	4.2	3.7	3.5	0.37	0.11	13.6	53.2	34.5	2.0
27～41	4.2	3.6	3.0	0.31	0.09	10.4	53.6	34.7	1.2
41～56	4.3	3.7	1.9	0.31	0.10	11.4	49.7	34.2	0.8
56～100	4.5	3.9	1.6	0.42	0.14	24.5	133.6	32.8	0.9

10.29.7 齐龙坳系（Qilongao Series）

土　族：黏壤质混合型热性-普通铝质湿润雏形土
拟定者：袁大刚，付宏阳，翁　倩

分布与环境条件　分布于江安、南溪、纳溪、长宁等丘陵中上部缓坡，成土母质为侏罗系沙溪庙组紫红色砂泥岩坡积物，有林地；中亚热带湿润气候，年均日照 1170～1212 h，年均气温 17.7～18.3℃，1 月平均气温 7.4～8.0℃，7 月平均气温 27.1～27.5℃，年均降水量 1074～1147 mm，年干燥度 0.66～0.69。

齐龙坳系典型景观

土系特征与变幅　具淡薄表层、雏形层、湿润土壤水分状况、热性土壤温度状况、铝质特性、铝质现象；有效土层厚度 100～150 cm，B 层均有铝质特性或铝质现象，表层土壤质地为壤土，排水中等。

对比土系　大里村系，同亚类不同土族，矿质土表下 50～100 cm 范围内出现准石质接触面，颗粒大小级别为粗骨壤质，矿物学类别为硅质混合型。

利用性能综述　土体深厚，酸性到强酸性反应，宜种植耐酸或喜酸植物，有一定坡度，应注意防治水土流失。

参比土种　厚层酸紫砂泥土（N125）。

代表性单个土体　位于宜宾市江安区桐梓镇桐梓村石铺组齐龙坳，28°46′32.1″N，105°04′57.3″E，丘陵中上部缓坡，海拔 375m，坡度为 8°，坡向为西北 326°，成土母质为侏罗系沙溪庙组紫红色砂泥岩坡积物，有林地，土表下 50 cm 深度处土温为 19.77℃。

2016 年 1 月 23 日调查，编号为 51-144。

齐龙坳系代表性单个土体剖面

Ah：　0～20m，浊红棕色（5YR 5/4，干），浊红棕色（2.5YR 4/3，润），壤土，强发育的中亚角块状结构，疏松，多量细根，很少白蚁穴，很少中度风化的棱角-次棱角状中小岩石碎屑，渐变平滑过渡。

AB：　20～32 cm，浊红棕色（5YR 5/4，干），浊红棕色（2.5YR 4/4，润），壤土，强发育的中亚角块状结构，稍坚实，多量细根，清晰平滑过渡。

Bw1：32～62 cm，橙色（5YR 6/8，干），红棕色（2.5YR 4/8，润），黏壤土，中等发育的大亚角块状结构，坚实，少量细根，结构体表面少量铁锰和腐殖质胶膜，模糊平滑过渡。

Bw2：62～90 cm，橙色（5YR 6/8，干），红棕色（2.5YR 4/8，润），黏壤土，中等发育的大亚角块状结构，坚实，很少细根，结构体表面少量腐殖质胶膜，模糊平滑过渡。

Bw3：92～130 cm，橙色（5YR 6/8，干），红棕色（2.5YR 4/8，润），壤土，中等发育的大亚角块状结构，坚实，很少细根，多量中度风化的棱角-次棱角状中小岩石碎屑。

齐龙坳系代表性单个土体物理性质

| 土层 | 深度 /cm | 石砾 (>2mm，体积分数) /% | 细土颗粒组成(粒径：mm)/(g/kg) | | | 质地 | 容重 /(g/cm³) |
			砂粒 2～0.05	粉粒 0.05～0.002	黏粒 <0.002		
Ah	0～20	<2	371	497	132	壤土	1.07
AB	20～32	0	362	409	229	壤土	1.45
Bw1	32～62	0	290	382	327	黏壤土	1.70
Bw2	62～90	0	277	412	312	黏壤土	1.71
Bw3	90～130	20	343	425	232	壤土	1.76

齐龙坳系代表性单个土体化学性质

| 深度 /cm | pH | | 有机碳(C) /(g/kg) | 全氮(N) /(g/kg) | 全磷(P) /(g/kg) | 全钾(K) /(g/kg) | 黏粒 CEC$_7$ / [cmol(+)/kg] | 黏粒交换性 Al / [cmol(+)/kg] | 盐基饱和度 /% |
	H$_2$O	KCl							
0～20	4.6	4.0	22.4	0.83	0.29	19.1	151.9	61.2	56.4
20～32	4.5	3.9	5.2	0.37	0.15	21.0	99.8	50.2	34.8
30～62	4.3	3.8	2.0	0.35	0.25	18.3	71.7	43.5	24.7
62～90	4.3	3.8	1.9	0.30	0.18	19.1	92.7	41.6	29.7
90～130	4.5	3.9	1.6	0.28	0.20	22.6	108.5	62.3	31.6

10.29.8 高场系（Gaochang Series）

土　族：壤质硅质混合型热性–普通铝质湿润雏形土
拟定者：袁大刚，付宏阳，蒲光兰

分布与环境条件　分布于宜宾、翠屏、南溪等丘陵中上部中缓坡，成土母质为白垩系嘉定群棕红色长石石英砂岩夹泥岩、页岩、细砂岩坡积物，混杂更新统洪冲积物，旱地；中亚热带湿润气候，年均日照 1136～1170 h，年均气温 17.8～18.1℃，1 月平均气温 7.3～7.8℃，7 月平均气温 26.9～27.3℃，年均降水量 1074～1165 mm，年干燥度 0.63～0.69。

高场系典型景观

土系特征与变幅　具淡薄表层、肥熟现象、雏形层、湿润土壤水分状况、热性土壤温度状况、铝质特性、铝质现象；有效土层厚度 100～150 cm，B 层均有铝质特性或铝质现象，表层土壤质地为砂质壤土，排水中等。

对比土系　安谷系，同亚类不同土族，颗粒大小级别为砂质。

利用性能综述　土体深厚，呈强酸性反应，宜种植耐酸植物，同时应控制酸性，测土配方施肥。

参比土种　红紫砂泥土（N111）。

代表性单个土体　位于宜宾市宜宾县高场镇大明村仁里组，28°46′06.7″N，104°26′03.4″E，丘陵中上部中缓坡，海拔 357m，坡度为 10°，坡向为西南 222°，成土母质为白垩系嘉定群棕红色长石石英砂岩夹泥岩、页岩、细砂岩坡积物，混杂更新统洪冲积物，旱地，种植蔬菜等，土表下 50 cm 深度处土温为 19.66℃。2016 年 1 月 22 日调查，编号为 51-141。

高场系代表性单个土体剖面

Ap1：0～15 cm，橙色（5YR6/6，干），红棕色（2.5YR4/6，润），砂质壤土，中等发育的屑粒状结构，稍坚实，很少中度风化的棱角-次棱角状小岩石碎屑，模糊平滑过渡。

Ap2：15～29 cm，橙色（5YR6/6，干），红棕色（2.5YR4/6，润），砂质壤土，中等发育的屑粒状结构，稍坚实，结构体表面多量灰色腐殖质胶膜，很少中度风化的圆-次圆状大砾石，清晰平滑过渡。

Bw1：29～60 cm，橙色（5YR7/8，干），红棕色（2.5YR4/8，润），壤土，中等发育的大角块状结构，坚实，结构体表面多量灰色腐殖质胶膜，很少中度风化的圆-次圆状大砾石，清晰平滑过渡。

Bw2：60～90cm，橙色（5YR7/8，干），红棕色（2.5YR4/8，润），壤土，中等发育的大角块状结构，坚实，结构体表面多量灰色腐殖质胶膜，很少中度风化的圆-次圆状大砾石，模糊平滑过渡。

Bw3：90～125 cm，橙色（5YR7/8，干），红棕色（2.5YR4/8，润），壤土，中等发育的大角块状结构，坚实，结构体表面中量灰色腐殖质胶膜，中量中度风化的棱角-次棱角状大小岩石碎屑，夹杂亮色石英。

高场系代表性单个土体物理性质

土层	深度 /cm	石砾 (>2mm，体积分数) /%	细土颗粒组成（粒径：mm)/(g/kg)			质地	容重 /(g/cm³)
			砂粒 2～0.05	粉粒 0.05～0.002	黏粒 <0.002		
Ap1	0～15	<2	578	286	136	砂质壤土	1.01
Ap2	15～29	<2	584	260	157	砂质壤土	1.33
Bw1	29～60	<2	448	341	210	壤土	1.44
Bw2	60～90	<2	498	311	191	壤土	1.75
Bw3	90～125	10	516	327	158	壤土	1.78

高场系代表性单个土体化学性质

深度 /cm	pH H₂O	pH KCl	有机碳(C) /(g/kg)	全氮(N) /(g/kg)	全磷(P) /(g/kg)	全钾(K) /(g/kg)	黏粒 CEC₇ / [cmol(+)/kg]	黏粒交换性 Al /[cmol(+)/kg]	有效磷(P) /(mg/kg)
0～15	4.5	3.9	28.5	0.48	0.29	9.1	75.5	35.6	41.1
15～29	4.5	3.9	8.3	0.46	0.22	8.6	77.6	25.2	14.5
29～60	4.4	3.8	5.4	0.40	0.16	8.1	53.3	21.6	0.01
60～90	4.4	3.8	1.7	0.28	0.09	8.6	57.0	35.1	0.01
90～125	4.3	3.8	1.5	0.17	0.26	8.1	80.0	54.3	0.01

10.30 红色铁质湿润雏形土

10.30.1 四比齐系（Sibiqi Series）

土　族：粗骨壤质长石型非酸性热性-红色铁质湿润雏形土
拟定者：袁大刚，宋易高，张　楚

分布与环境条件　分布于美姑、金阳等中山下部中坡，成土母质为二叠系宣威组灰、紫红色铝土质页岩、黑色碳质页岩夹砂岩、粉砂岩及含铜砂页岩坡积物，灌木林地；中亚热带湿润气候，年均日照 1609～1811 h，年均气温 14.4～15.7℃，1 月平均气温 4.2～5.9℃，7 月平均气温 21.0～23.9℃，年均降水量 818～1006 mm，年干燥度 0.80～0.90。

四比齐系典型景观

土系特征与变幅　具淡薄表层、雏形层、湿润土壤水分状况、热性土壤温度状况、铁质特性；有效土层厚度 100～150 cm，B 层均有铁质特性，色调为 5YR，质地通体为壤土，土壤中岩石碎屑达 20%以上，排水中等。

对比土系　大桥系，空间位置相近，不同土纲，距矿质土表 30cm 范围内出现紫色砂页岩岩性特征，无雏形层。

利用性能综述　所处区域地势较陡，土壤中石砾含量高，宜发展林草业，防治水土流失。

参比土种　暗紫砂泥土（N222）。

代表性单个土体　位于凉山彝族自治州美姑县牛牛坝乡四比齐村，28°11′35.4″N，

102°59′30.7″E，中山下部中坡，海拔 1495m，坡度为 15°，坡向为西 270°，成土母质为二叠系宣威组灰、紫红色铝土质页岩、黑色碳质页岩夹砂岩、粉砂岩及含铜砂页岩坡积物，灌木林地，土表下 50 cm 深度处土温为 17.47℃。2015 年 8 月 24 日调查，编号为 51-112。

四比齐系代表性单个土体剖面

Ah： 0～18cm，浊红棕色（2.5YR 5/3，干），极暗红棕色（5YR 2/3，润），壤土，中等发育的中小亚角块状结构，稍坚实，中量细根，多量中度风化的棱角-次棱角状中小岩石碎屑，清晰平滑过渡。

Bw1：18～50cm，灰红色（2.5YR 5/2，干），极暗红棕色（5YR 2/3，润），壤土，中等发育的中亚角块状结构，稍坚实，少量细根，多量中度风化的棱角-次棱角状中小岩石碎屑，渐变平滑过渡。

Bw2：50～80cm，浊红棕色（2.5YR 4/3，干），极暗红棕色（5YR 2/3，润），壤土，中等发育的大亚角块状结构，坚实，很少细根，多量中度风化的棱角-次棱角状中小岩石碎屑，渐变平滑过渡。

Bw3：80～120cm，浊红棕色（2.5YR 5/3，干），极暗红棕色（5YR 2/3，润），壤土，中等发育的中亚角块状结构，坚实，很少细根，多量中度风化的棱角-次棱角状中小岩石碎屑。

四比齐系代表性单个土体物理性质

| 土层 | 深度 /cm | 石砾 (>2mm，体积分数) /% | 细土颗粒组成(粒径: mm)/(g/kg) | | | 质地 | 容重 /(g/cm³) |
			砂粒 2～0.05	粉粒 0.05～0.002	黏粒 <0.002		
Ah	0～18	20	438	356	206	壤土	1.21
Bw1	18～50	25	472	335	193	壤土	1.23
Bw2	50～80	25	450	349	201	壤土	1.30
Bw3	80～120	30	383	460	157	壤土	1.30

四比齐系代表性单个土体化学性质

深度 /cm	pH(H₂O)	有机碳(C) /(g/kg)	全氮(N) /(g/kg)	全磷(P) /(g/kg)	全钾(K) /(g/kg)	CEC₇ /[cmol(+)/kg]	游离铁(Fe) /(g/kg)
0～18	7.5	13.0	1.01	0.88	5.9	22.4	47.7
18～50	7.9	11.9	0.94	0.98	6.0	21.0	55.4
50～80	7.5	9.2	0.68	1.35	4.9	16.4	52.2
80～120	7.2	9.10	0.75	1.32	4.8	15.0	56.4

10.30.2 小槽河系（Xiaocaohe Series）

土 族： 砂质长石混合型非酸性热性-红色铁质湿润雏形土
拟定者： 袁大刚，宋易高，张 楚

分布与环境条件 分布于普格、西昌、德昌、会理等中山中下部中缓坡，成土母质为第四系洪积物，天然牧草地；中亚热带湿润气候，年均日照 2024～2431 h，年均气温 16.2～17.0℃，1 月平均气温 8.4～9.5℃，7 月平均气温 21.9～22.6℃，年均降水量 1013～1454 mm，年干燥度 0.81～0.98。

小槽河系典型景观

土系特征与变幅 具淡薄表层、雏形层、湿润土壤水分状况、热性土壤温度状况、铁质特性；有效土层厚度 100～150 cm，B 层均有铁质特性，色调为 5YR，质地通体为砂质壤土，排水中等。

对比土系 沙合莫系，空间位置相近，同土纲不同亚纲，具潮湿土壤水分状况和氧化还原特征。

利用性能综述 所处区域坡度较大，有滑坡、泥石流风险，应保护植被，保持水土。

参比土种 紫砂泥土（N232）。

代表性单个土体 位于凉山彝族自治州普格县螺髻山镇小槽河村，27°30′44.6″N，102°27′35.5″E，中山中下部中缓坡，海拔 1497m，坡度为 15°，坡向为东 96°，成土母质为第四系洪积物，天然牧草地，土表下 50 cm 深度处土温为 19.28℃。2015 年 8 月 3 日调查，编号为 51-076。

Ah: 0～16cm，浊红棕色（2.5YR 5/3，干），暗红棕色（5YR 3/3，润），砂质壤土，中等发育的中小亚角块状结构，稍坚实，多量细根，中量中度风化的棱角-次棱角状中小岩石碎屑，模糊平滑过渡。

Bw1: 16～40cm，浊红棕色（2.5YR 5/3，干），暗红棕色（5YR 3/3，润），砂质壤土，中等发育的中小亚角块状结构，坚实，中量细根，中量中度风化的棱角-次棱角状中小岩石碎屑，模糊平滑过渡。

Bw2: 40～70cm，浊红棕色（2.5YR 5/3，干），暗红棕色（5YR 3/3，润），砂质壤土，中等发育的中亚角块状结构，坚实，少量细根，中量中度风化的棱角-次棱角状中小岩石碎屑，模糊平滑过渡。

小漕河系代表性单个土体剖面

Bw3: 70～90cm，浊红棕色（2.5YR 5/3，干），暗红棕色（5YR 3/3，润），砂质壤土，中等发育的大亚角块状结构，坚实，很少细根，中量中度风化的棱角-次棱角状中小岩石碎屑，模糊平滑过渡。

Bw4: 90～130cm，浊红棕色（5YR 5/3，干），极暗红棕色（5YR 2/4，润），砂质壤土，中等发育的大亚角块状结构，很坚实，很少细根，中量中度风化的棱角-次棱角状中小岩石碎屑。

小漕河系代表性单个土体物理性质

| 土层 | 深度/cm | 石砾(>2mm，体积分数)/% | 细土颗粒组成(粒径：mm)/(g/kg) | | | 质地 | 容重/(g/cm³) |
			砂粒 2～0.05	粉粒 0.05～0.002	黏粒 <0.002		
Ah	0～16	10	718	179	102	砂质壤土	1.17
Bw1	16～40	10	761	88	151	砂质壤土	1.18
Bw2	40～70	10	719	146	135	砂质壤土	1.18
Bw3	70～90	10	757	130	113	砂质壤土	1.20
Bw4	90～130	10	775	99	126	砂质壤土	1.21

小漕河系代表性单个土体化学性质

深度/cm	pH(H₂O)	有机碳(C)/(g/kg)	全氮(N)/(g/kg)	全磷(P)/(g/kg)	全钾(K)/(g/kg)	CEC₇/[cmol(+)/kg]	游离铁(Fe)/(g/kg)
0～16	7.5	15.3	2.14	0.65	21.6	14.8	14.3
16～40	7.3	14.7	2.10	0.56	22.4	14.3	14.6
40～70	7.2	14.5	1.48	0.53	21.1	13.5	16.3
70～90	7.4	13.3	1.20	0.47	20.1	13.9	16.6
90～130	7.4	13.1	1.34	0.52	23.6	13.5	16.8

10.30.3 正直系（Zhengzhi Series）

土　族：砂质长石混合型石灰性热性-红色铁质湿润雏形土
拟定者：袁大刚，付宏阳，陈剑科

分布与环境条件　分布于南江、通江、恩阳等低山中上部陡坡，成土母质为侏罗系蓬莱镇组棕红、紫红色粉砂质泥岩夹同色泥质粉砂岩及灰紫、浅灰色细砂岩残坡积物，灌木林地；中亚热带湿润气候，年均日照 1425～1580 h，年均气温 15.8～17.1 ℃，1 月平均气温 4.8～5.6 ℃，7 月平均气温 26.1～27.5℃，年均降水量 1089～1161 mm，年干燥度 0.69～0.75。

正直系典型景观

土系特征与变幅　具淡薄表层、雏形层、准石质接触面、湿润土壤水分状况、热性土壤温度状况、铁质特性、石灰性；有效土层厚度 50～100 cm，准石质接触面出现于矿质土表下 50～100 cm 范围内，B 层均有铁质特性，色调为 5YR，通体轻度石灰反应，质地通体为砂质壤土，排水中等。

对比土系　长乐系，空间位置相近，同亚类不同土族，准石质接触面出现于矿质土表下 30～50 cm 范围内，无石灰性。

利用性能综述　所处区域地势较陡，应保护植被，防治水土流失。

参比土种　棕紫砂泥土（N312）。

代表性单个土体　位于巴中市南江县正直镇龙潭村 1 组，31°59′05.5″N， 106°35′44.9″E，低山中上部陡坡，海拔 641m，坡度为 25°，坡向为西南 226°，成土母质为侏罗系蓬莱镇组棕红、紫红色粉砂质泥岩夹同色泥质粉砂岩及灰紫、浅灰色细砂岩残坡积物，灌木林地，土表下 50 cm 深度处土温为 17.12℃。2016 年 7 月 27 日调查，编号为 51-183。

Ah: 0～20 cm，橙色（5YR 6/6，干），红棕色（5YR 4/6，润），砂质壤土，强发育粒状结构，稍坚实，多量细根，少量中度风化的棱角-次棱角状大小岩石碎屑，轻度石灰反应，渐变平滑过渡。

Bw1: 20～35cm，浊橙色（5YR 6/4，干），暗红棕色（5YR 3/6，润），砂质壤土，中等发育粒状结构，稍坚实，多量细根，少量中度风化的棱角-次棱角状大小岩石碎屑，轻度石灰反应，渐变平滑过渡。

Bw2: 35～50cm，亮红棕色（5YR 5/6，干），暗红棕色（5YR 3/6，润），砂质壤土，中等发育的大亚角块状结构，坚实，中量细根，中量中度风化的棱角-次棱角状大小岩石碎屑，轻度石灰反应，渐变平滑过渡。

正直系代表性单个土体剖面

Bw3：50～70cm，亮红棕色（5YR 5/6，干），红棕色（5YR 4/8，润），砂质壤土，中等发育的大亚角块状结构，坚实，中量细根，中量中度风化的棱角-次棱角状大小岩石碎屑，轻度石灰反应，渐变平滑过渡。

Bw4：70～100 cm，橙色（5YR 6/6，干），红棕色（5YR 4/8，润），砂质壤土，中等发育的大亚角块状结构，坚实，少量细根，中量中度风化的棱角-次棱角状大小岩石碎屑，轻度石灰反应，清晰平滑过渡。

R: 100～130cm，紫红色砂泥岩。

正直系代表性单个土体物理性质

土层	深度/cm	石砾(>2mm，体积分数)/%	细土颗粒组成(粒径：mm)/(g/kg) 砂粒 2～0.05	粉粒 0.05～0.002	黏粒 <0.002	质地	容重/(g/cm³)
Ah	0～20	5	541	309	150	砂质壤土	1.36
Bw1	20～35	5	544	299	156	砂质壤土	1.49
Bw2	35～50	10	555	309	136	砂质壤土	1.51
Bw3	50～70	10	574	296	130	砂质壤土	1.59
Bw4	70～100	10	536	324	140	砂质壤土	1.70

正直系代表性单个土体化学性质

深度/cm	pH(H₂O)	有机碳(C)/(g/kg)	全氮(N)/(g/kg)	全磷(P)/(g/kg)	全钾(K)/(g/kg)	CEC₇/[cmol(+)/kg]	碳酸钙相当物/(g/kg)
0～20	8.3	7.4	0.81	0.58	19.1	12.1	14
20～35	8.4	4.4	0.64	0.51	19.7	10.0	15
35～50	8.2	4.1	0.65	0.48	19.7	11.6	11
50～70	8.2	3.0	0.46	0.53	19.2	11.2	11
70～100	8.0	1.9	0.38	0.47	19.2	11.5	12

10.30.4 战旗系（Zhanqi Series）

土　　族：砂质混合型石灰性热性-红色铁质湿润雏形土
拟定者：袁大刚，樊瑜贤，蒲光兰

分布与环境条件　分布于江油、梓潼等低山中上部中缓坡，成土母质为白垩系汉阳铺组灰、紫灰色中-厚层含砾砂岩、岩屑砂岩与棕红色泥质粉砂岩和泥岩残坡积物，旱地；中亚热带湿润气候，年均日照 1298～1371 h，年均气温 15.3～16.5 ℃，1 月平均气温 4.2～5.4 ℃，7 月平均气温 25.0～26.2 ℃，年均降水量 902～1137 mm，年干燥度 0.63～0.92。

战旗系典型景观

土系特征与变幅　具淡薄表层、雏形层、准石质接触面、湿润土壤水分状况、热性土壤温度状况、铁质特性、石灰性；有效土层厚度 30～50 cm，准石质接触面出现于矿质土表下 30～50 cm 范围内，准石质接触面之下 10 cm 范围内岩石变得难以铲动，B 层均有铁质特性，色调为 5YR，通体强石灰反应，质地通体为砂质壤土，排水中等。

对比土系　双东系，同土族不同土系，准石质接触面位于矿质土表下 50～100 cm 范围内，且准石质接触面之下 50 cm 范围内的岩石都易于铲动，色调通体为 2.5YR，质地通体为壤质砂土。印石系，空间位置相近，同土类不同亚类，矿质土表至 125cm 范围内无准石质接触面，土壤颜色均为 10YR 色调，无石灰性。

利用性能综述　所处区域坡度较大，土体较薄，宜发展林草业，防治水土流失；或坡改梯，完善灌溉系统，发展蚕桑、果树业等。

参比土种　黄红紫砂土（N334）。

代表性单个土体　位于绵阳市江油市战旗镇梨园村 8 组，31°47′08.8″N，104°55′36.4″E，低山中上部中缓坡，海拔 657m，坡度为 10°，成土母质为白垩系汉阳铺组灰、紫灰色中-厚层含砾砂岩、岩屑砂岩与棕红色泥质粉砂岩和泥岩残坡积物，旱地，撂荒，准石质接触面处土温为 17.19 ℃。2015 年 8 月 11 日调查，编号为 51-086。

战旗系代表性单个土体剖面

Ah：　0～15 cm，浊橙色（5YR 6/4，干），暗红棕色（5YR 3/6，润），砂质壤土，中等发育的中小亚角块状结构，坚实，多量细根，多量蚂蚁，中量中度风化的棱角-次棱角状小岩石碎屑，强石灰反应，模糊平滑过渡。

Bw：　15～30cm，浊橙色（5YR 6/4，干），暗红棕色（5YR 3/6，润），砂质壤土，中等发育的中小亚角块状结构，坚实，中量细根，中量中度风化的棱角-次棱角状小岩石碎屑，强石灰反应，模糊平滑过渡。

C：　30～45cm，浊橙色（5YR 7/4，干），暗红棕色（5YR 3/6，润），砂质壤土，坚实，中量细根，多量中度风化的棱角-次棱角状大中岩石碎屑，极强石灰反应，清晰平滑过渡。

R：　45～80cm，节理发育的紫红色砂泥岩。

战旗系代表性单个土体物理性质

| 土层 | 深度 /cm | 石砾 (>2mm, 体积分数) /% | 细土颗粒组成(粒径：mm) /(g/kg) | | | 质地 | 容重 /(g/cm³) |
			砂粒 2～0.05	粉粒 0.05～0.002	黏粒 <0.002		
Ah	0～15	8	686	190	124	砂质壤土	1.42
Bw	15～30	8	727	169	103	砂质壤土	1.46
C	30～45	55	765	152	83	砂质壤土	1.56

战旗系代表性单个土体化学性质

深度 /cm	pH(H₂O)	有机碳(C) /(g/kg)	全氮(N) /(g/kg)	全磷(P) /(g/kg)	全钾(K) /(g/kg)	CEC₇ / [cmol(+)/kg]	碳酸钙相当物 /(g/kg)	有效磷(P) /(mg/kg)
0～15	8.3	5.7	0.86	0.44	19.8	15.9	121	0.5
15～30	8.5	4.9	0.68	0.34	19.7	19.7	133	0.3
30～45	8.5	3.4	0.43	0.38	17.9	10.6	192	0.1

10.30.5 双东系（Shuangdong Series）

土　族：砂质混合型石灰性热性-红色铁质湿润雏形土
拟定者：袁大刚，樊瑜贤，蒲光兰

分布与环境条件　分布于旌阳、中江、三台等低山上部中缓坡，成土母质为白垩系汉阳铺组棕红色泥质粉砂岩与泥岩残坡积物，有林地；中亚热带湿润气候，年均日照 1260～1391 h，年均气温 15.6～16.7℃，1 月平均气温 4.5～5.6℃，7 月平均气温 24.8～26.6℃，年均降水量 855～963 mm，年干燥度 0.77～0.89。

双东系典型景观

土系特征与变幅　具淡薄表层、雏形层、准石质接触面、湿润土壤水分状况、热性土壤温度状况、铁质特性、石灰性；有效土层厚度 50～100 cm，准石质接触面出现于矿质土表下 50～100 cm 范围内，且准石质接触面之下 50 cm 范围内的岩石都易于铲动，B 层均有铁质特性，色调为 2.5YR，通体极强石灰反应，质地通体为壤质砂土，排水中等。

对比土系　战旗系，同土族不同土系，准石质接触面位于矿质土表下 30～50 cm 范围内，且准石质接触面之下 10 cm 范围内的岩石都难以铲动，色调通体为 5YR，质地通体为砂质壤土。富兴系，空间位置相近，同亚类不同土族，准石质接触面出现于距矿质土表 30cm 范围内，颗粒大小级别为壤质，矿物学类别为长石混合型。

利用性能综述　所处区域坡度较大，应保护植被，防治水土流失。

参比土种　黄红紫砂泥土（N332）。

代表性单个土体　位于德阳市旌阳区双东镇翻身村 5 组，31°09′51.5″N，104°28′05.8″E，低山上部中缓坡，海拔 572m，坡度为 15°，成土母质为白垩系汉阳铺组棕红色泥质粉砂岩与泥岩残坡积物，有林地，土表下 50 cm 深度处土温为 17.87 ℃。2015 年 10 月 6 日调查，编号为 51-124。

双东系代表性单个土体剖面

Ah：　0～13 cm，亮红棕色（2.5YR 5/6，干），暗红棕色（2.5YR 3/6，润），壤质砂土，中等发育的中小亚角块状结构，稍坚实，多量细根，少量蜗牛壳，少量中小不规则碳酸盐结核，中量中度风化的次棱角状中小岩石碎屑，极强石灰反应，渐变平滑过渡。

AB：　13～30cm，亮红棕色（2.5YR 5/6，干），红棕色（2.5YR 4/6，润），壤质砂土，中等发育的中小亚角块状结构，坚实，多量细根，少量中小不规则碳酸盐结核，中量中度风化的次棱角状中小岩石碎屑，极强石灰反应，渐变平滑过渡。

Bw1：30～42cm，橙色（2.5YR 6/6，干），亮红棕色（2.5YR 5/6，润），壤质砂土，中等发育的中小角块状结构，坚实，多量细根，少量中小不规则碳酸盐结核，中量中度风化的次棱角状中小岩石碎屑，极强石灰反应，渐变平滑过渡。

Bw2：42～58cm，亮红棕色（2.5YR 5/8，干），红棕色（2.5YR 4/8，润），壤质砂土，中等发育的中大角块状结构，坚实，中量细根，少量中小不规则碳酸盐结核，中量中度风化的次棱角状中小岩石碎屑，极强石灰反应，渐变平滑过渡。

R：　　58～110 cm，中度风化的棕红色砂泥岩。

双东系代表性单个土体物理性质

| 土层 | 深度 /cm | 石砾 (>2mm，体积分数) /% | 细土颗粒组成(粒径：mm) /(g/kg) | | | 质地 | 容重 /(g/cm³) |
			砂粒 2～0.05	粉粒 0.05～0.002	黏粒 <0.002		
Ah	0～13	6	821	105	73	壤质砂土	1.40
AB	13～30	6	818	116	66	壤质砂土	1.54
Bw1	30～42	6	790	139	72	壤质砂土	1.57
Bw2	42～58	8	797	146	58	壤质砂土	1.61

双东系代表性单个土体化学性质

深度 /cm	pH(H$_2$O)	有机碳(C) /(g/kg)	全氮(N) /(g/kg)	全磷(P) /(g/kg)	全钾(K) /(g/kg)	CEC$_7$ / [cmol(+)/kg]	碳酸钙相当物 /(g/kg)
0～13	7.7	6.3	0.73	0.19	12.4	7.5	334
13～30	8.4	3.6	0.71	0.19	12.7	8.0	270
30～42	8.3	3.2	0.37	0.14	14.3	8.9	334
42～58	8.4	2.8	0.46	0.20	15.2	7.7	349

10.30.6　香泉系（**Xiangquan Series**）

土　　族：砂质混合型非酸性热性-红色铁质湿润雏形土
拟定者：袁大刚，樊瑜贤，蒲光兰

分布与环境条件　分布于北川、江油、安州等低山中上部中坡，成土母质为三叠系飞仙关组紫灰色页岩残坡积物，旱地；中亚热带湿润气候，年均日照 930～1371 h，年均气温 15.7～16.3 ℃，1 月平均气温 4.9～5.7℃，7 月平均气温 24.9～25.7℃，年均降水量 1137～1417 mm，年干燥度 0.48～0.63。

香泉系典型景观

土系特征与变幅　具淡薄表层、雏形层、准石质接触面、湿润土壤水分状况、热性土壤温度状况、铁质特性；有效土层厚度 30～50 cm，B 层均有铁质特性，色调为 5YR，矿质土表下 30～50 cm 范围内出现准石质接触面，质地通体为砂质壤土，排水中等。

对比土系　战旗系，空间位置相近，同亚类不同土族，具石灰性。

利用性能综述　所处区域地势较陡，宜发展林草业，保护植被，防治水土流失。

参比土种　酸紫砂土（N123）。

代表性单个土体　位于绵阳市北川羌族自治县香泉乡光明村 5 组，31°42′13.4″N，104°32′02.2″E，低山中上部中坡，海拔 599m，坡度为 20°，成土母质为三叠系飞仙关组紫灰色页岩残坡积物，旱地，麦/玉/豆套作，准石质接触面处土温为 17.29 ℃。2015 年 8 月 10 日调查，编号为 51-085。

Ap: 0～20 cm，暗红棕色（5YR 3/3，干），极暗红棕色（5YR 2/3，润），砂质壤土，中等发育的屑粒状结构，疏松，少量中度风化的棱角-次棱角状小岩石碎屑，渐变平滑过渡。

Bw: 20～44cm，暗红棕色（5YR 3/4，干），极暗红棕色（5YR 2/3，润），砂质壤土，中等发育的大角块状结构，疏松，少量中度风化的棱角-次棱角状小岩石碎屑，清晰波状过渡。

R: 44～100 cm，中度风化、节理发育的紫灰色页岩。

香泉系代表性单个土体剖面

香泉系代表性单个土体物理性质

土层	深度 /cm	石砾 (>2mm，体积分数) /%	细土颗粒组成(粒径：mm) /(g/kg)			质地	容重 /(g/cm³)
			砂粒 2～0.05	粉粒 0.05～0.002	黏粒 <0.002		
Ap	0～20	2	598	311	91	砂质壤土	1.45
Bw	20～44	2	643	262	95	砂质壤土	1.53

香泉系代表性单个土体化学性质

深度 /cm	pH		有机碳(C) /(g/kg)	全氮(N) /(g/kg)	全磷(P) /(g/kg)	全钾(K) /(g/kg)	CEC$_7$ / [cmol(+)/kg]	游离铁(Fe) / (g/kg)	有效磷(P) /(mg/kg)
	H$_2$O	KCl							
0～20	5.5	3.8	5.1	0.58	0.88	22.2	29.1	30.34	8.6
20～44	5.6	3.9	3.8	0.40	0.73	22.9	29.2	29.1	7.1

10.30.7　姜州系（**Jiangzhou Series**）

土　　族：黏质混合型非酸性热性-红色铁质湿润雏形土
拟定者：袁大刚，宋易高，张　楚

分布与环境条件　分布于会东、会理等中山中上部中缓坡，成土母质为白垩系小坝组紫红色砂泥岩残坡积物，其他草地；北亚热带湿润气候，年均日照 2334～2388 h，年均气温 14.2～16.1℃，1 月平均气温 6.1～8.1 ℃，7 月平均气温 20.1～21.8 ℃，年均降水量 1056～1131 mm，年干燥度约 0.98。

姜州系典型景观

土系特征与变幅　具淡薄表层、雏形层、石质接触面、湿润土壤水分状况、热性土壤温度状况、铁质特性，有效土层厚度 50～100 cm，B 层均有铁质特性，色调为 2.5YR，石质接触面位于矿质土表下 50～100cm 范围内，表层土壤质地为黏壤土，排水中等。

对比土系　小坝系，空间位置相近，不同土纲，距矿质土表 50cm 范围内有低活性富铁层和氧化还原特征。

利用性能综述　所处区域坡度较大，宜发展林草业，保护植被，防治水土流失。

参比土种　中层酸紫砂泥土（N126）。

代表性单个土体　位于凉山彝族自治州会东县姜州镇民权村，26°34′57.1″N，102°29′9.7″E，中山中上部中缓坡，海拔 1939m，坡度为 15°，坡向为西南 216°，成土母质为白垩系小坝组紫红色砂泥岩残坡积物，其他草地，土表下 50 cm 深度处土温为 18.00℃。2015 年 8 月 1 日调查，编号为 51-072。

Ah: 0～20cm，浊红棕色（2.5YR 5/4，干），暗红棕色（2.5YR 3/3，润），黏壤土，中等发育的中小亚角块状结构，疏松，多量细根，中量中度风化的棱角-次棱角状中小岩石碎屑，渐变平滑过渡。

Bw1: 20～48，亮红棕色（2.5YR 5/6，干），红棕色（2.5YR 4/6，润），黏壤土，中等发育的大亚角块状结构，坚实，中量细根，少量中度风化的棱角-次棱角状中小岩石碎屑，模糊平滑过渡。

Bw2: 48～75cm，橙色（2.5YR 6/6，干），浊红棕色（2.5YR 4/4，润），黏壤土，中等发育的大亚角块状结构，很坚实，少量细根，中量中度风化的棱角-次棱角状中小岩石碎屑，突变平滑过渡。

R: 75cm，紫红色砂泥岩。

姜州系代表性单个土体剖面

姜州系代表性单个土体物理性质

土层	深度 /cm	石砾 (>2mm，体积分数) /%	细土颗粒组成(粒径：mm) /(g/kg)			质地	容重 /(g/cm³)
			砂粒 2～0.05	粉粒 0.05～0.002	黏粒 <0.002		
Ah	0～20	8	265	350	385	黏壤土	1.31
Bw1	20～48	3	318	301	381	黏壤土	1.43
Bw2	48～75	10	297	361	342	黏壤土	1.44

姜州系代表性单个土体化学性质

深度 /cm	pH H₂O	pH KCl	有机碳(C) /(g/kg)	全氮(N) /(g/kg)	全磷(P) /(g/kg)	全钾(K) /(g/kg)	CEC₇ /[cmol(+)/kg]	游离铁(Fe) /(g/kg)	有效磷(P) /(mg/kg)
0～20	6.0	5.3	8.9	0.75	0.19	20.1	11.1	12.34	38.9
20～48	6.4	4.9	5.6	0.71	0.21	25.0	10.1	11.7	31.3
48～75	6.3	5.2	5.3	0.70	0.18	30.2	11.6	12.9	28.1

10.30.8　鲁基系（Luji Series）

土　　族：黏壤质硅质混合型酸性热性-红色铁质湿润雏形土
拟定者：袁大刚，宋易高，张　楚

分布与环境条件　分布于喜德、越西、昭觉等中山中部中缓坡，成土母质为侏罗系益门组紫红色泥岩与灰白、黄灰色细粒石英砂岩、粉砂岩夹泥灰岩、生物碎屑灰岩残坡积物，有林地；中亚热带湿润气候，年均日照 1873～2846 h，年均气温 12.8～14.0 ℃，1 月平均气温 4.3～5.5 ℃，7 月平均气温 19.8～21.0 ℃，年均降水量 1006～1113 mm，年干燥度 0.80～0.90。

鲁基系典型景观

土系特征与变幅　具淡薄表层、雏形层、准石质接触面、湿润土壤水分状况、热性土壤温度状况、铁质特性；有效土层厚度 30～50 cm，B 层均有铁质特性，色调为 5YR，准石质接触面位于矿质土表下 30～50cm 范围内，表层土壤质地为壤土，排水中等。

对比土系　姜州系，空间位置相近，同亚类不同土族，颗粒大小级别为黏质，矿物学类别为混合型，酸碱反应类别为非酸性。

利用性能综述　所处区域坡度较大，土体浅薄，应保护植被，防治水土流失。

参比土种　酸紫砂泥土（N122）。

代表性单个土体　位于凉山彝族自治州喜德县鲁基乡，28°6′51.7″N，102°13′26.8″E，中山中部中缓坡，海拔 2010m，坡度为 15°，坡向为西南 232°，成土母质为侏罗系益门组紫红色泥岩与灰白、黄灰色细粒石英砂岩、粉砂岩夹泥灰岩、生物碎屑灰岩残坡积物，有林地，准石质接触面处土温为 16.44 ℃。2015 年 8 月 5 日调查，编号为 51-082。

Ah：　0～10cm，浊橙色（5YR 6/4，干），暗红棕色（5YR 3/6，润），壤土，中等发育的中小亚角块状结构，疏松，中量细根，很少中度风化的棱角-次棱角状小岩石碎屑，渐变平滑过渡。

Bw1：10～25cm，浊橙色（5YR 7/4，干），红棕色（5YR 4/6，润），粉质壤土，中等发育的中亚角块状结构，坚实，少量细根，少量中度风化的棱角-次棱角状小岩石碎屑，渐变平滑过渡。

Bw2：25～36cm，浊橙色（5YR 7/3，干），亮红棕色（5YR 5/6，润），粉质壤土，弱发育的中小亚角块状结构，坚实，很少细根，中量中度风化的棱角-次棱角状小岩石碎屑，渐变波状过渡。

R：　36～80cm，紫红色砂泥岩。

鲁基系代表性单个土体剖面

鲁基系代表性单个土体物理性质

| 土层 | 深度/cm | 石砾(>2mm，体积分数)/% | 细土颗粒组成(粒径：mm) /(g/kg) | | | 质地 | 容重/(g/cm³) |
			砂粒 2～0.05	粉粒 0.05～0.002	黏粒 <0.002		
Ah	0～10	2	339	427	234	壤土	1.26
Bw1	10～25	5	313	519	169	粉质壤土	1.40
Bw2	25～36	10	229	541	230	粉质壤土	1.53

鲁基系代表性单个土体化学性质

| 深度/cm | pH | | 有机碳(C)/(g/kg) | 全氮(N)/(g/kg) | 全磷(P)/(g/kg) | 全钾(K)/(g/kg) | CEC₇/[cmol(+)/kg] | 游离铁(Fe)/(g/kg) |
	H₂O	KCl						
0～10	5.2	3.7	10.7	0.95	0.22	10.8	13.8	12.3
10～25	5.4	3.7	6.3	0.89	0.22	9.3	12.3	8.1
25～36	5.2	3.5	3.8	0.55	0.28	25.2	12.9	18.3

10.30.9　黄家沟系（**Huangjiagou Series**）

土　　族：黏壤质盖粗骨质长石混合型石灰性热性-红色铁质湿润雏形土
拟定者：袁大刚，陈剑科，付宏阳

分布与环境条件　分布于西充、南部、顺庆等丘陵中部中缓坡，成土母质为侏罗系遂宁组鲜紫红色钙质泥岩夹紫红色钙质长石砂岩残坡积物，旱地；中亚热带湿润气候，年均日照 1355～1445 h，年均气温 17.0～17.6 ℃，1 月平均气温 5.9～6.5 ℃，7 月平均气温 27.2～27.8 ℃，年均降水量 957～1020 mm，年干燥度 0.76～0.86。

黄家沟系典型景观

土系特征与变幅　具淡薄表层、雏形层、准石质接触面、湿润土壤水分状况、热性土壤温度状况、铁质特性、石灰性；有效土层厚度 50～100cm，矿质土表下 50～100cm 范围内出现准石质接触面，B 层均有铁质特性，色调为 5YR；通体强石灰反应，碳酸钙相当物含量>90g/kg；质地构型为壤土-粉质壤土，排水中等。

对比土系　石桥铺系，空间位置相近，同亚类不同土族，土体浅薄，准石质接触面出现于距矿质土表 30cm 范围内，颗粒大小级别为黏壤质。

利用性能综述　土体较深厚，但所处区域有一定坡度，应保护植被，防治水土流失。

参比土种　红棕紫砂泥土（N322）。

代表性单个土体　位于南充市西充县扶君乡黄家沟村 2 组，30°58′0.8″N，105°59′54.0″E，丘陵中部中缓坡，海拔343m，坡度为15°，成土母质为侏罗系遂宁组鲜紫红色钙质泥岩夹紫红色钙质长石砂岩残坡积物，旱地，麦/玉/薯套作，土表下 50 cm 深度处土温为

18.62 ℃。2016 年 7 月 29 日调查，编号为 51-187。

Ap: 0～13 cm，浊橙色（5YR 6/3，干），浊红棕色（5YR 4/3，润），壤土，中等发育的屑粒状结构，稍坚实-坚实，多量细根，中量中度风化的次棱角状中小岩石碎屑，强石灰反应，渐变平滑过渡。

Bw1: 13～30cm，浊橙色（5YR 6/4，干），暗红棕色（5YR 3/4，润），壤土，中等发育的中亚角块状结构，稍坚实-坚实，中量细根，中量中度风化的次棱角状中小岩石碎屑，强石灰反应，模糊平滑过渡。

Bw2: 30～55cm，浊橙色（5YR 6/4，干），暗红棕色（5YR 3/4，润），粉质壤土，中等发育的中亚角块状结构，坚实，少量细根，中量中度风化的次棱角状中小岩石碎屑，强石灰反应，清晰不规则过渡。

黄家沟系代表性单个土体剖面

C: 55～83cm，浊红棕色（5YR 5/4，干），浊红棕色（5YR 4/4，润），少量细根，很多中度风化的棱角-次棱角状中小岩石碎屑，清晰不规则过渡。

R: 83～92cm，节理发育的紫红色砂泥岩。

黄家沟系代表性单个土体物理性质

| 土层 | 深度 /cm | 石砾 (>2mm，体积分数) /% | 细土颗粒组成(粒径：mm) /(g/kg) | | | 质地 | 容重 /(g/cm³) |
			砂粒 2～0.05	粉粒 0.05～0.002	黏粒 <0.002		
Ap	0～13	10	380	437	183	壤土	1.27
Bw1	13～30	10	281	490	229	壤土	1.45
Bw2	30～55	10	180	587	233	粉质壤土	1.55
C	55～83	85	—	—	—		

黄家沟系代表性单个土体化学性质

深度 /cm	pH(H₂O)	有机碳(C) /(g/kg)	全氮(N) /(g/kg)	全磷(P) /(g/kg)	全钾(K) /(g/kg)	CEC₇ / [cmol(+)/kg]	碳酸钙相当物 /(g/kg)
0～13	7.6	10.3	1.22	1.17	23.0	17.2	93
13～30	7.7	5.1	0.68	0.72	25.7	15.6	99
30～55	7.7	3.5	0.58	0.74	25.0	17.2	95
55～83	—	—	—	—	—	—	—

10.30.10 石桥铺系（Shiqiaopu Series）

土　族：黏壤质长石混合型石灰性热性-红色铁质湿润雏形土
拟定者：袁大刚，陈剑科，付宏阳

分布与环境条件 分布于南部、阆中、仪陇、蓬安、顺庆、西充等丘陵下部中坡，成土母质为侏罗系蓬莱镇组紫红色钙质、粉砂质泥岩夹灰白、浅黄色岩屑长石砂岩残坡积物，林地；中亚热带湿润气候，年均日照 1192～1469 h，年均气温 17.0～17.6 ℃，1 月平均气温 5.9～6.5 ℃，7 月平均气温 27.1～28.1 ℃，年均降水量 957～1020 mm，年干燥度 0.75～0.86。

石桥铺系典型景观

土系特征与变幅 具淡薄表层、雏形层、准石质接触面、湿润土壤水分状况、热性土壤温度状况、铁质特性、石灰性；有效土层厚度<30 cm，准石质接触面位于距矿质土表 30 cm 范围内，B 层均有铁质特性，色调为 5YR；通体强石灰反应，碳酸钙相当物含量 80～100 g/kg；质地通体为壤土，排水中等。

对比土系 团结镇系，同土族不同土系，准石质接触面出现于矿质土表下 50～100 cm 范围内；通体轻度石灰反应，碳酸钙相当物含量<20 g/kg，色调为 2.5YR。万林系，同土族不同土系，准石质接触面出现于矿质土表下 30～50 cm 范围内，碳酸钙相当物含量 30～80 g/kg。新五系，同土族不同土系，距矿质土表 125cm 范围内无准石质接触面；通体为粉质壤土，碳酸钙相当物含量>125 g/kg。

利用性能综述 土体较浅薄，有机质和养分含量低，且所处区域坡度较大，宜发展林草，保持水土。

参比土种 棕紫砂泥土（N312）。

代表性单个土体 位于南充市南部县铁佛塘镇石桥铺村 6 组，31°13′28.7″N，106°10′23.6″E，丘陵下部中坡，海拔 342m，坡度为 20°，坡向为东南 107°，成土母质为侏罗系蓬莱镇组紫红色钙质、粉砂质泥岩夹灰白、浅黄色岩屑长石砂岩残坡积物，有林地，准石质接触面处土温为 18.86 ℃。2016 年 7 月 28 日调查，编号为 51-186。

石桥铺系代表性单个土体剖面

Ah: 0～16 cm，浊红棕色（5YR 5/4，干），暗红棕色（5YR 3/4，润），壤土，中等发育的中亚角块状结构，稍坚实-坚实，中量细根，少量中度风化的次棱角状小岩石碎屑，强石灰反应，渐变平滑过渡。

Bw: 16～27cm，浊红棕色（5YR 5/4，干），暗红棕色（5YR 3/4，润），壤土，中等发育的中亚角块状结构，稍坚实-坚实，中量细根，中量中度风化的棱角-次棱角状中小岩石碎屑，强石灰反应，清晰平滑过渡。

R: 27～48cm，紫红色砂泥岩。

石桥铺系代表性单个土体物理性质

土层	深度/cm	石砾(>2mm，体积分数)/%	细土颗粒组成(粒径：mm)/(g/kg)			质地	容重/(g/cm³)
			砂粒 2～0.05	粉粒 0.05～0.002	黏粒 <0.002		
Ah	0～16	5	378	422	199	壤土	1.40
Bw	16～27	10	406	384	210	壤土	1.48

石桥铺系代表性单个土体化学性质

深度/cm	pH(H₂O)	有机碳(C)/(g/kg)	全氮(N)/(g/kg)	全磷(P)/(g/kg)	全钾(K)/(g/kg)	CEC₇/[cmol(+)/kg]	碳酸钙相当物/(g/kg)
0～16	7.5	6.3	0.66	0.68	21.7	15.9	82
16～27	7.7	4.6	0.47	0.64	21.8	16.0	94

10.30.11　团结镇系（**Tuanjiezhen Series**）

土　　族：黏壤质长石混合型石灰性热性-红色铁质湿润雏形土
拟定者：袁大刚，陈剑科，蒲光兰

分布与环境条件　分布于大安、荣县、贡井、自流井、威远等丘陵上部缓坡，成土母质为侏罗系沙溪庙组紫红、紫灰、绿灰色砂泥岩残坡积物，旱地；中亚热带湿润气候，年均日照 1196～1233 h，年均气温 17.8～18.0 ℃，1 月平均气温 7.3～7.4 ℃，7 月平均气温 26.9～27.2 ℃，年均降水量 980～1041 mm，年干燥度 0.77～0.81。

团结镇系典型景观

土系特征与变幅　具淡薄表层、雏形层、准石质接触面、湿润土壤水分状况、热性土壤温度状况、铁质特性、石灰性；有效土层厚度 50～100cm，准石质接触面位于矿质土表下 50～100 cm 范围内，B 层均有铁质特性，色调为 2.5YR；通体轻度石灰反应，碳酸钙相当物含量<20g/kg；质地通体为壤土，排水中等。

对比土系　石桥铺系，同土族不同土系，准石质接触面出现于距矿质土表 30cm 范围内，碳酸钙相当物含量 80～100 g/kg，色调为 5YR。万林系，同土族不同土系，准石质接触面出现于矿质土表下 30～50 cm 范围内，碳酸钙相当物含量 30～80 g/kg，色调为 5YR。新五系，同土族不同土系，距矿质土表 125cm 范围内无准石质接触面，通体为粉质壤土，碳酸钙相当物含量>125 g/kg，色调为 5YR。

利用性能综述　土体较深厚，但所处区域坡度较大，宜发展林草业，防治水土流失；或坡改梯，发展种植业。

参比土种　灰棕紫砂泥土（N212）。

代表性单个土体 位于自贡市大安区团结镇红星村 5 组，29°25′27.7″N，104°47′31.3″E，丘陵上部缓坡，海拔 345m，坡度为 15°，成土母质为侏罗系沙溪庙组紫红、紫灰、绿灰色砂泥岩残坡积物，旱地，撂荒，土表下 50 cm 深度处土温为 19.77 ℃，2016 年 1 月 21 日调查，编号为 51-139。

Ah: 0～12 cm，浊红棕色（2.5YR 4/3，干），暗红棕色（2.5YR 3/3，润），壤土，中等发育的中亚角块状结构，稍坚实，中量细根，少量中度风化的棱角-次棱角状中岩石碎屑，轻度石灰反应，模糊平滑过渡。

Bw1: 12～25 cm，浊红棕色（2.5YR 5/3，干），暗红棕色（2.5YR 3/3，润），壤土，中等发育的中亚角块状结构，坚实，少量细根，少量中度风化的棱角-次棱角状中小岩石碎屑，轻度石灰反应，模糊平滑过渡。

Bw2: 25～40 cm，浊红棕色（2.5YR 5/4，干），暗红棕色（2.5YR 3/4，润），壤土，中等发育的中亚角块状结构，坚实，很少细根，中量中度风化的棱角-次棱角状中小岩石碎屑，轻度石灰反应，模糊平滑过渡。

团结镇系代表性单个土体剖面

Bw3: 40～52 cm，浊红棕色（2.5YR 5/3，干），暗红棕色（2.5YR 3/3，润），壤土，中等发育的中亚角块状结构，坚实，很少细根，中量中度风化的次棱角状中小岩石碎屑，中量铁锰胶膜，轻度石灰反应，清晰波状过渡。

R: 52～63 cm，紫红色砂泥岩。

团结镇系代表性单个土体物理性质

土层	深度 /cm	石砾 (>2mm，体积分数) /%	细土颗粒组成（粒径：mm）/(g/kg)			质地	容重 /(g/cm³)
			砂粒 2～0.05	粉粒 0.05～0.002	黏粒 <0.002		
Ah	0～12	5	471	343	186	壤土	1.34
Bw1	12～25	5	467	342	190	壤土	1.50
Bw2	25～40	10	394	352	254	壤土	1.68
Bw3	40～52	10	451	304	244	壤土	1.62

团结镇系代表性单个土体化学性质

深度 /cm	pH(H₂O)	有机碳(C) /(g/kg)	全氮(N) /(g/kg)	全磷(P) /(g/kg)	全钾(K) /(g/kg)	CEC₇ /[cmol(+)/kg]	碳酸钙相当物 /(g/kg)	有效磷(P) /(mg/kg)
0～12	6.9	8.0	0.82	0.71	18.9	15.8	12	9.1
12～25	7.4	4.2	0.55	0.66	17.9	15.9	14	1.0
25～40	7.4	2.2	0.20	0.35	17.9	28.6	19	1.1
40～52	7.4	2.7	0.29	0.49	19.2	22.0	18	1.1

10.30.12　万林系（Wanlin Series）

土　　族：黏壤质长石混合型石灰性热性-红色铁质湿润雏形土
拟定者：袁大刚，陈剑科，付宏阳

分布与环境条件　分布于射洪、大英、船山、蓬溪等丘陵中部缓坡，成土母质为侏罗系蓬莱镇组紫灰色长石砂岩与紫红色泥岩残坡积物，旱地；中亚热带湿润气候，年均日照1307～1472 h，年均气温 17.0～17.4℃，1 月平均气温 6.1～6.4 ℃，7 月平均气温 27.1～27.4 ℃，年均降水量 908～993 mm，年干燥度 0.74～0.89。

万林系典型景观

土系特征与变幅　具淡薄表层、雏形层、准石质接触面、湿润土壤水分状况、热性土壤温度状况、铁质特性、石灰性；有效土层厚度 30～50 cm，准石质接触面位于矿质土表下 30～50 cm 范围内，B 层均有铁质特性，色调为 5YR；通体强石灰反应，碳酸钙相当物含量 30～80 g/kg；质地通体为壤土，排水良好。

对比土系　石桥铺系，同土族不同土系，准石质接触面出现于距矿质土表 30 cm 范围内，碳酸钙相当物含量 80～100 g/kg。团结镇系，同土族不同土系，准石质接触面出现于矿质土表下 50～100 cm 范围内，通体轻度石灰反应，碳酸钙相当物含量<20 g/kg，色调为 2.5YR。新五系，同土族不同土系，距矿质土表 125 cm 范围内无准石质接触面，通体为粉质壤土，碳酸钙相当物含量>125 g/kg。

利用性能综述　土体较浅薄，有机质和养分含量低，应发展灌溉、增厚土层，增施有机肥，测土配方施肥。

参比土种　棕紫砂泥土（N312）。

代表性单个土体　位于遂宁市射洪县万林乡新桥村 1 组，30°48′31.6″N，　105°18′41.7″E，丘陵中部缓坡，海拔 389m，坡度为 5°，坡向为西北 355°，成土母质为侏罗系蓬莱镇组紫灰色长石砂岩与紫红色泥岩残坡积物，旱地，麦-玉/苕轮套作，准石质接触面处土温为 18.57 ℃。2016 年 7 月 19 日调查，编号为 51-167。

Ap：　0～12 cm，浊红棕色（5YR 5/3，干），暗红棕色（5YR 3/3，润），壤土，中等发育的屑粒状结构，稍坚实，少量强风化的次棱角状小岩石碎屑，少量碳酸钙结核，强石灰反应，渐变平滑过渡。

Bk：　12～30 cm，浊红棕色（5YR 5/3，干），暗红棕色（5YR 3/3，润），壤土，中等发育的中亚角块状结构，稍坚实，少量细根，少量强风化的次棱角状小岩石碎屑，少量碳酸钙结核，强石灰反应，清晰平滑过渡。

R：　30～90 cm，半风化紫红、紫灰色砂泥岩。

万林系代表性单个土体剖面

万林系代表性单个土体物理性质

土层	深度 /cm	石砾 (>2mm，体积分数) /%	细土颗粒组成(粒径：mm) /(g/kg)			质地	容重 /(g/cm³)
			砂粒 2～0.05	粉粒 0.05～0.002	黏粒 <0.002		
Ap	0～12	5	379	393	228	壤土	1.37
Bw	12～30	5	476	292	232	壤土	1.48

万林系代表性单个土体化学性质

深度 /cm	pH(H₂O)	有机碳(C) /(g/kg)	全氮(N) /(g/kg)	全磷(P) /(g/kg)	全钾(K) /(g/kg)	CEC₇ /[cmol(+)/kg]	碳酸钙相当物 /(g/kg)	有效磷(P) /(mg/kg)
0～12	7.5	6.9	0.87	0.75	20.8	18.9	74	4.4
12～30	7.6	4.6	0.51	0.31	18.9	17.6	32	0.5

10.30.13　新五系（Xinwu Series）

土　族：黏壤质长石混合型石灰性热性-红色铁质湿润雏形土
拟定者：袁大刚，陈剑科，付宏阳

分布与环境条件　分布于简阳、雁江、乐至等丘陵上部缓坡，成土母质为侏罗系蓬莱镇组紫红、鲜红色黏土岩、砂质黏土岩，夹紫红色长石砂岩、粉砂岩、黄绿色页岩残坡积物，有林地；中亚热带湿润气候，年均日照 1251～1331 h，年均气温 16.8～17.4 ℃，1月平均气温 6.1～6.5 ℃，7月平均气温 26.5～26.9 ℃，年均降水量 883～951 mm，年干燥度 0.80～0.93。

新五系典型景观

土系特征与变幅　具淡薄表层、雏形层、湿润土壤水分状况、热性土壤温度状况、铁质特性、石灰性；有效土层厚度 100～150 cm，B 层均有铁质特性，色调为 5YR；通体极强石灰反应，碳酸钙相当物含量>125 g/kg；质地通体为粉质壤土，排水中等。

对比土系　石桥铺系，同土族不同土系，准石质接触面出现于距矿质土表 30cm 范围内；质地通体为壤土，碳酸钙相当物含量 80～100 g/kg。团结镇系，同土族不同土系，准石质接触面出现于矿质土表下 50～100 cm 范围内，质地通体为壤土，碳酸钙相当物含量<20 g/kg，色调为 2.5YR。万林系，同土族不同土系，准石质接触面出现于矿质土表下 30～50 cm 范围内，质地通体为壤土，碳酸钙相当物含量 30～80 g/kg。

利用性能综述　土体深厚，但所处区域有一定坡度，应保护植被，防治水土流失。

参比土种　棕紫砂泥土（N312）。

代表性单个土体 位于成都市简阳市新市镇十里坝街道新五村 4 组，30°19′25.5″N，104°34′57.2″E，丘陵上部缓坡，海拔 398m，坡度为 8°，坡向为正南 180°，成土母质为侏罗系蓬莱镇组紫红、鲜红色黏土岩、砂质黏土岩，夹紫红色长石砂岩、粉砂岩、黄绿色页岩残坡积物，有林地，土表下 50 cm 深度处土温为 19.18 ℃。2016 年 7 月 17 日调查，编号为 51-160。

Ah: 0～22 cm，浊红棕色（5YR 5/4，干），暗红棕色（5YR 3/4，润），粉质壤土，中等发育的小亚角块状结构，疏松，多量细根，很少中度风化的次棱角状很小岩石碎屑，极强石灰反应，模糊平滑过渡。

Bw1: 22～40 cm，浊橙色（5YR 6/3，干），暗红棕色（5YR 3/4，润），粉质壤土，中等发育的中亚角块状结构，稍坚实，中量细根，很少中度风化的次棱角状很小岩石碎屑，极强石灰反应，模糊平滑过渡。

Bw2: 40～60 cm，浊橙色（5YR 6/4，干），浊红棕色（5YR 4/4，润），粉质壤土，中等发育的中亚角块状结构，坚实，少量细根，很少中度风化的次棱角状很小岩石碎屑，极强石灰反应，模糊平滑过渡。

新五系代表性单个土体剖面

Bw3: 60～90 cm，浊红棕色（5YR 6/4，干），浊红棕色（5YR 4/4，润），粉质壤土，中等发育的中亚角块状结构，极坚实，很少细根，很少中度风化的次棱角状很小岩石碎屑，极强石灰反应，模糊平滑过渡。

Bw4: 90～125 cm，浊红棕色（5YR 5/4，干），浊红棕色（5YR 4/4，润），粉质壤土，中等发育的中亚角块状结构，极坚实，很少细根，很少中度风化的次棱角状很小岩石碎屑，极强石灰反应。

新五系代表性单个土体物理性质

土层	深度 /cm	石砾 (>2mm，体积分数) /%	细土颗粒组成(粒径： mm) /(g/kg)			质地	容重 /(g/cm³)
			砂粒 2～0.05	粉粒 0.05～0.002	黏粒 <0.002		
Ah	0～22	<2	299	526	175	粉质壤土	1.39
Bw1	22～40	<2	277	516	207	粉质壤土	1.58
Bw2	40～60	<2	220	542	238	粉质壤土	1.57
Bw3	60～90	<2	241	540	219	粉质壤土	1.60
Bw4	90～125	<2	284	504	211	粉质壤土	1.64

新五系代表性单个土体化学性质

深度 /cm	pH(H$_2$O)	有机碳(C) /(g/kg)	全氮(N) /(g/kg)	全磷(P) /(g/kg)	全钾(K) /(g/kg)	CEC$_7$ / [cmol(+)/kg]	碳酸钙相当物 /(g/kg)
0~22	7.7	6.4	0.80	0.76	21.3	17.2	128
22~40	8.0	3.2	0.54	0.67	23.0	15.4	136
40~60	8.0	3.2	0.45	0.60	23.0	16.7	146
60~90	8.0	2.9	0.40	0.63	24.3	17.0	142
90~125	8.0	2.5	0.40	0.63	23.7	19.2	—

10.30.14 龙台寺系（Longtaisi Series）

土　族：黏壤质混合型石灰性热性-红色铁质湿润雏形土
拟定者：袁大刚，陈剑科，付宏阳

分布与环境条件 分布于嘉陵、顺庆、高坪、西充等丘陵下部缓坡，成土母质为侏罗系遂宁组鲜紫红色钙质泥岩紫红色钙质长石砂岩、粉砂岩残坡积物，旱地；中亚热带湿润气候，年均日照 1355～1445 h，年均气温 17.2～17.6 ℃，1 月平均气温 6.1～6.5 ℃，7月平均气温 27.5～27.8 ℃，年均降水量 956～1020 mm，年干燥度 0.76～0.86。

龙台寺系典型景观

土系特征与变幅 具淡薄表层、雏形层、准石质接触面、湿润土壤水分状况、热性土壤温度状况、铁质特性、石灰性；有效土层厚度 50～100 cm，准石质接触面位于矿质土表下 50～100 cm 范围内，B 层均有铁质特性，色调为 5YR；通体强石灰反应，碳酸钙相当物含量>60 g/kg；质地通体为壤土，排水中等。

对比土系 黄家沟系，空间位置相近，同亚类不同土族，颗粒大小级别为黏壤质盖粗骨质，矿物学类别为长石混合型。

利用性能综述 土体较深厚，但所处区域有一定坡度，应注意防治水土流失。

参比土种 红棕紫泥土（N321）。

代表性单个土体 位于南充市嘉陵区大通镇龙台寺村 6 组，30°43′22.1″N，105°50′58.6″E，丘陵下部缓坡，海拔 312m，坡度为 8°，坡向为西北 333°，成土母质为侏罗系遂宁组鲜紫红色钙质泥岩紫红色钙质长石砂岩、粉砂岩残坡积物，旱地，撂荒，土表下 50 cm 深度处土温为 18.90 ℃。2016 年 7 月 21 日调查，编号为 51-168。

龙台寺系代表性单个土体剖面

Ap:　0～15 cm，浊红棕色（5YR 5/4，干），暗红棕色（5YR 3/4，润），壤土，中等发育的中亚角块状结构，稍坚实，少量中度风化的次棱角状中小岩石碎屑，强石灰反应，渐变平滑过渡。

Bw1: 15～32 cm，浊橙色（5YR 6/4，干），暗红棕色（5YR 3/6，润），壤土，中等发育的中亚角块状结构，稍坚实-坚实，结构体表面少量腐殖质胶膜，少量中度风化的次棱角状中小岩石碎屑，强石灰反应，渐变平滑过渡。

Bw2: 32～50 cm，浊橙色（5YR 6/4，干），暗红棕色（5YR 3/6，润），壤土，中等发育的中亚角块状结构，稍坚实-坚实，少量中度风化的次棱角状中小岩石碎屑，强石灰反应，渐变平滑过渡。

Bw3：50～77 cm，浊橙色（5YR 6/4，干），暗红棕色（5YR 3/6，润），壤土，中等发育的中亚角块状结构，坚实，少量中度风化的棱角-次棱角状中小岩石碎屑，强石灰反应，清晰平滑过渡。

R:　　77～90 cm，紫红色砂泥岩。

龙台寺系代表性单个土体物理性质

| 土层 | 深度 /cm | 石砾 (>2mm，体积分数) /% | 细土颗粒组成(粒径: mm) /(g/kg) | | | 质地 | 容重 /(g/cm³) |
			砂粒 2～0.05	粉粒 0.05～0.002	黏粒 <0.002		
Ap	0～15	2	295	444	261	壤土	1.34
Bw1	15～32	2	306	427	267	壤土	1.42
Bw2	32～50	2	282	450	267	壤土	1.44
Bw3	50～77	2	307	445	248	壤土	1.49

龙台寺系代表性单个土体化学性质

深度 /cm	pH(H₂O)	有机碳(C) /(g/kg)	全氮(N) /(g/kg)	全磷(P) /(g/kg)	全钾(K) /(g/kg)	CEC₇ / [cmol(+)/kg]	碳酸钙相当物 /(g/kg)	有效磷(P) /(mg/kg)
0～15	7.9	7.8	0.98	0.77	23.9	19.7	73	4.4
15～32	7.7	5.9	0.72	0.67	25.2	20.9	77	2.1
32～50	7.9	5.4	0.65	0.62	23.3	19.1	75	0.1
50～77	7.9	4.5	0.56	0.52	25.2	21.8	62	0.9

10.30.15 茶园系（Chayuan Series）

土　族：黏壤质混合型非酸性热性-红色铁质湿润雏形土

拟定者：袁大刚，付宏阳，张　楚

分布与环境条件　分布于雨城、名山、洪雅等低山中上部中缓坡，成土母质为白垩系灌口组棕红色粉砂质泥岩、泥质粉砂岩坡积物，混杂第四系更新统洪冲积物，茶园；中亚热带湿润气候，年均气温 15.5～16.2℃，1 月平均气温 5.0～6.1℃，7 月平均气温 24.5～25.3℃，年均降水量 1520～1732 mm，年干燥度 0.42～0.44。

茶园系典型景观

土系特征与变幅　具淡薄表层、雏形层、湿润土壤水分状况、热性土壤温度状况、铁质特性；有效土层厚度 100～150 cm，B 层均有铁质特性，色调为 5YR 或更红，表层土壤质地为壤土，排水中等。

对比土系　长乐系，同土族不同土系，矿质土表下 30～50 cm 范围内出现准石质接触面，质地通体为壤土。西坝系，同土族不同土系，表层土壤质地为黏壤土。张家坪系，空间位置相邻，位于本土系上方的四级阶地面，不同土纲，具黏磐。老板山系，空间位置相近，不同土纲，距矿质土表 25cm 范围内出现准石质接触面，无雏形层。黄铜系，空间位置相近，同一土纲不同亚纲，为常湿土壤水分状况。

利用性能综述　土体深厚，但坡度较大，宜发展林业，防治水土流失。

参比土种　紫泥土（N231）。

代表性单个土体　位于雅安市雨城区四川农业大学茶园，29°58′47.8″N，102°59′13.1″E，低山中上部中缓坡，海拔 633m，坡度为 15°，坡向为西北 325°，成土母质为白垩系灌口组棕红色粉砂质泥岩、泥质粉砂岩坡积物，混杂第四系更新统洪冲积物，茶园，土表下 50 cm 深度处土温为 18.12℃。2015 年 12 月 13 日调查，编号为 51-126。

Ap：　0～14 cm，浊红棕色（5YR 5/4，干），暗红棕色（5YR 3/6，润），壤土，中等发育的中小亚角块状结构，稍坚实，中量砖头、岩石碎屑等侵入体，无石灰反应，模糊波状过渡。

AB：14～35 cm，浊红棕色（5YR 5/4，干），暗红棕色（5YR 3/6，润），砂质黏壤土，中等发育的中小亚角块状结构，稍坚实，中量大砖头等侵入体，轻度石灰反应，渐变平滑过渡。

Bw1：35～50 cm，浊红棕色（5YR 5/4，干），暗红棕色（5YR 3/6，润），壤土，中等发育的中小亚角块状结构，坚实，少量中度风化的圆-次圆状中小砾石，轻度石灰反应，清晰平滑过渡。

茶园系代表性单个土体剖面

Bw2：50～76 cm，橙色（5YR 6/6，干），暗红棕色（2.5YR 3/6，润），壤土，中等发育的大角块状结构，坚实，少量中度风化的圆-次圆状中小砾石，无石灰反应，模糊平滑过渡。

Bw3：76～105cm，橙色（5YR 6/6，干），暗红棕色（2.5YR 3/6，润），壤土，中等发育的大角块状结构，坚实，少量中度风化的圆-次圆状中小砾石和棱角-次棱角状中小岩石碎屑，无石灰反应，模糊平滑过渡。

Bw4：105～125cm，橙色（5YR 6/6，干），暗红棕色（2.5YR 3/6，润），砂质壤土，弱发育的大角块状结构，坚实，少量中度风化的圆-次圆状中小砾石和中量中度风化的棱角-次棱角状中小岩石碎屑，无石灰反应。

茶园系代表性单个土体物理性质

土层	深度 /cm	石砾 (>2mm，体积分数) /%	细土颗粒组成(粒径：mm)/(g/kg)			质地	容重 /(g/cm³)
			砂粒 2～0.05	粉粒 0.05～0.002	黏粒 <0.002		
Ap	0～14	8	478	304	218	壤土	0.92
AB	14～35	10	517	213	270	砂质黏壤土	1.01
Bw1	35～50	3	464	338	198	壤土	1.31
Bw2	50～76	2	468	329	203	壤土	1.49
Bw3	76～105	3	460	306	234	壤土	1.63
Bw4	105～125	5	532	274	195	砂质壤土	1.80

茶园系代表性单个土体化学性质

深度 /cm	pH(H_2O)	有机碳(C) /(g/kg)	全氮(N) /(g/kg)	全磷(P) /(g/kg)	全钾(K) /(g/kg)	CEC_7 /[cmol(+)/kg]	游离铁(Fe) /(g/kg)	碳酸钙相当物 /(g/kg)	有效磷(P) /(mg/kg)
0～14	6.9	40.3	0.97	0.67	14.5	12.1	17.4	2	23.4
14～35	7.7	28.1	0.86	0.53	14.5	11.4	17.3	9	21.4
35～50	7.5	9.0	0.80	0.63	13.4	14.0	14.7	11	17.8
50～76	6.6	4.4	0.61	0.36	14.0	9.5	16.1	1	4.6
76～105	6.1	2.6	0.14	0.48	13.4	9.6	18.5	—	4.1
105～125	6.3	1.3	0.08	0.22	15.6	11.1	15.7	2	4.1

10.30.16　长乐系（Changle Series）

土　　族：黏壤质混合型非酸性热性-红色铁质湿润雏形土
拟定者：袁大刚，付宏阳，陈剑科

分布与环境条件　分布于旺苍、苍溪、元坝等低山顶部缓坡，成土母质为白垩系苍溪组棕红色粉砂岩、泥岩夹砂岩残坡积物，有林地；中亚热带湿润气候，年均日照 1355～1561 h，年均气温 15.0～16.2℃，1 月平均气温 4.0～6.0℃，7 月平均气温 25.1～26.9℃，年均降水量 973～1142 mm，年干燥度 0.67～0.87。

长乐系典型景观

土系特征与变幅　具淡薄表层、雏形层、准石质接触面、湿润土壤水分状况、热性土壤温度状况、铁质特性；有效土层厚度 30～50 cm，矿质土表下 30～50 cm 范围内出现准石质接触面，B 层均有铁质特性，色调为 5YR，质地通体为壤土，排水中等。

对比土系　茶园系，同土族不同土系，距矿质土表 125 cm 范围内无准石质接触面，质地构型为壤土-砂质黏壤土-壤土-砂质壤土。西坝系，同土族不同土系，距矿质土表 90 cm 范围内无准石质接触面，表层土壤质地为黏壤土。

利用性能综述　土体浅薄，有一定坡度，应保护植被，防治水土流失。

参比土种　酸紫砂泥土（N122）。

代表性单个土体　位于广元市旺苍县化龙乡长乐村 13 组，32°08′03.7″N，106°28′06.9″E，低山顶部缓坡，海拔 693 m，坡度为 5°，坡向为东南 114°，成土母质为白垩系苍溪组棕红色粉砂岩、泥岩夹砂岩残坡积物，有林地，准石质接触面处土温为 16.44℃。2016 年 7

月 27 调查，编号为 51-182。

Ah:　0～13 cm，橙色（5YR 6/6，干），红棕色（5YR 4/8，
　　　润），壤土，中等发育的中小亚角块状结构，稍坚实，
　　　中量细根，很少中度风化的棱角-次棱角状中小岩石碎
　　　屑，渐变平滑过渡。

Bw1：13～26cm，橙色（5YR 6/8，干），亮红棕色（5YR 5/8，
　　　润），壤土，中等发育的大中亚角块状结构，坚实，中
　　　量细根，少量中度风化的棱角-次棱角状中小岩石碎屑，
　　　渐变平滑过渡。

Bw2：26～35 cm，橙色（5YR 6/8，干），亮红棕色（5YR 5/8，
　　　润），壤土，弱发育的大中亚角块状结构，坚实，少量
　　　细根，中量中度风化的棱角-次棱角状大小岩石碎屑，清
　　　晰波状过渡。

R:　　35～52cm，棕红色砂泥岩。

长乐系代表性单个土体剖面

长乐系代表性单个土体物理性质

土层	深度 /cm	石砾 (>2mm，体积分数) /%	细土颗粒组成（粒径：mm)/(g/kg)			质地	容重 /(g/cm³)
			砂粒 2～0.05	粉粒 0.05～0.002	黏粒 <0.002		
Ah	0～13	<2	440	363	197	壤土	1.31
Bw1	13～26	2	389	368	243	壤土	1.43
Bw2	26～35	10	520	319	161	壤土	1.51

长乐系代表性单个土体化学性质

深度 /cm	pH		有机碳(C) /(g/kg)	全氮(N) /(g/kg)	全磷(P) /(g/kg)	全钾(K) /(g/kg)	CEC₇ /[cmol(+)/kg]	游离铁(Fe) /(g/kg)
	H_2O	KCl						
0～13	5.5	4.8	8.9	0.85	0.32	19.2	17.3	11.2
13～26	5.1	4.4	5.5	0.74	0.41	22.8	20.5	15.2
26～35	5.2	4.5	4.0	0.70	0.41	27.1	23.3	18.9

10.30.17　西坝系（**Xiba Series**）

土　　族：黏壤质混合型非酸性热性-红色铁质湿润雏形土
拟定者：袁大刚，付宏阳，陈剑科

分布与环境条件　分布于五通桥、沙湾、井研、犍为等丘陵中上部缓坡，成土母质为侏罗系自流井组紫红及黄绿等色泥岩夹石英细砂岩、粉砂岩、生物碎屑灰岩或泥灰岩残坡积物，旱地；中亚热带湿润气候，年均日照 1079～1189 h，年均气温 17.2～17.7℃，1 月平均气温 6.9～7.5℃，7 月平均气温 26.0～26.5℃，年均降水量 1031～1368 mm，年干燥度 0.54～0.73。

西坝系典型景观

土系特征与变幅　具淡薄表层、雏形层、湿润土壤水分状况、热性土壤温度状况、铁质特性；有效土层厚度 50～100 cm，B 层均有铁质特性，一半以上土层色调为 2.5YR，表层土壤质地为黏壤土，排水中等。

对比土系　茶园系，同土族不同土系，表层土壤质地为壤土。长乐系，同土族不同土系，矿质土表下 30～50 cm 范围内出现准石质接触面，质地通体为壤土。

利用性能综述　土体较深厚，但酸性较强，宜种喜酸或耐酸植物，有机质和养分含量低，应增施有机肥，测土配方施肥；所处区域有一定坡度，应实施坡改梯、等高种植等，防治水土流失。

参比土种　酸紫泥土（N121）。

代表性单个土体 位于乐山市五通桥区西坝镇民权村 7 组，29°22′56.2″N，103°46′38.3″E，丘陵中上部缓坡，海拔 356m，坡度为 5°，坡向为西北 350°，成土母质为侏罗系自流井组紫红及黄绿等色泥岩夹石英细砂岩、粉砂岩、生物碎屑灰岩或泥灰岩残坡积物，旱地，种植蔬菜，土表下 50 cm 深度处土温为 19.69℃。2016 年 8 月 3 日调查，编号为 51-191。

Ah: 0～18 cm，亮红棕色（5YR 5/8，干），浊红棕色（2.5YR 4/4，润），黏壤土，强发育的大中亚角块状结构，稍坚实-坚实，多量细根，少量中度风化的棱角-次棱角状小岩石碎屑，渐变平滑过渡。

Bw1: 18～45cm，亮红棕色（5YR 5/8，干），浊红棕色（2.5YR 4/4，润），粉质壤土，强发育的大角块状结构，坚实，中量细根，少量中度风化的棱角-次棱角状中小岩石碎屑，渐变平滑过渡。

Bw2: 45～60cm，亮红棕色（5YR 5/8，干），浊红棕色（2.5YR 4/4，润），壤土，中等发育的大角块状结构，坚实，少量细根，中量中度风化的棱角-次棱角状中小岩石碎屑，清晰平滑过渡。

西坝系代表性单个土体剖面

Bw3: 60～90cm，黄色（2.5Y 8/6，干），亮黄棕色（10YR 7/6，润），粉质壤土，中等发育的大角块状结构，坚实，中量中度风化的棱角-次棱角状中小岩石碎屑。

西坝系代表性单个土体物理性质

土层	深度 /cm	石砾 (>2mm，体积分数) /%	细土颗粒组成(粒径：mm)/(g/kg)			质地	容重 /(g/cm³)
			砂粒 2～0.05	粉粒 0.05～0.002	黏粒 <0.002		
Ah	0～18	2	364	314	322	黏壤土	1.29
Bw1	18～45	2	191	566	243	粉质壤土	1.55
Bw2	45～60	3	284	459	257	壤土	1.57
Bw3	60～90	10	243	577	180	粉质壤土	1.72

西坝系代表性单个土体化学性质

深度 /cm	pH		有机碳(C) /(g/kg)	全氮(N) /(g/kg)	全磷(P) /(g/kg)	全钾(K) /(g/kg)	CEC_7 /[cmol(+)/kg]	游离铁(Fe) /(g/kg)	有效磷(P) /(mg/kg)
	H_2O	KCl							
0～18	5.2	4.5	9.5	1.16	0.53	18.1	20.1	23.0	6.9
18～45	5.6	4.9	3.5	0.69	0.56	19.1	18.9	20.6	5.7
45～60	5.6	4.9	3.3	0.61	0.48	18.3	18.5	23.9	4.7
60～90	4.9	4.3	1.8	0.50	0.43	21.8	14.3	16.2	1.9

10.30.18　滨江系（Binjiang Series）

土　　族：壤质硅质混合型非酸性热性-红色铁质湿润雏形土
拟定者：袁大刚，付宏阳，翁　倩

分布与环境条件　分布于南溪、翠屏、宜宾、江安等浅丘坡麓中缓坡，成土母质为侏罗系沙溪庙组紫红、紫灰色砂泥岩残坡积物，混杂第四系更新统洪冲积物，有林地；中亚热带湿润气候，年均日照 1170～1212 h，年均气温 18.0～18.1℃，1 月平均气温 7.8～7.9℃，7 月平均气温 26.9～27.4℃，年均降水量 1074～1177 mm，年干燥度 0.63～0.69。

滨江系典型景观

土系特征与变幅　具淡薄表层、雏形层、准石质接触面、湿润土壤水分状况、热性土壤温度状况、铁质特性；有效土层厚度 50～100 cm，矿质土表下 50～100cm 范围内出现准石质接触面，B 层均有铁质特性，色调为 5YR，表层土壤质地为壤土，排水中等。

对比土系　李端系，空间位置相近，同亚纲不同土类，具紫色砂页岩岩性特征，盐基不饱和。齐龙坳系，空间位置相近，同亚纲不同土类，整个 B 层具有铝质现象，盐基不饱和。

利用性能综述　土体较深厚，pH 较低，宜种喜酸或耐酸植物；所处区域有一定坡度，应保护植被，防治水土流失。

参比土种　中层酸紫砂泥土（N126）。

代表性单个土体　位于宜宾市南溪县罗龙镇滨江村 5 组大屋基，28°49′21.9″N，104°56′30.3″E，浅丘坡麓中缓坡，海拔 277m，坡度为 15°，坡向为南 183°，成土母质为侏罗系沙溪庙组紫红、紫灰色砂泥岩残坡积物，混杂第四系更新统洪冲积物，有林地，土表下 50 cm 深度处土温为 19.93℃。2016 年 1 月 23 日调查，编号为 51-143。

Ah:　0～20 cm，浊红棕色（5YR 4/3，干），浊橙色（5YR 6/4，润），壤土，中等发育的中亚角块状结构，坚实，多量细根，很少塑料膜等侵入体，很少微风化的圆-次圆状砾石，渐变平滑过渡。

Bw1: 20～40 cm，亮红棕色（5YR 5/6，干），红棕色（5YR 4/6，润），粉质壤土，中等发育的大亚角块状结构，坚实，多量细根，很少微风化的圆-次圆状砾石，清晰平滑过渡。

Bw2: 40～60 cm，橙色（5YR 6/6，干），亮红棕色（5YR 5/6，润），壤土，中等发育的大亚角块状结构，坚实，多量细根，很少微风化的圆-次圆状砾石，清晰平滑过渡。

R:　60～125 cm，紫红色砂泥岩。

滨江系代表性单个土体剖面

滨江系代表性单个土体物理性质

土层	深度/cm	石砾(>2mm, 体积分数)/%	细土颗粒组成(粒径：mm)/(g/kg)			质地	容重/(g/cm³)
			砂粒 2～0.05	粉粒 0.05～0.002	黏粒 <0.002		
Ah	0～20	<2	400	496	104	壤土	1.18
Bw1	20～40	<2	329	523	148	粉质壤土	1.25
Bw2	40～60	<2	456	348	196	壤土	1.29

滨江系代表性单个土体化学性质

深度/cm	pH H₂O	pH KCl	有机碳(C)/(g/kg)	全氮(N)/(g/kg)	全磷(P)/(g/kg)	全钾(K)/(g/kg)	CEC₇/[cmol(+)/kg]	游离铁(Fe)/(g/kg)	黏粒交换性 Al/[cmol(+)/kg]	铝饱和度/%	盐基饱和度/%
0～20	4.8	4.2	14.9	0.89	0.41	25.0	28.8	12.3	19.6	9.2	70.6
20～40	5.7	5.0	11.2	0.64	0.37	24.8	29.0	12.2	1.1	0.8	71.2
40～60	6.0	5.2	9.4	0.50	0.29	24.2	28.9	14.6	1.3	1.2	74.2

10.30.19　川福号系（Chuanfuhao Series）

土　　族：壤质长石混合型石灰性热性-红色铁质湿润雏形土
拟定者：袁大刚，樊瑜贤，蒲光兰

分布与环境条件　分布于金堂等低山坡麓缓坡；成土母质为白垩系白龙组棕红色砂泥岩残坡积物和第四更新统沉积物的混合物，排水良好，旱地；中亚热带湿润气候，年均日照约 1299 h，年均气温约 16.7℃，1 月平均气温约 5.7℃，7 月平均气温约 26.2℃，年均降水量约 926 mm，年干燥度约 0.8。

川福号系典型景观

土系特征与变幅　具淡薄表层、钙积层、湿润土壤水分状况、热性土壤温度状况、铁质特性、石灰性，地表及土体内可见少量碳酸盐结核及中量宽度 1～5 mm、间距 5～20cm 的裂隙，有效土层厚度 50～100 cm，质地通体为粉质壤土。

对比土系　富兴系，同土族不同土系，无钙积层，距矿质土表 30cm 范围内出现准石质接触面，质地构型为壤土-砂质壤土。石锣系，同土族不同土系，无钙积层，矿质土表下 50～100 cm 范围内出现准石质接触面，质地通体为壤土。

利用性能综述　土体较深厚，但有机质和养分含量低，宜增施有机肥，测土配方施肥。

参比土种　黄红紫砂泥土（N332）。

代表性单个土体　位于成都市金堂县三星镇川福号村 8 组，30°51′0.3″N，104°28′4.3″E，低山坡麓缓坡，海拔 480m，坡度为 8°，成土母质为白垩系白龙组棕红色砂泥岩残坡积物和第四更新统沉积物的混合物，旱地，撂荒，土表下 50 cm 深度处土温为 18.36℃。2015

年 2 月 25 日调查，编号为 51-017。

Ap：　0～20cm，浊红棕色（5YR 5/4，干），暗红棕色（5YR
　　　3/4，润），粉质壤土，强发育的大中屑粒状结构，坚实，
　　　少量细-很细近垂细裂隙，少量大球形碳酸盐结核，
　　　少量中度风化的棱角-次棱角状小岩石碎屑，中度石灰
　　　反应，渐变平滑过渡。

Bk1：　20～35 cm，浊红棕色（5YR 5/4，干），浊红棕色（5YR
　　　4/4，润），粉质壤土，强发育的大角块状结构，很坚实，
　　　少量细-很细近垂直细裂隙，中量中小球形碳酸盐结核，
　　　中量中度风化的棱角-次棱角状小岩石碎屑，中度石灰
　　　反应，模糊平滑过渡。

Bk2：　35～55 cm，浊红棕色（5YR 5/4，干），浊红棕色（5YR
　　　4/4，润），粉质壤土，强发育的大角块状结构，很坚实，
　　　少量细-很细近垂直细裂隙，中量中小球形碳酸盐结核，
　　　中量中度风化的棱角-次棱角状小岩石碎屑，中度石灰
　　　反应，清晰平滑过渡。

川福号系代表性单个土体剖面

BC1：55～80 cm，浊橙色（5YR 6/4，干），亮红棕色（5YR 5/6，润），粉质壤土，弱发育的中角块
　　　状结构，极坚实，多量中度风化的棱角-次棱角状大中岩石碎屑，极强石灰反应，模糊平滑过渡。

BC2：80～110 cm，浊橙色（5YR 6/3，干），浊红棕色（5YR 4/4，润），粉质壤土，弱发育的中角块
　　　状结构，极坚实，多量中度风化的棱角-次棱角状中-很大岩石碎屑，极强石灰反应，模糊平滑
　　　过渡。

BC3：110～210cm，浊红棕色（5YR 5/4，干），浊红棕色（5YR 4/4，润），粉质壤土，弱发育的中
　　　角块状结构，极坚实，多量中度风化的棱角-次棱角状中-很大岩石碎屑，极强石灰反应。

川福号系代表性单个土体物理性质

土层	深度 /cm	石砾 (>2mm，体积分数) /%	细土颗粒组成(粒径：mm)/(g/kg)			质地	容重 /(g/cm³)
			砂粒 2～0.05	粉粒 0.05～0.002	黏粒 <0.002		
Ap	0～20	5	315	621	65	粉质壤土	1.39
Bk1	20～35	8	337	621	42	粉质壤土	1.49
Bk2	35～55	8	319	638	43	粉质壤土	1.61
BC1	55～80	55	355	607	38	粉质壤土	1.61
BC2	80～110	55	347	603	50	粉质壤土	1.57
BC3	110～210	55	355	598	47	粉质壤土	1.71

川福号系代表性单个土体化学性质

深度 /cm	pH(H$_2$O)	有机碳(C) /(g/kg)	全氮(N) /(g/kg)	全磷(P) /(g/kg)	全钾(K) /(g/kg)	CEC$_7$ /[cmol(+)/kg]	碳酸钙相当物 /(g/kg)	有效磷(P) /(mg/kg)
0～20	8.2	6.4	0.86	0.92	18.1	18.7	82	5.3
20～35	8.2	4.4	0.85	0.34	17.0	19.5	86	0.5
35～55	8.4	2.7	0.43	0.27	17.1	20.9	84	0.4
55～80	8.2	2.8	0.29	0.41	18.6	18.7	159	0.2
80～110	8.4	3.3	0.37	0.55	20.8	16.2	154	0.1
110～210	8.3	1.9	0.24	0.40	22.3	16.1	163	0.8

10.30.20 富兴系（Fuxing Series）

土　　族：壤质长石混合型石灰性热性-红色铁质湿润雏形土
拟定者：袁大刚，樊瑜贤，付宏阳

分布与环境条件 分布于中江、旌阳、罗江等低山上部中坡，成土母质为白垩系汉阳铺组紫红色砂岩残坡积物，有林地；中亚热带湿润气候，年均日照 1260～1313 h，年均气温 16.1～16.7℃，1 月平均气温 5.0～5.5℃，7 月平均气温 25.7～26.4℃，年均降水量 882～963 mm，年干燥度 0.77～0.87。

富兴系典型景观

土系特征与变幅 具淡薄表层、雏形层、准石质接触面、湿润土壤水分状况、热性土壤温度状况、铁质特性、石灰性；有效土层厚度<30cm，距矿质土表 30cm 范围内出现准石质接触面，B 层均有铁质特性，色调为 5YR 或更红，表层土壤质地为壤土，排水中等。

对比土系 川福号系，同土族不同土系，有钙积层，距矿质土表 200cm 范围内无准石质接触面，质地通体为粉质壤土。石锣系，同土族不同土系，矿质土表下 50～100cm 范围内出现准石质接触面，质地通体为壤土。

利用性能综述 土体浅薄，且所处区域地势较陡，宜发展林草业，保护植被，防治水土流失。

参比土种 黄红紫砂土（N334）。

代表性单个土体 位于德阳市中江县富兴镇棋盘村，31°05′05.2″N，104°35′56.6″E，低山上部中坡，海拔 598m，坡度为 20°，成土母质为白垩系汉阳铺组紫红色砂岩残坡积物，有林地，准石质接触面处土温为 18.97℃。2015 年 10 月 3 日调查，编号为 51-120。

Ah：　0～14 cm，亮红棕色（5YR 5/6，干），红棕色（5YR 6/8，润），壤土，强发育的中小亚角块状结构，稍坚实，多量细根，少量蜗牛壳，强石灰反应，渐变平滑过渡。

Bw：　14～27 cm，亮红棕色（5YR 5/6，干），红棕色（2.5YR 4/8，润），砂质壤土，中等发育的中小亚角块状结构，坚实，中量细根，少量中度风化的次角块状中小岩石碎屑，极强石灰反应，突变平滑过渡。

R：　27～45 cm，紫红色砂岩。

富兴系代表性单个土体剖面

富兴系代表性单个土体物理性质

土层	深度/cm	石砾（>2mm，体积分数）/%	细土颗粒组成(粒径：mm)/(g/kg)			质地	容重/(g/cm³)
			砂粒 2～0.05	粉粒 0.05～0.002	黏粒 <0.002		
Ah	0～14	0	425	431	144	壤土	1.40
Bw	14～27	2	617	287	96	砂质壤土	1.64

富兴系代表性单个土体化学性质

深度/cm	pH(H₂O)	有机碳(C)/(g/kg)	全氮(N)/(g/kg)	全磷(P)/(g/kg)	全钾(K)/(g/kg)	CEC₇/[cmol(+)/kg]	碳酸钙相当物/(g/kg)
0～14	8.3	6.2	0.56	0.21	14.3	8.6	144
14～27	8.4	2.5	0.49	0.24	13.4	8.2	222

10.30.21　石锣系（**Shiluo Series**）

土　　族：壤质长石混合型石灰性热性-红色铁质湿润雏形土
拟定者：袁大刚，陈剑科，付宏阳

分布与环境条件　分布于安岳、乐至、雁江等丘陵中部缓坡，成土母质为侏罗系遂宁组鲜紫红色钙质泥岩夹紫红色钙质长石砂岩、粉砂岩残坡积物，旱地；中亚热带湿润气候，年均日照 1293～1331 h，年均气温 17.4～17.7℃，1 月平均气温 6.5～6.9℃，7 月平均气温 26.9～27.6℃，年均降水量 899～987 mm，年干燥度 0.79～0.85。

石锣系典型景观

土系特征与变幅　具淡薄表层、雏形层、准石质接触面、湿润土壤水分状况、热性土壤温度状况、铁质特性、石灰性；有效土层厚度 50～100 cm，矿质土表下 50～100cm 范围内出现准石质接触面，B 层均有铁质特性，色调为 5YR，质地通体为壤土，排水中等。

对比土系　川福号系，同土族不同土系，有钙积层，距矿质土表 200cm 范围内无准石质接触面，质地通体为粉质壤土。富兴系，同土族不同土系，距矿质土表 30cm 范围内出现准石质接触面，质地构型为壤土-砂质壤土。

利用性能综述　土体较深厚，但有机质和养分含量低，需增施有机肥，测土配方施肥；所处区域有一定坡度，应采取坡改梯、等高种植等措施，防治水土流失。

参比土种　红棕紫砂泥土（N322）。

代表性单个土体　位于资阳市安岳县长河乡石锣村 6 组，30°10′24.4″N，105°22′40.8″E，丘陵中部缓坡，海拔 360m，坡度为 10°，坡向为东 115°，成土母质为侏罗系遂宁组鲜紫红色钙质泥岩夹紫红色钙质长石砂岩、粉砂岩残坡积物，旱地，麦-玉/苕轮套作，土表下 50 cm 深度处土温为 19.15 ℃。2016 年 7 月 18 日调查，编号为 51-163。

石锣系代表性单个土体剖面

Ap：　0～10 cm，浊红棕色（5YR 5/4，干），暗红棕色（5YR 3/3，润），壤土，中等发育的屑粒状结构，稍坚实，少量蜗牛壳，少量中度风化的次棱角状小岩石碎屑，强石灰反应，渐变平滑过渡。

Bw1：10～20 cm，浊红棕色（5YR 5/4，干），暗红棕色（5YR 3/4，润），壤土，中等发育的中亚角块状结构，坚实，少量中度风化的次棱角状小岩石碎屑，少量腐殖质胶膜，强石灰反应，渐变平滑过渡。

Bw2：20～40 cm，浊红棕色（5YR 5/4，干），暗红棕色（5YR 3/4，润），壤土，中等发育的中亚角块状结构，坚实，少量中度风化的次棱角状中小岩石碎屑，少量腐殖质胶膜，强石灰反应，渐变平滑过渡。

Bw3：40～65 cm，浊红棕色（5YR 5/4，干），暗红棕色（5YR 3/4，润），壤土，中等发育的中亚角块状结构，坚实，少量中度风化的次棱角状小岩石碎屑，少量腐殖质胶膜，强石灰反应，突变平滑过渡。

R：　65～80 cm，紫红色砂泥岩。

石锣系代表性单个土体物理性质

土层	深度/cm	石砾（>2mm，体积分数）/%	细土颗粒组成(粒径：mm)/(g/kg) 砂粒 2～0.05	粉粒 0.05～0.002	黏粒 <0.002	质地	容重/(g/cm³)
Ap	0～10	2	365	444	190	壤土	1.43
Bw1	10～20	2	358	448	194	壤土	1.50
Bw2	20～40	5	349	455	196	壤土	1.51
Bw3	40～65	5	316	484	199	壤土	1.55

石锣系代表性单个土体化学性质

深度/cm	pH(H₂O)	有机碳(C)/(g/kg)	全氮(N)/(g/kg)	全磷(P)/(g/kg)	全钾(K)/(g/kg)	CEC₇/[cmol(+)/kg]	碳酸钙相当物/(g/kg)	有效磷(P)/(mg/kg)
0～10	7.8	5.5	0.67	0.79	20.1	13.0	82	4.0
10～20	7.9	4.2	0.52	0.68	19.8	17.7	92	1.7
20～40	7.9	4.0	0.48	0.63	20.5	12.6	91	1.3
40～65	8.0	3.5	0.47	0.63	20.7	13.2	93	1.5

10.30.22 合力系（Heli Series）

土　族：壤质长石混合型非酸性热性-红色铁质湿润雏形土
拟定者：袁大刚，付宏阳，陈剑科

分布与环境条件 分布于渠县、大竹、达川等丘陵中上部缓坡，成土母质为侏罗系沙溪庙组紫红色粉砂质泥岩、含粉砂质水云母泥岩残坡积物，旱地；中亚热带湿润气候，年均日照 1376～1443 h，年均气温 16.6～17.8℃，1 月平均气温 5.5～6.7℃，7 月平均气温 27.3～28.4℃，年均降水量 1044～1184 mm，年均干燥度 0.65～0.78。

合力系典型景观

土系特征与变幅 具淡薄表层、雏形层、准石质接触面、湿润土壤水分状况、热性土壤温度状况、铁质特性；有效土层厚度 50～100 cm，矿质土表下 50～100cm 范围内出现准石质接触面，B 层均有铁质特性，色调为 2.5YR，质地通体为砂质壤土，排水中等。

对比土系 桥坝系，空间位置相近，同亚纲不同土类，具紫色砂页岩岩性特征、石灰性。

利用性能综述 土体较深厚，但所处区域坡度较大，宜发展林草业，保护植被，防治水土流失；或坡改梯，种植果树或经济林木。

参比土种 灰棕紫砂泥土（N212）。

代表性单个土体 位于达州市渠县天星镇合力村 2 组，30°47′56.3″N，107°01′09.8″E，丘陵中上部缓坡，海拔 309m，坡度为 10°，坡向为西南 235°，成土母质为侏罗系沙溪庙组紫红色粉砂质泥岩、含粉砂质水云母泥岩残坡积物，旱地，撂荒，土表下 50 cm 深度处土温为 18.91℃。2016 年 7 月 24 日调查，编号为 51-175。

合力系代表性单个土体剖面

Ap:　0～13cm，浊红棕色（2.5YR 6/3，干），暗红棕色（2.5YR 3/3，润），砂质壤土，中等发育的屑粒状结构，稍坚实，中量细根，很少中度风化的棱角-次棱角状中小岩石碎屑，无石灰反应，模糊平滑过渡。

Bw1：13～32cm，浊红棕色（2.5YR 5/4，干），暗红棕色（2.5YR 3/3，润），砂质壤土，中等发育的大亚角块状结构，坚实，少量细根，很少中度风化的棱角-次棱角状中小岩石碎屑，无石灰反应，模糊平滑过渡。

Bw2：32～53cm，浊红棕色（2.5YR 5/4，干），暗红棕色（2.5YR 3/3，润），砂质壤土，中等发育的大亚角块状结构，坚实，很少细根，很少中度风化的棱角-次棱角状中小岩石碎屑，中度石灰反应，模糊平滑过渡。

Bw3：53～73cm，浊红棕色（2.5YR 4/4，干），暗红棕色（2.5YR 3/4，润），砂质壤土，中等发育的大亚角块状结构，坚实，很少细根，很少中度风化的棱角-次棱角状中小岩石碎屑，无石灰反应，清晰平滑过渡。

R:　73～100cm，紫红色砂泥岩。

合力系代表性单个土体物理性质

| 土层 | 深度/cm | 石砾(>2mm，体积分数)/% | 细土颗粒组成(粒径: mm)/(g/kg) | | | 质地 | 容重/(g/cm³) |
			砂粒 2～0.05	粉粒 0.05～0.002	黏粒 <0.002		
Ap	0～13	<2	589	314	96	砂质壤土	1.12
Bw1	13～32	<2	556	344	100	砂质壤土	1.46
Bw2	32～53	<2	535	340	125	砂质壤土	1.59
Bw3	53～73	<2	540	328	132	砂质壤土	1.60

合力系代表性单个土体化学性质

深度/cm	pH(H₂O)	有机碳(C)/(g/kg)	全氮(N)/(g/kg)	全磷(P)/(g/kg)	全钾(K)/(g/kg)	CEC₇/[cmol(+)/kg]	碳酸钙相当物/(g/kg)	有效磷(P)/(mg/kg)
0～13	7.3	18.5	0.31	0.62	23.6	16.2	5	4.2
13～32	7.5	4.9	0.41	0.73	20.9	11.7	7	2.7
32～53	7.7	3.0	0.28	0.70	23.5	17.3	24	2.3
53～73	7.7	2.8	0.16	0.71	23.0	16.0	5	4.0

10.30.23　大面沟系（Damiangou Series）

土　族：壤质混合型石灰性热性-红色铁质湿润雏形土
拟定者：袁大刚，陈剑科，付宏阳

分布与环境条件　分布于船山、蓬溪、射洪等丘陵中下部缓坡，成土母质为侏罗系遂宁组鲜紫红色钙质泥岩夹紫红色钙质长石砂岩、粉砂岩残坡积物，旱地；中亚热带湿润气候，年均日照 1307～1472 h，年均气温 17.0～17.4℃，1 月平均气温 6.1～6.4℃，7 月平均气温 27.1～27.4℃，年均降水量 908～993 mm，年干燥度 0.74～0.89。

大面沟系典型景观

土系特征与变幅　具淡薄表层、雏形层、准石质接触面、湿润土壤水分状况、热性土壤温度状况、铁质特性、石灰性；有效土层厚度 50～100 cm，准石质接触面位于矿质土表下 50～100 cm 范围内，B 层均有铁质特性，色调为 2.5YR；通体极强石灰反应，碳酸钙相当物含量 100～125 g/kg；质地通体为壤土，排水中等。

对比土系　江阳系，同土族不同土系，质地构型为壤土-砂质黏壤土，碳酸钙相当物含量 50～80 g/kg。柳铺系，同土族不同土系，准石质接触面位于矿质土表下 30～50 cm 范围内，质地通体为壤土，碳酸钙相当物含量>130 g/kg，表层石砾含量≥20%。五里湾系，同土族不同土系，准石质接触面位于矿质土表下 30～50 cm 范围内，质地通体为粉质壤土，碳酸钙相当物含量<20 g/kg。

利用性能综述　土体较深厚，但有机质和氮、磷养分含量较低，处于林地与耕地过渡带，可退耕还林还草；或增施有机肥，测土配方施肥。

参比土种 红棕紫砂泥土（N322）。

代表性单个土体 位于遂宁市船山区永兴镇大面沟村，30°35′53.9″N，105°39′04.0″E，丘陵中下部缓坡，海拔303m，坡度为5°，坡向为西北341°，成土母质为侏罗系遂宁组鲜紫红色钙质泥岩夹紫红色钙质长石砂岩、粉砂岩残坡积物，旱地，撂荒，土表下50 cm深度处土温为19.11℃。2016年7月18日调查，编号为51-164。

大面沟系代表性单个土体剖面

Ah: 0～18 cm，浊红棕色（2.5YR 5/3，干），暗红棕色（2.5YR 3/3，润），壤土，中等发育的中亚角块状结构，疏松，中量细根，少量中度风化的次棱角状中小岩石碎屑，极强石灰反应，渐变平滑过渡。

Bw1: 18～32 cm，浊红棕色（2.5YR 5/3，干），暗红棕色（2.5YR 3/3，润），壤土，中等发育的中亚角块状结构，坚实，少量细根，少量中度风化的次棱角状中小岩石碎屑，极强石灰反应，渐变平滑过渡。

Bw2: 32～50 cm，浊红棕色（2.5YR 5/4，干），暗红棕色（2.5YR 3/4，润），壤土，中等发育的中亚角块状结构，稍坚实，很少细根，中量中度风化的棱角-次棱角状中小岩石碎屑，极强石灰反应，清晰平滑过渡。

R: 50～70 cm，紫红色砂泥岩。

大面沟系代表性单个土体物理性质

土层	深度 /cm	石砾 (>2mm，体积分数) /%	细土颗粒组成(粒径：mm)/(g/kg)			质地	容重 /(g/cm³)
			砂粒 2～0.05	粉粒 0.05～0.002	黏粒 <0.002		
Ah	0～18	5	434	401	166	壤土	1.38
Bw1	18～32	2	411	410	179	壤土	1.58
Bw2	32～50	10	382	426	192	壤土	1.53

大面沟系代表性单个土体化学性质

深度 /cm	pH(H₂O)	有机碳(C) /(g/kg)	全氮(N) /(g/kg)	全磷(P) /(g/kg)	全钾(K) /(g/kg)	CEC₇ / [cmol(+)/kg]	碳酸钙相当物 /(g/kg)	有效磷(P) /(mg/kg)
0～18	7.8	6.8	0.78	0.79	24.0	20.7	107	3.2
18～32	8.1	3.2	0.42	0.65	24.3	19.2	125	1.3
32～50	8.1	3.8	0.59	0.63	23.6	19.8	121	0.9

10.30.24 江阳系（Jiangyang Series）

土　族：壤质混合型石灰性热性-红色铁质湿润雏形土
拟定者：袁大刚，付宏阳，翁　倩

分布与环境条件　分布于江阳、纳溪、龙马潭、泸县、合江等丘陵中下部中缓坡，成土母质为侏罗系遂宁组鲜红色泥岩夹粉砂岩、砂岩残坡积物，其他林地；中亚热带湿润气候，年均日照 1211～1434 h，年均气温 17.7～18.2℃，1 月平均气温 7.4～7.8℃，7 月平均气温 27.3～27.9℃，年均降水量 1048～1184 mm，年干燥度 0.67～0.76。

江阳系典型景观

土系特征与变幅　具淡薄表层、雏形层、准石质接触面、湿润土壤水分状况、热性土壤温度状况、铁质特性、石灰性；有效土层厚度 50～100 cm，准石质接触面位于矿质土表下 50～100 cm 范围内，B 层均有铁质特性，色调为 2.5YR；通体强石灰反应，碳酸钙相当物含量 50～80 g/kg；表层土壤质地为壤土，排水中等。

对比土系　大面沟系，同土族不同土系，质地通体为壤土，碳酸钙相当物含量 100～125 g/kg。柳铺系，同土族不同土系，准石质接触面位于矿质土表下 30～50 cm 范围内，质地通体为壤土，碳酸钙相当物含量>130 g/kg，表层石砾含量≥20%。五里湾系，同土族不同土系，准石质接触面位于矿质土表下 30～50 cm 范围内，质地通体为粉质壤土，碳酸钙相当物含量<20 g/kg。

利用性能综述　土体较深厚，但所处区域坡度较大，宜发展林草，保护植被，防治水土流失。

参比土种　红棕紫砂泥土（N322）。

代表性单个土体　位于泸州市江阳区泰安镇长江村9组，28°52′28.7″N，105°32′35.3″E，丘陵中下部中缓坡，海拔272m，坡度为15°，坡向为东南130°，成土母质为侏罗系遂宁组鲜红色泥岩夹粉砂岩、砂岩残坡积物，其他林地，土表下50cm深度处土温为20.10℃。2016年1月26日调查，编号为51-151。

江阳系代表性单个土体剖面

Ah：　0～13cm，亮黄棕色（2.5YR 5/6，干），红棕色（2.5YR 4/6，润），壤土，中等发育的中亚角块状结构，稍坚实，多量细根，少量中度风化的棱角-次棱角状中小岩石碎屑，强石灰反应，渐变平滑过渡。

AB：　13～30cm，亮黄棕色（2.5YR 5/6，干），红棕色（2.5YR 4/6，润），壤土，中等发育的中亚角块状结构，稍坚实，中量细根，少量中度风化的棱角-次棱角状中小岩石碎屑，强石灰反应，渐变平滑过渡。

Bw1：30～47cm，亮黄棕色（2.5YR 5/6，干），红棕色（2.5YR 4/6，润），壤土，中等发育的中亚角块状结构，坚实，中量细根，少量中度风化的棱角-次棱角状中小岩石碎屑，强石灰反应，模糊平滑过渡。

Bw2：47～70cm，亮红棕色（2.5YR 5/6，干），暗红棕色（2.5YR 3/6，润），壤土，中等发育的中亚角块状结构，坚实，中量细根，少量中度风化的棱角-次棱角状中小岩石碎屑，强石灰反应，模糊平滑过渡。

Bw3：70～82cm，亮红棕色（2.5YR 5/6，干），暗红棕色（2.5YR 3/6，润），砂质黏壤土，中等发育的中亚角块状结构，坚实，少量细根，中量中度风化的棱角-次棱角状大小岩石碎屑，强石灰反应，清晰平滑过渡。

R：　　82～140cm，紫红色砂泥岩。

江阳系代表性单个土体物理性质

土层	深度 /cm	石砾 (>2mm，体积分数) /%	细土颗粒组成(粒径：mm)/(g/kg)			质地	容重 /(g/cm³)
			砂粒 2～0.05	粉粒 0.05～0.002	黏粒 <0.002		
Ah	0～13	2	360	499	140	壤土	1.22
AB	13～30	2	469	378	153	壤土	1.25
Bw1	30～47	2	485	337	178	壤土	1.54
Bw2	47～70	2	474	400	126	壤土	1.75
Bw3	70～82	8	592	190	218	砂质黏壤土	1.77

江阳系代表性单个土体化学性质

深度 /cm	pH(H$_2$O)	有机碳(C) /(g/kg)	全氮(N) /(g/kg)	全磷(P) /(g/kg)	全钾(K) /(g/kg)	CEC$_7$ / [cmol(+)/kg]	游离铁(Fe) /(g/kg)	碳酸钙相当物 /(g/kg)
0～13	7.6	12.4	0.77	0.53	22.0	22.7	14.7	59
13～30	7.9	10.9	0.62	0.55	21.2	22.1	14.9	72
30～47	8.0	3.6	0.51	0.53	22.3	21.2	15.1	65
47～70	8.1	1.6	0.37	0.40	21.5	21.3	15.7	53
70～82	8.2	1.5	0.46	0.37	23.4	22.4	16.3	69

10.30.25　柳铺系（Liupu Series）

土　　族：壤质混合型石灰性热性-红色铁质湿润雏形土
拟定者：袁大刚，陈剑科，付宏阳

分布与环境条件　分布于雁江、简阳、乐至、安岳等丘陵下部陡坡，成土母质为侏罗系遂宁组鲜红色黏土岩夹浅红色粉砂岩及砂岩残坡积物，有林地；中亚热带湿润气候，年均日照 1251～1331 h，年均气温 16.8～17.7 ℃，1 月平均气温 6.1～6.8℃，7 月平均气温 26.5～27.6℃，年均降水量 883～987 mm，年干燥度 0.79～0.93。

柳铺系典型景观

土系特征与变幅　具淡薄表层、雏形层、准石质接触面、湿润土壤水分状况、热性土壤温度状况、铁质特性、石灰性；有效土层厚度 30～50 cm，准石质接触面位于矿质土表下 30～50 cm 范围内，B 层均有铁质特性，色调为 2.5YR；通体极强石灰反应，碳酸钙相当物含量>130 g/kg；质地通体为壤土，表层石砾含量≥20%，排水中等。

对比土系　大面沟系，同土族不同土系，准石质接触面位于矿质土表下 50～100 cm 范围内，碳酸钙相当物含量 100～125 g/kg，表层石砾含量≤5%。江阳系，同土族不同土系，准石质接触面位于矿质土表下 50～100 cm 范围内，质地构型为壤土-砂质黏壤土，碳酸钙相当物含量 50～80 g/kg，表层石砾含量≤2%。五里湾系，同土族不同土系，质地通体为粉质壤土，碳酸钙相当物含量<20 g/kg，表层石砾含量≤2%。

利用性能综述　所处区域坡度大，宜保护植被，防治水土流失。

参比土种　红棕紫砂泥土（N322）。

代表性单个土体 位于资阳市雁江区临江镇柳铺村 15 组，30°12′02.8″N， 104°36′21.8″E，丘陵下部陡坡，海拔 399m，坡度为 30°，坡向为南 182°，成土母质为侏罗系遂宁组鲜红色黏土岩夹浅红色粉砂岩及砂岩残坡积物，有林地，准石质接触面处土温为 19.27 ℃。2016 年 7 月 17 日调查，编号为 51-161。

Ah: 0～13 cm，浊红棕色（2.5YR 4/4，干），暗红棕色（2.5YR 3/3，润），壤土，中等发育的中亚角块状结构，疏松，中量细根，中量中根，多量中度风化的棱角-次棱角状大小岩石碎屑，极强石灰反应，渐变平滑过渡。

Bw1: 13～30 cm，浊红棕色（2.5YR 5/4，干），暗红棕色（2.5YR 3/3，润），壤土，中等发育的中亚角块状结构，疏松，中量细根，中量中根，少量中度风化的棱角-次棱角状中小岩石碎屑，极强石灰反应，模糊平滑过渡。

Bw2: 30～50 cm，浊红棕色（2.5YR 5/4，干），暗红棕色（2.5YR 3/4，润），壤土，中等发育的中亚角块状结构，稍坚实，少量细根，中量中度风化的棱角-次棱角状大小岩石碎屑，极强石灰反应，突变平滑过渡。

R: 50～115 cm，紫红色砂泥岩。

柳铺系代表性单个土体剖面

柳铺系代表性单个土体物理性质

土层	深度 /cm	石砾 (>2mm，体积分数) /%	细土颗粒组成(粒径：mm)/(g/kg)			质地	容重 /(g/cm³)
			砂粒 2～0.05	粉粒 0.05～0.002	黏粒 <0.002		
Ah	0～13	20	437	419	144	壤土	1.31
Bw1	13～30	5	431	445	124	壤土	1.52
Bw2	30～50	8	455	457	88	壤土	1.62

柳铺系代表性单个土体化学性质

深度 /cm	pH(H₂O)	有机碳(C) /(g/kg)	全氮(N) /(g/kg)	全磷(P) /(g/kg)	全钾(K) /(g/kg)	CEC₇ / [cmol(+)/kg]	碳酸钙相当物 /(g/kg)
0～13	7.8	9.0	0.99	0.71	23.0	14.4	131
13～30	7.8	3.9	0.62	0.73	23.0	14.7	136
30～50	7.9	2.7	0.45	0.68	24.3	14.2	130

10.30.26　五里湾系（Wuliwan Series）

土　　族：壤质混合型石灰性热性-红色铁质湿润雏形土
拟定者：袁大刚，付宏阳，陈剑科

分布与环境条件　分布于井研、五通桥等丘陵顶部缓坡，成土母质为侏罗系沙溪庙组绿灰色、紫灰色岩屑砂岩、粉砂岩、粉砂质泥岩、页岩残坡积物，果园；中亚热带湿润气候，年均日照 1178～1189h，年均气温 17.1～17.4℃，1 月平均气温 6.5～7.0℃，7 月平均气温 26.0～26.3℃，年均降水量 1098～1368 mm，年干燥度 0.54～0.73。

五里湾系典型景观

土系特征与变幅　具淡薄表层、雏形层、准石质接触面、湿润土壤水分状况、热性土壤温度状况、铁质特性、石灰性；有效土层厚度 30～50 cm，准石质接触面位于矿质土表下 30～50 cm 范围内，B 层均有铁质特性，色调为 2.5YR 或更红；通体轻度石灰反应，碳酸钙相当物含量<20g/kg；质地通体为粉质壤土，排水中等。

对比土系　大面沟系，同土族不同土系，准石质接触面位于矿质土表下 50～100 cm 范围内，质地通体为壤土，碳酸钙相当物含量 100～125 g/kg。江阳系，同土族不同土系，准石质接触面位于矿质土表下 50～100 cm 范围内，质地构型为壤土-砂质黏壤土，碳酸钙相当物含量 50～80 g/kg。柳铺系，同土族不同土系，质地通体为壤土，碳酸钙相当物含量>130 g/kg，表层石砾含量≥20%。

利用性能综述　土体较浅薄，抗旱性不强，宜发展灌溉，或种植抗旱性强的粮食、经济植物。

参比土种 灰棕紫砂泥土（N212）。

代表性单个土体 位于乐山市井研县马踏镇五里湾村 3 组，29°31′44.8″N，104°00′40.0″E，丘陵顶部缓坡，海拔 354m，坡度为 6°，坡向为西北 336°，成土母质为侏罗系沙溪庙组绿灰色、紫灰色岩屑砂岩、粉砂岩、粉砂质泥岩、页岩残坡积物，果园，种植柑橘，准石质接触面处土温为 19.43℃。2016 年 8 月 5 日调查，编号为 51-193。

Ap: 0～15 cm，红棕色（10R 5/4，干），暗红棕色（2.5YR 3/3，润），粉质壤土，中等发育的屑粒状结构，疏松，很少炉渣侵入体，很少中度风化的棱角-次棱角状中小岩石碎屑，轻度石灰反应，渐变平滑过渡。

Bw1: 15～30cm，红棕色（10R 5/4，干），暗红棕色（2.5YR 3/4，润），粉质壤土，中等发育的中小亚角状结构，稍坚实，少量中度风化的棱角-次棱角状大小岩石碎屑，轻度石灰反应，渐变平滑过渡。

Bw2: 30～42cm，红棕色（10R 5/6，干），暗红棕色（2.5YR 3/6，润），粉质壤土，中等发育的中亚角块状结构，坚实，少量中度风化的棱角-次棱角状大小岩石碎屑，轻度石灰反应，清晰平滑过渡。

五里湾系代表性单个土体剖面

R: 42～60cm，紫灰、绿灰色砂页岩。

五里湾系代表性单个土体物理性质

| 土层 | 深度 /cm | 石砾 (>2mm，体积分数) /% | 细土颗粒组成(粒径：mm)/(g/kg) | | | 质地 | 容重 /(g/cm³) |
			砂粒 2～0.05	粉粒 0.05～0.002	黏粒 <0.002		
Ap	0～15	<2	303	542	154	粉质壤土	1.28
Bw1	15～30	2	244	582	175	粉质壤土	1.43
Bw2	30～42	5	320	569	111	粉质壤土	1.53

五里湾系代表性单个土体化学性质

深度 /cm	pH(H₂O)	有机碳(C) /(g/kg)	全氮(N) /(g/kg)	全磷(P) /(g/kg)	全钾(K) /(g/kg)	CEC₇ / [cmol(+)/kg]	碳酸钙相当物 /(g/kg)	有效磷(P) /(mg/kg)
0～15	7.8	10.1	1.11	0.92	21.0	27.4	12	6.9
15～30	8.2	5.5	0.70	0.72	21.3	27.7	16	5.4
30～42	8.3	3.8	0.57	0.78	20.2	26.1	12	4.6

10.31　普通铁质湿润雏形土

10.31.1　吉史里口系（**Jishilikou Series**）

土　　族：粗骨壤质混合型非酸性温性-普通铁质湿润雏形土
拟定者：袁大刚，宋易高，张　楚

分布与环境条件　分布于金阳、美姑等中山中部陡坡，成土母质为寒武系沧浪铺组绿灰色含砾石英砂岩夹紫红色等杂色泥岩、页岩、粉砂岩、粗砂岩夹石英砂岩坡积物，旱地；北亚热带湿润气候，年均日照 1609～1810 h，年均气温 12.4～13.0℃，1 月平均气温 3.0～3.2℃，7 月平均气温 20.5～21.2℃，年均降水量 796～818 mm，年干燥度<1.0。

吉史里口系典型景观

土系特征与变幅　具淡薄表层、雏形层、湿润土壤水分状况、热性土壤温度状况、铁质特性；有效土层厚度 100～150 cm，B 层均有铁质特性；质地通体为粉质壤土，排水中等。

对比土系　丙乙底系，空间位置相近，不同土纲，矿质土表下 125 cm 范围内出现黏化层，B 层有铝质现象，颗粒大小级别为黏壤质，石砾含量<5%。

利用性能综述　所处区域坡度大，宜退耕还林，封山育林，保护植被，防治水土流失。

参比土种　扁砂黄棕泥土（D313）。

代表性单个土体　位于凉山彝族自治州金阳县天地坝镇吉史里口村，27°44′57.4″N，103°15′5.2″E，中山中部陡坡，海拔 1904m，坡度为 25°，坡向为西南 235°，成土母质为寒武系沧浪铺组绿灰色含砾石英砂岩夹紫红色等杂色泥岩、页岩、粉砂岩、粗砂岩夹石英砂岩坡积物，旱地，撂荒，土表下 50 cm 深度处土温为 15.09℃。2015 年 8 月 23 日调查，编号为 51-109。

Ah： 0～22cm，浊黄橙色（10YR 7/3，干），棕色（10YR 4/6，润），粉质壤土，强发育的小亚角块状结构，疏松，多量细根，多量中度风化的棱角-次棱角状中小岩石碎屑，清晰平滑过渡。

Bw1：22～55cm，淡黄橙色（10YR 8/3，干），黄棕色（10YR 5/8，润），粉质壤土，中等发育的中小亚角块状结构，坚实，多量中度风化的棱角-次棱角状中小岩石碎屑，渐变平滑过渡。

Bw2：55～80cm，淡黄橙色（10YR 8/3，干），黄棕色（10YR 5/6，润），粉质壤土，中等发育的中小亚角块状结构，坚实，多量中度风化的棱角-次棱角状中小岩石碎屑，渐变平滑过渡。

吉史里口系代表性单个土体剖面

Bw3：80～100cm，浊黄橙色（10YR 7/3，干），黄棕色（10YR 5/6，润），粉质壤土，中等发育的中小亚角块状结构，坚实，多量中度风化的棱角-次棱角状中小岩石碎屑，渐变平滑过渡。

Bw4：100～120cm，淡黄橙色（10YR 8/3，干），亮黄棕色（10YR 6/6，润），粉质壤土，中等发育的中小亚角块状结构，坚实，多量中度风化的棱角-次棱角状中小岩石碎屑。

吉史里口系代表性单个土体物理性质

| 土层 | 深度/cm | 石砾（>2mm，体积分数）/% | 细土颗粒组成（粒径：mm）/(g/kg) | | | 质地 | 容重/(g/cm³) |
			砂粒 2～0.05	粉粒 0.05～0.002	黏粒 <0.002		
Ah	0～22	25	257	656	86	粉质壤土	1.17
Bw1	22～55	30	295	609	96	粉质壤土	1.32
Bw2	55～80	25	280	625	95	粉质壤土	1.34
Bw3	80～100	25	272	630	99	粉质壤土	1.38
Bw4	100～120	25	241	620	140	粉质壤土	1.47

吉史里口系代表性单个土体化学性质

深度/cm	pH(H₂O)	有机碳(C)/(g/kg)	全氮(N)/(g/kg)	全磷(P)/(g/kg)	全钾(K)/(g/kg)	CEC₇/[cmol(+)/kg]	铁游离度/%	有效磷(P)/(mg/kg)
0～22	7.6	15.0	1.94	0.37	22.0	13.5	48.1	1.3
22～55	7.0	8.5	1.72	0.26	20.1	12.8	49.8	3.5
55～80	6.7	8.0	1.53	0.30	21.2	9.4	45.0	1.4
80～100	6.4	6.7	1.19	0.25	20.8	8.6	49.3	1.5
100～120	6.1	4.8	0.89	0.15	22.0	8.1	48.3	1.2

10.31.2　印石系（Yinshi Series）

土　族：砂质硅质混合型非酸性热性-普通铁质湿润雏形土
拟定者：袁大刚，樊瑜贤，蒲光兰

分布与环境条件　分布于江油、梓潼等低山坡麓，成土母质为白垩系苍溪组灰紫、浅黄色细粒岩屑砂岩夹紫红色黏土岩、粉砂岩坡积物，有林地；中亚热带湿润气候，年均日照 1298～1371 h，年均气温 15.3～16.5℃，1 月平均气温 4.2～5.4℃，7 月平均气温 25.0～26.2℃，年均降水量 902～1137 mm，年干燥度 0.63～0.92。

印石系典型景观

土系特征与变幅　具淡薄表层、雏形层、湿润土壤水分状况、氧化还原特征、热性土壤温度状况、铁质特性；有效土层厚度 100～150 cm，B 层均有铁质特性，表层土壤质地为砂质壤土，排水中等。

对比土系　战旗系，空间位置相近，同土类不同亚类，土体较浅，矿质土表下 30～50 cm 范围内出现准石质接触面，土壤颜色为 5YR 色调，有石灰性。

利用性能综述　土体深厚，但坡度较大，宜发展林业，保护植被，保持水土；或坡改梯，发展种植业，如麦-玉/豆轮套作。

参比土种　紫砂泥土（N232）。

代表性单个土体　位于绵阳市江油市东安乡印石村 7 组，31°53′00.7″N，105°00′49.8″E，低山坡麓中坡，海拔 612m，坡度为 15°，成土母质为白垩系苍溪组灰紫、浅黄色细粒岩屑砂岩夹紫红色黏土岩、粉砂岩坡积物，有林地，土表下 50 cm 深度处土温为 17.27℃。2015 年 8 月 11 日调查，编号为 51-088。

Ah：0～12cm，浊黄橙色（10YR 6/4，干），棕色（10YR 4/6，润），砂质壤土，中等发育的中小亚角块状结构，稍坚实，多量细根，很少孔隙，很少中度风化的次棱角状-次圆状小岩石碎屑，渐变平滑过渡。

Bw：12～30cm，浊黄橙色（10YR 6/4，干），棕色（10YR 4/6，润），砂质壤土，中等发育的大角块状结构，坚实，中量细根，少量孔隙，少量中度风化的次棱角状-次圆状小岩石碎屑，模糊平滑过渡。

Br1：30～50cm，浊黄橙色（10YR 7/4，干），黄棕色（10YR 5/8，润），砂质壤土，中等发育的大角块状结构，极坚实，中量细根，结构体表面具少量铁锰胶膜，内部有少量小球形铁锰结核，多量中度风化的次棱角状-次圆状小岩石碎屑，渐变平滑过渡。

印石系代表性单个土体剖面

Br2：50～72cm，浊黄橙色（10YR 7/4，干），黄棕色（10YR 5/6，润），砂质黏壤土，中等发育的大角块状结构，极坚实，少量细根，结构体表面具中量铁锰胶膜，内部有少量小球形铁锰结核，中量中度风化的次棱角状-次圆状小岩石碎屑，模糊平滑过渡。

Br3：72～95cm，浊黄橙色（10YR 7/4，干），黄棕色（10YR 5/6，润），砂质黏壤土，中等发育的大角块状结构，极坚实，少量细根，结构体表面具中量铁锰胶膜，内部有中量小球形铁锰结核，少量中度风化的次棱角状-次圆状小岩石碎屑，模糊平滑过渡。

Br4：95～125cm，浊黄橙色（10YR 7/4，干），黄棕色（10YR 5/6，润），砂质黏壤土，中等发育的大角块状结构，很坚实，很少细根，结构体表面具少量铁锰胶膜，内部有少量小球形铁锰结核，少量中度风化的次棱角状-次圆状小岩石碎屑。

印石系代表性单个土体物理性质

土层	深度/cm	石砾（>2mm，体积分数）/%	细土颗粒组成(粒径：mm)/(g/kg)			质地	容重/(g/cm³)
			砂粒 2～0.05	粉粒 0.05～0.002	黏粒 <0.002		
Ah	0～12	<2	783	62	155	砂质壤土	1.21
Bw	12～30	<2	602	210	188	砂质壤土	1.31
Br1	30～50	20	604	194	202	砂质壤土	1.47
Br2	50～72	10	706	81	213	砂质黏壤土	1.51
Br3	72～95	5	669	104	226	砂质黏壤土	1.56
Br4	95～125	6	636	100	265	砂质黏壤土	1.58

印石系代表性单个土体化学性质

深度 /cm	pH(H$_2$O)	有机碳(C) /(g/kg)	全氮(N) /(g/kg)	全磷(P) /(g/kg)	全钾(K) /(g/kg)	CEC$_7$ /[cmol(+)/kg]	铁游离度 /%
0～12	6.8	13.0	1.37	0.22	13.5	12.1	47.4
12～30	7.4	8.9	1.16	0.13	14.1	12.2	46.5
30～50	7.7	4.7	0.67	0.10	15.0	12.7	48.6
50～72	7.8	4.1	0.61	0.08	14.3	12.6	44.3
72～95	7.8	3.4	0.59	0.05	15.4	12.0	57.6
95～125	7.6	3.1	0.52	0.03	13.4	12.4	54.8

10.31.3　葛仙山系（**Gexianshan Series**）

土　　族：砂质盖粗骨质长石混合型非酸性热性-普通铁质湿润雏形土
拟定者：袁大刚，樊瑜贤，蒲光兰

分布与环境条件　分布于彭州、什邡等低山上部中坡，成土母质为第四系更新统洪冲积物，果园；中亚热带湿润气候，年均日照 1130～1281h，年均气温 15.7～15.9℃，1 月平均气温 5.0～5.2℃，7 月平均气温 25.1～25.3℃，年均降水量 951～969 mm，年干燥度 0.70～0.75。

葛仙山系典型景观

土系特征与变幅　具淡薄表层、雏形层、湿润土壤水分状况、热性土壤温度状况、铁质特性；有效土层厚度≥150 cm，B 层均有铁质特性，表层土壤质地为壤土，排水中等。

对比土系　虎形系，空间位置相近，不同土纲，只有淡薄表层而无雏形层。

利用性能综述　土体较深厚，养分较丰富，但所处区域坡度较大，应注意防治水土流失。

参比土种　卵石黄砂泥土（C144）。

代表性单个土体　位于成都市彭州市葛仙山镇花园村 3 组，31°09′25.7″N，103°57′10.6″E，低山上部中坡，海拔 696m，坡度为 20°，成土母质为第四系更新统洪冲积物，果园，土表下 50 cm 深度处土温为 17.40℃。2015 年 2 月 15 日调查，编号为 51-014。

葛仙山系代表性单个土体剖面

Ah: 0～12cm，浊黄橙色（10YR 6/4，干），亮棕色（10YR 5/6，润），壤土，中等发育的中小亚角块状结构，坚实，中量细根，少量细动物孔穴，少量蚯蚓，中量强风化的次圆-次圆状中小砾石，渐变平滑过渡。

Bw1: 12～30cm，浊黄橙色（10YR 7/3，干），亮黄棕色（10YR 6/6，润），砂质壤土，中等发育的中小角块状结构，很坚实，少量细根，少量细动物孔穴，中量强风化的次圆-次圆状中小砾石，模糊平滑过渡。

Bw2: 30～60 cm，淡黄橙色（10YR 7/4，干），亮黄棕色（10YR6/8，润），砂质壤土，中等发育的中小角块状结构，很坚实，少量细根，中量强风化的圆-次圆状中小砾石，清晰波状过渡。

C: 60～160 cm，淡黄橙色（10YR 8/3，干），黄橙色（10YR 7/8，润），砂质壤土，坚实，很多强风化的圆-次圆状中-很大砾石。

葛仙山系代表性单个土体物理性质

| 土层 | 深度 /cm | 石砾 (>2mm，体积分数) /% | 细土颗粒组成(粒径：mm)/(g/kg) | | | 质地 | 容重 /(g/cm³) |
			砂粒 2～0.05	粉粒 0.05～0.002	黏粒 <0.002		
Ah	0～12	8	512	300	188	壤土	1.31
Bw1	12～30	8	547	298	156	砂质壤土	1.26
Bw2	30～60	12	602	246	152	砂质壤土	1.31
C	60～160	75	640	218	142	砂质壤土	1.38

葛仙山系代表性单个土体化学性质

| 深度 /cm | pH | | 有机碳(C) /(g/kg) | 全氮(N) /(g/kg) | 全磷(P) /(g/kg) | 全钾(K) /(g/kg) | CEC₇ /[cmol(+)/kg] | 游离铁(Fe) /(g/kg) | 有效磷(P) /(mg/kg) |
	H₂O	KCl							
0～12	5.9	4.4	8.8	1.46	0.91	14.1	20.2	17.6	19.1
12～30	5.5	3.7	10.8	0.94	0.67	14.3	21.1	16.1	6.9
30～60	5.7	3.9	9.0	0.78	0.82	14.3	15.5	15.2	4.9
60～160	5.9	4.1	6.6	0.68	0.55	13.2	13.7	14.3	3.8

10.31.4 西龙系 (Xilong Series)

土　　族：黏壤质硅质混合型酸性热性-普通铁质湿润雏形土
拟定者：袁大刚，付宏阳，蒲光兰

分布与环境条件 分布于青神、东坡、丹棱、洪雅、夹江等丘陵上部中缓坡，成土母质为第四系更新统冲积物，茶园；中亚热带湿润气候，年均日照 1080～1200 h，年均气温 15.6～17.2℃，1 月平均气温 6.3～6.7℃，7 月平均气温 25.6～26.5℃，年均降水量 1042～1494 mm，年干燥度 0.46～0.71。

西龙系典型景观

土系特征与变幅 具淡薄表层、雏形层、聚铁网纹层、湿润土壤水分状况、氧化还原特征、热性土壤温度状况、铁质特性；有效土层厚度≥150 cm，B 层均有铁质特性，表层土壤质地为黏壤土，排水中等。

对比土系 张坎系，空间位置相近，不同土纲，矿质土表至 125cm 范围内出现黏化层，无聚铁网纹层。

利用性能综述 土体深厚，但酸性强，适于种植喜酸或耐酸植物，所处区域坡度较大，应注意防治水土流失。

参比土种 卵石黄泥土 (C141)。

代表性单个土体 位于眉山市青神县西龙镇新农村 5 组，29°49′18.5″N，103°46′22.0″E，丘陵上部中缓坡，海拔 442m，坡度为 15°，坡向为东北 72°，成土母质为第四系更新统冲积物，茶园，土表下 50 cm 深度处土温为 18.94℃。2016 年 1 月 30 日调查，编号为 51-159。

西龙系代表性单个土体剖面

Ap：　0～10 cm，浊黄橙色（10YR 7/4，干），棕色（10YR 4/6，润），黏壤土，中等发育的中角块状结构，稍坚实-坚实，中量细根，少量中度风化的次圆状-圆状中小砾石，渐变平滑过渡。

AB：　10～27 cm，浊黄橙色（10YR 7/4，干），亮黄棕色（10YR 6/6，润），黏壤土，中等发育的中角块状结构，稍坚实-坚实，中量细根，少量中度风化的次圆状-圆状中小砾石，渐变平滑过渡。

BA：　27～48 cm，亮黄棕色（10YR 7/6，干），黄棕色（7.5YR 4/6，润），黏壤土，中等发育的中角块状结构，坚实，少量细根，多量中度风化的次圆状-圆状大中砾石，渐变平滑过渡。

Br1：48～80cm，黄棕色（10YR 8/6，干），亮棕色（7.5YR 5/8，润），粉质壤土，中等发育的中角块状结构，坚实，很少细根，结构体表面中量铁锰胶膜，少量中度风化的次圆状-圆状中小砾石，模糊平滑过渡。

Br2：80～100cm，黄棕色（10YR 8/6，干），亮棕色（7.5YR 5/6，润），粉质黏壤土，中等发育的中角块状结构，极坚实，很少细根，结构体表面中量铁锰胶膜，少量中度风化的次圆状-圆状中小砾石，模糊平滑过渡。

Brl：100～165 cm，橙色（10YR 7/6，干），橙色（7.5YR 6/8，润），粉质黏壤土，中等发育的角块状结构，极坚实，结构体表面多量铁锰胶膜，多量红-黄-白相间的网纹，少量中度风化的次圆状-圆状中小砾石。

西龙系代表性单个土体物理性质

土层	深度/cm	石砾(>2mm，体积分数)/%	细土颗粒组成(粒径：mm)/(g/kg)			质地	容重/(g/cm³)
			砂粒 2～0.05	粉粒 0.05～0.002	黏粒 <0.002		
Ah	0～10	5	281	436	284	黏壤土	1.21
AB	10～27	2	240	487	272	黏壤土	1.35
BA	27～48	18	300	426	274	黏壤土	1.29
Br1	48～80	2	230	540	229	粉质壤土	1.61
Br2	80～100	2	106	618	276	粉质黏壤土	1.64
Brl	100～165	2	163	547	290	粉质黏壤土	1.74

西龙系代表性单个土体化学性质

深度 /cm	pH		有机碳(C) /(g/kg)	全氮(N) /(g/kg)	全磷(P) /(g/kg)	全钾(K) /(g/kg)	CEC$_7$ /[cmol(+)/kg]	游离铁(Fe) /(g/kg)	有效磷(P) /(mg/kg)
	H$_2$O	KCl							
0~10	4.4	3.5	13.0	1.20	0.24	9.8	12.4	26.5	4.4
10~27	4.6	3.6	7.7	0.75	0.19	10.8	11.3	25.3	2.0
27~48	4.6	3.6	9.5	0.87	0.19	9.5	10.1	30.4	1.7
48~80	4.8	3.7	2.7	0.43	0.12	10.7	13.2	27.0	0.7
80~100	5.2	4.0	2.5	0.34	0.10	12.7	16.5	27.8	0.04
100~165	5.3	4.1	1.7	0.31	0.09	12.7	11.7	30.3	0.04

10.31.5 红莫系（Hongmo Series）

土　　族：黏壤质硅质混合型非酸性热性-普通铁质湿润雏形土
拟定者：袁大刚，宋易高，张　楚

分布与环境条件　分布于喜德、越西等中山中部极陡坡，成土母质为三叠系白果湾组灰-黄绿色长石石英砂岩、粉砂岩、泥岩夹块状砾岩、碳质页岩及煤层坡洪积物（古红土），有林地；中亚热带湿润气候，年均日照 1648～2046 h，年均气温 13.4～14.0℃，1 月平均气温 4.8～5.5℃，7 月平均气温 20.4～21.0℃，年均降水量 1006～1113 mm，年干燥度 0.80～0.90。

红莫系典型景观

土系特征与变幅　具淡薄表层、雏形层、湿润土壤水分状况、热性土壤温度状况、氧化还原特征、铁质特性，盐基不饱和；有效土层厚度≥150 cm，B 层均有铁质特性，表层土壤质地为粉质壤土，排水中等。

对比土系　城西乡系，同土族不同土系，矿质土表下 30cm 范围内出现准石质接触面，无氧化还原特征，盐基饱和，质地通体为壤土。果布系，空间位置相邻，不同土纲，矿质土表下 125cm 范围内出现黏化层，无氧化还原特征。

利用性能综述　土体深厚，但所处区域坡度大，应保护植被，防治水土流失。

参比土种　黄红砂泥土（B112）。

代表性单个土体　位于凉山彝族自治州喜德县红莫镇果布村 2 组，28°06′10.2″N，102°14′43.5″E，中山中部极陡坡，海拔 1923m，坡度为 45°，坡向为东 92°，成土母质为三叠系白果湾组灰-黄绿色长石石英砂岩、粉砂岩、泥岩夹块状砾岩、碳质页岩及煤层坡洪积物（古红土），有林地，土表下 50 cm 深度处土温为 16.72℃。2015 年 8 月 5 日调查，编号为 51-080。

Ah：0～20cm，浊黄橙色（10YR 7/6，干），亮棕色（7.5YR 5/8，润），粉质壤土，中等发育的中小亚角块状结构，稍坚实，中量细根，中量中度风化的棱角-次棱角状小岩石碎屑，渐变平滑过渡。

Br1：20～45cm，橙色（7.5YR 7/4，干），橙色（7.5YR 6/7，润），壤土，中等发育的中亚角块状结构，坚实，中量细根，结构体表面少量铁锰胶膜，中量中度风化的棱角-次棱角状小岩石碎屑，渐变平滑过渡。

Br2：45～80cm，橙色（7.5YR6/6，干），橙色（7.5YR 6/8，润），壤土，中等发育的大中亚角块状结构，很坚实，少量细根，结构体表面少量铁锰胶膜，少量中度风化的棱角-次棱角状小岩石碎屑，渐变平滑过渡。

红莫系代表性单个土体剖面

Br3：80～115cm，橙色（7.5YR 6/6，干），橙色（7.5YR 6/8，润），壤土，中等发育的大中亚角块状结构，很坚实，很少细根，结构体表面少量铁锰胶膜，中量中度风化的棱角-次棱角状中小岩石碎屑，渐变平滑过渡。

Br4：115～160，橙色（7.5YR 6/7，干），橙色（7.5YR 6/8，润），壤土，中等发育的大中亚角块状结构，很坚实，结构体表面少量铁锰胶膜，多量中度风化的棱角-次棱角状中小岩石碎屑。

红莫系代表性单个土体物理性质

土层	深度/cm	石砾(>2mm，体积分数)/%	细土颗粒组成(粒径: mm)/(g/kg)			质地	容重/(g/cm³)
			砂粒 2～0.05	粉粒 0.05～0.002	黏粒 <0.002		
Ah	0～20	5	278	511	210	粉质壤土	1.39
Br1	20～45	6	288	484	228	壤土	1.43
Br2	45～80	8	327	461	213	壤土	1.57
Br3	80～115	12	274	488	238	壤土	1.63
Br4	115～160	20	244	494	263	壤土	1.68

红莫系代表性单个土体化学性质

深度/cm	pH		有机碳(C)/(g/kg)	全氮(N)/(g/kg)	全磷(P)/(g/kg)	全钾(K)/(g/kg)	CEC₇/[cmol(+)/kg]	铁游离度/%	盐基饱和度/%
	H₂O	KCl							
0～20	5.1	3.6	6.5	0.72	0.24	13.3	10.2	58.80	20.1
20～45	5.3	3.6	5.6	0.57	0.28	15.2	10.1	52.02	17.9
45～80	5.6	3.7	3.2	0.30	0.26	14.7	10.3	49.2	17.4
80～115	5.4	3.8	2.6	0.25	0.27	15.7	10.8	44.6	19.6
115～160	5.4	3.9	2.2	0.21	0.28	14.7	10.9	41.1	28.4

10.31.6　城西乡系（Chengxixiang Series）

土　　族：黏壤质硅质混合型非酸性热性-普通铁质湿润雏形土
拟定者：袁大刚，付宏阳，陈剑科

分布与环境条件　分布于大竹、邻水、达川、通川等低山中上部中坡，成土母质为侏罗系珍珠冲组杂色粉砂质泥岩、水云母页岩、粉砂岩夹岩屑石英砂岩残坡积物，有林地；中亚热带湿润气候，年均日照 1230～1473h，年均气温 15.4～17.3℃，1 月平均气温 4.3～6.0℃，7 月平均气温 26.1～27.9℃，年均降水量 1170～1192 mm，年干燥度 0.63～0.68。

城西乡系典型景观

土系特征与变幅　具淡薄表层、雏形层、准石质接触面、湿润土壤水分状况、热性土壤温度状况、铁质特性，盐基饱和；有效土层厚度<30 cm，准石质接触面出现于矿质土表下 30 cm 范围内；B 层均有铁质特性，质地通体为壤土，排水中等。

对比土系　红莫系，同土族不同土系，矿质土表下 125cm 范围内无准石质接触面，有氧化还原特征，盐基不饱和，表层土壤质地为粉质壤土。桥亭系，空间位置相近，同亚纲不同土类，石质接触面出现于矿质土表下 50～100 cm 范围内，B 层无铁质特性，有氧化还原特征。邻水系，空间位置相近，同亚纲不同土类，石质接触面出现于矿质土表下 30～50 cm 范围内，B 层无铁质特性。

利用性能综述　土体浅薄，所处区域坡度较大，必须保护植被，防治水土流失。

参比土种　砂黄泥土（C121）。

代表性单个土体　位于达州市大竹县城西乡茶园村 8 组，30°46′21.4″N，107°08′14.3″E，低山中上部中坡，海拔 570m，坡度为 20°，坡向为东 87°，成土母质为侏罗系珍珠冲组杂色粉砂质泥岩、水云母页岩、粉砂岩夹岩屑石英砂岩残坡积物，有林地，准石质接触面处土温为 17.56℃。2016 年 7 月 23 日调查，编号为 51-174。

Ah： 0～17cm，淡黄色（2.5Y 7/4，干），棕色（10YR 4/6，润），壤土，中等发育的小亚角块状结构，疏松，多量细根，少量中度风化的棱角-次棱角状中小岩石碎屑，模糊波状过渡。

Bw： 17～28cm，亮黄棕色（2.5Y 7/6，干），黄棕色（10YR 5/6，润），壤土，中等发育的中亚角块状结构，疏松，多量细根，中量中度风化的棱角-次棱角状中小岩石碎屑，清晰平滑过渡。

R： 28～62cm，黄色砂泥岩。

城西乡系代表性单个土体剖面

城西乡系代表性单个土体物理性质

土层	深度/cm	石砾(>2mm，体积分数)/%	细土颗粒组成(粒径：mm)/(g/kg)			质地	容重/(g/cm³)
			砂粒 2～0.05	粉粒 0.05～0.002	黏粒 <0.002		
Ah	0～17	5	456	345	198	壤土	1.17
Bw	17～28	20	350	388	263	壤土	1.24

城西乡系代表性单个土体化学性质

深度/cm	pH H₂O	pH KCl	有机碳(C)/(g/kg)	全氮(N)/(g/kg)	全磷(P)/(g/kg)	全钾(K)/(g/kg)	CEC₇/[cmol(+)/kg]	游离铁(Fe)/(g/kg)	盐基饱和度/%
0～17	5.7	4.9	15.0	1.25	0.66	16.5	20.9	22.9	64.4
17～28	5.2	4.5	11.5	1.18	0.54	16.2	13.6	21.0	80.7

10.32　普通酸性湿润雏形土

10.32.1　彝海系（**Yihai Series**）

土　　族：砂质长石混合型温性-普通酸性湿润雏形土
拟定者：袁大刚，宋易高，张　楚

分布与环境条件　分布于冕宁、喜德、越西等中山沟谷地中坡，成土母质为第四系全新统冲积物，其他草地；北亚热带湿润气候，年均日照 1648～2046 h，年均气温 12.3～14.1℃，1 月平均气温 3.8～5.6℃，7 月平均气温 19.3～21.1℃，年均降水量 1006～1113 mm，年干燥度 0.80～0.97。

彝海系典型景观

土系特征与变幅　具淡薄表层、雏形层、湿润土壤水分状况、温性土壤温度状况，盐基不饱和；有效土层厚度 100～150 cm，通体盐基不饱和，质地通体为壤质砂土，排水良好。

对比土系　鲁坝系，空间位置相近，不同土纲，无雏形层，颗粒大小级别为粗骨砂质，酸碱反应类别为非酸性。

利用性能综述　土层深厚，但质地偏砂，所处区域坡度大，应保护植被，防止侵蚀。

参比土种　新积棕砂土（K172）。

代表性单个土体　位于凉山彝族自治州冕宁县彝海镇盐井村 1 组，28°43′37.6″N，

102°15′34.7″E，中山沟谷地中坡，海拔 2079m，坡度为 20°，坡向为东 90°，成土母质为第四系全新统冲积物，其他草地，土表下 50 cm 深度处土温为 14.73℃。2015 年 8 月 11 日调查，编号为 51-114。

彝海系代表性单个土体剖面

Ah: 0～10cm，浊黄橙色（10YR 6/4，干），棕色（10YR 4/4，润），壤质砂土，中等发育的中小亚角块状结构，疏松，多量细根，很少中度风化的次圆状-圆状中小砾石，清晰平滑过渡。

Bw1: 10～36cm，浊黄橙色（10YR 7/4，干），黄棕色（10YR 5/6，润），壤质砂土，弱发育的中亚角块状结构，疏松，中量细根，很少中度风化的次圆状-圆状中小砾石，模糊波状过渡。

Bw2: 36～60cm，浅淡黄色（2.5Y 8/4，干），浊黄棕色（10YR 5/4，润），壤质砂土，弱发育的中小亚角块状结构，疏松，中量细根，模糊波状过渡。

C: 60～105cm，灰白色（2.5Y 8/2，干），灰黄棕色（10YR 6/2，润），壤质砂土，疏松，少量细根。

彝海系代表性单个土体物理性质

土层	深度 /cm	石砾 (>2mm，体积分数) /%	细土颗粒组成(粒径：mm)/(g/kg)			质地	容重 /(g/cm³)
			砂粒 2～0.05	粉粒 0.05～0.002	黏粒 <0.002		
Ah	0～10	<2	860	72	68	壤质砂土	1.10
Bw1	10～36	<2	839	103	58	壤质砂土	1.33
Bw2	36～60	—	847	88	66	壤质砂土	1.35
C	60～105	—	838	104	57	壤质砂土	1.53

彝海系代表性单个土体化学性质

深度 /cm	pH		有机碳(C) /(g/kg)	全氮(N) /(g/kg)	全磷(P) /(g/kg)	全钾(K) /(g/kg)	CEC₇ /[cmol(+)/kg]	盐基饱和度 /%
	H₂O	KCl						
0～10	5.4	4.4	34.5	2.25	1.17	32.1	13.0	4.0
10～36	5.6	4.8	13.9	1.20	0.97	37.6	8.7	10.4
36～60	5.8	4.8	13.0	0.89	1.04	35.1	4.0	10.7
60～105	6.2	4.8	6.5	0.59	0.75	37.4	3.5	8.8

10.33　斑纹简育湿润雏形土

10.33.1　桥亭系（Qiaoting Series）

土　族：砂质长石混合型非酸性热性-斑纹简育湿润雏形土
拟定者：袁大刚，付宏阳，陈剑科

分布与环境条件　分布于开江、宣汉、通川、达川、大竹等低山中下部缓坡，成土母质为侏罗系沙溪庙组黄灰、紫灰色长石石英砂岩残坡积物，旱地；中亚热带湿润气候，年均日照 1443～1588h，年均气温 16.3～17.3℃，1 月平均气温 5.2～6.0℃，7 月平均气温 27.1～27.9℃，年均降水量 1184～1230 mm，年干燥度 0.64～0.71。

桥亭系典型景观

土系特征与变幅　具淡薄表层、雏形层、石质接触面、湿润土壤水分状况、氧化还原特征、热性土壤温度状况；有效土层厚度 50～100 cm，石质接触面出现于矿质土表下 50～100 cm 范围内，质地通体为砂质壤土，排水中等。

对比土系　城西乡系，空间位置相近，同亚纲不同土类，准石质接触面出现于矿质土表下 30 cm 范围内，具铁质特性，无氧化还原特征。炉旺系，空间位置相近，同土类不同亚类，准石质接触面出现于矿质土表下 30 cm 范围内，无氧化还原特征。

利用性能综述　土体较深厚，但养分不平衡，应测土配方施肥，平衡施肥；有一定坡度，注意防治水土流失。

参比土种　黄砂土（C122）。

代表性单个土体　位于达州市开江县新宁镇桥亭村 3 组，31°04′12.3″N，107°54′30.1″E，低山中下部缓坡，海拔 504m，坡度为 5°，坡向为东北 22°，成土母质为侏罗系沙溪庙组黄灰、紫灰色色长石石英砂岩残坡积物，旱地，麦-玉/豆轮套作，土表下 50 cm 深度处土温为 17.70℃。2016 年 7 月 25 日调查，编号为 51-177。

Ap1：0～15 cm，浊黄橙色（10YR 7/3，干），棕色（10YR 4/4，润），砂质壤土，中等发育的屑粒状结构，稍坚实-坚实，结构体内部少量锈斑纹，很少中度风化的棱角-次棱角状小岩石碎屑，渐变平滑过渡。

Ap2：15～25 cm，浊黄橙色（10YR 7/3，干），棕色（10YR 4/6，润），砂质壤土，中等发育的屑粒状结构，稍坚实-坚实，结构体内部少量锈斑纹，很少中度风化的棱角-次棱角状小岩石碎屑，渐变平滑过渡。

Br1：25～40 cm，浊黄橙色（10YR 7/3，干），黄棕色（10YR 5/6，润），砂质壤土，中等发育的中亚角块状结构，坚实，结构体内部少量锈斑纹，很少中度风化的棱角-次棱角状小岩石碎屑，渐变平滑过渡。

桥亭系代表性单个土体剖面

Br2：40～50cm，浊黄橙色（10YR 7/4，干），黄棕色（10YR 5/6，润），砂质壤土，中等发育的中亚角块状结构，极坚实，结构体内部少量锈斑纹，很少中度风化的棱角-次棱角状小岩石碎屑，渐变平滑过渡。

Br3：50～65 cm，浊黄橙色（10YR 6/4，干），黄棕色（10YR 5/6，润），砂质壤土，中等发育的中亚角块状结构，极坚实，结构体内部少量锈斑纹，很少中度风化的棱角-次棱角状小岩石碎屑，突变平滑过渡。

R：　灰色砂岩。

桥亭系代表性单个土体物理性质

土层	深度 /cm	石砾 (>2mm，体积分数) /%	细土颗粒组成(粒径：mm)/(g/kg)			质地	容重 /(g/cm³)
			砂粒 2～0.05	粉粒 0.05～0.002	黏粒 <0.002		
Ap1	0～15	<2	597	228	175	砂质壤土	1.11
Ap2	15～25	<2	601	241	158	砂质壤土	1.45
Br1	25～40	<2	632	207	162	砂质壤土	1.46
Br2	40～50	<2	653	221	126	砂质壤土	1.81
Br3	50～65	<2	638	203	158	砂质壤土	1.83

桥亭系代表性单个土体化学性质

深度 /cm	pH		有机碳(C) /(g/kg)	全氮(N) /(g/kg)	全磷(P) /(g/kg)	全钾(K) /(g/kg)	CEC$_7$ /[cmol(+)/kg]	游离铁(Fe) /(g/kg)	铁游离度 /%	有效磷(P) /(mg/kg)
	H$_2$O	KCl								
0～15	5.7	4.9	19.0	0.75	0.45	12.6	9.6	7.3	36.9	21.6
15～25	5.4	4.7	5.2	0.65	0.40	11.5	9.3	6.9	39.3	10.6
25～40	5.3	4.6	5.0	0.58	0.41	13.9	8.9	5.9	28.6	9.1
40～50	5.4	4.7	1.3	0.49	0.40	12.6	8.1	6.3	34.1	5.3
50～65	5.5	4.8	1.2	0.27	0.36	12.3	8.3	5.7	31.0	6.5

10.34　普通简育湿润雏形土

10.34.1　曹家沟系（Caojiagou Series）

土　　族：粗骨砂质混合型石灰性热性-普通简育湿润雏形土
拟定者：袁大刚，樊瑜贤，付宏阳

分布与环境条件　分布于三台、盐亭、射洪等低山上部陡坡，成土母质为侏罗系蓬莱镇组紫灰色长石石英砂岩夹黄绿色页岩及生物碎屑灰岩残坡积物，有林地；中亚热带湿润气候，年均日照 1307～1391 h，年均气温 16.3～17.3℃，1 月平均气温 5.3～6.2℃，7 月平均气温 26.3～27.3℃，年均降水量 826～908 mm，年干燥度 0.84～1.00。

曹家沟系典型景观

土系特征与变幅　具淡薄表层、雏形层、准石质接触面、湿润土壤水分状况、热性土壤温度状况、石灰性；有效土层厚度 50～100 cm，准石质接触面出现于矿质土表下 50～100 cm 范围内，通体强到极强石灰反应，表层土壤质地为壤土，排水中等。

对比土系　新家沟系，空间位置相近，同亚类不同土族，矿质土表下 125 cm 范围内无石质或准石质接触面，颗粒大小为黏壤质，矿物学类别为长石混合型。万林系，空间位置相近，同亚纲不同土类，土壤色调为 5YR。

利用性能综述　土体较深厚，但所处区域坡度大，应封山育林，保护植被，防治水土流失。

参比土种　棕紫砂泥土（N312）。

代表性单个土体 位于绵阳市三台县富顺镇曹家沟村 2 组，31°8′49″N，105°12′34″E，低山上部陡坡，海拔 428m，坡度为 30°，成土母质为侏罗系蓬莱镇组紫灰色长石石英砂岩夹黄绿色页岩及生物碎屑灰岩残坡积物，有林地，土表下 50 cm 深度处土温为 18.76℃。2015 年 10 月 4 日调查，编号为 51-122。

曹家沟系代表性单个土体剖面

Ah： 0～10 cm，灰黄棕色（10YR 5/2，干），黑棕色（10YR 3/2，润），壤土，强发育的中小粒状结构，疏松，多量细根，中量微风化的次棱角状中小岩石碎屑，强度石灰反应，渐变平滑过渡。

Bw1：10～20 cm，浊黄橙色（10YR 6/3，干），浊黄棕色（10YR 5/3，润），砂质壤土，中等发育的中小亚角块状结构，稍坚实，中量细根，中量微风化的次棱角状中小岩石碎屑，极强石灰反应，清晰平滑过渡。

Bw2：20～40 cm，浊黄橙色（10YR 6/3，干），浊黄棕色（10YR 5/3，润），砂质壤土，中等发育的中小亚角块状结构，坚实，少量细根，多量弱风化的棱角状中小岩石碎屑，极强石灰反应，模糊平滑过渡。

Bw3：40～54cm，浊黄橙色（10YR 7/3，干），浊黄橙色（10YR 6/3，润），砂质壤土，弱发育的中小亚角块状结构，很坚实，多量弱风化的棱角状中小岩石碎屑，极强石灰反应，模糊平滑过渡。

R： 54～100 cm，灰色砂页岩。

曹家沟系代表性单个土体物理性质

土层	深度/cm	石砾（>2mm，体积分数）/%	细土颗粒组成(粒径：mm)/(g/kg)			质地	容重/(g/cm³)
			砂粒 2～0.05	粉粒 0.05～0.002	黏粒 <0.002		
Ah	0～10	6	460	344	196	壤土	1.14
Bw1	10～20	10	464	487	49	砂质壤土	1.40
Bw2	20～40	35	706	230	65	砂质壤土	1.47
Bw3	40～54	18	702	144	154	砂质壤土	1.51

曹家沟系代表性单个土体化学性质

深度/cm	pH(H₂O)	有机碳(C)/(g/kg)	全氮(N)/(g/kg)	全磷(P)/(g/kg)	全钾(K)/(g/kg)	CEC₇/[cmol(+)/kg]	碳酸钙相当物/(g/kg)
0～10	8.1	17.1	0.99	0.20	15.3	15.7	141
10～20	8.3	6.3	0.71	0.25	15.2	14.8	174
20～40	8.2	4.8	0.56	0.33	15.8	13.9	204
40～54	8.5	4.1	0.46	0.20	15.3	13.2	168

10.34.2 邻水系（Linshui Series）

土　族：砂质长石型非酸性热性–普通简育湿润雏形土
拟定者：袁大刚，陈剑科，付宏阳

分布与环境条件 分布于邻水、大竹等丘陵上部中坡，成土母质为侏罗系沙溪庙组黄灰至浅灰色长石砂岩、岩屑长石石英砂岩残坡积物，其他草地；中亚热带湿润气候，年均日照 1230～1473h，年均气温 16.0～17.1℃，1 月平均气温 4.9～6.0℃，7 月平均气温 26.7～27.8℃，年均降水量 1170～1184 mm，年干燥度 0.63～0.65。

邻水系典型景观

土系特征与变幅 具淡薄表层、雏形层、石质接触面、湿润土壤水分状况、热性土壤温度状况；出露岩石占地表面积 5%～15%，间距 5～20 m；有效土层厚度 30～50 cm，石质接触面出现于矿质土表下 30～50 cm 范围内，质地通体为壤质砂土，排水良好。

对比土系 炉旺系，同土族不同土系，且空间位置相近，矿质土表下 30cm 范围内出现准石质接触面，质地通体为砂质壤土。城西乡系，空间位置相近，同亚纲不同土类，准石质接触面出现于矿质土表下 30 cm 范围内，B 层均有铁质特性。

利用性能综述 土体较浅薄，质地偏砂，不耐旱，所处区域坡度较大，应植树种草，保护植被，防治水土流失。

参比土种 黄砂土（C122）。

代表性单个土体 位于广安市邻水县城北镇茨竹村 1 组，30°23′22.2″N，106°58′34.3″E，丘陵上部中坡，海拔 486m，坡度为 20°，坡向为东南 150°，成土母质为侏罗系沙溪庙组黄灰至浅灰色长石砂岩、岩屑长石石英砂岩残坡积物，其他草地，石质接触面处土温为18.75℃。2016 年 7 月 23 日调查，编号为 51-173。

邻水系代表性单个土体剖面

Ah: 0～15cm，浊棕色（7.5YR 5/3，干），棕色（7.5YR 4/6，润），壤质砂土，中等发育的小亚角块状结构，疏松，多量细根，很少中度风化的次棱角状小岩石碎屑，模糊平滑过渡。

Bw1: 15～27 cm，浊棕色（7.5YR 6/3，干），棕色（7.5YR 4/3，润），壤质砂土，中等发育的小亚角块状结构，稍坚实，中量细根，很少中度风化的次棱角状中小岩石碎屑，模糊平滑过渡。

Bw2: 27～40cm，浊橙色（7.5YR 6/4，干），棕色（7.5YR 4/6，润），壤质砂土，中等发育的小亚角块状结构，稍坚实，少量细根，很少中度风化的次棱角状中小岩石碎屑，突变平滑过渡。

R: 40～80 cm，灰色砂岩。

邻水系代表性单个土体物理性质

土层	深度/cm	石砾(>2mm，体积分数)/%	细土颗粒组成(粒径：mm)/(g/kg)			质地	容重/(g/cm³)
			砂粒 2～0.05	粉粒 0.05～0.002	黏粒 <0.002		
Ah	0～15	<2	776	189	35	壤质砂土	1.28
Bw1	15～27	<2	778	163	58	壤质砂土	1.56
Bw2	27～40	<2	775	163	62	壤质砂土	1.63

邻水系代表性单个土体化学性质

深度/cm	pH		有机碳(C)/(g/kg)	全氮(N)/(g/kg)	全磷(P)/(g/kg)	全钾(K)/(g/kg)	CEC₇/[cmol(+)/kg]	游离铁(Fe)/(g/kg)	铁游离度/%
	H₂O	KCl							
0～15	5.7	3.7	9.8	0.67	0.27	21.1	8.7	6.4	25.3
15～27	6.2	4.3	3.3	0.20	0.15	19.1	6.8	5.8	29.8
27～40	6.0	3.9	2.6	0.10	0.17	18.4	6.9	6.3	30.4

10.34.3　炉旺系（Luwang Series）

土　　族：砂质长石型非酸性热性–普通简育湿润雏形土
拟定者：袁大刚，付宏阳，陈剑科

分布与环境条件　分布于宣汉、开江、达川、通川等低山中下部缓坡，成土母质为侏罗系沙溪庙组紫红色、暗紫红色、棕红色泥岩、砂质泥岩、泥质粉砂岩夹黄灰、灰紫、青灰色长石砂岩残坡积物，有林地；中亚热带湿润气候，年均日照 1466～1588h，年均气温 16.6～17.3℃，1 月平均气温 5.5～6.0℃，7 月平均气温 27.4～27.9℃，年均降水量 1192～1230 mm，年干燥度 0.64～0.71。

炉旺系典型景观

土系特征与变幅　具淡薄表层、雏形层、准石质接触面、湿润土壤水分状况、热性土壤温度状况；有效土层厚度<30 cm，准石质接触面出现于矿质土表下 30 cm 范围内，质地通体为砂质壤土，排水中等。

对比土系　邻水系，同土族不同土系，且空间位置相近，矿质土表下 30～50 cm 范围内出现石质接触面，质地通体为壤质砂土。桥亭系，空间位置相近，同土类不同亚类，矿质土表下 50～100 cm 范围内出现石质接触面，通体具氧化还原特征。

利用性能综述　土体浅薄，所处区域有一定坡度，应保护植被，防治水土流失。

参比土种　黄砂土（C122）。

代表性单个土体　位于达州市宣汉县毛坝镇炉旺村 1 组，31°37′22.0″N，107°45′31.0″E，低山中下部缓坡，海拔 422m，坡度为 8°，坡向为西北 282°，成土母质为侏罗系沙溪庙组紫红色、暗紫红色、棕红色泥岩、砂质泥岩、泥质粉砂岩夹黄灰、灰紫、青灰色长石砂岩残坡积物，有林地，准石质接触面处土温为 17.70℃。2016 年 7 月 25 日调查，编号为 51-178。

Ah：　0～15 cm，浊橙色（7.5YR 6/4，干），棕色（7.5YR 4/3，润），砂质壤土，中等发育的大亚角块状结构，坚实，多量细根，很少中度风化的棱角-次棱角状中小岩石碎屑，渐变平滑过渡。

Bw：15～30 cm，浊橙色（7.5YR 5/4，干），棕色（7.5YR 4/4，润），砂质壤土，中等发育的大亚角块状结构，坚实，中量细根，很少中度风化的棱角-次棱角状中小岩石碎屑，清晰平滑过渡。

R：　30～80 cm，杂色砂泥岩。

炉旺系代表性单个土体剖面

炉旺系代表性单个土体物理性质

| 土层 | 深度/cm | 石砾(>2mm，体积分数)/% | 细土颗粒组成(粒径：mm)/(g/kg) | | | 质地 | 容重/(g/cm³) |
			砂粒 2～0.05	粉粒 0.05～0.002	黏粒 <0.002		
Ah	0～15	<2	615	259	126	砂质壤土	1.25
Bw	15～30	<2	590	293	117	砂质壤土	1.44

炉旺系代表性单个土体化学性质

| 深度/cm | pH | | 有机碳(C)/(g/kg) | 全氮(N)/(g/kg) | 全磷(P)/(g/kg) | 全钾(K)/(g/kg) | CEC₇/[cmol(+)/kg] |
	H₂O	KCl					
0～15	5.6	4.8	11.2	0.38	0.62	16.5	21.6
15～30	5.8	5.1	5.4	0.32	0.72	17.8	20.5

10.34.4 巴州系（Bazhou Series）

土　族：砂质长石混合型非酸性热性-普通简育湿润雏形土
拟定者：袁大刚，付宏阳，陈剑科

分布与环境条件　分布于巴州、平昌、通江、仪陇、阆中等低山中下部中缓坡，成土母质为白垩系白龙组灰、浅灰绿色长石砂岩、长英砂岩残坡积物，其他草地；中亚热带湿润气候，年均日照 1413～1566 h，年均气温 15.8～17.1℃，1 月平均气温 4.9～6.2℃，7 月平均气温 26.0～27.1℃，年均降水量 996～1120 mm，年干燥度 0.69～0.80。

巴州系典型景观

土系特征与变幅　具淡薄表层、雏形层、准石质接触面、湿润土壤水分状况、热性土壤温度状况；有效土层厚度 30～50 cm，准石质接触面出现于矿质土表下 30～50 cm 范围内，质地通体为砂质壤土，排水中等。

对比土系　观音庵系，空间位置相近，同亚纲不同土类，B 层具有铝质现象，质地通体为壤质砂土。

利用性能综述　土体浅薄，质地偏砂，不耐旱，所处区域有一定坡度，宜发展林草，保护植被，防治水土流失。

参比土种　紫色粗砂土（N234）。

代表性单个土体　位于巴中市巴州区兴文镇经济开发区，31°50′55.8″N，106°53′45.1″E，低山中下部中缓坡，海拔 406m，坡度为 10°，坡向为西北 338°，成土母质为白垩系白龙组灰、浅灰绿色长石砂岩、长英砂岩残坡积物，其他草地，准石质接触面处土温为 18.25℃。

2016 年 7 月 26 日调查，编号为 51-181。

巴州系代表性单个土体剖面

Ah：　0～13 cm，浊棕色（7.5YR 6/3，干），暗棕色（7.5YR 3/4，润），砂质壤土，弱发育的小亚角块状结构，疏松，多量细根，很少中度风化的棱角-次棱角状中小岩石碎屑，渐变平滑过渡。

Bw1：13～24cm，橙色（7.5YR 6/4，干），暗棕色（7.5YR 3/4，润），砂质壤土，弱发育的小亚角块状结构，疏松，多量细根，很少中度风化的棱角-次棱角状小岩石碎屑，渐变平滑过渡。

Bw2：24～32 cm，浊橙色（7.5YR 6/4，干），棕色（7.5YR 4/4，润），砂质壤土，弱发育的小亚角块状结构，疏松，中量细根，很少中度风化的棱角-次棱角状中小岩石碎屑，清晰平滑过渡。

R：　32～50 cm，灰绿色砂岩。

巴州系代表性单个土体物理性质

| 土层 | 深度 /cm | 石砾 (>2mm，体积分数) /% | 细土颗粒组成(粒径：mm)/(g/kg) | | | 质地 | 容重 /(g/cm³) |
			砂粒 2～0.05	粉粒 0.05～0.002	黏粒 <0.002		
Ah	0～13	<2	690	187	123	砂质壤土	1.59
Bw1	13～24	<2	705	182	113	砂质壤土	1.61
Bw2	24～32	<2	716	145	139	砂质壤土	1.83

巴州系代表性单个土体化学性质

深度 /cm	pH(H₂O)	有机碳(C) /(g/kg)	全氮(N) /(g/kg)	全磷(P) /(g/kg)	全钾(K) /(g/kg)	CEC₇ /[cmol(+)/kg]
0～13	6.7	3.0	0.37	0.46	18.6	16.5
13～24	6.6	2.8	0.28	0.42	18.6	18.5
24～32	6.5	1.2	0.22	0.65	17.5	19.6

10.34.5 新家沟系（Xinjiagou Series）

土　　族：黏壤质长石混合型石灰性热性-普通简育湿润雏形土
拟定者：袁大刚，陈剑科，付宏阳

分布与环境条件　分布于盐亭、三台、射洪等丘陵下部极陡坡，成土母质为侏罗系蓬莱镇组灰、灰白、黄灰色长石石英砂岩、长石砂岩、岩屑砂岩、岩屑长石砂岩间紫红色黏土岩残坡积物，有林地；中亚热带湿润气候，年均日照 1307～1391 h，年均气温 16.6～17.3℃，1 月平均气温 5.6～6.2℃，7 月平均气温 26.6～27.3℃，年均降水量 826～908 mm，年干燥度 0.84～1.00。

新家沟系典型景观

土系特征与变幅　具淡薄表层、雏形层、湿润土壤水分状况、热性土壤温度状况、石灰性；有效土层厚度 100～150 cm，通体极强石灰反应，表层土壤质地为壤土，排水中等。

对比土系　万林系，空间位置相近，同亚纲不同土类，矿质土表下 30～50 cm 范围内出现准石质接触面，色调为 5YR。

利用性能综述　土体深厚，但所处区域地势陡峭，应保护植被，防治水土流失。

参比土种　棕紫砂泥土（N312）。

代表性单个土体　位于绵阳市盐亭县玉龙镇新家沟村 4 组，31°04′05.8″N，105°28′39.4″E，丘陵下部极陡坡，海拔 380 m，坡度为 45°，坡向为东南 145°，成土母质为侏罗系蓬莱镇组灰、灰白、黄灰色长石石英砂岩、长石砂岩、岩屑砂岩、岩屑长石砂岩间紫红色黏土岩残坡积物，有林地，土表下 50 cm 深度处土温为 18.85℃。2016 年 7 月 19 日调查，编号为 51-166。

新家沟系代表性单个土体剖面

Ah：0～18 cm，浊黄橙色（10YR 7/2，干），暗棕色（10YR 3/4，润），壤土，中等发育的中亚角块状结构，稍坚实，中量细根，很少中度风化的次棱角状中小岩石碎屑，极强石灰反应，模糊平滑过渡。

AB：18～35 cm，浊黄橙色（10YR 7/2，干），暗棕色（10YR 3/4，润），壤土，中等发育的中亚角块状结构，稍坚实，中量细根，很少中度风化的次棱角状中小岩石碎屑，极强石灰反应，模糊平滑过渡。

Bw1：35～59 cm，浊黄橙色（10YR 7/2，干），暗棕色（10YR 3/4，润），壤土，中等发育的中亚角块状结构，坚实，少量细根，很少中度风化的次棱角状中小岩石碎屑，极强石灰反应，渐变平滑过渡。

Bw2：59～77 cm，淡黄橙色（10YR 7/2，干），棕色（10YR 4/3，润），壤土，中等发育的中亚角块状结构，坚实，少量细根，很少中度风化的次棱角状中小岩石碎屑，极强石灰反应，模糊平滑过渡。

Bw3：77～93 cm，浊黄橙色（10YR 7/2，干），棕色（10YR 4/3，润），砂质壤土，中等发育的中亚角块状结构，坚实，少量细根，很少中度风化的次棱角状中小岩石碎屑，极强石灰反应，渐变平滑过渡。

Bw4：93～125 cm，浊黄橙色（10YR 7/2，干），浊棕色（10YR 5/3，润），砂质壤土，中等发育的中亚角块状结构，坚实，很少细根，多量中度风化的次棱角状大中岩石碎屑，极强石灰反应。

新家沟系代表性单个土体物理性质

土层	深度 /cm	石砾 (>2mm，体积分数) /%	细土颗粒组成(粒径：mm)/(g/kg)			质地	容重 /(g/cm³)
			砂粒 2～0.05	粉粒 0.05～0.002	黏粒 <0.002		
Ah	0～18	<2	452	360	188	壤土	1.35
AB	18～35	<2	457	353	190	壤土	1.43
Bw1	35～59	<2	445	318	237	壤土	1.51
Bw2	59～77	<2	469	327	204	壤土	1.53
Bw3	77～93	<2	684	124	192	砂质壤土	1.57
Bw4	93～125	30	733	167	100	砂质壤土	1.64

新家沟系代表性单个土体化学性质

深度 /cm	pH(H₂O)	有机碳(C) /(g/kg)	全氮(N) /(g/kg)	全磷(P) /(g/kg)	全钾(K) /(g/kg)	CEC₇ /[cmol(+)/kg]	碳酸钙相当物 /(g/kg)
0～18	7.9	7.7	0.98	0.64	20.2	16.2	98
18～35	7.9	5.5	0.62	0.68	18.9	14.9	101
35～59	8.0	4.0	0.53	0.49	18.9	14.4	100
59～77	8.0	3.7	0.45	0.39	18.8	14.8	102
77～93	8.1	3.3	0.34	0.36	16.9	13.6	104
93～125	8.1	2.5	0.15	0.39	16.3	9.0	118

10.34.6 夬石系（Guaishi Series）

土　族：壤质混合型非酸性热性-普通简育湿润雏形土
拟定者：袁大刚，樊瑜贤，张俊思

分布与环境条件　分布于大邑、崇州、邛崃等低山中部缓坡，成土母质为白垩系灌口组棕红色砂泥岩坡积物，旱地；中亚热带湿润气候，年均日照 1089～1180 h，年均气温 15.5～16.4℃，1 月平均气温 4.8～5.8℃，7 月平均气温 24.8～25.7℃，年均降水量 1003～1123 mm，年干燥度 0.61～0.69。

夬石系典型景观

土系特征与变幅　具淡薄表层、肥熟现象、雏形层、湿润土壤水分状况、热性土壤温度状况；有效土层厚度 150～200 cm，表层土壤质地为壤土，排水中等。

对比土系　二龙村系，空间位置相近，不同土纲，矿质土表下 25 cm 范围内出现准石质接触面，通体强石灰反应，土壤中岩石碎屑 15% 以上，表层土壤质地为砂质壤土。高何镇系，空间位置相近，不同土纲，具紫色砂页岩岩性特征，矿质土表下 30～50 cm 范围内出现准石质接触面，通体强石灰反应，土壤中岩石碎屑 15% 以上，质地通体为粉土。

利用性能综述　土体深厚，质地适中，但养分不平衡，应测土配方施肥。所处区域有一定坡度，应注意防治水土流失。

参比土种　紫砂泥土（N232）。

代表性单个土体　位于成都市大邑县悦来镇夬石村 2 组，30°39′02.4″N，103°25′40.4″E，低山中部缓坡，海拔 645 m，坡度为 8°，成土母质为白垩系灌口组棕红色砂泥岩坡积物，旱地，种植蔬菜，土表下 50 cm 深度处土温为 17.56℃。2015 年 2 月 14 日调查，编号为 51-013。

Ap:　0～15 cm，浊棕色（7.5YR 5/4，干），浊棕色（7.5YR 5/4，润），壤土，中等发育的屑粒状结构体，稍坚实，少量黑色碳化秸秆碎屑，少量蚂蚁、蚯蚓，渐变平滑过渡。

BAp: 15～40 cm，浊棕色（7.5YR 7/3，干），亮棕色（7.5YR 5/6，润），壤土，中等发育的中角块状结构体，坚实，结构体表面有多量灰色腐殖质胶膜，少量灰色碳化秸秆碎屑，模糊平滑过渡。

Bw1: 40～80cm，浊棕色（7.5YR 6/4，干），浊棕色（7.5YR 5/4，润），粉质壤土，中等发育的中角块状结构体，很坚实，少量灰色碳化秸秆碎屑，很少强风化的次棱角状中小红色粉砂岩碎屑，模糊平滑过渡。

Bw2: 80～100cm，橙色（7.5YR 6/8，干），亮棕色（7.5YR 5/6，润），粉质壤土，中等发育的中角块状结构体，很坚实，少量强风化的次棱角状中小红色粉砂岩碎屑，模糊平滑过渡。

央石系代表性单个土体剖面

Bw3: 100～155cm，橙色（5YR 6/6，干），红棕色（5YR 4/6，润），粉质壤土，弱发育的中角块状结构体，很坚实，少量强风化的次棱角状中小红色粉砂岩碎屑。

央石系代表性单个土体物理性质

| 土层 | 深度/cm | 石砾（>2mm，体积分数）/% | 细土颗粒组成(粒径：mm)/(g/kg) | | | 质地 | 容重/(g/cm³) |
			砂粒 2～0.05	粉粒 0.05～0.002	黏粒 <0.002		
Ap	0～15	0	305	445	250	壤土	1.26
BAp	15～40	0	341	436	223	壤土	1.64
Bw1	40～80	<2	347	514	139	粉质壤土	1.51
Bw2	80～100	2	235	604	161	粉质壤土	1.58
Bw3	100～155	4	328	603	69	粉质壤土	1.60

央石系代表性单个土体化学性质

深度/cm	pH(H₂O)	有机碳(C)/(g/kg)	全氮(N)/(g/kg)	全磷(P)/(g/kg)	全钾(K)/(g/kg)	CEC₇/[cmol(+)/kg]	有效磷(P)/(mg/kg)
0～15	5.4	9.9	1.21	1.64	18.5	12.7	40.3
15～40	5.8	11.8	1.12	0.40	19.1	12.4	6.2
40～80	6.6	6.9	0.76	0.28	19.9	13.1	5.9
80～100	6.7	3.3	0.55	0.25	21.0	12.2	1.5
100～155	6.8	2.7	0.46	0.22	22.5	12.8	1.2

第11章 新 成 土

11.1 斑纹寒冻冲积新成土

11.1.1 唐克系（**Tangke Series**）

土　族：砂质长石混合型非酸性-斑纹寒冻冲积新成土
拟定者：袁大刚，张　楚，蒲光兰

分布与环境条件　分布于若尔盖、红原等丘状高原河谷中缓坡，成土母质为第四系冲积物，天然牧草地；高原亚寒带半湿润气候，年均日照 2392～2418 h，年均气温 0.7～1.1℃，1 月平均气温–10.5～–10.3℃，7 月平均气温 10.7～10.9℃，年均降水量 647～753 mm，年均干燥度 1.02～1.18。

唐克系典型景观

土系特征与变幅　具淡薄表层、冲积物岩性特征、半干润土壤水分状况、氧化还原特征、冷性土壤温度状况、冻融特征；有效土层厚度 100～150 cm，矿质土表至 50cm 范围内有氧化还原特征，质地通体为砂土，排水良好。

对比土系　瓦切系，空间位置相近，同土纲不同亚纲，无冲积物岩性特征，矿质土表下 25 cm 范围内有石质接触面，颗粒大小级别为壤质，矿物学类别为硅质混合型。

利用性能综述　土层深厚，但质地偏砂，应减少放牧，恢复植被，防治土壤侵蚀。

参比土种　厚层砾质草甸砂壤土（P113）。

代表性单个土体　位于阿坝藏族羌族自治州若尔盖县唐克镇（若瓦路 81km），33°12′26.0″N，102°33′58.3″E，丘状高原河谷中缓坡，坡度为 10°，海拔 3452m，成土母质为第四系冲积物，天然牧草地，土表下 50 cm 深度处土温为 5.74℃。2015 年 7 月 1 日调查，编号为 51-025。

唐克系代表性单个土体剖面

A:　0～12 cm，灰黄色（2.5Y 6/2，干），暗灰黄色（2.5Y 5/2，润），砂土，极疏松，少量细根，显冲积层理，清晰平滑过渡。

Cr1：12～28 cm，灰黄色（2.5Y 7/2，干），灰黄色（2.5Y 6/2，润），砂土，极疏松，很少细根，显冲积层理，清晰平滑过渡。

Cr2：28～54 cm，淡灰色（2.5Y 7/1，干），黄灰色（2.5Y 6/1，润），砂土，疏松，很少细根，中量浅红棕色条带状沉积物，显冲积层理，清晰平滑过渡。

Cr3：54～95 cm，黄灰色（2.5Y 6/1，干），黄灰色（2.5Y 5/1，润），砂土，极疏松，很少细根，少量浅红棕色条带状沉积物，显冲积层理，渐变平滑过渡。

Cr4：95～120 cm，黄灰色（2.5Y 6/1，干），黄灰色（2.5Y 5/1，润），砂土，极疏松，显冲积层理。

唐克系代表性单个土体物理性质

土层	深度 /cm	石砾 (>2mm，体积分数) /%	细土颗粒组成(粒径：mm)/(g/kg)			质地	容重 /(g/cm³)
			砂粒 2～0.05	粉粒 0.05～0.002	黏粒 <0.002		
A	0～12	0	902	39	59	砂土	1.46
Cr1	12～28	0	929	24	47	砂土	1.85
Cr2	28～54	0	911	44	45	砂土	1.71
Cr3	54～95	0	893	67	40	砂土	2.24
Cr4	95～120	0	919	40	41	砂土	2.43

唐克系代表性单个土体化学性质

深度 /cm	pH(H₂O)	有机碳(C) /(g/kg)	全氮(N) /(g/kg)	全磷(P) /(g/kg)	全钾(K) /(g/kg)	CEC₇ /[cmol(+)/kg]
0～12	7.8	4.9	0.21	0.40	23.1	4.4
12～28	7.7	1.1	0.07	0.43	23.0	4.6
28～54	7.7	1.9	0.12	0.57	20.2	4.3
54～95	7.7	0.2	0.02	0.45	23.2	4.0
95～120	7.6	0.1	0.01	0.42	22.9	3.3

11.2 潜育潮湿冲积新成土

11.2.1 尚合系（Shanghe Series）

土　　族：壤质长石混合型石灰性热性-潜育潮湿冲积新成土
拟定者：袁大刚，樊瑜贤，蒲光兰

分布与环境条件　分布于温江、都江堰、崇州、双流、新津等平原河漫滩，成土母质为第四系全新统灰棕色冲积物，内陆滩涂；中亚热带湿润气候，年均日照 1042～1236 h，年均气温 15.2～16.5℃，1 月平均气温 4.6～5.7℃，7 月平均气温 24.7～25.8℃，年均降水量 932～1244 mm，年干燥度 0.53～0.76。

尚合系典型景观

土系特征与变幅　具淡薄表层、冲积物岩性特征、潮湿土壤水分状况、氧化还原特征、潜育特征、热性土壤温度状况、石灰性；有效土层厚度 100～150 cm，矿质土表至 50cm 范围内有氧化还原特征，距矿质土表 50cm 以下各土层有潜育特征，表层土壤质地为粉质壤土，排水中等。

对比土系　顺金系，空间位置相近，不同土纲，有雏形层，颗粒大小级别为砂质，矿物学类别为混合型。

利用性能综述　所处区域地势低洼，河漫滩易被洪水淹没，宜保护植被，保护湿地。

参比土种　新积钙质灰棕砂土（K121）。

代表性单个土体　位于成都市温江区永盛镇尚合村 15 组，30°40′58.7″N，103°46′15.5″E，平原河漫滩，海拔 536m，成土母质为第四系全新统灰棕色冲积物，内陆滩涂，土表下 50 cm 深度处土温为 18.10℃。2015 年 2 月 8 日调查，编号为 51-007。

尚合系代表性单个土体剖面

Ah：　0～16 cm，灰黄色（2.5Y 7/2，干），暗灰黄色（2.5Y 4/2，润），粉质壤土，中等发育的中小亚角块状结构，稍坚实，多量细根，中量粗根，多量根孔与蚯蚓孔，多量蚯蚓粪，根系周围多量锈斑纹，少量塑料膜等侵入物，中度石灰反应，显冲积层理，渐变平滑过渡。

Cr1：16～27 cm，淡黄色（2.5Y 7/3，干），暗灰黄色（2.5Y 5/2，润），壤土，稍坚实，多量细根，少量粗根，多量蚯蚓孔，中量蚯蚓粪，根系、孔隙周围多量锈斑纹，中度石灰反应，显冲积层理，渐变平滑过渡。

Cr2：27～50cm，浊黄色（2.5Y 6/3，干），黄灰色（2.5Y 4/1，润），砂质壤土，坚实，多量细根，少量粗根，少量蚯蚓，中量蚯蚓孔，孔内充满蚯蚓粪，根系、孔隙和蚯蚓粪周围多量锈斑纹，轻度石灰反应，显冲积层理，清晰平滑过渡。

Cg1：50～75 cm，灰橄榄色（5Y 5/2，干），灰色（5Y 4/1，润），粉质壤土，稍坚实，中量细根，少量粗根，孔内充满蚯蚓粪，根系、孔隙和蚯蚓粪周围中量锈斑纹，少量蚯蚓，轻度石灰反应，中度亚铁反应，显冲积层理，清晰平滑过渡。

Cg2：75～100 cm，灰橄榄色（5Y 5/2，干），灰色（5Y 4/1，润），粉质壤土，稍坚实，少量细根，少量粗根，少量锈斑纹，中度石灰反应，强度亚铁反应，显冲积层理，清晰平滑过渡。

Cg3：100～145 cm，灰橄榄色（5Y 5/2，干），灰色（5Y 4/1，润），粉土，疏松，少量细根，多量低分解秸秆，中度石灰反应，强度亚铁反应，显冲积层理。

尚合系代表性单个土体物理性质

土层	深度 /cm	石砾 (>2mm，体积分数) /%	细土颗粒组成(粒径：mm)/(g/kg)			质地	容重 /(g/cm³)
			砂粒 2～0.05	粉粒 0.05～0.002	黏粒 <0.002		
Ah	0～16	0	341	578	81	粉质壤土	1.00
Cr1	16～27	0	435	489	76	壤土	1.19
Cr2	27～50	0	675	249	76	砂质壤土	1.10
Cg1	50～75	0	334	617	50	粉质壤土	1.27
Cg2	75～100	0	255	697	48	粉质壤土	1.38
Cg3	100～145	0	24	950	26	粉土	1.24

尚合系代表性单个土体化学性质

深度 /cm	pH(H$_2$O)	有机碳(C) /(g/kg)	全氮(N) /(g/kg)	全磷(P) /(g/kg)	全钾(K) /(g/kg)	CEC$_7$ /[cmol(+)/kg]	碳酸钙相当物 /(g/kg)
0～16	8.1	12.8	0.81	0.68	22.8	5.4	69
16～27	8.4	6.3	0.63	0.62	19.5	3.0	51
27～50	8.4	3.4	0.56	0.54	19.9	1.7	47
50～75	8.5	3.6	0.44	0.82	19.2	2.6	45
75～100	8.4	6.9	0.34	0.71	19.7	2.8	58
100～145	8.3	7.3	0.47	0.64	20.9	1.6	66

11.3　石灰潮湿冲积新成土

11.3.1　花楼坝系（Hualouba Series）

土　族：砂质长石混合型热性-石灰潮湿冲积新成土
拟定者：袁大刚，付宏阳，陈剑科

分布与环境条件　分布于万源、宣汉等低山谷底河漫滩，成土母质为第四系全新统灰棕色冲积物，内陆滩涂；中亚热带湿润气候，年均日照 1485～1588 h，年均气温 14.7～16.6℃，1 月平均气温 4.0～5.6℃，7 月平均气温 25.8～27.4℃，年均降水量 1161～1223 mm，年干燥度 0.71～0.73。

花楼坝系典型景观

土系特征与变幅　具淡薄表层、冲积物岩性特征、潮湿土壤水分状况、氧化还原特征、热性土壤温度状况、石灰性；有效土层厚度 100～150 cm，矿质土表至 50cm 范围内有氧化还原特征，表层土壤质地为砂质壤土，排水中等。

对比土系　依生系，同亚类不同土族，具温性土壤温度状况，颗粒大小级别为壤质盖粗骨砂质，矿物学类别为混合型。

利用性能综述　处于河漫滩，易被洪水淹没，宜发展草业。

参比土种　新积钙质灰棕砂土（K121）。

代表性单个土体　位于达州市万源市花楼乡花楼坝村 9 组，31°47′28.7″N，107°51′13.1″E，低山谷底河漫滩，海拔 398m，成土母质为第四系全新统灰棕色冲积物，内陆滩涂，土表下 50 cm 深度处土温为 17.54℃。2016 年 7 月 25 日调查，编号为 51-179。

A: 0～15cm，浊橙色（5YR 6/3，干），浊红棕色（5YR 4/3，润），砂质壤土，弱发育的大亚角块状结构，稍坚实，多量细根，极强石灰反应，显冲积层理，清晰平滑过渡。

Cr1：15～34 cm，黄棕色（2.5Y 5/3，干），橄榄棕色（2.5Y 4/2，润），壤质砂土，疏松，中量细根，极强石灰反应，显冲积层理，清晰平滑过渡。

Cr2：34～61 cm，黄棕色（2.5Y 5/3，干），橄榄棕色（2.5Y 4/2，润），砂土，疏松，少量细根，极强石灰反应，显冲积层理，清晰平滑过渡。

Cr3：61～85cm，黄棕色（2.5Y 5/3，干），橄榄棕色（2.5Y 4/2，润），壤质砂土，疏松，很少细根，强石灰反应，显冲积层理，清晰平滑过渡。

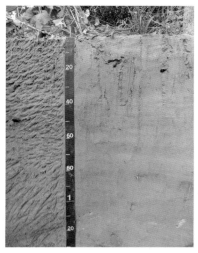

花楼坝系代表性单个土体剖面

Cr4：85～112 cm，黄棕色（2.5Y 5/3，干），橄榄棕色（2.5Y 4/2，润），砂土，疏松，很少细根，强石灰反应，显冲积层理，清晰平滑过渡。

Cr5：112～130cm，黄棕色（2.5Y 5/3，干），橄榄棕色（2.5Y 4/2，润），壤质砂土，疏松，很少细根，极强石灰反应，显冲积层理。

花楼坝系代表性单个土体物理性质

| 土层 | 深度 /cm | 石砾 (>2mm，体积分数) /% | 细土颗粒组成(粒径：mm)/(g/kg) | | | 质地 | 容重 /(g/cm³) |
			砂粒 2～0.05	粉粒 0.05～0.002	黏粒 <0.002		
A	0～15	0	795	91	114	砂质壤土	1.41
Cr1	15～34	0	885	34	80	壤质砂土	1.54
Cr2	34～61	0	910	34	56	砂土	1.56
Cr3	61～85	0	893	18	89	壤质砂土	1.63
Cr4	85～112	0	900	35	66	砂土	1.74
Cr5	112～130	0	863	80	57	壤质砂土	1.75

花楼坝系代表性单个土体化学性质

深度 /cm	pH(H₂O)	有机碳(C) /(g/kg)	全氮(N) /(g/kg)	全磷(P) /(g/kg)	全钾(K) /(g/kg)	CEC₇ /[cmol(+)/kg]	碳酸钙相当物 /(g/kg)
0～15	8.1	6.0	0.54	0.48	17.3	6.9	174
15～34	8.3	3.6	0.28	0.48	17.0	5.3	116
34～61	8.4	3.3	0.22	0.49	17.0	5.3	105
61～85	8.4	2.5	0.25	0.48	16.2	5.5	94
85～112	8.5	1.7	0.14	0.42	15.9	4.9	60
112～130	8.3	1.6	0.25	0.42	17.0	6.0	130

11.3.2　依生系（**Yisheng Series**）

土　族：壤质盖粗骨砂质混合型温性-石灰潮湿冲积新成土
拟定者：袁大刚，张　楚，宋易高

分布与环境条件　分布于金川、小金等中山谷底河漫滩，成土母质为第四系全新统洪冲积物，内陆滩涂；山地高原暖温带半湿润气候，年均日照 2130～2243 h，年均气温 10.1～10.8℃，1 月平均气温–0.3～1.0℃，7 月平均气温 18.5～18.7℃，年均降水量 614～616 mm，年干燥度 1.56～1.91。

依生系典型景观

土系特征与变幅　具淡薄表层、冲积物岩性特征、潮湿土壤水分状况、氧化还原特征、温性土壤温度状况、石灰性；地表粗碎块占地表面积 5%～15%；有效土层厚度 50～100 cm，矿质土表至 50cm 范围内有氧化还原特征，表层土壤质地为粉质壤土，排水中等。

对比土系　花楼坝系，同亚类不同土族，具热性土壤温度状况，颗粒大小级别为砂质，矿物学类别为长石混合型。大朗坝系，空间位置相近，同亚纲不同土类，无潮湿土壤水分状况，为半干润土壤水分状况，冷性土壤温度状况，表层石砾含量≥30%。

利用性能综述　处于河漫滩，易被洪水淹没，宜发展草业。

参比土种　新积褐砂泥土（K161）。

代表性单个土体　位于阿坝藏族羌族自治州金川县观音桥镇依生村（依生沟桥旁），31°47′55.3″N，101°36′02.8″E，中山谷底河漫滩，海拔 2556m，成土母质为第四系全新统洪冲积物，内陆滩涂，土表下 50 cm 深度处土温为 12.82℃。2015 年 7 月 16 日调查，编号为 51-037。

Ah: 0~20 cm，浊黄棕色（10YR 5/4，干），暗棕色（10YR 3/4，润），粉质壤土，中等发育的中小亚角块状结构，稍坚实-坚实，多量细根，中量微风化的棱角状-次圆状中小岩石碎屑，中度石灰反应，突变平滑过渡。

Cr1: 20~40 cm，灰黄棕色（10YR 4/2，干），黑色（10YR 2/1，润），壤质砂土，极疏松，中量细根，很多微风化的棱角状-次圆状中块到很大块砾石，轻度石灰反应，清晰平滑过渡。

Cr2: 40~70 cm，棕灰色（10YR 4/1，干），黑棕色（10YR 3/1，润），砂土，松散，很少细根，很多微风化的棱角状-次圆状小块到很大块的砾石，轻度石灰反应。

依生系代表性单个土体剖面

依生系代表性单个土体物理性质

土层	深度/cm	石砾(>2mm，体积分数)/%	细土颗粒组成(粒径：mm)/(g/kg)			质地	容重/(g/cm³)
			砂粒 2~0.05	粉粒 0.05~0.002	黏粒 <0.002		
Ah	0~20	5	235	692	73	粉质壤土	1.11
Cr1	20~40	55	816	147	37	壤质砂土	1.13
Cr2	40~70	75	904	68	28	砂土	1.39

依生系代表性单个土体化学性质

深度/cm	pH(H₂O)	有机碳(C)/(g/kg)	全氮(N)/(g/kg)	全磷(P)/(g/kg)	全钾(K)/(g/kg)	CEC₇/[cmol(+)/kg]	碳酸钙相当物/(g/kg)
0~20	8.5	19.2	1.25	0.38	16.3	15.0	77
20~40	8.4	17.7	1.15	0.70	14.0	9.3	18
40~70	8.6	6.4	0.37	0.67	20.4	4.6	26

11.4　普通潮湿冲积新成土

11.4.1　茶叶系（Chaye Series）

土　　族：砂质盖粗骨质硅质混合型非酸性热性–普通潮湿冲积新成土
拟定者：袁大刚，宋易高，张　楚

分布与环境条件　分布于西昌、普格等中山谷底河漫滩，成土母质为第四系全新统冲积物，内陆滩涂；中亚热带湿润–半湿润气候，年均日照 2024～2431h，年均气温 16.2～17.0℃，1 月平均气温 8.4～9.5℃，7 月平均气温 21.9～22.6℃，年均降水量 1013～1454mm，年干燥度 0.81～1.16。

茶叶系典型景观

土系特征与变幅　具淡薄表层、冲积物岩性特征、潮湿土壤水分状况、氧化还原特征、热性土壤温度状况；有效土层厚度 100～150 cm，地表粗碎块占地表面积 5%～15%，表层土壤质地为砂质壤土，排水中等。

对比土系　沙合莫系，空间位置相近，不同土纲，具雏形层、温性土壤温度状况，矿质土表下 50 cm 范围内盐基不饱和。

利用性能综述　土层深厚，位于河漫滩，易被洪水淹没，宜发展草业。

参比土种　新积黄红砂土（K151）。

代表性单个土体　位于凉山彝族自治州西昌市马鞍山乡茶叶村大村沟桥，27°45′29.1″N，102°02′39.9″E，中山谷底河漫滩，海拔 1614m，成土母质为第四系全新统冲积物，内陆滩涂，土表下 50 cm 深度处土温为 18.74℃。2015 年 7 月 28 日调查，编号为 51-057。

A: 0～15 cm，浊红棕色（5YR 5/3，干），暗红棕色（5YR 3/3，润），砂质壤土，中等发育的中小亚角块状结构，坚实，多量细根，多量中度风化的棱角状-次圆状中小岩石碎屑，清晰平滑过渡。

C: 15～27 cm，浊红棕色（5YR 5/4，干），暗红棕色（5YR 3/4，润），砂质壤土，坚实，中量细根，中量中度风化的棱角状-次圆状中小岩石碎屑，显冲积层理，突变平滑过渡。

Cr1: 27～36 cm，浊棕色（7.5YR 5/3，干），棕色（7.5YR 4/3，润），砂质壤土，坚实，少量细根，少量锈斑纹，中量中度风化的棱角状-次圆状中小岩石碎屑，显冲积层理，突变平滑过渡。

茶叶系代表性单个土体剖面

Cr2: 36～47 cm，浊红棕色（5YR 5/3，干），暗红棕色（5YR3/2，润），壤质砂土，坚实，少量细根，中量中度风化的棱角状-次圆状中小岩石碎屑，显冲积层理，清晰平滑过渡。

Cr3: 47～70 cm，浊橙色（5YR 6/3，干），灰棕色（5YR 5/2，润），砂质壤土，坚实，很少细根，多量中度风化的棱角状-次圆状中小岩石碎屑，显冲积层理，渐变平滑过渡。

Cr4: 70～140 cm，灰棕色（5YR 6/2，干），棕灰色（5YR 5/1，润），砂质壤土，松散，很少细根，很多中度风化的棱角状-次圆状中小岩石碎屑。

茶叶系代表性单个土体物理性质

土层	深度/cm	石砾(>2mm，体积分数)/%	砂粒 2～0.05	粉粒 0.05～0.002	黏粒 <0.002	质地	容重/(g/cm³)
			细土颗粒组成(粒径：mm)/(g/kg)				
A	0～15	20	739	141	120	砂质壤土	1.32
C	15～27	10	784	127	89	砂质壤土	1.43
Cr1	27～36	10	730	162	108	砂质壤土	1.47
Cr2	36～47	15	775	159	66	壤质砂土	1.49
Cr3	47～70	20	793	90	117	砂质壤土	1.59
Cr4	70～140	75	752	111	138	砂质壤土	1.79

茶叶系代表性单个土体化学性质

深度/cm	pH(H₂O)	有机碳(C)/(g/kg)	全氮(N)/(g/kg)	全磷(P)/(g/kg)	全钾(K)/(g/kg)	CEC₇/[cmol(+)/kg]
0～15	7.9	8.4	1.29	0.52	17.6	13.5
15～27	8.2	5.6	1.03	0.45	17.7	10.0
27～36	8.0	4.8	0.83	0.45	15.1	9.2
36～47	8.1	4.5	0.72	0.48	16.3	9.0
47～70	8.0	3.0	0.45	0.53	15.3	9.9
70～140	8.0	1.4	0.22	0.46	16.5	9.4

11.5　斑纹干润冲积新成土

11.5.1　大朗坝系（Dalangba Series）

土　　族：粗骨砂质长石混合型石灰性冷性-斑纹干润冲积新成土
拟定者：袁大刚，张　楚，蒲光兰

分布与环境条件　分布于理县、茂县等高山河谷阶地，成土母质为第四系冲积物，有林地；山地高原温带半湿润气候，年均日照 1566～1686 h，年均气温 4.0～5.6℃，1 月平均气温–7.7～–5.2℃，7 月平均气温 12.7～15.0℃，年均降水量 493～591 mm，年干燥度1.54～1.86。

大朗坝系典型景观

土系特征与变幅　具淡薄表层、冲积物岩性特征、半干润土壤水分状况、氧化还原特征、冷性土壤温度状况、石灰性等；地表粗碎块占地表面积 15%～50%，有效土层厚度 100～150 cm，通体轻度石灰反应，表层土壤质地为壤质砂土，土壤中岩石碎屑≥30%，排水过快。

对比土系　依生系，空间位置相近，同亚纲不同土类，具潮湿土壤水分状况，温性土壤温度状况，表层石砾含量≤5%。桃坪系，空间位置相近，同土纲不同亚纲，无冲积物岩性特征，温性土壤温度状况。米亚罗系，空间位置相近，不同土纲，具漂白层、黏化层。

利用性能综述　土层深厚，但质地粗，石砾含量高，宜发展林草业。

参比土种　新积褐砂土（K162）。

代表性单个土体 位于阿坝藏族羌族自治州理县米亚罗镇大朗坝村，31°42′48.6″N，102°44′25.4″E，高山河谷阶地，海拔 2958m，成土母质为第四系冲积物，有林地，土表下 50 cm 深度处土温为 8.16℃。2015 年 7 月 3 日调查，编号为 51-030。

Ah: 0～12 cm，暗灰黄色（2.5Y 4/2，干），黑色（2.5Y 2/1，润），壤质砂土，中等发育的小团粒状结构，疏松，多量细根，多量微风化的圆-次圆状大小砾石，轻度石灰反应，清晰平滑过渡。

Cr1：12～48 cm，暗灰黄色（2.5Y 5/2，干），黑棕色（2.5Y 3/1，润），砂土，松散，多量细根，很多微风化的圆-次圆状大小砾石，轻度石灰反应，清晰平滑过渡。

Cr2：48～70 cm，暗灰黄色（2.5Y 5/2，干），黑棕色（2.5Y 3/1，润），砂土，松散，中量细根，很多微风化的圆-次圆状大小砾石，轻度石灰反应，渐变平滑过渡。

Cr3：70～90 cm，暗灰黄色（2.5Y 4/2，干），黑棕色（2.5Y 3/1，润），砂土，松散，少量细根，很多微风化的圆-次圆状大小砾石，轻度石灰反应，模糊平滑过渡。

大朗坝系代表性单个土体剖面

Cr4：90～100 cm，暗灰黄色（2.5Y 5/2，干），黑棕色（2.5Y 3/1，润），砂土，松散，很多微风化的圆-次圆状大小砾石，轻度石灰反应。

大朗坝系代表性单个土体物理性质

土层	深度 /cm	石砾 (>2mm，体积分数) /%	细土颗粒组成(粒径：mm)/(g/kg)			质地	容重 /(g/cm³)
			砂粒 2～0.05	粉粒 0.05～0.002	黏粒 <0.002		
Ah	0～12	30	811	99	90	壤质砂土	0.72
Cr1	12～48	55	902	47	51	砂土	1.48
Cr2	48～70	60	901	61	38	砂土	1.54
Cr3	70～90	70	936	28	37	砂土	1.38
Cr4	90～100	60	949	14	37	砂土	1.51

大朗坝系代表性单个土体化学性质

深度 /cm	pH(H₂O)	有机碳(C) /(g/kg)	全氮(N) /(g/kg)	全磷(P) /(g/kg)	全钾(K) /(g/kg)	CEC₇ /[cmol(+)/kg]	碳酸钙相当物 /(g/kg)
0～12	6.9	86.9	7.63	1.28	23.1	19.2	23
12～48	7.3	4.6	0.62	0.67	26.0	3.9	41
48～70	7.7	3.7	0.58	0.59	23.9	3.6	36
70～90	7.9	6.7	0.68	0.68	24.0	3.2	34
90～100	8.0	4.0	0.50	0.68	26.2	3.1	35

11.6　斑纹湿润冲积新成土

11.6.1　鲁坝系（Luba Series）

土　族：粗骨砂质长石混合型非酸性温性-斑纹湿润冲积新成土
拟定者：袁大刚，宋易高，张　楚

分布与环境条件　分布于冕宁、喜德、越西等中山河谷缓坡，成土母质为第四系更新统洪冲积物，天然牧草地；北亚热带带湿润气候，年均日照 1648～2046 h，年均气温 10.7～12.5℃，1 月平均气温 1.2～3.9℃，7 月平均气温 16.7～18.0℃，年均降水量 1006～1113 mm，年干燥度 0.80～0.97。

鲁坝系典型景观

土系特征与变幅　具淡薄表层、冲积物岩性特征、湿润土壤水分状况、氧化还原特征、温性土壤温度状况；有效土层厚度 100～150 cm，质地通体为壤质砂土，排水良好。

对比土系　彝海系，空间位置相近，不同土纲，具雏形层，酸碱反应类别为酸性，石砾含量<2%。

利用性能综述　土层深厚，但质地偏砂，石砾含量较高，所处区域坡度较大，可发展林草业，注意保护植被，防止侵蚀。

参比土种　厚层砾质草甸砂壤土（P113）。

代表性单个土体　位于凉山彝族自治州冕宁县拖乌乡鲁坝村，28°52′55.3″N，102°17′48.9″E，中山河谷缓坡，海拔 2508m，坡度为 8°，坡向为东 117°，成土母质为第四系更新统洪冲积物，天然牧草地，土表下 50 cm 深度处土温为 11.67℃。2015 年 8 月 25 日调查，编号为 51-115。

Ah: 0～14cm, 黄棕色（2.5Y 5/3, 干）, 暗橄榄棕色（2.5Y 3/3, 润）, 壤质砂土, 中等发育的小亚角块状结构, 疏松, 多量细根, 多量微风化的棱角状-次圆状中小岩石碎屑, 底部薄冲积层理, 清晰平滑过渡。

Cr1: 14～27cm, 暗灰黄色（2.5Y 4/2, 干）, 黑色（2.5Y 2/1, 润）, 壤质砂土, 疏松, 多量细根, 多量微风化的棱角状-次圆状中小岩石碎屑, 显冲积层理, 清晰平滑过渡。

Cr2: 27～46cm, 灰黄色（2.5Y 7/2, 干）, 浊黄色（2.5Y 6/4, 润）, 壤质砂土, 疏松, 多量细根, 多量微风化的棱角状-次圆状中小岩石碎屑, 显冲积层理, 清晰平滑过渡。

Cr3: 46～58cm, 暗灰黄色（2.5Y 5/2, 干）, 黑棕色（2.5Y 3/1, 润）, 壤质砂土, 疏松, 多量细根, 多量微风化的棱角状-次圆状中小岩石碎屑, 显冲积层理, 清晰平滑过渡。

鲁坝系代表性单个土体剖面

Cr4: 58～75cm, 淡灰色（2.5Y 7/1, 干）, 黄灰色（2.5Y 5/1, 润）, 壤质砂土, 疏松, 中量细根, 很多微风化的棱角状-次圆状中小岩石碎屑, 显冲积层理, 清晰平滑过渡。

Cr5: 75～100cm, 灰黄色（2.5Y 7/2, 干）, 黄灰色（2.5Y 6/1, 润）, 壤质砂土, 疏松, 少量细根, 很多微风化的棱角状-次圆状中小岩石碎屑。

鲁坝系代表性单个土体物理性质

土层	深度 /cm	石砾 (>2mm, 体积分数) /%	细土颗粒组成(粒径: mm)/(g/kg)			质地	容重 /(g/cm³)
			砂粒 2～0.05	粉粒 0.05～0.002	黏粒 <0.002		
Ah	0～14	25	844	61	95	壤质砂土	0.93
Cr1	14～27	25	853	55	92	壤质砂土	0.95
Cr2	27～46	25	841	64	95	壤质砂土	1.18
Cr3	46～58	30	859	49	92	壤质砂土	1.06
Cr4	58～75	40	844	59	97	壤质砂土	1.46
Cr5	75～100	45	868	53	78	壤质砂土	1.45

鲁坝系代表性单个土体化学性质

深度 /cm	pH		有机碳(C) /(g/kg)	全氮(N) /(g/kg)	全磷(P) /(g/kg)	全钾(K) /(g/kg)	CEC₇ /[cmol(+)/kg]
	H₂O	KCl					
0～14	5.1	4.2	38.2	1.54	0.82	20.4	14.0
14～27	5.5	4.3	35.9	1.32	0.70	21.9	10.7
27～46	5.9	4.3	14.8	0.86	0.51	21.7	7.2
46～58	5.8	4.5	23.4	2.54	0.98	21.3	4.5
58～75	6.0	4.8	4.9	0.31	0.49	24.4	2.6
75～100	6.1	4.9	5.1	0.09	0.45	26.0	2.5

11.6.2　榕山系（**Rongshan Series**）

土　　族：砂质混合型石灰性热性-斑纹湿润冲积新成土
拟定者：袁大刚，付宏阳，蒲光兰

分布与环境条件　分布于合江、龙马潭、江阳、纳溪等丘陵谷底河漫滩，成土母质为第四系全新统紫色冲积物，内陆滩涂；中亚热带湿润气候，年均日照 1211～1349 h，年均气温 17.7～18.2℃，1 月平均气温 7.4～7.8℃，7 月平均气温 27.1～27.9℃，年均降水量1142～1184 mm，年干燥度 0.67～0.69。

榕山系典型景观

土系特征与变幅　具淡薄表层、冲积物岩性特征、石质接触面、湿润土壤水分状况、氧化还原特征、热性土壤温度状况、石灰性等；出露岩石占地表面积 15%～50%；有效土层厚度 50～100 cm，石质接触面位于矿质土表下 50～100 cm 范围内，表层土壤质地为砂质黏壤土，排水中等。

对比土系　合江系，空间位置相近，不同土纲，矿质土表下 125cm 范围内无石质接触面，有黏化层，整个 B 层具铝质现象，表层土壤质地为黏壤土。

利用性能综述　处于河漫滩，易被洪水淹没，可发展草业、种植蔬菜。

参比土种　新积钙质紫砂土（K131）。

代表性单个土体　位于泸州市合江县榕山镇符阳村 3 组，28°53′15.1″N，105°53′35.3″E，丘陵谷底河漫滩，海拔 206m，成土母质为第四系全新统紫色冲积物，内陆滩涂，土表下 50 cm 深度处土温为 20.58℃。2016 年 1 月 27 日调查，编号为 51-153。

Ah: 0～12cm，浊棕色（7.5YR 5/3，干），暗棕色（7.5YR 3/4，润），砂质黏壤土，弱发育的中小亚角块状结构，疏松，多量细根，根系周围少量锈斑纹，少量蚯蚓粪，极强石灰反应，土表可见近期沉积的灰色冲积物，清晰平滑过渡。

ACr: 12～27cm，浊棕色（7.5YR 5/4，干），暗棕色（7.5YR 3/4，润），砂质壤土，弱发育的中亚角块状结构，稍坚实，中量细根，根系周围中量锈斑纹，少量蚯蚓粪，少量中度风化的棱角状-次圆状中小砾石，很少塑料膜，极强石灰反应，底部薄层砂质沉积物，显冲积层理，清晰平滑过渡。

Cr1: 27～45cm，灰棕色（7.5YR 5/2，干），暗棕色（7.5YR 3/4，润），壤土，稍坚实，中量细根，根系周围多量锈斑纹，少量蚯蚓粪，少量中度风化的次圆状-圆状中小砾石，很少塑料，极强石灰反应，显冲积层理，清晰平滑过渡。

榕山系代表性单个土体剖面

Cr2: 45～60cm，浊棕色（7.5YR 5/3，干），暗棕色（7.5YR 3/3，润），砂质壤土，稍坚实，中量细根，根系周围多量锈斑纹，少量蚯蚓粪，极强石灰反应，显冲积层理，清晰平滑过渡。

Cr3: 60～90cm，灰棕色（7.5YR 5/2，干），极暗棕色（7.5YR 2/3，润），砂质壤土，稍坚实，少量细根，根系周围多量锈斑纹，少量蚯蚓粪，少量中度风化的次圆状-圆状中小砾石，少量布条和塑料膜，极强石灰反应，显冲积层理。

榕山系代表性单个土体物理性质

土层	深度/cm	石砾(>2mm，体积分数)/%	细土颗粒组成(粒径：mm)/(g/kg)			质地	容重/(g/cm³)
			砂粒 2～0.05	粉粒 0.05～0.002	黏粒 <0.002		
Ah	0～12	0	514	237	249	砂质黏壤土	1.16
ACr	12～27	<2	610	284	106	砂质壤土	1.42
Cr1	27～45	<2	459	389	152	壤土	1.65
Cr2	45～60	0	704	177	119	砂质壤土	1.71
Cr3	60～90	<2	749	195	55	砂质壤土	1.74

榕山系代表性单个土体化学性质

深度/cm	pH(H₂O)	有机碳(C)/(g/kg)	全氮(N)/(g/kg)	全磷(P)/(g/kg)	全钾(K)/(g/kg)	CEC₇/[cmol(+)/kg]	碳酸钙相当物/(g/kg)
0～12	7.9	16.0	0.59	0.88	17.7	8.6	120
12～27	8.0	5.9	0.64	1.03	16.3	5.7	168
27～45	8.1	2.4	0.41	0.97	16.4	6.1	193
45～60	8.2	1.9	0.28	0.91	13.3	5.0	177
60～90	8.2	1.7	0.23	0.90	18.0	4.2	171

11.7　石灰紫色正常新成土

11.7.1　万红系（**Wanhong Series**）

土　　族：黏壤质长石型热性-石灰紫色正常新成土
拟定者：袁大刚，宋易高，张　楚

分布与环境条件　分布于会理、会东等中山中下部极陡坡，成土母质为侏罗系新村组紫红色砂页岩残坡积物，其他草地；中亚热带湿润气候，年均日照 2258～2388 h，年均气温 15.1～16.1℃，1 月平均气温 7.0～8.0℃，7 月平均气温 21.0～21.8℃，年均降水量 960～1131 mm，年干燥度<1.0。

万红系典型景观

土系特征与变幅　具淡薄表层、紫色砂页岩岩性特征、准石质接触面、湿润土壤水分状况、热性土壤温度状况、石灰性；有效土层厚度<25 cm，距矿质土表 25 cm 范围内出现紫色砂页岩准石质接触面，表层土壤质地为砂质黏壤土，排水中等。

对比土系　姜州系，空间位置相近，不同土纲，具雏形层，无紫色砂页岩岩性特征。大桥系，同土类不同亚类，无石灰性。

利用性能综述　土体浅薄，所处区域坡度大，应保护植被，防治水土流失。

参比土种　灰棕石骨土（N213）。

代表性单个土体　位于凉山彝族自治州会理县彰冠镇万红村，26°33′39.6″N，

102°18′49.8″E，中山中下部极陡坡，海拔 1821m，坡度为 60°，坡向为西南 218°，成土母质为侏罗系新村组紫红色砂页岩残坡积物，其他草地，准石质接触面处土温为 18.42℃。2015 年 8 月 1 日调查，编号为 51-070。

A：0～13cm，灰棕色（5YR 5/2，干），暗红棕色（5YR 3/2，润），砂质黏壤土，中等发育的小团粒状结构，疏松，多量细根，少量中度风化的棱角-次棱角状小岩石碎屑（少量10RP 5/2 斑块），轻度石灰反应，突变平滑过渡。

R：13～42cm，灰红紫色（10RP 5/2）砂页岩。

万红系代表性单个土体剖面

万红系代表性单个土体物理性质

| 土层 | 深度/cm | 石砾(>2mm，体积分数)/% | 细土颗粒组成(粒径：mm)/(g/kg) | | | 质地 | 容重/(g/cm³) |
			砂粒 2～0.05	粉粒 0.05～0.002	黏粒 <0.002		
A	0～13	10	472	212	316	砂质黏壤土	1.50

万红系代表性单个土体化学性质

深度/cm	pH(H₂O)	有机碳(C)/(g/kg)	全氮(N)/(g/kg)	全磷(P)/(g/kg)	全钾(K)/(g/kg)	CEC₇/[cmol(+)/kg]	碳酸钙相当物/(g/kg)
0～13	6.7	4.3	0.46	0.50	27.9	17.1	10

11.7.2　高何镇系（Gaohezhen Series）

土　　族：壤质盖粗骨质混合型热性-石灰紫色正常新成土
拟定者：袁大刚，樊瑜贤，蒲光兰

分布与环境条件　分布于邛崃、大邑等低山顶部中坡，成土母质为侏罗系蓬莱镇组紫红色砂泥岩残坡积物，有林地；亚热带湿润气候，年均日照 1061～1180 h，年均气温 14.6～16.4℃，1 月平均气温 4.0～5.8℃，7 月平均气温 24.0～25.7℃，年均降水量 1003～1123 mm，年干燥度 0.61～0.69。

高何镇系典型景观

土系特征与变幅　具淡薄表层、紫色砂页岩岩性特征、准石质接触面、湿润土壤水分状况、热性土壤温度状况、石灰性；有效土层厚度 30～50 cm，矿质土表下 30～50 cm 范围内出现紫色砂页岩准石质接触面；通体强石灰反应，碳酸钙相当物含量>100 g/kg；质地通体为粉土，排水中等。

对比土系　二龙村系，空间位置相近，同亚纲不同土类，无紫色砂页岩岩性特征，矿质土表下 25 cm 范围内出现准石质接触面，表层土壤质地为砂质壤土。夬石系，空间位置相近，不同土纲，具雏形层，无紫色砂页岩岩性特征，矿质土表下 125cm 范围内无准石质接触面，通体无石灰反应，表层土壤质地为壤土。

利用性能综述　土体浅薄，所处区域坡度较大，应保护植被，防治水土流失。

参比土种　棕紫石骨土（N313）。

代表性单个土体　位于成都市邛崃市高何镇沙坝村 10 组，30°19′08.7″N，103°09′24.2″E，低山顶部中坡，海拔 812m，坡度为 20°，成土母质为侏罗系蓬莱镇组紫红色砂泥岩残坡积物，有林地，准石质接触面处土温为 16.64℃。2015 年 2 月 11 日调查，编号为 51-010。

A： 0～20 cm，浊红棕色（5YR 5/3，干），暗红棕色（5YR 3/3，润），粉土，强发育的大亚角块状结构，很坚实，多量细根，中量中度风化的次棱角状中小岩石碎屑（5RP 6/2），强石灰反应，渐变平滑过渡。

C： 20～40 cm，灰棕色（5YR 6/2，干），暗红棕色（5YR 3/3，润），粉土，疏松，中量细根，很多中度风化的次棱角状中小岩石碎屑（5RP 6/2），疏松，极强石灰反应，模糊平滑过渡。

R： 40～80 cm，中度风化、节理发育的灰红紫色（10RP 6/2）砂泥岩。

高何镇系代表性单个土体剖面

高何镇系代表性单个土体物理性质

土层	深度/cm	石砾(>2mm，体积分数)/%	细土颗粒组成(粒径：mm)/(g/kg)			质地	容重/(g/cm³)
			砂粒 2～0.05	粉粒 0.05～0.002	黏粒 <0.002		
A	0～20	15	74	866	60	粉土	1.13
C	20～40	75	75	881	44	粉土	1.32

高何镇系代表性单个土体化学性质

深度/cm	pH(H₂O)	有机碳(C)/(g/kg)	全氮(N)/(g/kg)	全磷(P)/(g/kg)	全钾(K)/(g/kg)	CEC₇/[cmol(+)/kg]	碳酸钙相当物/(g/kg)
0～20	7.9	18.0	1.25	0.52	29.2	17.5	118
20～40	8.2	8.5	0.96	0.41	28.0	11.4	158

11.7.3　关圣系（Guansheng Series）

土　　族：壤质长石混合型热性-石灰紫色正常新成土
拟定者：袁大刚，陈剑科，蒲光兰

分布与环境条件　分布于隆昌、东兴、资中、威远、大安、贡井、荣县等丘陵上部缓坡，成土母质为侏罗系沙溪庙组紫红、紫灰、灰紫、黄灰色砂泥岩残坡积物，旱地；中亚热带湿润气候，年均日照 1196～1307 h，年均气温 17.5～18.0℃，1 月平均气温 6.9～7.4℃，7 月平均气温 26.9～27.2℃，年均降水量 967～1039 mm，年干燥度 0.73～0.85。

关圣系典型景观

土系特征与变幅　具淡薄表层、紫色砂页岩岩性特征、准石质接触面、湿润土壤水分状况、热性土壤温度状况、石灰性；有效土层厚度<25 cm，距矿质土表 25 cm 范围内出现紫色砂页岩准石质接触面；通体轻度石灰反应，碳酸钙相当物含量<20 g/kg；质地通体为壤土，排水中等。

对比土系　成佳系，空间位置相近，同亚类不同土族，矿物学类别为混合型。

利用性能综述　土体浅薄，不耐旱，须增厚土层；有机质含量低，氮磷有效养分不足，须增施有机肥，测土配方施肥；所处区域有一定坡度，注意防治水土流失。

参比土种　灰棕石骨土（N213）。

代表性单个土体　位于内江市隆昌市迎祥镇关圣村 1 组，29°24′16.1″N，105°11′29.5″E，丘陵上部缓坡，海拔 384m，坡度为 8°，坡向为东北 60°，成土母质为侏罗系沙溪庙组紫红、紫灰、灰紫、黄灰色砂泥岩残坡积物，旱地，油菜-玉米/大豆轮套作，准石质接触面处土温为 19.31℃。2016 年 1 月 28 日调查，编号为 51-156。

关圣系代表性单个土体剖面

Ap：0～12 cm，浊棕色（7.5YR 5/3，干），暗棕色（7.5YR 3/4，润），壤土，中等发育的屑粒状结构，疏松，少量中度风化的次棱角状小岩石碎屑（10RP 6/3），轻度石灰反应，渐变平滑过渡。

AC：12～22cm，浊棕色（7.5YR 5/3，干），暗棕色（7.5YR 3/4，润），壤土，中等发育的中亚角块状结构，疏松，中量中度风化的次棱角状小岩石碎屑（10RP 6/3），轻度石灰反应，清晰平滑过渡。

R：　22～65 cm，半风化的紫斑（10RP 6/3）砂泥岩。

关圣系代表性单个土体物理性质

| 土层 | 深度 /cm | 石砾 (>2mm，体积分数) /% | 细土颗粒组成(粒径：mm)/(g/kg) | | | 质地 | 容重 /(g/cm³) |
			砂粒 2～0.05	粉粒 0.05～0.002	黏粒 <0.002		
Ap	0～12	5	451	375	174	壤土	1.46
AC	12～22	10	450	374	176	壤土	1.53

关圣系代表性单个土体化学性质

深度 /cm	pH(H₂O)	有机碳(C) /(g/kg)	全氮(N) /(g/kg)	全磷(P) /(g/kg)	全钾(K) /(g/kg)	CEC₇ /[cmol(+)/kg]	碳酸钙相当物 /(g/kg)	有效磷(P) /(g/kg)
0～12	7.5	4.9	0.68	0.51	19.5	16.9	13	5.3
12～22	7.4	3.8	0.57	0.45	21.1	18.7	13	3.0

11.7.4　成佳系（Chengjia Series）

土　　族：壤质混合型热性-石灰紫色正常新成土
拟定者：袁大刚，付宏阳，蒲光兰

分布与环境条件　分布于贡井、荣县、大安、隆昌、威远、资中、东兴等丘陵下部中缓坡，成土母质为侏罗系沙溪庙组紫红、紫灰、黄灰色砂泥岩残坡积物，旱地；中亚热带湿润气候，年均日照 1196～1307 h，年均气温 17.5～18.0℃，1 月平均气温 6.9～7.4℃，7 月平均气温 26.9～27.2℃，年均降水量 967～1039 mm，年干燥度 0.73～0.85。

成佳系典型景观

土系特征与变幅　具淡薄表层、紫色砂页岩岩性特征、准石质接触面、湿润土壤水分状况、热性土壤温度状况、石灰性；有效土层厚度<25 cm，距矿质土表 25 cm 范围内出现紫色砂页岩准石质接触面；通体中度石灰反应，碳酸钙相当物含量>30 g/kg；表层土壤质地为壤土，排水中等。

对比土系　关圣系，空间位置相近，同亚类不同土族，矿物学类别为长石混合型。

利用性能综述　土体浅薄，不耐旱，须增厚土层；有机质含量低，氮磷有效养分不足，须增施有机肥，测土配方施肥；所处区域坡度较大，易发生水土流失，应采取退耕还林还草、坡改梯等措施防治。

参比土种　钙紫石骨土（N353）。

代表性单个土体　位于自贡市贡井区成佳镇四平村 1 组，29°23′00.0″N，104°37′51.7″E，丘陵下部中缓坡，海拔 440m，坡度为 10°，坡向为南 200°，成土母质为侏罗系沙溪庙组紫红、紫灰、黄灰色砂泥岩残坡积物，旱地，撂荒，准石质接触面处土温为 19.82℃。2016年 1 月 20 日调查，编号为 51-138。

Ap：0～14 cm，灰红色（2.5YR 5/2，干），极暗红棕色（2.5YR 2/2，润），壤土，中等发育的小亚角块状结构，稍坚实-坚实，中量中等风化的次棱角状中小岩石碎屑（10RP 4/2），中度石灰反应，清晰平滑过渡。

R：14～27 cm，半风化的紫斑（10RP 4/2）砂泥岩。

成佳系代表性单个土体剖面

成佳系代表性单个土体物理性质

土层	深度 /cm	石砾 (>2mm，体积分数) /%	细土颗粒组成(粒径：mm)/(g/kg)			质地	容重 /(g/cm³)
			砂粒 2～0.05	粉粒 0.05～0.002	黏粒 <0.002		
Ap	0～14	10	364	463	172	壤土	1.56

成佳系代表性单个土体化学性质

深度 /cm	pH(H₂O)	有机碳(C) /(g/kg)	全氮(N) /(g/kg)	全磷(P) /(g/kg)	全钾(K) /(g/kg)	CEC₇ /[cmol(+)/kg]	碳酸钙相当物 /(g/kg)	有效磷(P) /(g/kg)
0～14	7.9	3.4	0.35	0.52	23.9	14.9	35	0.9

11.8　普通紫色正常新成土

11.8.1　大桥系（Daqiao Series）

土　　族：粗骨砂质混合型非酸性热性-普通紫色正常新成土
拟定者：袁大刚，宋易高，张　楚

分布与环境条件　分布于美姑、昭觉等中山下部极陡坡，成土母质为二叠系宣威组灰、紫红色铝土质页岩、黑色碳质页岩夹砂岩、粉砂岩及含铜砂页岩残坡积物，其他草地；中亚热带湿润气候，年均日照 1810～1873 h，年均气温 15.1～15.3℃，1 月平均气温 5.6～5.9℃，7 月平均气温 23.4～23.6℃，年均降水量 818～1022 mm，年干燥度 0.90～1.00。

大桥系典型景观

土系特征与变幅　具淡薄表层、紫色砂页岩岩性特征、准石质接触面、湿润土壤水分状况、热性土壤温度状况；有效土层厚度<30 cm，距矿质土表 30cm 范围内出现紫色砂页岩准石质接触面，土壤中石砾含量>25%；质地构型为砂质壤土-壤质砂土，排水中等。

对比土系　四比齐系，空间位置相近，不同土纲，具雏形层，无紫色砂页岩岩性特征。万红系，同土类不同亚类，有石灰性。

利用性能综述　土体浅薄，所处区域坡度大，应保护植被，防治水土流失。

参比土种　暗紫石骨土（N223）。

代表性单个土体　位于凉山彝族自治州美姑县大桥乡新农村，28°7′44.9″N，103°0′25.7″E，中山下部极陡坡，海拔 1419m，坡度为 45°，坡向为西南 245°，成土母质为二叠系宣威组灰、紫红色铝土质页岩、黑色碳质页岩夹砂岩、粉砂岩及含铜砂页岩残坡积物，其他草地，准石质接触面处土温为 17.95℃。2015 年 8 月 24 日调查，编号为 51-113。

A：　0～13cm，浊红棕色（5YR 4/3，干），暗红棕色（2.5YR 2/3，润），砂质壤土，中等发育的中小亚角块状结构，疏松，多量细根，多量中度风化的棱角–次棱角状中小岩石碎屑（7.5RP 3/2），渐变平滑过渡。

AC：13～26cm，灰棕色（5YR 4/2，干），极暗红棕色（2.5YR 2/3，润），壤质砂土，弱发育的中小亚角块状结构，稍坚实，多量细根，很多中度风化的棱角–次棱角状中小岩石碎屑（7.5RP 3/2），渐变平滑过渡。

R：　26～50cm，紫斑（7.5RP 3/2）砂页岩。

大桥系代表性单个土体剖面

大桥系代表性单个土体物理性质

| 土层 | 深度 /cm | 石砾 (>2mm，体积分数) /% | 细土颗粒组成(粒径：mm)/(g/kg) | | | 质地 | 容重 /(g/cm³) |
			砂粒 2～0.05	粉粒 0.05～0.002	黏粒 <0.002		
A	0～13	25	700	261	39	砂质壤土	1.28
AC	13～26	60	761	206	32	壤质砂土	1.54

大桥系代表性单个土体化学性质

深度 /cm	pH(H₂O)	有机碳(C) /(g/kg)	全氮(N) /(g/kg)	全磷(P) /(g/kg)	全钾(K) /(g/kg)	CEC₇ /[cmol(+)/kg]
0～13	7.0	9.9	0.72	0.95	9.5	24.7
13～26	7.2	3.6	0.25	1.25	4.9	25.1

11.9　普通红色正常新成土

11.9.1　赤岩系（Chiyan Series）

土　　族：黏壤质混合型非酸性热性-普通红色正常新成土
拟定者：袁大刚，付宏阳，蒲光兰

分布与环境条件　分布于翠屏、宜宾、长宁、南溪等丘陵顶部微坡，成土母质为白垩系嘉定群棕红色长石石英砂岩夹泥岩、页岩、细砂岩残坡积物，旱地；中亚热带湿润气候，年均日照 1136～1198 h，年均气温 17.2～18.3℃，1 月平均气温 7.1～8.0℃，7 月平均气温 26.2～27.5℃，年均降水量 1074～1177 mm，年干燥度 0.63～0.69。

赤岩系典型景观

土系特征与变幅　具淡薄表层、红色砂页岩岩性特征、准石质接触面、半干润土壤水分状况、热性土壤温度状况；有效土层厚度<25 cm，距矿质土表 25 cm 范围内出现红色砂页岩准石质接触面，质地通体为壤土，排水中等。

对比土系　高场系，空间位置相近，不同土纲，具雏形层，矿质土表下 125 cm 范围内无石质或准石质接触面，表层土壤质地为砂质壤土。

利用性能综述　土体浅薄，不耐旱，应完善灌溉系统。

参比土种　红紫砂泥土（N111）。

代表性单个土体　位于宜宾市翠屏区宗场乡赤岩村 3 组，28°49′43.9″N，104°34′27.3E，丘陵顶部微坡，海拔 465m，坡度为 5°，坡向为南 199°，成土母质为白垩系嘉定群棕红色长石石英砂岩夹泥岩、页岩、细砂岩残坡积物，旱地，油菜-玉米/大豆轮套作，准石质接触面处土温为 19.12℃。2016 年 1 月 22 日调查，编号为 51-140。

Ap：　0～12cm，亮红棕色（5YR 5/6，干），浊红棕色（5YR 4/4，润），壤土，强发育的屑粒状结构，疏松，少量中度风化的棱角-次棱角状中小红色（10R 5/8）砂页岩碎屑，渐变平滑过渡。

AC：12～20cm，红色（10R 5/8，干），红色（10R 5/8，润），壤土，中等发育的中亚角块状结构，坚实，中量中度风化的棱角-次棱角状大小红色（10R 5/8）砂页岩碎屑，渐变平滑过渡。

R：　20～65 cm，红色（10R 5/8）砂岩。

赤岩系代表性单个土体剖面

赤岩系代表性单个土体物理性质

土层	深度 /cm	石砾 (>2mm，体积分数) /%	细土颗粒组成(粒径：mm)/(g/kg)			质地	容重 /(g/cm³)
			砂粒 2～0.05	粉粒 0.05～0.002	黏粒 <0.002		
Ap	0～12	2	507	280	213	壤土	0.97
AC	12～20	10	316	446	238	壤土	1.45

赤岩系代表性单个土体化学性质

深度 /cm	pH		有机碳(C) /(g/kg)	全氮(N) /(g/kg)	全磷(P) /(g/kg)	全钾(K) /(g/kg)	CEC₇ /[cmol(+)/kg]	有效磷(P) /(mg/kg)
	H₂O	KCl						
0～12	5.7	4.9	32.9	1.53	1.42	14.5	13.1	60.0
12～20	4.2	3.7	5.2	0.52	0.35	29.0	15.0	13.4

11.10　石质寒冻正常新成土

11.10.1　绒岔系（Rongcha Series）

土　　族：粗骨砂质长石混合型石灰性-石质寒冻正常新成土
拟定者：袁大刚，张　楚，宋易高

分布与环境条件　分布于德格、甘孜等高山坡麓中缓坡，成土母质为第四系全新统冰碛物，有林地；山地高原温带半湿润气候，年均日照 2044～2642 h，年均气温 3.5～4.0℃，1 月平均气温–6.0～–5.7℃，7 月平均气温 11.6～12.4℃，年均降水量 612～636 mm，年干燥度 1.48～1.56。

绒岔系典型景观

土系特征与变幅　具暗沃表层、半干润土壤水分状况、冷性土壤温度状况、冻融特征、石灰性；有效土层厚度 100～150 cm，质地通体为砂质壤土，排水良好。

对比土系　恩洞系，空间位置相近，不同土纲，具雏形层，表层土壤质地为壤土。瓦切系，同亚类不同土族，矿质土表下 25 cm 范围内具石质接触面。

利用性能综述　所处区域有一定坡度，应保护植被，防治土壤侵蚀。

参比土种　黑石块土（J612）。

代表性单个土体　位于甘孜藏族自治州德格县错阿乡绒岔村，31°47′40.0″N，99°28′55.4″E，高山坡麓中缓坡，海拔 3644m，坡度为 10°，坡向为北 354°，成土母质为第四系全新统冰碛物，有林地，土表下 50 cm 深度处土温为 7.06℃。2015 年 7 月 19 日调查，编号为 51-046。

Ah: 0～22 cm，灰黄棕色（10YR 4/2，干），黑棕色（10YR 3/2，润），砂质壤土，强度发育小团粒状结构，疏松，多量细根，多量中度风化的棱角-次棱角状中小岩石碎屑，中度石灰反应，清晰波状过渡。

C1: 22～45 cm，浊黄棕色（10YR 5/4，干），棕色（10YR 4/4，润），砂质壤土，疏松，中量细根，很多中度风化的棱角-次棱角状中小岩石碎屑，强石灰反应，渐变间断过渡。

C2: 45～70 cm，亮黄棕色（10YR 6/6，干），黄棕色（10YR 5/6，润），砂质壤土，稍坚实，少量细根，很多中度风化的棱角-次棱角状大中岩石碎屑，强石灰反应，渐变不规则过渡。

绒岔系代表性单个土体剖面

C3: 70～95 cm，橙色（7.5YR 6/6，干），亮棕色（7.5YR 5/6，润），砂质壤土，稍坚实，极少量细根，极多中度风化的棱角-次棱角状大中岩石碎屑，强石灰反应，清晰平滑过渡。

C4: 95～145 cm，浊黄橙色（10YR 6/4，干），浊黄棕色（10YR 5/4，润），砂质壤土，稍坚实，多量中度风化的棱角-次棱角状中块到很大块的岩石碎屑，中度石灰反应。

绒岔系代表性单个土体物理性质

土层	深度 /cm	石砾 (>2mm，体积分数) /%	细土颗粒组成(粒径：mm)/(g/kg)			质地	容重 /(g/cm³)
			砂粒 2～0.05	粉粒 0.05～0.002	黏粒 <0.002		
Ah	0～22	30	606	296	99	砂质壤土	0.85
C1	22～45	70	562	341	97	砂质壤土	1.15
C2	45～70	70	664	240	96	砂质壤土	1.26
C3	70～95	80	712	240	48	砂质壤土	1.39
C4	95～145	55	514	437	49	砂质壤土	1.42

绒岔系代表性单个土体化学性质

深度 /cm	pH(H₂O)	有机碳(C) /(g/kg)	全氮(N) /(g/kg)	全磷(P) /(g/kg)	全钾(K) /(g/kg)	CEC₇ /[cmol(+)/kg]	碳酸钙相当物 /(g/kg)	C/N
0～22	7.5	52.9	5.01	0.90	22.4	27.6	36	10.6
22～45	7.9	16.6	1.16	0.62	21.8	17.4	208	14.4
45～70	8.2	10.9	0.94	0.62	17.9	14.6	340	11.6
70～95	8.2	6.6	0.40	0.50	13.7	7.3	468	16.7
95～145	8.2	5.7	0.38	0.53	24.5	6.6	143	15.0

11.10.2　瓦切系（Waqie Series）

土　　族：壤质硅质混合型非酸性-石质寒冻正常新成土
拟定者：袁大刚，张　楚，蒲光兰

分布与环境条件　分布于红原等丘状高原山丘上部中缓坡，成土母质为三叠系杂谷脑组灰-深灰色变质钙质长石石英砂岩、石英砂岩夹粉砂质板岩、碳质千枚岩残坡积物，天然牧草地；高原亚寒带半湿润气候，年均日照 2352～2418 h，年均气温 1.2～2.0℃，1 月平均气温-10.2～-9.2℃，7 月平均气温 11.0～11.2℃，年均降水量 712～753 mm，年干燥度 1.02～1.15。

瓦切系典型景观

土系特征与变幅　具草毡表层、石质接触面、半干润土壤水分状况、冷性土壤温度状况、冻融特征；出露岩石占地表面积<5%；地表粗碎块占地表面积 15%～50%；有效土层厚度<25 cm，距矿质土表 25 cm 范围内出现石质接触面，表层土壤质地为粉质壤土，排水中等。

对比土系　绒岔系，同亚类不同土族，矿质土表下 125 cm 范围内无石质接触面，但矿质土表下 50cm 范围内一半以上土层石砾含量≥70%。

利用性能综述　土体浅薄，防治超载放牧，防治土壤侵蚀。

参比土种　薄层黑毡土（W115）。

代表性单个土体　位于阿坝藏族羌族自治州红原县瓦切镇（瓦切牧场），33°05′0.71″N，102°36′0.2″E，丘状高原山丘上部中缓坡，海拔 3476m，坡度为 10°，成土母质为三叠系杂谷脑组灰-深灰色变质钙质长石石英砂岩、石英砂岩夹粉砂质板岩、碳质千枚岩残坡积物，天然牧草地，石质接触面处土温为 5.75℃。2015 年 7 月 1 日调查，编号为 51-026。

Oo： 0～15 cm，暗棕色（7.5YR 3/3，干），黑色（7.5YR 2/1，润），粉质壤土，强发育小团粒状结构，疏松，多量细根交织盘结，有一定弹性，铁铲不易挖掘，中量微风化的棱角状大岩石碎屑，突变不规则过渡。

R： 15～60 cm，节理发育的灰色变质钙质石英砂岩。

瓦切系代表性单个土体剖面

瓦切系代表性单个土体物理性质

| 土层 | 深度/cm | 石砾(>2mm，体积分数)/% | 细土颗粒组成(粒径： mm)/(g/kg) | | | 质地 | 容重/(g/cm³) |
			砂粒 2～0.05	粉粒 0.05～0.002	黏粒 <0.002		
Oo	0～15	15	299	550	150	粉质壤土	0.79

瓦切系代表性单个土体化学性质

| 深度/cm | pH | | 有机碳(C)/(g/kg) | 全氮(N)/(g/kg) | 全磷(P)/(g/kg) | 全钾(K)/(g/kg) | CEC₇/[cmol(+)/kg] | C/N |
	H₂O	KCl						
0～15	6.3	4.6	66.4	4.00	1.11	19.9	27.6	16.6

11.11　石质干润正常新成土

11.11.1　桃坪系（Taoping Series）

土　族：粗骨砂质混合型非酸性温性-石质干润正常新成土
拟定者：袁大刚，张　楚，蒲光兰

分布与环境条件　分布于理县、汶川、茂县等中山下部陡坡，成土母质为志留系通化组灰、灰绿色千枚岩、片岩、变质石英砂岩夹灰岩坡积物，其他草地；山地高原暖温带半湿润气候，年均日照 1566～1706 h，年均气温 11.2～12.7℃，1 月平均气温 0.4～2.4℃，7 月平均气温 20.8～21.9℃，年均降水量 493～591 mm，年干燥度 1.54～1.96。

桃坪系典型景观

土系特征与变幅　具淡薄表层、半干润土壤水分状况、温性土壤温度状况等；出露岩石占地表面积 15%～50%；地表粗碎块占地表面积≥50%；有效土层厚度 100～150 cm，表层土壤质地为壤质砂土，土壤中岩石碎屑>50%，排水过快。

对比土系　大朗坝系，空间位置相近，同土纲不同亚纲，具冲积物岩性特征、冷性土壤温度状况、石灰性。

利用性能综述　土壤中石砾含量高，所处区域地势陡峭，宜保护植被，防治土壤侵蚀。

参比土种　暗褐石块土（J611）。

代表性单个土体　位于阿坝藏族羌族自治州理县桃坪乡桃坪村裕丰岩，31°33′48.4″N，

103°25′59.2″E，中山下部陡坡，海拔 1529m，坡度为 45°，坡向为东北 54°，成土母质为志留系通化组灰、灰绿色千枚岩、片岩、变质石英砂岩夹灰岩坡积物，其他草地，土表下 50 cm 深度处土温为 15.04℃。2015 年 7 月 3 日调查，编号为 51-031。

Ah： 0～15 cm，暗灰黄色（2.5Y 5/2，干），黑棕色（2.5Y 3/1，润），壤质砂土，强发育小团粒状结构，疏松，多量细根，很多微风化的棱角状中小岩石碎屑，轻度石灰反应，清晰平滑过渡。

C1： 15～42 cm，暗灰黄色（2.5Y 5/2，干），黑棕色（2.5Y 3/2，润），砂质壤土，疏松，中量细根，很多微风化的棱角状大中岩石碎屑，无石灰反应，清晰平滑过渡。

C2： 42～56 cm，灰黄色（2.5Y 6/2，干），暗灰黄色（2.5Y 4/2，润），砂质壤土，松散，极少粗根，极多微风化的棱角状大中岩石碎屑，无石灰反应，清晰平滑过渡。

C3： 56～130 cm，灰白色（2.5Y 8/1，干），黄灰色（2.5Y 5/1，润），松散，极多微风化的棱角状大中岩石碎屑，无石灰反应。

桃坪系代表性单个土体剖面

桃坪系代表性单个土体物理性质

土层	深度 /cm	石砾 (>2mm，体积分数) /%	细土颗粒组成(粒径：mm)/(g/kg)			质地	容重 /(g/cm³)
			砂粒 2～0.05	粉粒 0.05～0.002	黏粒 <0.002		
Ah	0～15	65	763	190	47	壤质砂土	1.14
C1	15～42	50	716	237	47	砂质壤土	1.31
C2	42～56	60	717	236	47	砂质壤土	1.31
C3	56～130	90	—	—	—	—	—

桃坪系代表性单个土体化学性质

深度 /cm	pH(H₂O)	有机碳(C) /(g/kg)	全氮(N) /(g/kg)	全磷(P) /(g/kg)	全钾(K) /(g/kg)	CEC₇ /[cmol(+)/kg]	碳酸钙相当物 /(g/kg)
0～15	7.8	17.3	1.34	0.49	32.9	16.9	11
15～42	7.7	8.9	0.54	0.31	44.9	8.8	8
42～56	7.6	8.9	0.75	0.38	44.0	7.9	8

11.11.2　忠仁达系（Zhongrenda Series）

土　族：粗骨壤质长石混合型石灰性温性-石质干润正常新成土
拟定者：袁大刚，张　楚，宋易高

分布与环境条件　分布于炉霍、甘孜等高山坡麓中缓坡，成土母质为第四系洪积物，灌木林地或其他草地；山地高原温带半湿润气候，年均日照 2605～2642 h，年均气温 5.6～6.3℃，1 月平均气温–4.4～–3.7℃，7 月平均气温 14.0～14.6℃，年均降水量 636～652 mm，年干燥度 1.56～1.59。

忠仁达系典型景观

土系特征与变幅　具淡薄表层、钙积现象、半干润土壤水分状况、温性土壤温度状况、石灰性等；有效土层厚度 100～150 cm，表层土壤质地为粉质壤土，土壤中岩石碎屑≥55%，排水过快。

对比土系　桃坪系，同亚类不同土族，颗粒大小级别为粗骨砂质，矿物学类别为混合型，酸碱反应类别为非酸性。更知系，空间位置相近，不同土纲，具钙积层，冷性土壤温度状况，土壤中未见石砾。

利用性能综述　所处区域坡度较大，且土体石砾含量高，可发展灌草，保护植被，防治水土流失。

参比土种　暗褐石块土（J611）。

代表性单个土体　位于甘孜藏族自治州炉霍县斯木乡忠仁达村，31°15′14.6″N，100°47′56.1″E，高山坡麓中缓坡，海拔 3102m，坡度为 10°，坡向为北 18°，成土母质为第四系洪积物,灌木林地,土表下 50 cm 深度处土温为 10.34℃。2015 年 7 月 20 日调查,编号为 51-049。

Ahk: 0～18 cm,浊棕色（7.5YR 5/4,干）,棕色（7.5YR 4/4,润）,粉质壤土,中等发育的小亚角块状结构,稍坚实-坚实,中量细根,很少假菌丝体,很多微风化的棱角状小岩石碎屑,中度石灰反应,清晰平滑过渡。

Ck1: 18～38 cm,浊黄橙色（10YR 6/3,干）,棕色（10YR 4/6,润）,粉质壤土,稍坚实,很少细根,少量假菌丝体,很多微风化的棱角状中小岩石碎屑,中度石灰反应,渐变平滑过渡。

Ck2: 38～70 cm,浊橙色（7.5YR 6/4,干）,棕色（7.5YR 4/6,润）,壤土,稍坚实,极少量细根,很少假菌丝体,很多微风化的棱角状大中岩石碎屑,中度石灰反应,清晰平滑过渡。

忠仁达系代表性单个土体剖面

C: 70～120 cm,浊黄橙色（10YR 6/4,干）,棕色（7.5YR 4/6,润）,砂质壤土,稍坚实,极多微风化的棱角状大中岩石碎屑,中度石灰反应。

忠仁达系代表性单个土体物理性质

| 土层 | 深度 /cm | 石砾 (>2mm,体积分数) /% | 细土颗粒组成(粒径: mm)/(g/kg) | | | 质地 | 容重 /(g/cm³) |
			砂粒 2～0.05	粉粒 0.05～0.002	黏粒 <0.002		
Ahk	0～18	55	379	526	96	粉质壤土	1.14
Ck1	18～38	60	383	522	95	粉质壤土	1.48
Ck2	38～70	70	429	476	95	壤土	1.48
C	70～120	85	479	474	47	砂质壤土	1.46

忠仁达系代表性单个土体化学性质

深度 /cm	pH(H₂O)	有机碳(C) /(g/kg)	全氮(N) /(g/kg)	全磷(P) /(g/kg)	全钾(K) /(g/kg)	CEC₇ /[cmol(+)/kg]	碳酸钙相当物 /(g/kg)
0～18	8.1	16.9	1.57	0.84	19.9	10.2	97
18～38	8.7	4.7	0.61	0.67	20.1	7.0	98
38～70	8.5	4.7	0.47	0.63	16.3	7.0	109
70～120	8.5	4.9	0.49	0.57	18.5	6.0	132

11.11.3　斑鸠湾系（**Banjiuwan Series**）

土　族：砂质混合型非酸性热性-石质干润正常新成土
拟定者：袁大刚，宋易高，张　楚

分布与环境条件　分布于仁和、盐边等中山顶部台地，成土母质为元古宇石英闪长岩残积物，其他草地；南亚热带半湿润气候，年均日照 2362～2709h，年均气温 19.2～20.3℃，1 月平均气温 10.4～12.0℃，7 月平均气温 24.7 ～25.7℃，年均降水量 762～1076 mm，年干燥度 1.13～1.74。

斑鸠湾系典型景观

土系特征与变幅　具淡薄表层、准石质接触面、半干润土壤水分状况、热性土壤温度状况；有效土层厚度≤25 cm，距矿质土表 25cm 范围内出现准石质接触面，质地通体为砂土，排水良好。

对比土系　金江系，空间位置相邻，不同土纲，土体深厚，距矿质土表 125cm 范围内无准石质接触面，具雏形层。

利用性能综述　土层浅薄，宜发展草业，保护植被。

参比土种　鱼眼砂土（O211）。

代表性单个土体　位于攀枝花市仁和区金江镇斑鸠湾村瓦房组，26°29′50.2″N，101°47′44.4″E，中山顶部台地，海拔 1386m，成土母质为元古宇石英闪长岩残积物，其他草地，准石质接触面处土温为 21.29℃。2015 年 7 月 30 日调查，编号为 51-065。

A: 0～15cm，灰白色（2.5Y 8/2，干），亮黄棕色（2.5Y 6/6，润），砂土，疏松，中量细根，少量强风化的次棱角状小岩石碎屑，清晰平滑过渡。

C: 15～25cm，灰白色（2.5Y 8/2，干），黄棕色（2.5Y 5/6，润），砂土，疏松，少量细根，清晰平滑过渡。

R: 25～43cm，杂色花岗岩半风化体。

斑鸠湾系代表性单个土体剖面

斑鸠湾系代表性单个土体物理性质

| 土层 | 深度 /cm | 石砾 (>2mm，体积分数) /% | 细土颗粒组成(粒径：mm) /(g/kg) | | | 质地 | 容重 /(g/cm³) |
			砂粒 2～0.05	粉粒 0.05～0.002	黏粒 <0.002		
A	0～15	5	875	88	34	砂土	1.41
C	15～25	20	820	97	44	砂土	1.47

斑鸠湾系代表性单个土体化学性质

深度 /cm	pH(H₂O)	有机碳(C) /(g/kg)	全氮(N) /(g/kg)	全磷(P) /(g/kg)	全钾(K) /(g/kg)	CEC₇ / [cmol(+)/kg]
0～15	7.6	6.1	0.18	1.5	14.7	16.7
15～25	7.2	4.7	0.17	1.9	13.5	14.1

11.12　钙质湿润正常新成土

11.12.1　工农系（Gongnong Series）

土　　族：粗骨砂质混合型热性-钙质湿润正常新成土
拟定者：袁大刚，樊瑜贤，蒲光兰

分布与环境条件　分布于北川、江油等低山中部中坡，成土母质为三叠系嘉陵江组紫红色白云岩、白云质灰岩夹泥岩残坡积物，灌木林地；中亚热带湿润气候，年均日照 930～1371 h，年均气温 15.2～16.0℃，1 月平均气温 4.7～5.2℃，7 月平均气温 24.4～25.7℃，年均降水量 1137～1417 mm，年干燥度 0.48～0.63。

工农系典型景观

土系特征与变幅　具淡薄表层、碳酸盐岩岩性特征、石质接触面、湿润土壤水分状况、热性土壤温度状况、石灰性；出露岩石占地表面积 5%～15%，间距 20～50 m；有效土层厚度≤30 cm，距矿质土表 30cm 范围内出现碳酸盐岩石质接触面；通体极强石灰反应，碳酸钙相当物含量>150 g/kg；表层土壤质地为砂质壤土，排水中等。

对比土系　小弯子系，同亚类不同土族，无石灰性，土壤基质色调为 5YR，颗粒大小级别为壤质，矿物学类别为长石混合型。

利用性能综述　土体浅薄，所处区域坡度大，应保护植被，防治水土流失。

参比土种　石灰黄砂泥土（M112）。

代表性单个土体　位于绵阳市北川羌族自治县永安镇工农村，31°41′43.5″N，

104°28′14.5″E，低山中部中坡，海拔 765m，坡度为 20°，成土母质为三叠系嘉陵江组紫红色白云岩、白云质灰岩夹泥岩残坡积物，灌木林地，石质接触面处土温为 16.69℃。2015年 8 月 10 日调查，编号为 51-084。

Ah：　0～14 cm，浊黄棕色（10YR 5/4，干），暗棕色（10YR 3/4，润），砂质壤土，强度发育的中小亚角块状结构，疏松，多量细根，多量中度风化的棱角状中小岩石碎屑，极强石灰反应，清晰平滑过渡。

C：　14～30cm，橙白色（7.5YR 8/1，干），淡黄橙色（7.5YR 8/3，润），砂土，极坚实，中量细根，很多中度风化的棱角状中小岩石碎屑，极强石灰反应，渐变平滑过渡。

R：　30～90cm，紫红色碳酸盐岩。

工农系代表性单个土体剖面

工农系代表性单个土体物理性质

土层	深度/cm	石砾(>2mm，体积分数)/%	细土颗粒组成(粒径：mm)/(g/kg)			质地	容重/(g/cm³)
			砂粒 2～0.05	粉粒 0.05～0.002	黏粒 <0.002		
Ah	0～14	30	731	145	124	砂质壤土	1.08
C	14～30	50	888	52	60	砂土	1.68

工农系代表性单个土体化学性质

深度/cm	pH(H₂O)	有机碳(C)/(g/kg)	全氮(N)/(g/kg)	全磷(P)/(g/kg)	全钾(K)/(g/kg)	CEC₇/[cmol(+)/kg]	碳酸钙相当物/(g/kg)
0～14	7.9	21.5	1.52	0.08	8.7	19.1	165
14～30	8.9	2.1	0.38	0.0001	1.6	16.8	486

11.12.2　小弯子系（Xiaowanzi Series）

土　　族：壤质长石混合型热性-钙质湿润正常新成土
拟定者：袁大刚，宋易高，张　楚

分布与环境条件　分布于会东、会理、宁南等中山中部中缓坡，成土母质为寒武系娄山关组（原二道水组）灰色中厚层-块状白云岩、白云质灰岩夹少量石英砂岩、泥质岩及薄层灰岩残坡积物，有林地；中亚热带湿润气候，年均日照 2258～2388 h，年均气温 13.3～15.1℃，1 月平均气温 4.2～7.0℃，7 月平均气温 18.2～21.0℃，年均降水量 960～1131 mm，年干燥度<1.0。

小弯子系典型景观

土系特征与变幅　具淡薄表层、碳酸盐岩岩性特征、石质接触面、湿润土壤水分状况、热性土壤温度状况；出露岩石占地表面积 5%～15%，间距 20～50 m；有效土层厚度<30 cm，距矿质土表 30cm 范围内出现碳酸盐岩石质接触面；表层土壤质地为壤土，排水中等。

对比土系　工农系，同亚类不同土族，有石灰性，土壤基质色调为 10YR，颗粒大小级别为粗骨砂质，矿物学类别为混合型。

利用性能综述　土体浅薄，所处区域坡度大，应保护植被，防治水土流失。

参比土种　红石渣土（M213）。

代表性单个土体　位于凉山彝族自治州会东县堵格镇小弯子村，26°40′36.4″N，102°37′14.6″E，中山中部中缓坡，海拔 2176m，坡度为 15°，坡向为西南 222°，成土母质为寒武系娄山关组（原二道水组）灰色中厚层-块状白云岩、白云质灰岩夹少量石英砂岩、泥质岩及薄层灰岩残坡积物，有林地，石质接触面处土温为 16.17℃。2015 年 8 月 2 日调查，编号为 51-073。

A：0～20cm，橙色（5YR 6/6，干），红棕色（5YR 4/8，润），壤土，中等发育的小亚角块状结构，坚实，多量细根，少量中度风化的棱角-次棱角状中小岩石碎屑，突变不规则过渡。

R：20～36cm，灰色石灰岩。

小弯子系代表性单个土体剖面

小弯子系代表性单个土体物理性质

土层	深度 /cm	石砾 (>2mm，体积分数) /%	细土颗粒组成(粒径：mm)/(g/kg)			质地	容重 /(g/cm³)
			砂粒 2～0.05	粉粒 0.05～0.002	黏粒 <0.002		
A	0～20	15	417	466	117	壤土	1.53

小弯子系代表性单个土体化学性质

深度 /cm	pH(H₂O)	有机碳(C) /(g/kg)	全氮(N) /(g/kg)	全磷(P) /(g/kg)	全钾(K) /(g/kg)	CEC₇ /[cmol(+)/kg]
0～20	6.6	3.8	0.71	0.23	41.2	13.5

11.13　石质湿润正常新成土

11.13.1　驷马系（Sima Series）

土　　族：粗骨壤质盖粗骨质混合型石灰性热性-石质湿润正常新成土
拟定者：袁大刚，付宏阳，陈剑科

分布与环境条件　分布于平昌、通江、恩阳、巴州、宣汉等低山中部缓坡，成土母质为白垩系苍溪组棕红、紫红色泥岩夹砂岩残坡积物，有林地；中亚热带湿润气候，年均日照 1425～1588 h，年均气温 16.6～17.1℃，1 月平均气温 5.5～5.7℃，7 月平均气温 27.2～27.5℃，年均降水量 1089～1223 mm，年干燥度 0.69～0.74。

驷马系典型景观

土系特征与变幅　具淡薄表层、准石质接触面、湿润土壤水分状况、热性土壤温度状况、石灰性；有效土层厚度 30～50 cm，矿质土表下 30～50 cm 范围内出现准石质接触面；质地通体为壤土，排水中等。

对比土系　桥坝系，空间位置相近，不同土纲，具雏形层、紫色砂页岩岩性特征。

利用性能综述　土体浅薄，石砾含量高，所处区域有一定坡度，宜发展林草，保护植被，防治水土流失。

参比土种　黄红紫石骨土（N333）。

代表性单个土体　位于巴中市平昌县驷马镇民众村 6 组，31°44′42.9″N，107°01′32.7″E，低山中部缓坡，海拔 413m，坡度为 8°，坡向为东北 38°，成土母质为白垩系苍溪组棕红、紫红色泥岩夹砂岩残坡积物，有林地，准石质接触面处土温为 18.25℃。2016 年 7 月 26 日调查，编号为 51-180。

Ah：0～20cm，橙色（5YR 6/8，干），红棕色（5YR 4/6，润），壤土，中等发育的中小亚角块状结构，坚实，多量细根，少量中根，多量中度风化的棱角-次棱角状中小岩石碎屑，极强石灰反应，渐变平滑过渡。

C：20～36 cm，橙色（5YR 7/8，干），亮红棕色（5YR 5/6，润），壤土，坚实，中量细根，很少粗根，很多中度风化的棱角-次棱角状大小岩石碎屑，极强石灰反应，渐变平滑过渡。

R：36～80cm，紫红色砂泥岩。

驷马系代表性单个土体剖面

驷马系代表性单个土体物理性质

土层	深度/cm	石砾(>2mm, 体积分数)/%	细土颗粒组成(粒径：mm)/(g/kg) 砂粒 2～0.05	粉粒 0.05～0.002	黏粒 <0.002	质地	容重/(g/cm³)
Ah	0～20	25	472	419	109	壤土	1.26
C	20～36	75	473	389	138	壤土	1.49

驷马系代表性单个土体化学性质

深度/cm	pH(H₂O)	有机碳(C)/(g/kg)	全氮(N)/(g/kg)	全磷(P)/(g/kg)	全钾(K)/(g/kg)	CEC₇/[cmol(+)/kg]	碳酸钙相当物/(g/kg)
0～20	8.1	10.5	0.83	0.70	21.3	13.1	118
20～36	8.2	4.5	0.59	0.67	23.9	15.6	174

11.13.2 白马乡系（**Baimaxiang Series**）

土　族：粗骨壤质硅质混合型非酸性冷性-石质湿润正常新成土
拟定者：袁大刚，樊瑜贤，蒲光兰

分布与环境条件　分布于平武、松潘、九寨沟等中山山脊陡坡，成土母质为志留系茂县群深灰-灰黑色碳质千枚岩、千枚岩、板岩夹变质砂岩、砂泥质结晶灰岩、泥灰岩、生物碎屑灰岩残坡积物，灌木林地；山地高原温带湿润气候，年均日照 1377～1828 h，年均气温 4.7～5.5℃，1 月平均气温-6.7～-4.9℃，7 月平均气温 13.9～14.7℃，年均降水量 729～866 mm，年干燥度 0.8～1.0。

白马乡系典型景观

土系特征与变幅　具淡薄表层、石质接触面、湿润土壤水分状况、冷性土壤温度状况；有效土层厚度<25 cm，距矿质土表 25 cm 范围内出现石质接触面，表层土壤质地为壤土，排水中等。

对比土系　漳扎系，空间位置相近，不同土纲，具暗沃表层、均腐殖质特性、碳酸盐岩岩性特征、石灰性。

利用性能综述　土体浅薄，所处区域坡度大，应保护植被，防治水土流失。

参比土种　灰黑石片土（O113）。

代表性单个土体　位于绵阳市平武县白马藏族乡，32°50′56.0″N，104°16′57.3″E，中山山脊陡坡，海拔 2941m，坡度为 30°，成土母质为志留系茂县群深灰-灰黑色碳质千枚岩、千枚岩、板岩夹变质砂岩、砂泥质结晶灰岩、泥灰岩、生物碎屑灰岩残坡积物，灌木林地，石质接触面处土温为 8.92℃。2015 年 8 月 13 日调查，编号为 51-093。

Ah：0～5 cm，灰棕色（7.5YR 4/2，干），黑色（7.5YR 2/1，润），壤土，强发育的小团粒状结构，疏松，多量细根，多量微风化棱角状中小岩石碎屑，渐变波状过渡。

R：　5～25cm，深灰-灰黑色碳质千枚岩。

白马乡系代表性单个土体剖面

白马乡系代表性单个土体物理性质

土层	深度 /cm	石砾 (>2mm，体积分数) /%	细土颗粒组成(粒径：mm)/(g/kg)			质地	容重 /(g/cm³)
			砂粒 2～0.05	粉粒 0.05～0.002	黏粒 <0.002		
Ah	0～5	25	485	375	140	壤土	0.78

白马乡系代表性单个土体化学性质

深度 /cm	pH		有机碳(C) /(g/kg)	全氮(N) /(g/kg)	全磷(P) /(g/kg)	全钾(K) /(g/kg)	CEC₇ /[cmol(+)/kg]
	H₂O	KCl					
0～5	5.7	4.8	68.0	3.68	1.36	18.6	26.1

11.13.3　任家桥系（**Renjiaqiao Series**）

土　　族：粗骨壤质长石混合型石灰性热性-石质湿润正常新成土
拟定者：袁大刚，陈剑科，付宏阳

分布与环境条件　分布于蓬溪、船山、射洪等丘陵中部中坡，成土母质为侏罗系蓬莱镇组紫红色泥岩夹紫灰色长石砂岩残坡积物，有林地；中亚热带湿润气候，年均日照 1307～1472 h，年均气温 17.0～17.4℃，1 月平均气温 6.1～6.4℃，7 月平均气温 27.1～27.4℃，年均降水量 908～993 mm，年干燥度 0.74～0.84。

任家桥系典型景观

土系特征与变幅　具淡薄表层、准石质接触面、湿润土壤水分状况、热性土壤温度状况、石灰性；有效土层厚度<25 cm，矿质土表下 25 cm 范围内出现准石质接触面；表层土壤质地为壤土，石砾含量≥30%，排水中等。

对比土系　万林系，空间位置相近，不同土纲，具雏形层，表层土壤石砾含量≤5%。

利用性能综述　土体浅薄，所处区域坡度大，宜发展林草，保护植被，防治水土流失。

参比土种　棕紫石骨土（N313）。

代表性单个土体　位于遂宁市蓬溪县赤城镇任家桥村 6 组，30°43′34.3″N，105°41′30.9″E，丘陵中部中坡，海拔 382m，坡度为 20°，坡向为西南 205°，成土母质为侏罗系蓬莱镇组紫红色泥岩夹紫灰色长石砂岩残坡积物，有林地，准石质接触面处土温为 18.84℃。2016年 7 月 18 日调查，编号为 51-165。

Ah：0～8 cm，浊红棕色（5YR 5/4，干），暗红棕色（5YR 3/4，润），壤土，中等发育的小亚角块状结构，疏松，中量细根，多量中度风化的棱角-次棱角状中小岩石碎屑，强石灰反应，清晰平滑过渡。

R： 8～50 cm，紫红、紫灰色砂泥岩。

任家桥系代表性单个土体剖面

任家桥系代表性单个土体物理性质

土层	深度/cm	石砾(>2mm，体积分数)/%	细土颗粒组成(粒径：mm)/(g/kg)			质地	容重/(g/cm³)
			砂粒 2～0.05	粉粒 0.05～0.002	黏粒 <0.002		
Ah	0～8	30	367	485	147	壤土	1.25

任家桥系代表性单个土体化学性质

深度/cm	pH(H₂O)	有机碳(C)/(g/kg)	全氮(N)/(g/kg)	全磷(P)/(g/kg)	全钾(K)/(g/kg)	CEC₇/[cmol(+)/kg]	碳酸钙相当物/(g/kg)
0～8	7.7	11.3	1.16	0.79	22.1	17.6	87

11.13.4　虎形系（**Huxing Series**）

土　　族：砂质盖粗骨质长石混合型非酸性热性-石质湿润正常新成土
拟定者：袁大刚，樊瑜贤，蒲光兰

分布与环境条件　分布于彭州、什邡等低山中上部中坡，成土母质为第四系更新统洪冲积物，旱地；中亚热带湿润气候，年均日照 1130～1281 h，年均气温 15.7～15.9℃，1月平均气温 5.0～5.2℃，7 月平均气温 25.1～25.3℃，年均降水量 951～969 mm，年干燥度 0.70～0.75。

虎形系典型景观

土系特征与变幅　具淡薄表层、湿润土壤水分状况、热性土壤温度状况；有效土层厚度≥150cm，表层土壤质地为壤土，表层以下石砾含量≥75%，排水中等。

对比土系　葛仙山系，空间位置相近，不同土纲，具雏形层。

利用性能综述　土体浅薄，所处区域坡度较大，应注意防治水土流失。

参比土种　卵石黄砂泥土（C144）。

代表性单个土体　位于成都市彭州市红岩镇虎形村 20 组，31°09′38.8″N，103°58′52.2″E，低山中上部中坡，海拔 642m，坡度为 20°，成土母质为第四系更新统洪冲积物，旱地，油菜-玉米轮作，土表下 50cm 深度处土温为 17.71℃。2015 年 2 月 22 日调查，编号为51-016。

Ah：0～15 cm，浊黄橙色（10YR 6/4，干），黄棕色（10YR 5/6，润），壤土，中等发育的小亚角块状结构，坚实，很少强风化的圆-次圆状中小砾石，清晰波状过渡。

C1：15～55cm，黄橙色（10YR 8/6，干），亮黄棕色（10YR 6/8，润），砂质黏壤土，坚实，很多强风化的圆-次圆状中大砾石，模糊平滑过渡。

C2：55～120 cm，淡黄橙色（10YR 8/4，干），亮黄棕色（10YR 6/8，润），砂质壤土，坚实，很多强风化的圆-次圆状中大砾石，模糊平滑过渡。

C3：120～180 cm，亮黄棕色（10YR 7/6，干），黄棕色（10YR 5/8，润），砂质壤土，坚实，很多强风化的圆-次圆状中大砾石。

虎形系代表性单个土体剖面

虎形系代表性单个土体物理性质

土层	深度/cm	石砾(>2mm，体积分数)/%	细土颗粒组成(粒径：mm)/(g/kg)			质地	容重/(g/cm³)
			砂粒 2～0.05	粉粒 0.05～0.002	黏粒 <0.002		
Ah	0～15	<2	463	286	251	壤土	1.34
C1	15～55	75	653	113	234	砂质黏壤土	1.58
C2	55～120	75	535	285	180	砂质壤土	2.04
C3	120～180	75	650	166	184	砂质壤土	1.79

虎形系代表性单个土体化学性质

深度/cm	pH H₂O	pH KCl	有机碳(C)/(g/kg)	全氮(N)/(g/kg)	全磷(P)/(g/kg)	全钾(K)/(g/kg)	CEC₇/[cmol(+)/kg]	有效磷(P)/(mg/kg)
0～15	5.3	3.4	7.9	0.73	0.55	13.7	22.5	6.6
15～55	5.6	3.7	3.1	0.44	0.37	13.6	18.2	2.5
55～120	5.9	4.2	0.5	0.07	0.39	16.6	16.6	1.8
120～180	6.1	4.1	1.4	0.27	0.74	13.5	18.0	0.8

11.13.5　大碑系（Dabei Series）

土　　族：砂质硅质混合型非酸性热性-石质湿润正常新成土
拟定者：袁大刚，陈剑科，付宏阳

分布与环境条件　分布于广安、邻水、岳池等丘陵上部缓坡，成土母质为侏罗系沙溪庙组黄灰至浅灰色长石砂岩、岩屑长石石英砂岩残坡积物，其他草地；中亚热带湿润气候，年均日照 1230～1342 h，年均气温 17.0～17.6℃，1 月平均气温 6.0～6.5℃，7 月平均气温 27.3～28.0℃，年均降水量 1020～1170 mm，年干燥度 0.63～0.74。

大碑系典型景观

土系特征与变幅　具淡薄表层、石质接触面、湿润土壤水分状况、热性土壤温度状况；出露岩石占地表面积 5%～15%，间距 5～20m；有效土层厚度<25 cm，石质接触面出现于矿质土表下 25 cm 范围内，表层土壤质地为砂质壤土，排水中等。

对比土系　邻水系，空间位置相近，不同土纲，石质接触面出现于矿质土表下 30～50 cm 范围内，具雏形层，质地通体为壤质砂土。

利用性能综述　土体浅薄，有一定坡度，土壤极易被侵蚀，必须保护植被，防治水土流失。

参比土种　酸紫砂土（N123）。

代表性单个土体　位于广安市广安区大安镇大碑村 1 组，30°36′20.9″N，106°41′50.4″E，丘陵上部缓坡，海拔 420m，坡度为 8°，坡向为东北 32°，成土母质为侏罗系沙溪庙组黄灰至浅灰色长石砂岩、岩屑长石石英砂岩残坡积物，其他草地，石质接触面处土温为

18.52℃。2016 年 7 月 22 日调查，编号为 51-171。

A：0～8cm，浊黄橙色（10YR 6/4，干），暗棕色（10YR 3/4，润），砂质壤土，中等发育的小亚角块状结构，疏松，多量细根，少量中根，少量中度风化的棱角-次棱角状小岩石碎屑，突变平滑过渡。

R：8～20 cm，灰色砂岩。

大碑系代表性单个土体剖面

大碑系代表性单个土体物理性质

| 土层 | 深度/cm | 石砾(>2mm，体积分数)/% | 细土颗粒组成(粒径：mm)/(g/kg) | | | 质地 | 容重/(g/cm³) |
			砂粒 2～0.05	粉粒 0.05～0.002	黏粒 <0.002		
A	0～8	2	569	284	148	砂质壤土	1.24

大碑系代表性单个土体化学性质

| 深度/cm | pH | | 有机碳(C)/(g/kg) | 全氮(N)/(g/kg) | 全磷(P)/(g/kg) | 全钾(K)/(g/kg) | CEC$_7$/[cmol(+)/kg] |
	H$_2$O	KCl					
0～8	5.9	4.4	11.4	1.05	0.30	10.6	7.8

11.13.6　古井系（Gujing Series）

土　族：砂质混合型石灰性热性-石质湿润正常新成土
拟定者：袁大刚，樊瑜贤，蒲光兰

分布与环境条件　分布于安州、涪城等低丘中上部中坡，成土母质为白垩系汉阳铺组紫红色砂泥岩残坡积物，灌木林地；中亚热带湿润气候，年均日照 1045～1298h，年均气温 15.5～16.3℃，1 月平均气温 4.9～5.7℃，7 月平均气温 24.9～26.0℃，年均降水量 963～1285 mm，年干燥度 0.58～0.74。

古井系典型景观

土系特征与变幅　具淡薄表层、石质接触面、湿润土壤水分状况、热性土壤温度状况、石灰性；有效土层厚度≤25 cm，石质接触面出现于矿质土表下 25 cm 范围内，表层土壤质地为砂质壤土，排水中等。

对比土系　双星系，空间位置相近，不同土纲，具水耕表层、水耕氧化还原层、人为滞水土壤水分状况。战旗系，空间位置相近，不同土纲，具雏形层。

利用性能综述　土体浅薄，所处区域坡度较大，宜发展林草，保护植被，防治水土流失。

参比土种　黄红紫砂土（N334）。

代表性单个土体　位于绵阳市安州区清泉镇古井村 17 组，31°26′21.0″N，104°29′55.7″E，低丘中上部中坡，海拔 467m，坡度为 20°，成土母质为白垩系汉阳铺组紫红色砂泥岩残坡积物，灌木林地，石质接触面处土温为 17.60℃。2015 年 5 月 2 日调查，编号为 51-019。

A：0～25cm，亮红棕色（5YR 5/6，干），红棕色（5YR 4/6，
润），砂质壤土，中等发育的中小亚角块状结构，稍坚实，
多量细根，少量中度风化的棱角-次棱角状中小岩石碎屑，
强石灰反应，突变平滑过渡。

R：25～50 cm，紫红色砂泥岩。

古井系代表性单个土体剖面

古井系代表性单个土体物理性质

土层	深度 /cm	石砾 (>2mm，体积分数) /%	细土颗粒组成(粒径：mm)/(g/kg)			质地	容重 /(g/cm³)
			砂粒 2～0.05	粉粒 0.05～0.002	黏粒 <0.002		
A	0～25	5	726	214	60	砂质壤土	1.40

古井系代表性单个土体化学性质

深度 /cm	pH(H₂O)	有机碳(C) /(g/kg)	全氮(N) /(g/kg)	全磷(P) /(g/kg)	全钾(K) /(g/kg)	CEC₇ /[cmol(+)/kg]	碳酸钙相当物 /(g/kg)
0～25	8.5	6.4	0.49	0.33	17.8	14.9	155

11.13.7　江口系（Jiangkou Series）

土　　族：黏壤质硅质混合型石灰性热性-石质湿润正常新成土
拟定者：袁大刚，陈剑科，蒲光兰

分布与环境条件　分布于彭山、东坡、仁寿等丘陵中上部中缓坡，成土母质为白垩系苍溪组砖红色砂泥岩残坡积物，旱地；中亚热带湿润气候，年均日照 1197～1294 h，年均气温 16.9～17.4℃，1 月平均气温 6.2～6.8℃，7 月平均气温 25.8～26.5℃，年均降水量983～1042 mm，年干燥度 0.71～0.79。

江口系典型景观

土系特征与变幅　具淡薄表层、准石质接触面、湿润土壤水分状况、热性土壤温度状况、石灰性，有效土层厚度<25 cm，准石质接触面出现于矿质土表下 25 cm 范围内，质地通体为粉质壤土。

对比土系　团山系，空间位置相近，同亚类不同土族，矿物学类别为混合型，表层土壤质地为壤土，碳酸钙相当物含量<30g/kg。

利用性能综述　土体浅薄，不耐旱，所处区域坡度大，应注意防治水土流失。

参比土种　黄红紫石骨土（N333）。

代表性单个土体　位于眉山市彭山区江口镇茶场村 10 组，30°13′53.3″N，103°56′36.6″E，丘陵中上部中缓坡，海拔 460m，坡度为 15°，坡向为东南 121°，成土母质为白垩系苍溪组砖红色砂泥岩残坡积物，旱地，油菜-玉米轮作，准石质接触面处土温为 18.47℃。2016年 1 月 29 日调查，编号为 51-157。

Ap：0～13cm，浊红棕色（2.5YR 5/4，干），暗红棕色（2.5YR 3/3，润），粉质壤土，中等发育的屑粒状结构，稍坚实-坚实，少量中度风化的次棱角状小岩石碎屑，极强石灰反应，渐变平滑过渡。

AC：13～23 cm，浊红棕色（2.5YR 5/4，干），暗红棕色（2.5YR 3/4，润），粉质壤土，中等发育的中亚角块状结构，稍坚实-坚实，少量中度风化的次棱角状小岩石碎屑，极强石灰反应，突变平滑过渡。

R： 23～70 cm，砖红色砂泥岩。

江口系代表性单个土体剖面

江口系代表性单个土体物理性质

土层	深度/cm	石砾(>2mm，体积分数)/%	细土颗粒组成(粒径：mm)/(g/kg)			质地	容重/(g/cm³)
			砂粒 2～0.05	粉粒 0.05～0.002	黏粒 <0.002		
Ap	0～13	5	225	534	240	粉质壤土	1.39
AC	13～23	5	218	546	236	粉质壤土	1.48

江口系代表性单个土体化学性质

深度/cm	pH(H₂O)	有机碳(C)/(g/kg)	全氮(N)/(g/kg)	全磷(P)/(g/kg)	全钾(K)/(g/kg)	CEC₇/[cmol(+)/kg]	碳酸钙相当物/(g/kg)	有效磷(P)/(g/kg)
0～13	7.8	6.6	0.94	0.77	20.4	16.3	122	4.4
13～23	7.8	4.6	0.73	0.64	18.5	17.0	122	2.1

11.13.8　团山系（Tuanshan Series）

土　　族：黏壤质混合型石灰性热性-石质湿润正常新成土
拟定者：袁大刚，何　刚，张俊思

分布与环境条件　分布于双流、新津等低丘坡麓中缓坡，成土母质为白垩系灌口组棕红色砂泥岩残坡积物，果园；中亚热带湿润气候，年均日照 1166～1236 h，年均气温 16.3～16.5℃，1 月平均气温 5.4～5.7℃，7 月平均气温 25.6～25.8℃，年均降水量 932～966 mm，年干燥度 0.71～0.76。

团山系典型景观

土系特征与变幅　具淡薄表层、准石质接触面、湿润土壤水分状况、热性土壤温度状况、石灰性，有效土层厚度≤25 cm，准石质接触面出现于矿质土表下 25 cm 范围内，表层土壤质地为壤土，排水中等。

对比土系　江口系，空间位置相近，同亚类不同土族，矿物学类别为硅质混合型，质地通体为粉质壤土，碳酸钙相当物含量>120 g/kg。

利用性能综述　土体浅薄，石砾含量较高，通气透水，松散易耕，但不耐旱，应聚土改土，增厚土层，增施有机肥，提高土壤肥力，宜发展经济林木。

参比土种　紫色石骨土（N233）。

代表性单个土体　位于成都市双流区白沙镇团山村 1 组，30°28′25.1″N，104°10′00.9″E，低丘坡麓中缓坡，海拔 477m，坡度为 15°，成土母质为白垩系灌口组棕红色砂泥岩残坡积物，果园，准石质接触面处土温为 18.64℃。2015 年 2 月 2 日调查，编号为 51-004。

Ah：0～18cm，浊红棕色（5YR 5/4，干），暗红棕色（5YR 3/6，润），壤土，强发育的中小亚角块状结构，稍坚实，多量细根，少量中等大小动物孔穴，少量蚯蚓，少量中度风化的中小次棱角状岩石碎屑，轻度石灰反应，渐变平滑过渡。

C：18～25 cm，浊红棕色（5YR 5/4，干），暗红棕色（5YR 3/6，润），砂质壤土，坚实，中量细根，很少中等大小动物孔穴，多量中度风化的中小次棱角状岩石碎屑，轻度石灰反应，突变平滑过渡。

R：25～70cm，棕红色砂泥岩。

团山系代表性单个土体剖面

团山系代表性单个土体物理性质

| 土层 | 深度 /cm | 石砾 (>2mm，体积分数) /% | 细土颗粒组成(粒径：mm)/(g/kg) | | | 质地 | 容重 /(g/cm³) |
			砂粒 2～0.05	粉粒 0.05～0.002	黏粒 <0.002		
Ah	0～18	25	440	316	244	壤土	1.35
C	18～25	55	620	189	191	砂质壤土	1.41

团山系代表性单个土体化学性质

深度 /cm	pH(H₂O)	有机碳(C) /(g/kg)	全氮(N) /(g/kg)	全磷(P) /(g/kg)	全钾(K) /(g/kg)	CEC₇ /[cmol(+)/kg]	碳酸钙相当物 /(g/kg)	有效磷(P) /(g/kg)
0～18	8.1	7.5	0.89	0.38	20.0	17.0	23	6.5
18～25	8.3	5.1	0.72	0.29	20.1	15.9	26	2.9

11.13.9 老板山系（Laobanshan Series）

土　　族：壤质混合型石灰性热性-石质湿润正常新成土
拟定者：袁大刚，付宏阳，张　楚

分布与环境条件　分布于雅安、名山等低山中部中坡，成土母质为白垩系灌口组棕红色泥岩夹砂岩残坡积物，灌木林地；中亚热带湿润气候，年均日照 1040～1061 h，年均气温15.5～16.2℃，1月平均气温5.0～6.1℃，7月平均气温24.5～25.3℃，年均降水量1520～1732 mm，年干燥度0.42～0.44。

老板山系典型景观

土系特征与变幅　具淡薄表层、准石质接触面、湿润土壤水分状况、热性土壤温度状况、石灰性；有效土层厚度<25 cm，准石质接触面出现于矿质土表下25 cm范围内，表层土壤质地为壤土，排水中等。

对比土系　二龙村系，同土族不同土系，表层土壤质地为砂质壤土。茶园系，空间位置相近，不同土纲，具雏形层，距矿质土表125cm范围内无准石质接触面。老板山系，空间位置相近，不同土纲，具黏磐。

利用性能综述　土体浅薄，有一定坡度，宜保持植被，防治水土流失。

参比土种　砖红紫石骨土（N342）。

代表性单个土体　位于雅安市雨城区四川农业大学老板山读书公园，27°45′29.1″N，102°02′39.9″E，低山中部中坡，海拔633m，坡度为20°，成土母质为白垩系灌口组棕红色泥岩夹砂岩残坡积物，灌木林地，准石质接触面处土温为18.25℃。2015年12月13日调查，编号为 51-127。

A: 0～11 cm，暗红棕色（2.5YR 3/6，干），暗红棕色（2.5YR 3/4，润），壤土，中等发育的小亚角块状结构，疏松，多量细根，中量中度风化的棱角-次棱角状中小岩石碎屑，中度石灰反应，渐变平滑过渡。

AC: 11～23 cm，红棕色（2.5YR 4/6，干），暗红棕色（2.5YR 3/6，润），砂质壤土，中等发育的中亚角块状结构，稍坚实，中量细根，多量中度风化的棱角-次棱角状中小岩石碎屑，中度石灰反应，突变平滑过渡。

R: 23～100cm，棕红色砂泥岩。

老板山系代表性单个土体剖面

老板山系代表性单个土体物理性质

土层	深度 /cm	石砾 (>2mm，体积分数) /%	细土颗粒组成(粒径：mm)/(g/kg)			质地	容重 /(g/cm³)
			砂粒 2～0.05	粉粒 0.05～0.002	黏粒 <0.002		
A	0～11	8	443	435	122	壤土	1.04
AC	11～23	20	594	296	110	砂质壤土	1.20

老板山系代表性单个土体化学性质

深度 /cm	pH(H₂O)	有机碳(C) /(g/kg)	全氮(N) /(g/kg)	全磷(P) /(g/kg)	全钾(K) /(g/kg)	CEC₇ /[cmol(+)/kg]	碳酸钙相当物 /(g/kg)
0～11	7.0	24.9	3.82	0.73	25.3	32.3	28
11～23	7.9	13.6	1.57	0.76	26.3	24.4	49

11.13.10　二龙村系（**Erlongcun Series**）

土　　族：壤质混合型石灰性热性-石质湿润正常新成土
拟定者：袁大刚，何　刚，张俊思

分布与环境条件　分布于邛崃、大邑、崇州等低山下部陡坡，成土母质为白垩系灌口组棕红色砂泥岩残坡积物，耕地，以豌豆-甘薯轮作为主；亚热带湿润气候，年均日照 1061～1180 h，年均气温 15.5～16.4℃，1 月平均气温 4.8～5.8℃，7 月平均气温 24.8～25.7℃，年均降水量 1003～1123 mm，年干燥度 0.61～0.69。

二龙村系典型景观

土系特征与变幅　具淡薄表层、准石质接触面、湿润土壤水分状况、热性土壤温度状况、石灰性，有效土层厚度<25 cm，准石质接触面出现于矿质土表下 25 cm 范围内，表层土壤质地为砂质壤土，土壤中岩石碎屑 15%以上，排水良好。

对比土系　老板山系，同土族不同土系，表层土壤质地为壤土。高何镇系，空间位置相近，同亚纲不同土类，有紫色砂页岩岩性特征，矿质土表下 30～50 cm 范围内出现准石质接触面，质地通体为粉土。

利用性能综述　土体浅薄，所处区域坡度大，应保护植被，防治水土流失。

参比土种　砖红紫石骨土（N342）。

代表性单个土体　位于成都市邛崃市夹关镇二龙村 12 组，30°15′57.4″N，103°12′20.2″E，低山下部陡坡，海拔 595m，坡度为 25°，成土母质为白垩系灌口组棕红色砂泥岩残坡积物，灌木林地，准石质接触面处土温为 17.63℃。2015 年 2 月 11 日调查，编号为 51-009。

A：0～10 cm，浊红棕色（5YR 4/4，干），极暗红棕色（5YR 2/4，
　　润），砂质壤土，中等发育的中小亚角块状结构，坚实，
　　强石灰反应，中量中度风化的棱角-次棱角状中小岩石碎
　　屑，清晰平滑过渡。

R：10～30cm，棕红色砂泥岩。

二龙村系代表性单个土体剖面

二龙村系代表性单个土体物理性质

土层	深度 /cm	石砾 (>2mm，体积分数) /%	细土颗粒组成(粒径：mm)/(g/kg)			质地	容重 /(g/cm³)
			砂粒 2～0.05	粉粒 0.05～0.002	黏粒 <0.002		
A	0～10	15	453	496	51	砂质壤土	1.20

二龙村系代表性单个土体化学性质

深度 /cm	pH(H₂O)	有机碳(C) /(g/kg)	全氮(N) /(g/kg)	全磷(P) /(g/kg)	全钾(K) /(g/kg)	CEC₇ /[cmol(+)/kg]	碳酸钙相当物 /(g/kg)
0～10	8.0	13.3	1.03	0.75	29.0	19.5	119

11.14　普通湿润正常新成土

11.14.1　铺子湾系（Puziwan Series）

土　　族：砂质长石混合型非酸性热性-普通湿润正常新成土
拟定者：袁大刚，陈剑科，蒲光兰

分布与环境条件　分布于威远、资中、东兴、隆昌、荣县、贡井、大安等丘陵中部中缓坡，成土母质为侏罗系沙溪庙组黄灰色长石石英砂岩残坡积物，有林地；中亚热带湿润气候，年均日照 1196～1307 h，年均气温 17.5～18.0℃，1 月平均气温 6.9～7.4℃，7 月平均气温 26.9～27.2℃，年均降水量 967～1039 mm，年干燥度 0.73～0.85。

铺子湾系典型景观

土系特征与变幅　具淡薄表层、准石质接触面、湿润土壤水分状况、热性土壤温度状况；有效土层厚度 50～100 cm，矿质土表下 50～100 cm 范围内出现准石质接触面，质地通体为砂土，排水良好。

对比土系　关圣系，空间位置相近，同亚纲不同土类，具紫色砂页岩岩性特征，准石质接触面位于矿质土表下 25 cm 范围内，轻度石灰反应。成佳系，空间位置相近，同亚纲不同土类，具紫色砂页岩岩性特征，准石质接触面位于矿质土表下 25cm 范围内，中度石灰反应。

利用性能综述　土层较深厚，但质地粗，不耐旱，坡度较大，应保护植被，防治水土流失。

参比土种 灰棕紫砂土（N214）。

代表性单个土体 位于内江市威远县铺子湾镇龙泉村 7 组，29°32′46.1″N，104°36′02.4″E，丘陵中部中缓坡，海拔 342m，坡度为 15°，坡向为东南 160°，成土母质为侏罗系沙溪庙组黄灰色长石石英砂岩残坡积物，有林地，土表下 50 cm 深度处土温为 19.57℃。2016 年 1 月 19 日调查，编号为 51-137。

Ah：0～20 cm，淡黄色（2.5Y 7/4，干），橄榄棕色（2.5Y 4/4，润），砂土，弱发育的小亚角块状结构，疏松，中量细根，渐变平滑过渡。

C1：20～32 cm，浊黄色（2.5Y 6/4，干），橄榄棕色（2.5Y 4/6，润），砂土，疏松，少量细根，渐变平滑过渡。

C2：32～40cm，浊黄橙色（10YR 6/3，干），棕色（10YR 4/4，润），砂土，稍坚实，少量细根，渐变平滑过渡。

C3：40～53 cm，浊黄橙色（10YR 6/4，干），棕色（10YR 4/6，润），砂土，稍坚实，少量细根，渐变平滑过渡。

C4：53～70 cm，浊黄橙色（10YR 6/4，干），棕色（10YR 4/4，润），砂土，稍坚实-坚实，很少细根，突变平滑过渡。

R：70～80 cm，黄灰色砂岩。

铺子湾系代表性单个土体剖面

铺子湾系代表性单个土体物理性质

土层	深度 /cm	石砾 (>2mm，体积分数) /%	细土颗粒组成(粒径：mm)/(g/kg)			质地	容重 /(g/cm³)
			砂粒 2～0.05	粉粒 0.05～0.002	黏粒 <0.002		
Ah	0～20	0	890	65	46	砂土	1.56
C1	20～32	0	886	67	47	砂土	1.61
C2	32～40	0	876	84	40	砂土	1.63
C3	40～53	0	920	44	36	砂土	1.74
C4	53～70	0	887	67	47	砂土	1.62

铺子湾系代表性单个土体化学性质

深度 /cm	pH(H₂O)	有机碳(C) /(g/kg)	全氮(N) /(g/kg)	全磷(P) /(g/kg)	全钾(K) /(g/kg)	CEC₇ /[cmol(+)/kg]
0～20	6.9	3.4	0.30	0.17	8.6	4.6
20～32	7.0	2.8	0.23	0.18	5.5	4.1
32～40	6.9	2.6	0.27	0.13	5.5	3.9
40～53	7.0	1.7	0.16	0.19	5.5	3.5
53～70	6.9	2.7	0.36	0.13	6.7	6.3

参 考 文 献

甘书龙. 1986. 四川省农业资源与区划·上篇. 成都: 四川省社会科学院出版社.

宫阿都, 何毓蓉, 黄成敏, 等. 2002. 成都平原土壤系统分类典型土系划分. 西南农业学报, 15(1): 70-73.

何毓蓉, 景锐, 陈学华, 等. 1998. 川中蓬莱镇组(J3p)紫色雏形土的土系与持续利用研究. 土壤农化通报, 13(3): 4-7.

何毓蓉, 陈学华, 宫阿都. 1999. 四川盆地三种新成土的矿物学组成与分类研究. 土壤通报, 30(S1): 57-59.

何毓蓉, 杨昭琮, 陈学华, 等. 1999. 四川盆地西部灌口组(Kg)紫色雏形土的特征与分类. 山地学报, 17(1): 28-33.

何毓蓉, 宫阿都, 黄成敏, 等. 2001. 成都平原典型土系分类与其生产性和生态环境特征. 山地学报, 19(S1): 36-41.

何毓蓉, 黄成敏, 陈学华, 等. 2001. 川西丘陵地区黄色母质发育土壤的系统分类. 山地学报, 19(4): 334-338.

何毓蓉, 黄成敏, 宫阿都. 2002. 中国紫色土的微结构研究——兼论在 ST 制土壤基层分类上的应用. 西南农业学报, 15(1): 65-69.

何毓蓉等. 2003. 中国紫色土(下篇). 北京: 科学出版社.

何毓蓉, 张保华, 黄成敏, 等. 2004. 贡嘎山东坡林地土壤的诊断特性与系统分类. 冰川冻土, 26(1): 27-32.

何毓蓉, 崔鹏, 廖超林, 等. 2006. 西部山区道路建设毁损土地的退化及其环境效应Ⅱ. 川藏公路典型路段地区的土壤退化与土壤系统分类. 生态环境学报, 15(3): 555-558.

凌静. 2002. 四川盆地中部紫色土土系划分研究. 雅安: 四川农业大学.

四川年鉴编纂委员会. 2016. 四川年鉴(2016 年卷). 成都: 四川年鉴社.

四川省国土局, 四川省土地资源调查办公室. 1997. 四川省土地资源. 成都: 四川科学技术出版社.

四川省农牧厅, 四川省土壤普查办公室. 1997. 四川土壤. 成都: 四川科学技术出版社.

四川省农业厅. 1960. 四川农业土壤及其改良和利用. 成都: 四川人民出版社.

四川省农业土壤区划研究组. 1981. 四川省农业土壤区划(草案).

唐时嘉, 徐建忠, 罗有芳, 等. 1993. 四川紫色土中紫色岩碎屑的分布及其在土壤系统分类中的意义//中国土壤系统分类研究丛书编委会.中国土壤系统分类进展. 北京: 科学出版社.

唐时嘉, 张建辉, 罗有芳. 1993. 四川亚热带湿润山地土壤的属性及其在系统分类中的地位//中国土壤系统分类研究丛书编委会. 中国土壤系统分类进展. 北京: 科学出版社.

唐时嘉, 罗有芳, 徐建忠, 等. 1994. 亚热带湿酸性土壤中B层色调比 7.5YR 更黄土壤的基本性质与诊断分类试探//中国土壤系统分类研究丛书编委会.中国土壤系统分类新论. 北京: 科学出版社.

唐时嘉, 徐建忠, 张建辉, 等. 1996. 紫色土系统分类研究. 山地研究, 14(增刊): 14-19.

田光龙, 唐时嘉, 郭永明. 1989. 紫色土系统分类(初稿). 土壤, 21(2): 101-102.

王良健, 李显明, 林致远. 1995. 也论我国西南高山地区暗针叶林下发育的土壤. 地理学报, 50(6): 542-551.

王振健. 2002. 成都平原主要水耕人为土土系划分研究. 雅安: 四川农业大学.

王振健, 邓良基, 张世熔, 等. 2004. 成都平原主要水耕人为土土系的划分研究. 土壤通报, 35(3): 241-245.

翁倩, 袁大刚, 李启权, 等. 2017. 四川省土壤温度状况空间分布特征. 土壤通报, 48(3): 583-588.

翁倩, 袁大刚, 张楚, 等. 2017. 四川省土壤水分状况空间分布特征. 土壤, 49(6): 1254-1261.

西南师范学院地理系四川地理研究室. 1982. 四川地理. 重庆: 西南师范学院学报(自然科学版)编辑部.

夏建国, 邓良基, 张丽萍, 等. 2002. 四川土壤系统分类初步研究. 四川农业大学学报, 20(2): 117-122.

徐建忠, 唐时嘉. 1992. 石灰性紫色母质形成的水稻土诊断分类的初步研究//中国土壤系统分类研究丛书编委会. 中国土壤系统分类探讨. 北京: 科学出版社.

徐建忠, 唐时嘉. 1994. 四川省水稻土系统分类指标的研究//中国土壤系统分类研究丛书编委会. 中国土壤系统分类新论. 北京: 科学出版社.

徐建忠, 唐时嘉. 1998. 紫色土系统分类发展认识及其与土壤普查分类的对比. 土壤农化通报, 13(4): 44-48.

徐建忠, 唐时嘉, 张建辉, 等. 1996. 紫色水耕人为土系统分类. 山地学报, 14(S1): 22-26.

易开华, 唐时嘉. 1991. 紫色土系统分类边界指标研究. 土壤农化通报, 6(1, 2): 46-51.

余皓, 李庆逵. 1945. 四川之土壤. 土壤专报, 24: 1-110.

袁大刚, 符伟, 王家宽, 等. 2012. 川西名山县阶地漂洗土壤分类及参比研究. 土壤学报, 49(2): 230-236.

张甘霖, 龚子同. 2012. 土壤调查实验室分析方法. 北京: 科学出版社.

张甘霖, 李德成. 2016. 野外土壤描述与采样手册. 北京: 科学出版社.

张甘霖, 王秋兵, 张凤荣, 等. 2013. 中国土壤系统分类土族和土系划分标准. 土壤学报, 50(4): 826-834.

张建辉. 1994. 四川盆缘东西部山地土壤的数值分类及其与系统分类的比较研究. 土壤通报, 25(1): 9-12.

郑霖. 1995. 四川省地理. 成都: 四川科学技术出版社.

中国科学院成都分院土壤研究室. 1991. 中国紫色土(上篇). 北京: 科学出版社.

中国科学院南京土壤研究所, 中国科学院西安光学精密机械研究所. 1989. 中国标准土壤色卡. 南京: 南京出版社.

中国科学院南京土壤研究所土壤系统分类课题组, 中国土壤系统分类课题研究协作组. 2001. 中国土壤系统分类检索. 3版. 合肥: 中国科学技术大学出版社.

周红艺. 2003. 土壤系统分类制的基层分类与 SOTER 数据库的建立与应用——以长江上游典型区彭州市为例. 成都: 中国科学院成都山地灾害与环境研究所.

周红艺, 何毓蓉. 2001. 成都平原典型土系的分类在大比例尺土壤制图中的应用——以彭州样区为例. 西南农业学报, 14(增刊): 5-8.

朱鹏飞, 李德融. 1989. 四川森林土壤. 成都: 四川科学技术出版社.

索　引